普通高等教育“十四五”系列教材

建设工程定额与清单计价

（第2版）

严晓东　尹珺　孟春　编著

·北京·

内 容 提 要

本教材共有7章内容，分别为：建设项目工程计价、建设工程定额、建设项目总投资构成、建筑安装工程费用的组成及计算、建筑工程建筑面积计算、建筑工程施工图预算、建筑及装饰工程工程量清单及计价。

书中例题均以《浙江省房屋建筑与装饰工程预算定额》(2018版)进行计价，均有详细的计算步骤。每章有相应的练习题或复习思考题。书中选用大量图、表，在建筑工程施工图预算章节中穿插了房屋构造、建筑材料、施工工艺等有关工程计价的基础知识，起到温故而知新的作用，使得基础理论与专业技术融会贯通。特别是钢筋工程计算量以最新平法图集16G101-1为基础。列举了梁、柱、板构件每根钢筋计算过程，系统地梳理了钢筋工程量计算的知识体系。

本教材适合本科、高职高专院校的建筑工程、工程管理、工程监理、工程造价等专业作为教材使用。

图书在版编目(CIP)数据

建设工程定额与清单计价 / 严晓东，尹珺，孟春编著. -- 2版. -- 北京 : 中国水利水电出版社，2021.3
普通高等教育"十四五"系列教材
ISBN 978-7-5170-9505-7

Ⅰ. ①建… Ⅱ. ①严… ②尹… ③孟… Ⅲ. ①建筑工程－工程造价－高等学校－教材 Ⅳ. ①TU723.3

中国版本图书馆CIP数据核字(2021)第052566号

书　名	普通高等教育"十四五"系列教材 **建设工程定额与清单计价(第2版)** JIANSHE GONGCHENG DING'E YU QINGDAN JIJIA
作　者	严晓东　尹珺　孟春　编著
出版发行	中国水利水电出版社 (北京市海淀区玉渊潭南路1号D座　100038) 网址：www.waterpub.com.cn E-mail：sales@waterpub.com.cn 电话：(010) 68367658(营销中心)
经　售	北京科水图书销售中心(零售) 电话：(010) 88383994、63202643、68545874 全国各地新华书店和相关出版物销售网点
排　版	中国水利水电出版社微机排版中心
印　刷	北京瑞斯通印务发展有限公司
规　格	184mm×260mm　16开本　23.75印张　578千字
版　次	2018年3月第1版第1次印刷 2021年3月第2版　2021年3月第1次印刷
印　数	0001—2000册
定　价	**60.00元**

前　言

根据教育部颁布的《普通高等学校本科专业目录和专业介绍》，顺应高等教育改革的形势，培养宽口径、复合型人才的需要；注重学生基本素质、基本能力的培养；把握现代工程技术发展和教学需要的关系，在调研了建设单位、工程造价咨询企业及工程施工企业目前对工程造价人才的需求及能力要求的基础上，编者结合自身多年来对该课程的教学与长期工程实践经验编写本教材，在体系和内容上达到先进性和实用性兼备的需要。

本教材在编写时采用的规范主要有：《建设工程工程量清单计价规范》（GB 50500—2013）、《房屋建筑与装饰工程工程量计算规范》（GB 50854—2013）、《建筑工程建筑面积计算规范》（GB/T 50353—2013）、混凝土结构施工图平面整体表示方法制图规则和构造详图（16G101－1）、住房和城乡建设部建标（2013）44号文、《浙江省房屋建筑与装饰工程预算定额（2018版）》。本教材强调“技能＋理论”，依据浙江省房屋建筑与装饰工程预算定额（2018版）、浙江省建筑工程费用项目组成及计算规则，选取大量的工程案例和算例，内容具有较强的实用性和可操作性，培养学生学会理论联系实际，用实践来检验、体会理论的正确性。使学生了解该课程前沿最新的知识信息，学以致用，提高知识转变能力，从而使培养的学生实现零距离上岗的目标。

本教材特别适合浙江省本科、高职高专院校的建筑工程、工程管理、工程监理、工程造价等专业工程造价课程使用，也可作为施工、中介服务机构以及有关部门从事建筑工程造价的专业人员在业务工作中的参考用书。

由于编者水平有限，书中难免存在错误和不足之处，敬请广大读者批评指正。

编者

2020年12月

目 录

第1章　建设项目工程计价

1.1　工程建设项目的划分

1.1.1　基本建设概述

“基本建设”简单地讲是以扩大生产能力（或增加工程效益）为目的的综合经济活动。具体地讲，就是建造、购置和安装固定资产的活动以及与之相联系的工作。

1. 基本建设的主要内容

（1）建筑安装工程。包括各种土木建筑、矿井开凿、水利工程建筑、生产、动力、运输、实验等各种需要安装的机械设备的装配，以及与设备相连的工作台等装设工程。

（2）设备购置。即购置设备、工具和器具等。

（3）勘察、设计、科学研究实验、征地、拆迁、试运转、生产职工培训和建设单位管理工作等。

2. 基本建设的分类

（1）按建设的性质：新建项目、扩建项目、改建项目、迁建项目和恢复项目。

（2）按建设的经济用途：生产性基本建设和非生产性基本建设。

（3）按建设规模：大型、中型、小型。

（4）按建设阶段：预备项目、筹建项目、施工项目、建成投产项目、收尾项目。

（5）按行业性质和特点：竞争性项目、基础性项目、公益性项目等。

1.1.2　基本建设程序

基本建设程序指工程项目建设全过程所必须经历的各阶段、各环节的先后次序关系及相互联系。我国的基本建设程序分为项目建议书、可行性研究、设计工作、建设准备、建设实施以及竣工验收交付使用等。

1.1.3　建设项目划分

建设项目按照建设管理和合理确定工程造价的需要，划分为建设项目、单项工程、单位工程、分部工程、分项工程5个项目层次。

（1）建设项目。建设项目亦称为建设单位。它是一组工程实体的统称，在一般情况下由两个或两个以上的建筑工程构成，但这些工程有一个共同的特点，即同属于一个甲方。用完整的定义来描述，则建设项目是指：在一个总体设计或初步设计范围内，由一个或几个单项工程所组成的经济上实行统一核算、行政上实行统一管理的建设单位。在民用建设中，是以一个公用项目、住宅楼等为一个建设项目。在工业建设中，一般是以一座工厂为一个建设项目，如一个钢铁厂、汽车厂、机械制造厂等。在交通运输建设中，是以一条铁路或公路等为一个建设项目。如图1.1所示。

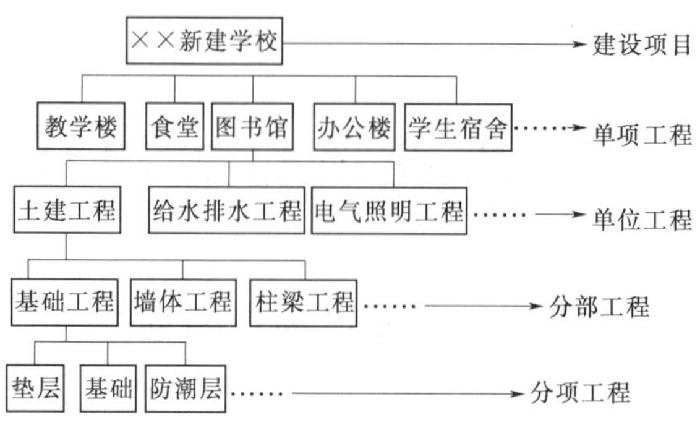

图1.1　建设项目划分示例

(2) 单项工程又称工程项目，是指具有单独设计文件的、建成后可以独立发挥生产能力或效益的一组配套齐全的工程项目，它是建设项目的组成部分。一个建设项目可包括许多工程项目，也可以只有一个工程项目，如医院内的门诊大楼、办公楼、围墙等项目均为工程项目；一座工厂中的各个主要车间、辅助车间、办公楼和住宅等。一个单项工程往往是一个复杂的组合体。因此，工程项目造价的计算亦是十分复杂的。为方便计算，仍需进一步分解为许多单位工程。

(3) 单位工程是指具有独立的设计文件、具备独立施工条件并能形成独立使用功能，但竣工后不能独立发挥生产能力或工程效益的工程，是构成单项工程的组成部分。如门诊大楼中的土建工程、给水排水工程、电气照明工程等。

(4) 分部工程是单位工程的组成部分，是指按照工程的材料构成的变化或工程结构的变化将单位工程进一步分解所得到的每一部分。如土建工程中的基础工程、墙体工程、门窗工程等。在每个分部工程，因为构造、使用材料规格或施工方法等因素的不同，所以完成同一计量单位的工程需要消耗的人工、材料和机械台班数量及其价值的差别也是很大的，因而，还需要把分部工程进一步划分为分项工程。

(5) 分项工程是分部工程的组成部分，也是项目划分的最小单位。按照材料类型或施工工序的变化将分部工程进一步划分所得的细部，称为分项工程。例如，砌筑工程中，根据施工方法、材料和规格等因素的不同划分为砖基础、砖墙、空斗墙、空花墙、砖柱、钢筋砖过梁等分项工程。每个分项工程都能选用简单的施工过程完成，可用一定的计量单位计算（如：基础和墙的计量单位为$10m^3$），并能求出完成相应计量单位的分项工程所需要消耗的人工、材料和机械台班数量的标准。

综上所述，一个建设项目由一个或几个单项工程组成，一个单项工程由一个或几个单位工程组成，一个单位工程由几个分部工程组成，一个分部工程可以划分为若干个分项工程，而建设工程造价文件的编制就是以分项工程开始的。

1.2　工程造价计价原理

1.2.1　工程造价计价的含义

工程造价计价就是计算和确定建设项目的工程造价，简称工程计价，也称工程估价。

具体是指工程造价人员在项目实施的各个阶段，根据各个阶段的不同要求，遵循计价原则和程序，采用科学的计价方法，对投资项目最可能实现的合理价格进行科学的计算，从而确定投资项目的工程造价，编制工程造价的经济文件。

由于工程造价具有大额性、个别性和差异性、动态性、层次性及兼容性等特点，所以工程计价的内容、方法及表现形式也就各不相同。业主或其委托的咨询单位编制的建设项目的投资估算价、设计概算价、招标控制价、承包商或分包商提出的报价，都是工程计价的不同表现形式。工程造价的特点，决定了工程造价有如下的计价特征：

（1）计价的单件性。建设工程产品的个别差异性决定了每项工程都必须单独计算造价。每项建设工程都有其特点、功能与用途，从而导致其结构不同，工程所在地的气象、地质、水文等自然条件不同，建设的地点、社会经济发展水平等都会直接或间接地影响工程的计价。因此每一个建设工程都必须根据工程的具体情况，进行单独计价，任何工程的计价都是指特定空间、一定时间的价格。即便是完全相同的工程，由于建设地点或建设时间不同，仍必须进行单独计价。

（2）计价的多次性。建设工程项目建设周期长、规模大、造价高，这就要求在工程建设的各个阶段多次计价，并对其进行监督和控制，以保证工程造价计算的准确性和控制的有效性。多次性计价特点决定了工程造价不是固定的、唯一的，而是随着工程的进行逐步深化、细化和接近实际造价的过程，如图 1.2 所示。

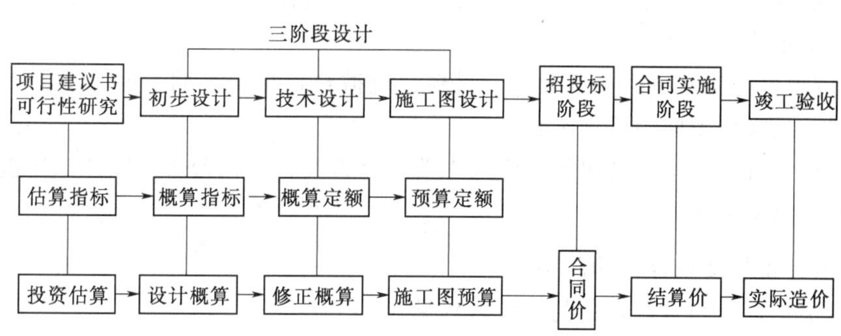

图 1.2　工程多次计价示意图

（3）计价的组合性。工程造价的计算是逐步组合而成的，一个建设项目的总造价由各个单项工程造价组成，一个单项工程造价由各个单位工程造价组成；一个单位工程造价按分部分项工程计算得出，这充分体现了计价组合的特点。可见，工程计价过程是：分部分项工程单价→单位工程造价→单项工程造价→建设项目总造价。

（4）计价方法的多样性。工程造价在各个阶段具有不同的作用，而且各个阶段对建设项目的研究深度也有很大的差异，因而工程造价的计价方法是多种多样的。在可行性研究阶段，工程造价的计价多采用设备系数法、生产能力指数估算法等。在设计阶段，尤其是施工图设计阶段，设计图纸完整，细部构造及做法均有大样图，工程量已能准确计算，施工方案比较明确，则多采用定额法或实物法计算。

1.2.2　工程造价计价的方法

目前我国存在两种工程造价计价方法，分别为定额计价法和工程量清单计价法。

$$工程造价=\sum[单位工程基本构成要素工程量（分项工程）\times 相应单价]$$

影响工程造价的主要因素有基本构成要素的单位价格和基本构成要素的实物工程数量。

1. 基本构成要素实物工程数量

（1）单位工程基本构成要素即分项工程项目。定额计价时，是指按工程定额划分的分项工程项目；清单计价时是指清单项目。

（2）工程量是根据工程建设定额的项目划分和工程量计算规则计算的分项工程实物量。工程实物量是计价基础。

目前，工程量计算规则包括两大类：

1）国家标准［如《房屋建筑与装饰工程计量规范》（GB 50854—2013）］中规定的计算规则。

2）各类工程建设定额规定的计算规则。

2. 相应单价

相应单价是指与分项工程对应的单价。

（1）定额计价时是指定额基价，即包括人工费、材料费、机械台班费。

$$定额分项工程基价=\sum(定额消耗量\times 相应单价)$$

1）定额消耗量是指生产一个规定计量单位工程合格产品所需人工、材料、机械台班的社会平均消耗量标准。包括人工消耗量、各种材料消耗量、各类机械台班消耗量。消耗量的大小决定定额的水平。

2）相应单价是指某一时点上人工、材料、机械台班单价。同一时点上的人、材、机单价的高低，反映出不同的管理水平。

（2）清单计价时是指综合单价，除人工费、材料费、机械台班费以外，还包括企业管理费、利润和风险因素。

1.2.3 定额计价与清单计价的区别

工程量清单计价与定额计价的主要区别见表 1.1。

表 1.1　工程量清单计价与定额计价的主要区别

计价模式	清单计价	定额计价
计价方法	综合单价法	工料单价法
工程计算规则	根据《建设工程工程量清单计价规范》（GB 50500—2013）的工程量计算规则确定	根据各地区定额中的工程量计算规则确定
项目划分	一般按一个综合实体进行分项	一般按施工工序进行分项
单位工程造价构成	分部分项工程量清单费用＋措施项目清单费用＋其他项目清单费用＋规费＋税金	人工费＋材料费＋施工机具使用费＋企业管理费＋规费＋利润＋税金
风险分担	工程量清单由招标人提供，一般情况下，投标人无须再计算工程量，招标人承担工程量计算风险，投标人承担单价风险	工程量由发承包双方核对后确定，计价实施过程中风险由发承包双方在合同中协商

1.3 建设项目工程造价形成全过程

根据项目基本建设程序，可将工程造价的形成全过程总结为四个阶段，即决策阶段、设计阶段、招投标阶段、施工阶段。

1.3.1 决策阶段的投资估算

1. 投资估算的概念

投资估算一般是指在工程建设前期工作（规划、项目建议书）阶段，建设单位向国家申请拟立建设项目，或国家对拟立项目进行决策时，确定建设项目在规划、项目建议书等不同阶段的相应投资总额而编制的经济文件。按照我国规定，从满足建设项目投资设计和投资规模的角度，建设项目投资估算包括固定资产投资估算和流动资金估算两部分。

2. 投资估算的作用

（1）投资估算是国家决定拟建项目是否继续进行研究的依据。

（2）投资估算是国家审批项目建议书的依据。

（3）投资估算是国家编制中长期规划、保持合理比例和投资结构的重要依据。

3. 投资估算编制方法

投资估算主要根据投资估算指标、概算指标、类似工程预（决）算等资料，按指数估算法、系数法、平方米造价估算法、单位产品投资指标法、单位体积估算法等方法进行编制。详见其他相关教材与书籍。

1.3.2 设计阶段的设计概算

1. 设计概算的概念

（1）设计概算是指在初步设计阶段，由设计单位根据初步设计或扩大初步设计图纸、概算定额或概算指标、各项费用定额或取费标准，建设地区的自然、技术经济条件和设备预算价格等资料，预先计算和确定建设项目从筹建到竣工验收、交付使用的全部建设费用的文件。

（2）修正概算。采用三阶段设计形式的项目在技术设计阶段，随着设计内容的深化，可能会出现建设规模、结构性质、设备类型和数量等内容与初步设计内容相比有出入，为此，设计单位根据技术设计图、概算指标或概算定额、各项费用取费标准、建设地区自然、技术经济条件和设备预算价格等资料，对初步设计总概算进行修正而形成的经济文件。

2. 设计概算的主要作用

设计概算是设计文件的重要组成部分，是国家确定和控制工程建设投资额的依据，是选择最优设计方案的重要依据，是工程建设核算工作的重要依据；是工程建设进行“三算”对比的基础。“三算”是指设计概算、施工图预算和竣工决算。

3. 设计概算的编制方法

建筑工程概算的编制方法有概算定额法、概算指标法、类似工程预算法等。

1.3.3 招投标阶段的工程估价

招投标阶段的工程估价是指发包人编制标底（招标控制价）、承包人编制投标报价、中标签订建设工程施工合同时的签约合同价。

1. 招标控制价

招标控制价是指招标人根据国家或省级、行业建设主管部门颁发的有关计价依据和办法，以及拟定的招标文件和招标工程量清单，按照设计施工图纸计算并结合工程具体情况编制的招标工程的最高投标限价。应由具有编制能力的招标人，或受其委托具有相应资质的工程造价咨询人编制。

招标控制价的作用决定了它不同于“标底”，无须保密。为体现招标的公开、公正，防止招标人有意抬高或压低工程造价，招标控制价应在招标时公布，不应上调或下浮，并应将招标控制价及有关资料报送工程所在地工程造价管理机构备查。

2. 投标报价

投标报价是投标人投标时响应招标文件要求所报出的对已标价工程量清单标明的总价。由投标人按照招标文件的要求，根据工程特点，结合自身的施工技术、装备和管理水平，依据有关计价规定自主确定的工程造价，是投标人希望达成工程承包交易的期望价格，原则上它不能高于招标人设定的招标控制价。

投标报价应在满足招标文件要求的前提下，实行企业定额的人、材、机消耗量自定，综合单价及费用自选，全面竞争，自由报价。

（1）可以自主报价的：企业定额消耗量，人、材、机单价，企业管理费率，利润率，措施费用，计日工单价，总承包服务费等。

（2）不能自主报价的：安全文明施工费、规费、税金、暂列金额、暂估价、计日工量、且投标报价不得低于成本。

3. 签约合同价（合同价款）

签约合同价是指发承包双方在工程合同中约定的工程造价（工程承包交易价格），即包括了分部分项工程费、措施项目费、其他项目费、规费和税金的合同总金额。

（1）合同价款的确定。

1）实行招投标的工程，合同价款按照中标价确定。

2）非招标工程即直接发包的工程，其合同价款在合同中双方认可的施工图预算的基础上，由发承包方双方协商确定。

（2）合同价款的类型。

1）按照投资规模的不同，合同价可分为建设项目总价承包合同价、建筑安装工程承包合同价、材料设备采购合同价和技术及咨询服务合同价。

2）按计价方法的不同，可分为总价合同、单价合同、其他价格形式合同。

a. 总价合同。是指合同当事人约定以施工图、已标价工程量清单或预算书及有关条件进行合同价格计算、调整和确认的建设工程施工合同，在约定的范围内合同总价不做调整。实行工程量清单计价的工程，应采用单价合同。

b. 单价合同。发承包双方约定以工程量清单及其综合单价进行合同价款计算、调整和确认的建设工程施工合同，在约定的范围内合同单价不做调整。技术简单、规模偏小、工期较短的项目，且施工图设计已审查批准的，可采用总价合同。

c. 其他价格形式合同。合同当事人可在专用合同条款中约定其他合同价格形式。如成本加酬金合同由发承包双方约定以施工工程成本再加合同约定酬金进行合同价款计算、调整和确认的建设工程施工合同。紧急抢险、救灾以及施工技术特别复杂的项目，可采用成本加酬金合同。

1.3.4 施工阶段的工程价款结算、支付与调整

施工阶段，发包人需按照工程合同规定的方式向承包人支付工程价款以作为其劳动报酬。工程价款结算包括工程预付款、工程进度款、质量保证金、工程竣工结算、决算以及合同金额的调整。

1. 工程结算

工程结算是指发承包双方根据合同约定，对合同工程在实施中、终止时、已完工后进行的合同价款计算、调整和确认。包括期中结算、终止结算、竣工结算。

工程结算具体讲是指一个单项工程、单位工程、分部工程或分项工程完工，并经建设单位及有关部门验收或验收点交后，施工企业根据施工过程中现场实际情况的记录、设计变更通知书、现场工程更改签证、材料预算价格和各项费用标准等资料，按规定编制的向建设单位办理的结算工程价款，取得的收入用以补偿施工过程中的资金耗费，确定施工盈亏的经济文件。

2. 期中结算

期中结算是指发包人在合同工程施工过程中，按照合同约定对付款周期内承包人完成的合同价款给予支付，即合同价款期中支付，一般包括预付款、工程进度款、安全文明施工费的支付。

（1）预付款。预付款又称材料备料款或材料预付款。在开工前，发包人按照合同约定，预先支付给承包人用于购买合同工程施工所需的材料、工程设备，以及组织施工机械和人员进场等的款项。

建设工程施工合同订立后由发包人按照合同约定，在开工前拨给施工企业一定数额的预付备料款，构成施工企业为该承包工程储备和准备主要材料、结构件所需的流动资金。工程是否实行预付款，取决于工程性质、承包工程量的大小以及发包人在招标文件中的规定。工程实行预付款的，合同双方应根据合同通用条款及价款结算办法的有关规定，在合同专用条款中约定并履行。

工程预付款合同条款摘选：

1）预付款支付比例或金额：支付合同价款（扣除单独列支的文明施工费、专业工程暂定价和暂列金额后）的10％的工程预付款。

2）预付款支付期限：发包人在双方签订合同后，在承包人提交了规定数额的履约担保且具备施工条件的前提下，支付合同价款（扣除专业工程暂定价和暂列金额后）的10％的工程预付款（经审计确认）。承包人须上报切实可行的项目资金使用计划，并经监理人、发包人审核确认，否则发包人将暂不支付预付款。

3）预付款扣回的方式：工程预付款从首次支付工程进度款开始扣回，按连续6次等额扣回，如本月支付的工程进度款不够预付款的扣回比例的，则不足部分延续至下个月扣回。

（2）工程进度款。在合同工程施工过程中，发包人按照合同约定对付款周期内承包人

完成的合同价款给予支付的款项。

1）工程进度款结算方式。有按月结算与支付、分段结算与支付等方法。

2）工程进度款支付规定。依据《建设工程工程量清单计价规范》(GB 50500—2013）相关条文规定。

3）工程进度款合同条款摘选。

a. 按月支付至月累计已完工程量（须经监理、跟踪审计单位、发包人审核确认）工程价款的80%；含同期应扣回的工程预付款。

b. 竣工验收合格且备案完成后，承包人按要求提交整套竣工资料、完整的竣工图、结算资料，并提供退回墙改基金等所需的发票及资料后，支付至已完工程量投标造价的85%。

c. 发包人委托的全过程造价咨询单位（或跟踪审计单位）审计完毕后28天内付款至初审定额的90%；经复审或政府部门审计完毕后28天内，付款至结算复审价的95%。如初审后6个月内复审或政府部门审计尚未结束的，先付款至初审定额的93%，待复审或政府部门审计完毕后28天内，付款至结算复审价的95%。

d. 承包人以保修金形式提交质量保修金，工程款余额的5%直接作为保修金；保修金在竣工验收合格满2年后28天内退3%，余额待竣工验收合格满5年后28天内退还（不计息）。

e. 经监理人、跟踪审计人、发包人审核后，联系单部分费用同工程款同比例支付。

f. 工程进度款中同时扣除每月已支付的水费、电费等费用。

(3）安全文明施工费。依据《建设工程工程量清单计价规范》(GB 50500—2013）相关条文规定。

3. 竣工结算

竣工结算是指单位工程或单项建筑安装工程完工后，经建设单位及有关部门验收点交后，按规定程序施工单位向建设单位收取工程价款的一项经济活动。

合同工程完工后，承包人应在经发承包双方确认的合同工程期中价款结算的基础上汇总编制完成竣工结算文件，应在提交竣工验收申请的同时向发包人提交竣工结算文件。

竣工决算是由建设单位编制的反映建设项目实际造价和投资效果的文件。包括了项目从筹建到竣工投产全过程的全部实际支出费用，即建筑安装工程费、设备工器具购置费、预备费、工程建设其他费用等。全面反映竣工项目的实际建设情况和财务情况。

4. 质量保证金

《建设工程工程量清单计价规范》(GB 50500—2013）中，质量保证金是指发承包双方在工程合同中约定或施工单位在工程保修书中承诺，从应付的建设工程合同价款中预留，用以保证承包人在缺陷责任期内履行缺陷修复义务的款项。

(1）质量保证金的提供方式。《建设工程施工合同（示范文本)》(GF—2013—0201）通用合同条款中，承包人提供质量保证金有以下3种方式：

1）质量保证金保函。如宁波市住房和城乡建设委员会《宁波市房屋建筑和市政基础设施工程担保管理办法（试行)》（甬建发〔2014〕17号）规定，承包人在缺陷责任期开始前7天内向发包人提交质量保证金保函，发包人收到质量保证金保函同时退还在合同尾款中扣留的质量保证金。

2）相应比例的工程款。

3）双方约定的其他方式。

（2）质量保证金的扣留方式。

1）在支付工程进度款时逐次扣留，在此情形下，质量保证金的计算基数不包括预付款的支付、扣回以及价格调整的金额。

2）工程竣工结算时一次性扣留质量保证金。

3）双方约定的其他扣留方式。

（3）工程质量保修期限。建设工程的保修期，自竣工验收合格之日起计算。保修期限届满，如未发生修理费用，或只发生部分应由施工单位承担的修理费用，建设单位则应将预留的质量保修金的全部或者余额退还给施工单位，同时连同相应的法定利息一并返还。

（4）质量保修金合同条款摘选。

1）承包人以工程款余额的5%直接作为保修金；保修金在竣工验收合格满2年后28天内退3%，余额待竣工验收合格满年后28天内退还（不计息）。

2）承包人提供质量保修金的方式。结算价款的5%（不计息）。

3）缺陷责任期的具体期限约定；从发包人批准的竣工验收通过之日起计算，24个月，涉及防水工程为5年。

建设项目从筹建到竣工验收整个过程，工程造价不是固定的、静止的和唯一的，是随着工程的进展而由粗到细、由浅到深，最终确定整个过程实际造价的过程。不同阶段工程造价文件的对比见表1.2。

表1.2　　不同阶段工程造价文件的对比

类　别	编制阶段	编制单位	编制依据	用　途
投资估算	可行性研究	建设单位、工程咨询机构	投资估算指标	投资决策
设计概算	初步设计	设计单位	概算定额	控制投资及造价
施工图预算	施工图设计	设计单位、工程咨询机构、施工单位	计价定额	编制招标控制价、投标报价等
招投标价	招投标	承发包双方工程咨询机构	工程量清单计价规范、计价定额或企业定额	确定工程发包价格
施工预算	施工	施工单位	施工定额、施工组织设计	施工企业内部组织管理生产
工程结算	施工	施工单位、工程咨询机构	合同、设计及施工变更资料等	确定工程实际造价
竣工决算	竣工验收	建设单位	合同、竣工结算资料等	确定最终实际投资

1.3.5 合同价款的调整

1. 合同价款调整因素

合同价款调整是指在合同价款调整因素出现后，发承包双方根据合同约定，对合同价款进行变动的提出、计算和确认。

合同价款调整因素主要有法律法规变化、工程变更、项目特征描述不符、工程量清单缺项、工程量偏差、计日工、物价变化、暂估价、不可抗力、提前竣工（赶工补偿）、误期赔偿、索赔、现场签证、暂列金额、发承包双方约定的其他调整事项。

2. 合同价款调整的内容

（1）法律法规变化。施工期间因国家法律、行政法规以及有关政策变化非承包人承担的风险范围，引起的合同价款调整。导致措施费中工程税金、规费等变化，应予调整。

招标工程以投标截止日前28天，非招标工程以合同签订前28天为基准日，次基准日以后，国家法律、法规、规章、政策等发生变化，引起工程税金、规费计算标准变化影响工程其价款，应按省级或行业建设主管部门或其授权的工程造价管理机构发布的规定调整合同价价款。

1）基准日，因为市场经济、法律法规变化是动态的，为了合理划分发承包双方的合同风险，招标文件或施工合同中应当约定一个静态的时间，对于基准日之后发生的、作为一个有经验的承包人在招标投标阶段不可能合理预见的风险，应当由发包人承担。

2）基准价格，一般是指基准日当天所对应月份的由省市工程造价管理机构发布的信息价。发承包双方也可根据工程的实际情况明确其基准价格，并在合同条款中约定。

（2）工程变更引起已标价工程量清单项目或其工程数量发生变化时，应按照下列规定调整。

1）已标价工程量清单中有适用于变更工程项目的，采用该项目的单价；但当工程变更导致该清单项目的工程数量发生变化，且工程量偏差超过15%时，该项目单价应按照规范的相关规定调整。

2）已标价工程量清单中没有适用、但有类似于变更工程项目的，可在合理范围内参照类似项目的单价。

3）已标价工程量清单中没有适用也没有类似于变更工程项目的，由承包人根据变更工程资料、计量规则和计价办法、工程造价管理机构发布的信息价格和承包人报价浮动率提出变更工程项目的单价，报发包人确认后调整。承包人报价浮动率可按下列公式计算：

招标工程：承包人报价浮动率 $L=(1-\text{中标价}/\text{招标控制价})\times100\%$

非招标工程：承包人报价浮动率 $L=(1-\text{报价值}/\text{施工图预算})\times100\%$

【例1.1】 某房建工程合同中约定承包人承担±5%的某钢材价格风险。其清单工程量为125t，承包人投标报价为3840元/t，同时其行业部门发布的钢材价格单价为3800元/t。结算时该钢材价格涨至4000元/t。钢材的结算价款应如何计算？

解： 投标报价为3840元/t，大于基准价格3800元/t，依据清单计价规范中造价信息调整价格差额中规定：当承包人投标报价中材料单价高于基准单价，施工期间材料单价涨幅以投标报价为基础，超过合同约定的风险幅度值时，其超过部分按实调整。

依据约定5%价格风险，则钢材价格在3648～4032元/t之间波动时，钢材价格不调整，一旦低于3648元/t，超过4032元/t，结算价格4000元/t在涨幅风险内，故结算时钢材价格为3840元/t，该钢材的最终结算价款为：3840×125=480000(元)。

【例 1.2】 某工程合同中约定承包人承担±5%的某钢材价格风险。其预算用量为150t，承包人投标报价为 2800 元/t，同时期行业部门发布的钢材价格单价为 2800 元/t。结算时该钢材价格跌至 2600 元/t。请计算该钢材的结算价款。

解： 本题中投标报价等于基准价格，当钢材价格在 2660～2800 元/t 波动时，钢材价格不调整，一旦低于 2660 元/t，超过部分据实调整。

结算时钢材价格为：2800+(2600−2660)=2740(元/t)

该钢材的最终结算价款为：2740×150=411000(元)

【例 1.3】 某工程合同中约定承包人承担±5%的某钢材价格风险。其预算用量为150t，承包人投标报价为 2850 元/t，同时期行业部门发布的钢材价格单价为 2800 元/t。结算时该钢材价格跌至 2600 元/t。请计算该钢材的结算价款。

解： 本题投标报价高于基准价格，施工期间材料单价跌幅以基准单价为基础超过合同约定的风险幅度值时，其超过部分按实调整。当钢材价格在 2660～2800 元/t 波动时，钢材价格不调整，一旦低于 2660 元/t，超过部分据实调整：

结算时钢材价格=2800+(2600−2660)=2740(元/t)

该钢材的最终结算价款=2740×150=411000(元)

4）发生合同工程工期延误的，应按照下列规定确定合同履行期的价格调整。

a. 因非承包人原因导致工期延误的，计划进度日期后续工程的价格，应采用计划进度日期与实际进度日期两者的较高者。

b. 因承包人原因导致工期延误的，计划进度日期后续工程的价格，应采用计划进度日期与实际进度日期两者的较低者。

（3）工程量清单项目、工程量调整。工程量清单、工程施工图是发包人提供的，其准确性、完整性应由发包人负责，工程量清单编制、施工图设计质量造成的风险有以下几方面。

1）工程量清单漏项、项目多列或重复。

2）工程量清单项目数量有误。

3）设计变更引起新增加清单项目或取消清单项目。

4）设计变更引起新增加清单项目数量的增减等。

（4）分部分项工程量清单项目综合单价的调整。发包人提供的工程量清单项目数量因计算错误、设计变更等原因增减工程数量达到合同约定的幅度时，应按合同约定的方式调整单价。

《浙江省建设工程计价规则》（2018 版）中规定：合价金额占合同总价 2%及以上的分部分项清单项目，其工程量增加或减少超过本项工程数量 15%及以上时，或合价金额占合同总价不到 2%的分部分项清单项目，但其工程量增加或减少超过本项目工程数量 25%及以上时，其增加部分工程量或减少后剩余部分工程量的相应单价由承包人参照投标时的报价分析表对原单价重新组价，并按照合理的成本与利润构成的原则提出单价，经发包人审定后，作为结算的依据。

其中“其增加部分工程量”指的是超过本项工程数量 115%或 125%的工程量，如某增加部分工程量超过本项工程数量118%，则可重新组价的工程数量比例为3%。

(5) 价格波动引起的合同价款调整。在招标文件编制、合同签订时，应根据建筑市场要素价格波动情况、施工工期长短，结合拟建工程的实际情况，选择合适的价格调整计算方法。价格波动引起的合同价款调整的计算方法主要有抽料补差调整法、工程造价指数调整法和调值公式法。

概算、预算和结算以及决算都是以价值形态贯穿整个建设过程中，它从申请建设项目，确定和控制工程建设投资，到确定工程建设产品价格，进行工程建设经济管理和施工企业经济核算，最后以决算形成企（事）业单位的固定资产。因此，在一定意义上说，它们是工程建设经济活动的血液，它们构成了一个有机的整体，缺一不可。申请项目要编估算，设计要编概算，招标要编招标控制价，施工要编预算，竣工要做结算和决算。

复习思考题

1. 建设项目如何进行划分？
2. 工程计价有哪些环节？各有什么作用？与建设程序是什么关系？
3. 什么是“两算”对比？什么是“三算”对比？
4. 简述建设项目工程造价形成全过程的内容。
5. 简述目前我国工程计价模式，以及工程量清单计价与定额计价的区别。
6. 不同阶段工程造价文件之间有何差异？

第2章 建设工程定额

2.1 概述

1. 定额的基本概念

(1) 定额是一种规定的额度。广义讲是处理特定事物的数量界限。它是人们根据各种不同的需要，对某一事物规定的数量标准，例如分配领域的工资标准、生产和流通领域的原材料消耗标准、技术方面的设计标准等。在现代社会经济生活和社会生活中，定额已成为人们对社会经济生活中复杂多样的事物进行计划、组织、指挥、协调和控制等一系列管理活动的重要依据。

(2) 定额一般可以划分为生产性定额和非生产性定额两大类，其中生产性定额主要是指在一定生产力水平条件下，完成单位合格产品所必须消耗的人工、材料、机械及资金的数量标准，它反映了在一定的社会生产力水平条件下的产品生产和生产消费之间的数量关系。

(3) 在建筑工程施工中，为了完成单位建筑产品的生产，就必须消耗一定数量的人工、材料、机具、机械台班和资金。这些人力、物力和费用的消耗随着生产条件的变化而变化，因此是各不相同的，在一个产品中，这种消耗越大，则产品的成本越高，在产品价格一定的条件下，企业的盈利就会降低，降低产品生产过程中的消耗有着十分重要的意义，但是这种消耗不可能无限地降低，它在一定的生产条件下，必须有一个合理的数额。根据一定时间的生产水平和产品的质量要求，规定出一个大多数经过努力可以达到的合理的消耗标准，这个标准就称为定额。例如砌 $10m^3$ 砖基础规定：需要 11.16 工日，5.12 千块砖，M5 混合砂浆 $2.58m^3$，灰浆搅拌机 0.32 台班。

(4) 建设工程定额是指在正常的施工条件和合理劳动组织、合理使用材料及机械的条件下，完成单位合格产品所必须消耗资源的生产要素。建设工程定额反映了工程建设投入与产出的关系，它一般除了规定的数量标准以外，还规定了具体的工作内容、质量标准和安全要求等。

2. 定额水平

(1) 定额水平就是规定完成单位合格产品所需消耗的资源数量的多少。

(2) 定额水平高指单位产量提高，消耗降低，单位产品的造价低。定额水平低指单位产量降低，消耗提高，单位产品的造价高。

(3) 定额水平是一定时期社会生产力水平的反映，与社会生产力水平、操作人员的技术水平、机械化程度、新材料、新工艺、新技术的发展与应用、企业的管理水平、社会成员的劳动积极性有关。所以定额不是一成不变的，而是随着生产力水平的发展而变化的。

3. 定额的特性

(1) 定额的科学性。定额的编制是在认真研究客观规律的基础上，遵循客观规律的要求，运用科学的技术测定方法制定的。定额不仅要反映当前社会生产力水平，也要反映今后一段时期的建筑施工企业的社会生产力水平，定额的科学性是定额的基础和生命力。

（2）定额的法令性。定额由被授权部门根据当时的实际生产力水平制定，并颁发提供所属单位使用。在执行范围内任何单位必须遵守执行，不得任意调整和修改。如需进行调整、修改和补充，必须经授权编制部门批准。因此，定额具有经济法规的性质。

（3）定额的群众性。定额是根据当时的实际生产力水平，在大量测定、综合、分析、研究实际生产中的有关数据和资料的基础上制定出来的，因此它具有广泛的群众性。

（4）定额的相对稳定性。定额水平的高低，是根据一定时期社会生产力水平确定的。当生产条件发生了变化时，技术水平提高，原定额已不适应了，在这种情况下，授权部门应根据新的情况制定出新的定额或补充原有的定额。但是社会的发展有其自身的规律，有一个量变到质变的过程，而且定额的执行也有一个时间过程，所以每一次制定的定额必须是相对稳定的，否则会伤害群众的积极性。

（5）定额的针对性。

1）一种产品（或者工序）一项定额，而且一般地说不能互相套用。

2）一项定额，它不仅是该产品（或工序）的资源消耗的数量标准，而且还规定了完成该产品（或工序）的工作内容、质量标准和安全要求。

4. 建筑工程定额分类

（1）按照生产要素分类。任何工农业产品的生产都离不开生产要素，生产要素包括劳动者、劳动手段和劳动对象，反映其消耗的定额就分为劳动消耗定额、机械消耗定额和材料消耗定额 3 种。

1）劳动消耗定额（简称劳动定额）是指完成单位合格产品（工程实体或劳务）所规定的活劳动消耗的数量标准，包括时间定额和产量定额两种表现形式。

2）机械消耗定额（简称机械定额）是指为完成单位合格产品（工程实体或劳务）所规定的施工机械消耗的数量标准，包括时间定额和产量定额两种表现形式。

3）材料消耗定额（简称材料定额）是指完成单位合格产品所必须消耗的各类材料的数量标准。

（2）按照编制程序和用途分类。

1）工序定额是编制其他各类工程定额的基础依据，它是以工序为标定对象编制的计量性定额。例如钢筋工程可划分为调直、除锈、剪切、弯曲、运输、绑扎等工序定额。工序定额比较琐碎，一般多用于编制施工定额和预算定额，其他情况下很少直接使用。

2）施工定额：是工程建设定额中分项最细、定额子目最多的一种定额，也是工程建设定额中的最基础定额，是编制预算定额的基础。

3）预算定额是编制概算定额和估算指标的基本依据，是以各分部分项工程为标定对象编制的计价性定额。它是由政府工程造价主管部门为监督和调控工程造价，综合考虑施工企业的整体情况，以施工定额为基础组织编制的，是我国目前使用最普遍和最重要的一类定额，也是本课程学习的核心。

4）概算定额是在预算定额基础上的综合和扩大，是以扩大结构构件、分部工程或扩大分项工程为标定对象编制的计价性定额。它主要用于编制设计概算、进行设计方案技术经济比较分析，也可以作为确定劳动力、材料、机械台班需要量的依据。

5）投资估算指标是比概算定额更为综合、扩大的指标，是以整个房屋或构筑物为标定对象编制的计价性定额。它是在各类实际工程的预算和决算资料的基础上通过技术分析和统计分析编制而成的，主要用于编制投资估算和设计概算，进行投资方案和设计方案的技术经济分析，考核建设成本。

（3）按照管理权限和适用范围分类。工程建设定额可划分为全国统一定额、行业统一定额、地区统一定额、企业定额和补充定额 5 种。

1）全国统一定额指由国家建设行政主管部门制定发布，在全国范围内执行的定额。例如全国统一建筑工程基础定额，全国统一安装工程预算定额等。

2）行业统一定额指由国务院行业行政主管部门制定发布的，一般只在本行业和相同专业性质的范围内使用的定额。这种定额往往是专业较强的工业建筑安装工程制定的，例如冶金工程定额、水利工程定额、铁路或公路工程定额等。

3）地区统一定额包括一般地区适用的建筑工程预算定额、概算定额、园林定额等。

4）企业定额指由施工企业根据自身的具体情况（包括企业的管理水平、技术水平和机械装备能力等）制定的，只在企业内部范围内使用的定额。企业定额是企业从事生产经营活动的重要依据，也是企业不断提高生产管理水平和市场竞争能力的重要标志，其水平一般应高于国家和地区的现行定额。

5）补充定额指随着设计和施工生产技术的发展，在现行定额不能满足实际需要的情况下，有关部门为了补充现行定额中缺项部分进行的修改、调整和补充制度。一方面，经甲乙双方协商同意并报当地造价管理部门批准，只能在规定的工程上使用的补充定额为临时定额；另一方面，由当地造价管理部门针对现行定额的错漏和实际变化之处进行调整和补充的定额，统一补充制定颁布，作为现行定额的必要组成部分。

（4）按照专业分类。工程项目按专业划分为 33 类，与之相适应，工程建设定额一般可划分为建筑工程定额、安装工程定额、公路工程定额、铁路工程定额、市政工程定额、园林绿化工程定额和井巷工程定额等多种专业定额类别。其中建筑工程定额是工程建设定额的重要组成部分，主要是指建筑施工企业从事建筑工程施工生产活动的人、机、材的消耗量和费用标准等。

（5）按费用分类。建设工程造价一般包括建筑安装工程费用、工器具和生产家具的购置费用、工程建设的其他费用、预备费用和固定资产投资调节税等，工程建设定额与之对应按照工程费用的构成可划分为直接费定额、其他直接费定额、间接费定额、工器具定额、工程建设其他费用定额等。

2.2 施　工　定　额

2.2.1 施工定额的概念

（1）施工定额是施工企业内部的生产定额，也是直接用于建筑施工管理的定额，它是编制施工预算实行内部经济核算的依据，是编制建筑工程施工组织设计的依据，是制定预算的定额的基础资料。

施工定额由劳动定额、材料消耗定额和施工机械台班使用定额 3 部分组成。

(2) 施工定额水平是指定额规定的劳动力、材料和施工机械的消耗标准多少。消耗量越少，说明定额水平越高；反之消耗量越多，说明定额水平越低。施工定额水平的确立必须符合平均先进的原则，也就是说，在正常的施工（生产）条件下，在相同条件下，大多数人员经过努力可以达到或超过、少数人可以接近的水平。

2.2.2 劳动定额及其制定

(1) 劳动定额的概念。劳动定额也称人工定额，它是在正常的施工技术组织条件下，完成单位合格产品所必需的劳动消耗量标准。这个标准是国家和企业对工人在单位时间内完成产品数量、质量的综合要求。

劳动定额由于其表现形式不同，可分为时间定额和产量定额两种。

1) 时间定额就是某种专业、某种技术等级工人班组或个人，在合理的劳动组织和合理使用材料的条件下，完成单位合格产品必需的工作时间。时间定额以工日为单位，每 1 个工日按 8h 计算。其计算公式如下：

$$单位产品的时间定额(工日)=\frac{1}{每工产量}$$

$$单位产品的时间定额(工日)=\frac{小组成员工日数总和}{小组完成产品数量}$$

2) 产量定额就是在合理的劳动组织和合理使用材料的条件下，某种专业，某种技术等级的工人班组或个人在单位时间工日中所完成的合格产品的数量。产量定额的计量单位有：米（m）、平方米（m^2）、吨（t）、块、根、件、扇等，其计算公式如下：

$$产量定额=\frac{1}{单位产品时间定额}$$

3) 时间定额与产量定额互为倒数，即

$$时间定额=\frac{1}{产量定额}$$

建筑安装工程的劳动定额可按分数表示为$\frac{时间定额}{产量定额}$。

(2) 制定劳动定额的基本原则：平均先进和定额结构形式要简明适用原则。

(3) 制定劳动定额的主要依据：劳动保护制度、范类和技术测定及统计资料。

(4) 制定劳动定额的方法主要有经验估工法、统计分析法、比较类推法、技术测定计算法等几种。

2.2.3 材料消耗定额及其制定

1. 材料消耗定额的概念

(1) 材料消耗是指在合理和节约使用材料的条件下，生产单位合格产品所必须消耗的一定规格的材料、成品、半成品和水电等资源的数量标准。

(2) 主要材料消耗定额包括直接使用在工程上的材料净用量和在施工现场内搬运的合理损耗以及操作过程中不可避免的废料和损耗。

所以单位合格产品中某种材料的消耗量等于该材料的净耗量和损耗量之和，即

$$材料消耗量=净耗量+损耗量$$

净耗量是用于合格产品上的实际用量。

计入材料消耗定额内的损耗量，应是在采用规定材料规格、先进操作方法和正确选用材料品种的情况下的不可避免的损耗量。材料的损耗量的多少，常用损耗率来表示，建筑工程主要材料损耗率详见《浙江省建筑工程预算定额》(2010版）下册附录三建筑工程主要材料损耗率取定表。

$$材料消耗量=\frac{净耗量}{1-损耗率}$$

产品中的材料净耗量可以根据产品的设计图纸计算求得，只要知道了某种产品的某种材料的损耗率，就可以计算出该单位产品的材料消耗量。

2. 材料消耗定额的作用

材料是完成产品的物化劳动过程的物质条件。在建筑工程产品中，所用的材料品种繁多，耗用量大，在一般的工业与民用建筑中，材料费用占整个工程造价的60%～70%，因此，合理使用材料，降低材料消耗，对于降低工程成本具有举足轻重的意义。材料消耗定额就是材料消耗的数量标准，它是企业管理中加强经济核算的一项重要工具。

3. 材料消耗定额的制定方法

（1）直接性消耗材料定额的制定，根据工程需要直接构成消耗材料，为直接性消耗材料。

在施工中直接消耗材料可分为两类：①在节约与合理使用材料的条件下，完成合格产品所必须消耗的材料数量；②不可避免的材料损失。材料消耗定额不应包括可以避免的材料损失。

（2）制定材料消耗定额有两种方法：①参照预算定额材料部分逐项核查选用；②自行编制材料消耗定额。其基本方法有观察法、试验法、统计法和计算法。

1）观察法也称施工实验法，就是在施工现场，对生产某一产品的材料消耗量进行实际测算。通过产品数量、材料消耗量和材料的净耗量的计算，确定该单位产品的材料消耗量或损耗率。

2）试验法也称为实验室法，是在实验室内进行观察和测定工作。这种方法主要用于研究材料强度与各种材料消耗的数量关系，以获得多种配合比。以此为基础计算出各种材料的消耗数量。例如确定混凝土的配合比，然后计算出每立方米混凝土中的水泥、砂、石、水的消耗量。

试验法的优点是能更深入、更详细地研究各种因素对材料消耗的影响，其缺陷是没有估计到或无法估计到在施工中某些因素对材料消耗的影响。

3）统计法也称统计分析法，它是以现场积累的分部分项工程拨付材料数量，完成产品数量、完成工作后材料的剩余数量的统计资料为基础，经过分析，计算出单位产品的材料消耗量的方法。

此法比较简单易行，不需要组织专人测定或试验。但是其准确程度受统计资料和实际使用材料的影响，所以要注意统计资料的真实性和系统性，要有准确的领退料统计数字和完成工程量的统计资料，同时要有较多的统计资料作为依据，统计对象也应加以认真选择。

4）计算法也称理论计算法，它是根据施工图纸和建筑构造要求，用理论公式算出产品的净耗材料数量，从而制定材料的消耗定额。

计算法主要用于块、板类建筑材料（如砖、钢材、玻璃、油毡等）的消耗定额。

例如，用标准砖（长240mm、宽115mm、厚53mm）砌筑1m³不同厚度的砌体的砖和砂浆的净耗量，可用以下公式计算：

设1m³砖砌体净用量中，标准砖为A块，砂浆为Bm³，则

$$1\text{m}^3\text{砖砌体净用量}=A\times\text{一块砖带砂浆体积}$$

则1m³砖砌体砖的净块数为

$$A=\frac{\text{表示墙厚的砖数}\times 2}{(240+10)\times(53+10)\times\text{墙厚}}$$

则1m³砖砌体砖的损耗量为

$$1\text{m}^3\text{砖砌体砖的损耗量}=\frac{A}{1-\text{砖的损耗率}}$$

则1m³砖砌体中砂浆的净用量为

$$B=1-A\times 0.24\times 0.115\times 0.053$$

砂浆的消耗量为

$$\text{砂浆的消耗量}=\frac{B}{1-\text{砂浆损耗率}}$$

如果已知砖和砂浆的损耗率，则1m³砖砌体的消耗量分别为

$$\text{砖的消耗量(块)}=\frac{\text{砖的净耗量}}{1-\text{砖的损耗率}}$$

$$\text{砂浆的消耗量}(\text{m}^3)=\frac{\text{砂浆的净耗量}}{1-\text{砂浆的损耗率}}$$

式中所列的材料损耗率根据有关规定或现场观察资料确定。

4. 周转性材料的消耗量

在建筑工程施工中，除了构成产品实体的直接性消耗材料外，还有另一类周转性材料。周转性材料是指在施工中不是一次性消耗的材料，它是随着多次使用而逐渐消耗的材料，在使用过程中不断补充、多次重复使用。如脚手架、挡土板、临时支撑、混凝土工程的模板等。因此，周期性材料的消耗量，应按照多次使用、分次摊销的方法进行计算。

周转性材料使用一次，在单位产品上的消耗量，称为摊销量。周转性材料的摊销量与周转次数有直接关系。

（1）现浇结构模板摊销量的计算。按建筑安装工程定额，其计算公式如下：

$$\text{摊销量}=\text{周转使用量}-\frac{\text{回收量}\times\text{回收折价率}}{1+\text{间接费率}}\text{，用于施工图预算定额}$$

$$\text{摊销量}=\text{周转使用量}-\text{回收量，用于施工定额}$$

1）周转使用量。

$$\text{周转使用量}=\frac{\text{一次使用量}+\text{一次使用量}\times(\text{周转次数}-1)\times\text{损耗率}}{\text{周转次数}}$$

$$=\text{一次使用量}\times\left[\frac{1+(\text{周转次数}-1)\times\text{损耗率}}{\text{周转次数}}\right]$$

2）回收量。

$$回收量=\frac{一次使用量-一次使用量\times损耗率}{周转次数}=一次使用量\times\frac{1-损耗率}{周转次数}$$

3）一次使用量。所谓一次使用量是指周转性材料为完成产品每一次生产时所需用的材料数量。

4）损耗率。是指周转性材料使用一次后因损坏不能重复使用数量占一次使用量的损耗百分数。

5）周转次数。是指新的周转材料从第一次使用（假定不补充新料）起，到材料不能再使用时的使用次数。

（2）影响周转性材料使用次数（周转次数）的主要因素有材料的坚固程度、材料的形式和材料的使用寿命。如金属材料比木质材料的周转次数多；工具式的比非工具式的周转次数多；定型的比非定型的周转次数多，有的甚至大几倍、几十倍。如金属模板的周转次数一般都在100次以上，而木模板的周转次数都在6次或6次以下。

（3）周转次数的确定方法。确定某一种周转性材料的周转次数，是制定周转性材料消耗定额的关键，但它不能用计算的方法确定，而是采用长期的现场观察和大量的统计资料用统计分析法确定。

【例2.1】 某工程现浇钢筋混凝土梁，查施工材料消耗定额得知10m^{3}需一次使用模板料1.775m^3，支撑料2.475m^3。周转6次，每次周转损耗15%，计算施工定额摊销量是多少。

解：

$$模板回收量=\frac{1.775-(1.775\times15\%)}{6}=0.2515(m^3)$$

$$支撑回收量=\frac{2.475-(2.475\times15\%)}{6}=0.3506(m^3)$$

$$模板周转使用量=1.775\times\left[\frac{1+(6-1)\times15\%}{6}\right]=0.5178(m^3)$$

$$支撑周转使用量=2.475\times\left[\frac{1+(6-1)\times15\%}{6}\right]=0.7219(m^3)$$

$$模板摊销量=0.5178-0.2515=0.2663(m^3)$$

$$支撑摊销量=0.7219-0.3506=0.3713(m^3)$$

（4）预制钢筋混凝土构件模板计算方法。预制钢筋混凝土构件模板虽然也是多次使用，反复周转，但与现浇构件计算方法不同，预制钢筋混凝土构件是按多次使用平均摊销的计算方法，不计算每次周转损耗率（即补充损耗率）。因此计算预制构件模板摊销量时，只需要确定其周转次数，按图纸计算出模板一次使用量后，摊销量按下列公式计算：

$$摊销量=\frac{一次使用量}{周转次数}$$

【例2.2】 预制钢筋混凝土柱，每 $10m^3$ 混凝土模板一次使用量为 $10.20m^3$，周转25次，计算摊销量。

解：摊销量 $=\frac{10.20}{25}=0.408(m^3)$，则钢筋混凝土柱模板摊销量为 $0.0408m^3$。

2.2.4 机械台班使用定额及其制定

1. 机械台班使用定额的概念

(1) 定义。在建筑施工中，有些工程项目是由人工完成的，有些是由机械完成的，有些则由机械和人工共同完成。在人工完成的产品中所必需消耗的时间就是人工时间定额。由机械完成的或由人工完成的产品，就是一个完成单位合格产品机械所消耗的工作时间。

在合理使用机械和合理的施工组织条件下，完成单位合格产品所必须消耗的机械台班数量的标准，就称为机械台班消耗定额，也称为机械台班使用定额。

一台机械工作一个工作班（即8h）称为一个台班，如两台机械共同工作一个工作班，或者一台机械工作两个工作班，则称为两个台班。

(2) 机械台班使用定额的表示形式。

1) 机械时间定额就是在正常的施工条件和劳动组织的条件下，使用某种规定的机械完成单位合格产品所必须消耗的台班数量。即

$$\text{机械时间定额}=\frac{1}{\text{机械台班产量定额}}(\text{台班})$$

2) 机械台班产量定额。就是在正常的施工条件和劳动组织条件下，某种机械在一个台班时间内必须完成的单位合格产品的数量。即

$$\text{机械台班产量定额}=\frac{1}{\text{机械时间定额}}$$

所以，机械的时间定额与机械台班产量定额之间互为倒数。

3) 机械和工人共同工作时的人工定额。

$$\text{时间定额}=\frac{\text{机械台班内工人的工日数}}{\text{机械的台班产量}}$$

$$\text{机械台班产量定额}=\frac{\text{机械台班内工人的工日数}}{\text{时间定额}}$$

【例2.3】 用6t塔式起重机吊装某种混凝土构件，由1名吊车司机、7名安装起重工、2名电焊工组成的综合小组共同完成。已知机械台班产量定额为40块，试求吊装每一块构件的机械时间定额和人工时间定额。

解：(1) 吊装每一块混凝土构件的机械时间定额。

$$\text{机械时间定额}=\frac{1}{\text{机械台班产量定额}}=\frac{1}{40}=0.025(\text{台班})$$

(2) 吊装每一块混凝土构件的人工时间定额。

1）分工种计算。

$$吊装司机时间定额=1\times 0.025=0.025(工日)$$

$$安装起重工时间定额=7\times 0.025=0.178(工日)$$

$$焊工时间定额=2\times 0.025=0.050(工日)$$

2）按综合小组计算。

$$人工时间定额=(1+7+2)\times 0.025=0.25(工日)$$

或

$$人工时间定额=\frac{1+7+2}{40}=\frac{10}{40}=0.25(工日)$$

2. 机械的工时分析

(1) 正常施工条件拟定，主要根据机械施工过程的特点，并充分考虑机械性能及装置的不同。这是拟定机械消耗定额的一个非常主要的影响因素。

(2) 机械定额工作时间，按其与生产产品的关系，可分为与生产产品有关的时间和与生产产品无关的时间两部分。

定额工作时间是机械为完成产品所必须消耗的时间，所以称为“有关时间”，一般机械施工过程的定额时间归并为净工作时间和其他工作时间两大类。

1）净工作时间指工人利用机械对劳动对象进行加工，用于完成基本操作所消耗的时间，它与完成产品的数量成正比，主要包括以下几种。

a. 机械的有效工作时间指机械直接为完成产品而工作的时间。不论是机械在正常负荷下的工作时间，还是降低负荷下的工作时间。此外，还包括为完成产品而进行的准备工作时间和结束工作时间。如开机前的试运转、加油、检查等准备工作时间，以及停机后机械的就位、清洗工作等结束工作时间。

b. 机械在工作循环中不可避免的无负荷（空运转）时间，如运输汽车的空车返回时间。

c. 与操作有关的、循环的、不可避免的中断时间。这是指机械在生产循环中，因为工艺上或技术组织上的原因而发生停机的时间。如运输汽车在等待装卸时的时间，机床在完了一个零件的切削工作后，停机卸下工件，并装上新工件的时间。

2）其他工作时间指除了净工作时间以外的定额时间，主要有以下几种。

a. 机械定期的无负荷时间和定期的不可避免的中断时间。

b. 机械操纵或配合机械工作的工人，在进行工作班内或任务内的准备与结束工作时所造成的机械不可避免的中断时间。

c. 操纵机械或配合机械工作的工人休息所造成的机械不可避免的中断时间。

3. 机械台班产量

机械台班产量（$N_{台班}$）等于该机械净工作 1h 的生产率（N_h）乘以工作班的连续时间 T（一般都是 8h），再乘以台班时间利用系数（K_B），即

$$N_{台班}=N_h T K_B$$

对于某些一次循环时间大于 1h 的机械施工过程，不必先计算净工作 1h 的生产率，可以直接用一次循环时间（t）求出台班循环次数（T/t），再根据每次循环的产品数量（m）

确定其台班产量定额。其计算公式如下：

$$N_{台班}=\frac{T}{t}mK_{B}$$

【例 2.4】 某基坑采用挖斗容量为 0.5m³ 的反铲挖掘机挖土，已知该挖掘机铲斗充盈系数为 1.0，每循环一次时间为 2min，机械利用系数为 0.80。试计算该挖掘机台班产量定额。

解：(1) 机械一次循环时间为 2min。

(2) 机械纯工作 1h 循环次数为：60/2=30(次)。

(3) 机械纯工作 1h 正常生产率为：$30\times0.5\times1=15(m^3/h)$。

(4) 机械正常利用系数：0.80。

(5) 挖掘机台班产量为 $15\times8\times0.80=96(m^3/台班)$。

2.3 预算定额

2.3.1 预算定额的概念和作用

预算定额是在正常施工条件下，确定完成一定计量单位分项工程或结构构件的人工、材料、施工机械台班和费用消耗的数量标准，它是由国家主管机关或其授权单位编制的，是一种法定性指标。

在建设工程中，预算定额和单位估价表在建筑安装工程预算制度中是极为重要的，其主要作用如下：

(1) 预算定额是编制施工图预算、招标控制价的基本依据。

(2) 预算定额是对设计方案进行技术经济比较，对新结构、新材料进行技术经济分析的依据。

(3) 预算定额是编制施工组织设计时，确定劳动力、建筑材料、成品、半成品和建筑机械需要量的标准。

(4) 预算定额是拨付工程价款和工程决算的依据。

(5) 预算定额是编制概算定额的基础。

2.3.2 预算定额和施工定额的区别与关系

预算定额以施工定额为基础。由于这两种定额的作用不同，因此在定额水平项目包括的工作内容，项目的计量单位就可能不一样。施工定额考虑的是施工中的特殊情况，预算定额考虑的是施工中的一般情况，预算定额实际所包括的因素要比施工定额多，需要保留一个合理的幅度差。施工定额主要体现的是施工企业的施工技术和管理水平，消耗量都水平较高(即定额的人才机含量都比预算定额少)，一般都会高于行业标准，而预算定额体现的是国家或者地区的平均水平（定额的人才机含量都会多于施工定额的)，标准要低于施工定额的。

所谓幅度差，是指在正常施工条件下，施工定额未包括而在施工过程中又可能发生而增加的附加定额。

1. 确定劳动消耗指标时要考虑的因素

(1) 工序搭接的停歇时间。

(2) 机械的临时维护、小修、移动发生的不可避免的停工损失。

(3) 工程检查所需的时间。

(4) 细小的难以测定的不可避免的工序和零星用工所需的时间等。

2. 确定机械台班消耗指标时要考虑的因素

(1) 机械在与小量手工操作的工作配合中不可避免的停歇时间。

(2) 在工作班内机械变换位置所引起的难以避免的停歇时间和配套机械相互影响的损失时间。

(3) 机械临时性维修和小修引起的停歇时间。

(4) 机械的偶然性停歇，如临时停水、停电所引起的工作间歇。

(5) 施工开始和结束时由于施工条件和工作不饱和所损失的时间。

(6) 工程质量检查影响机械工作损失的时间。

3. 确定材料消耗指标时考虑的因素

由于材料质量不符合标准和材料数量不足，对材料耗用量和加工费的影响，这些不是由于施工企业的原因造成的。

2.3.3 预算定额编制的原则、依据

1. 预算定额的编制原则

(1) 技术先进，经济合理。定额中的各项数据应符合技术先进经济合理原则，促进施工企业采用先进施工方法，改善企业管理，节约开支，降低成本，用社会平均必要劳动量（平均生产成本）确定定额水平，每次修改和编制定额时，预算定额水平应略高于正常年份已经达到的实际水平。

(2) 简明适用，严谨准确。定额项目的划分要简明扼要，使用方便。同时要求结构严谨，层次清楚，各种指标应尽量定死，少留活口，避免执行中的争议。

2. 预算定额的编制依据

(1) 国家及有关部门的有关制度和规定。

(2) 现行的全国通用的设计规范、施工及验收规范、质量评定标准和安全技术规程。

(3) 施工定额，国家过去颁发的预算定额和各省（自治区、直辖市）现行预算定额的编制基础资料。有代表性的、质量较好的补充单位估价表。

(4) 有关科学实验、测定、统计和经验分析资料、新技术、新结构、新材料和先进经验资料。

(5) 现行的人工工资标准和材料预算价格，施工机械台班预算价格。

2.3.4 预算定额编制的方法和步骤

1. 确定各项目的名称、工作内容及施工方法

确定工程项目时，应便于计算工程所需的工料和费用；便于简化预算编制程序；便于进行技术经济分析和施工中的计划、统计、经济核算的工作开展。在编制预算定额时，根据编制预算定额的有关资料，参照施工定额分项项目，进一步综合确定预算定额的名称、

工作内容和施工方法，使编制的预算定额简明适用。同时，还要使施工定额和预算定额两者之间协调一致，并可以比较，以减轻编制预算定额的工作量。

2. 确定预算定额的计量单位

预算定额的计量单位应与工程项目内容相适应，应能反映分项工程最终产品形态和实物量，使用方便。

计量单位一般根据结构构件或分项工程的特征及变化规律来确定。若物体有一定厚度，而长度和宽度不定时，采用面积为单位，如木制作、屋面、楼地面、装饰工程等；若物体的长、宽、高均不一定时，则采用体积或容积为单位，如土方、砖石、混凝土及钢筋混凝土制作工程等；若物体断面形状大小固定，则采用延长米为计量单位，如管道等。

计量单位与小数位数的取定如下：

人工：工日，取 2 位小数；单价：元，取 2 位小数。

主要材料及半成品：木材，立方米（m^3）；钢材及钢筋，吨（t），取 3 位小数；水泥、石灰，千克（kg），取 1 位小数；混凝土，立方米（m^3），取 2 位小数，其他材料一般取 2 位小数，其他材料费，元，取 2 位小数。

机械台班，台班，取 2 位小数。

取位后的数字按四舍五入规则处理。定额单位扩大时，采用原单位的倍数，如砖砌体、混凝土以 $10m^3$ 处理；楼地面、天棚以 $100m^2$ 处理等。

3. 定额消耗量指标的确定

（1）人工消耗指标的内容。

1）基本用工，指完成分项工程的主要用工量。例如，各种墙体工程中的砌砖、调制砂浆，以及运输砖和砂浆的用工量。预算定额是综合性定额，包括工程内容较多，工效也不一样。例如，包括在墙体工程中的门窗洞口、墙内烟囱孔、弧形及圆形石旋、垃圾道、预留抗震柱孔等工作内容，这些需要另外增加用工量，这种综合在定额内的各种用工量也属于基本用工，单独计算后加入基本用工中去。

2）超运距用工是指预算定额规定的材料场内运输距离比劳动定额规定的场内运输距离大而引起的材料超运距用工。

3）辅助用工是指在施工中发生的，而在施工定额中又未包括的材料加工用工。例如筛砂子、淋石灰等增加的用工数量。

4）人工幅度差是指在确定人工消耗量指标时，在劳动定额中未包括而在一般正常施工情况下又不可避免发生的一些零星用工因素。

人工消耗量指标＝基本用工＋其他用工
＝基本用工＋辅助用工＋超运距用工＋人工幅度差用工
＝(基本用工＋辅助用工＋超运距用工)×(1＋人工幅度差系数)

（2）材料消耗量指标的确定，是指在正常施工条件下，合理使用材料，完成单位合格产品所必须消耗的各种材料、成品、半成品的数量标准。材料消耗定额中有主要材料、次要材料和摊销材料，计算方法和表现形式也有所不同。主要材料消耗量指标包括主要材料净用量和材料损耗量，主要材料净用量是结合分项工程的构造作法，综合取定的工程量及有关资料确定的。其计算方法有观察法、试验法、统计法和计算法 4 种。

1）材料损耗量计算，材料损耗量是指建筑材料、成品、半成品在场内（工地工作范围内）的运输损耗和施工损耗。损耗量是以损耗率表示的，其数值按平均先进水平确定。损耗量包括：①由工地仓库、现场堆放地点或施工现场加工地点到施工操作地点的运输损耗；②施工操作地点的堆放损耗；③操作时的损耗。

损耗量不包括材料二次搬运和规格改装的加工损耗，场外运输损耗包括在材料预算价格内。

2）次要材料的消耗量的确定。在定额中用量不多，价值不大的材料称次要材料，如吊装工程中用的麻袋、缆车用的钢丝、花篮螺丝、麻、棕绳、氧气、电石等。采用估算等方法计算其使用量，将此类材料的费用合并为一个“其他材料费”项目，其计量单位用“元”表示。

3）周转性材料消耗量的确定。周转性材料是指在施工过程中多次使用周转的工具性材料。如混凝土工程中的模板、脚手架、挖土方工程的挡土板等。周转性材料采用多次使用、分次摊销的办法计算。消耗量指标有一次使用量、摊销量。

【例 2.5】 一砖墙分项工程，经测定计算，每 10m³ 墙中梁头、板头体积为 0.28m³，预留孔洞体积 0.063m³，突出墙面砌体 0.0629m³，砖过梁 0.4m³，请计算出每 10m³ 墙体的标准砖及砂浆净用量。

解：

$$\text{标准砖}=\frac{2\times\text{墙厚的砖数}}{\text{墙厚}\times(\text{砖长}+\text{灰缝})\times(\text{砖厚}+\text{灰缝})}\times(10-0.28)$$

$$=\frac{2\times1}{0.24\times(0.24+0.01)\times(0.053+0.01)}\times9.72$$

$$=529.1\times9.72=5143(\text{块})$$

$$\text{砂浆}=(1-\text{砖数}\times\text{每块砖体积})\times(10-0.28)$$

$$=(1-529.1\times0.24\times0.115\times0.053)\times9.72$$

$$=0.226\times9.72=2.197(\text{m}^3)(\text{取 }2.2\text{m}^3)$$

在砂浆中有主体砂浆和附加砂浆之分。附加砂浆是指砌钢筋砖过梁、砖石旋部位所用的强度等级较高的砂浆，综合取定砖过梁占墙体的 4%，因此：

附加砂浆为：$2.2\times4\%=0.088(\text{m}^3)$

主体砂浆为：$2.2-0.088=2.112(\text{m}^3)$

（3）机械台班消耗定额又称机械台班使用定额，是指在合理使用机械和合理施工组织条件下，完成单位合格产品所必须消耗的机械台班数量的标准。预算定额中的机械台班消耗量定额是以台班为单位计算的。一台机械工作 8h 为一个“台班”。大型机械、中小型机械和分部工程的专用机械，其台班消耗定额的计算方法和机械幅度差是不相同的。

机械台班机械幅度差是指在正常施工条件下，施工定额中所规定的范围内没有包括，而在实际施工过程中又可避免产生的影响机械或使机械停歇的时间。其内容包括：

1）施工机械转移工作面及配套机械互相影响损失的时间。

2）在正常施工条件下，机械在施工中不可避免的停歇时间。

3）工程质量检查影响机械工作损失的时间。

4）机械的偶然性停歇，如临时停水、停电所引起的工作间歇。

5）施工开始和结束时由于施工条件和工作不饱和所损失的时间。

（4）确定人工、材料、机械台班单价。详见第4章相关内容。

2.3.5　预算定额简介

预算定额由目录、总说明、分部工程说明和分项工程及工程量计算规则与计算方法、定额项目表、附录等组成。

（1）总说明综合说明定额的编制原则、指导思想、编制依据、适用范围以及定额的作用等，也说明编制定额时已经考虑和没有考虑的因素与有关规定和使用方法。因此，在使用定额时首先应了解这部分内容。

（2）分部工程说明。主要说明该分部的工程内容和该分部所包括的工程项目、工作内容及主要施工过程，工程量计算方法以及计算单位、尺寸及其范围。应扣除和应增加的部分，以及计算附表。这部分是工程量计算的基础，必须全面掌握。

（3）定额项目表是预算定额的主要组成部分。在定额项目表中人工是以工种、工日数及合计工日数表示，工资等级按总（综合）平均等级编制，材料栏内只列主要材料消耗量，零星材料以“其他材料费”表示。有的分部工程列出施工机械台班数量。在定额项目中还列有根据取定的工资标准及材料预算价格等分别计算出的人工、材料、施工机械的费用及其汇总的基价（即综合单价），这就是单位估价表部分，有的定额项目表下部还列有附注，说明设计有特殊要求时，怎样调整定额，以及其他应说明的问题。

（4）附录、附件或附表。有建筑机械台班费用定额表、各种砂浆、混凝土配合比表；建筑材料、成品、半成品场内运输及操作损耗系数表；建筑材料预算价格取定表。

2.3.6　单位估价表的编制

（1）单位估价表（又称工程预算单价表）是确定定额计量单位分项工程与结构构件的人工、材料、机械费用的标准，即工程直接费用的标准，它是预算定额的货币表现。

为了便于施工图预算的编制、简化单位估价表的编制工作，一般多采用预算定额与单位估价表合并形式来编制预算定额手册，即预算定额手册不仅列有预算定额规定的人工、材料、机械消耗量（“三种量”），而且列有地区统一的人工、材料、机械费单价（“三种价”），使预算定额与单位估价表合二为一。

（2）预算定额项目表说明。用M10.0干混砌筑砂浆砌10m³一砖厚混凝土实心墙基础，其预算基价是4078.04元/10m³，见表2.1。

表2.1　　混凝土实心砖基础

工作内容：清理基槽，调制、运砂浆，运、砌砖。　　计算单位：10m³

定额编号	4-1	4-2	4-3
项目	混凝土实心砖基础		
	墙厚		
	1砖墙	1/2砖墙	190
基价/元	4078.04	4485.86	4788.98

续表

其中	人工费/元			1051.65	1502.55	1274.40
	材料费/元			3004.10	2964.31	3490.55
	机械费/元			22.29	19.00	24.03
名　称		单位	单价/元	消　耗　量		
人工	二类人工	工日	135.00	7.790	11.130	9.440
材料	混凝土实心砖 240×115×53 MU10	千块	388.00	5.290	5.550	—
	干混砌筑砂浆 DM M10.0	m^3	413.73	2.300	1.960	2.470
	混凝土实心砖 190×90×53 MU10	千块	296.00	—	—	8.340
机械	干混砂浆罐式搅拌机 20000L	台班	193.83	0.115	0.098	0.124

其中：人工费 1051.65 元，材料费为 3004.10 元，机械费为 22.29 元。

人工费计算：$10m^3$ 一砖厚混凝土实心砖基础用工 7.790 工日，工资标准为 135 元/工日。

人工费＝7.790×135＝1051.65(元)

材料费计算：$10m^3$ 一砖厚混凝土实心砖基础材料消耗量为 5.290 千块混凝土实心砖，$2.300m^3$ M10.0 干混砌筑砂浆；材料单价为混凝土实心砖 388.00 元/千块，M10.0 干混砌筑砂浆 413.73 元/m^3。

合计材料费＝5.290×388.00＋2.300×413.73＝3004.10(元)

机械费计算：$10m^3$ 一砖厚混凝土实心砖基础机械消耗量为 20000L 干混砂浆罐式搅拌机 0.115 台班；20000L 干混砂浆罐式搅拌机台班单价为 193.83 元/台班。

合计机械费＝0.115×193.83＝22.29(元)

2.4 概算定额与概算指标

2.4.1 建筑工程概算定额

1. 概算定额的概念

概算定额，是在预算定额基础上，确定完成合格的单位扩大分项工程或单位扩大结构构件所需消耗的人工、材料和机械台班的数量标准，所以概算定额又称作扩大结构定额。

概算定额是预算定额的合并与扩大。它将预算定额中有联系的若干个分项工程项目综合为一个概算定额项目。如砖基础概算定额项目，就是以砖基础为主，综合了平整场地、挖地槽、铺设垫层、砌砖基础、铺设防潮层、回填土及运土等预算定额中项工程项目。又如砖墙定额，就是以砖墙为主，综合了砌砖、钢筋混凝土过梁制作、运输、安装、勒脚，内外墙面抹灰，内墙面刷白等预算定额的分项工程项目。

概算定额与预算定额的相同之处在于，它们都是以建（构）筑物各个结构部分和分部分项工程为单位表示的，内容也包括人工、材料和机械台班使用定额 3 个基本部分，并列有基准价。概算定额表达的主要内容、主要方式及基本使用方法都与预算定额相近。

定额基准价＝定额单位人工费＋定额单位材料费＋定额单位机械费

$=\sum$(人工概算定额消耗量×人工工日单价)＋$\sum$(材料概算定额消耗量×材料预算价格)

＋$\sum$(施工机械概算定额消耗量×机械台班费用单价)

2. 概算定额和预算定额的不同

概算定额与预算定额的不同之处，在于项目划分和综合扩大程度上的差异，同时，概算定额主要用于设计概算的编制。由于概算定额综合了若干分项工程的预算定额，因此使概算工程量计算和概算造价的编制，都比编制施工图预算简化一些。

3. 概算定额的作用

(1) 概算定额是编制建设项目设计概算和修正概算的依据。

(2) 概算定额是初步设计阶段编制概算、扩大初步设计阶段编制修正概算的主要依据。

(3) 概算定额是对设计项目进行技术经济分析比较的基础资料之一。

(4) 概算定额是建设工程主要材料计划编制的依据。

(5) 概算定额是编制概算指标的依据。

4. 概算定额的编制原则和编制的依据

(1) 概算定额的编制原则。概算定额应该贯彻社会平均水平和简明适用的原则。由于概算定额和预算定额都是工程计价的依据，所以应符合价值规律和反映现阶段大多数企业的设计、生产及施工管理水平。但在概预算定额水平之间应保留必要的幅度差，并在概算定额的编制过程中严格控制。概算定额的内容和尝试是以预算定额为基础的综合和扩大。在合并中不得遗漏或增减项目，以保证其严密性和正确性。概算定额务必要达到简化、准确的适用。

(2) 概算定额的编制依据。由于概算定额的使用范围不同，其编制依据也略不同，其编制依据有以下几方面：

1) 现行的设计规范和建筑工程预算定额。

2) 具有代表性的标准设计图纸和其他设计资料。

3) 现行的人工工资标准、材料预算价格、机械台班预算价格及其他的价格资料。

5. 概算定额手册的内容

按专业特点和地区特点编制的概算定额手册，内容基本上是由文字说明、定额项目表和附录3部分组成。

(1) 文字说明。文字说明部分由总说明和分部工程说明。在总说明中，主要阐述概算定额的编制依据、使用范围、包括的内容及作用、应遵守的规则及建筑面积计算规则等。分部工程说明主要阐述本分部工程包括的综合工作内容及分部分项工程的工程量计算规则等。

(2) 定额项目表的划分。概算定额项目一般按以下两种方法划分。

1) 按工程结构划分，一般是按土石方、基础、墙、梁板柱、窗门、楼地面、屋面、装饰、构筑物等工程结构划分。

2）按基础、墙体、梁柱、楼地面、屋盖、其他工程部位等划分，如基础工程包括砖、石、混凝土基础等项目。详见表 2.2。

表 2.2　　　　　　**现浇钢筋混凝土柱**

工作内容：模板、钢筋制作、安装，混凝土浇捣、养护，柱面抹灰　　　　计量单位：m^3

定额编号				6-6	6-7	6-8
项目				矩形柱		
				组合钢模	铝模	复合木模
				干混砂浆面		
基价/元				2089.66	2138.24	2078.33
其中	人工费/元			646.29	667.56	608.65
	材料费/元			1412.89	1440.23	2078.33
	机械费/元			30.48	30.45	26.56
预算定额编号	项目名称	单位	单位/元	消耗量		
12-21	柱（梁）14+6	$100m^2$	3134.91	0.08470	0.08470	0.08470
5-117	矩形柱 组合钢模	$100m^2$	4467.05	0.08470	—	—
5-118	矩形柱 铝模	$100m^2$	5040.57	—	0.08470	—
5-119	矩形柱 复合木模	$100m^2$	4333.21	—	—	0.08470
5-39	螺纹钢筋 HRB400 以内≤Φ18	t	4467.54	0.09317	0.09317	0.09317
5-40	螺纹钢筋 HRB400 以内≤Φ25	t	4286.52	0.03993	0.03993	0.03993
5-48	箍筋螺纹钢筋 HRB400 以内≤Φ10	t	5243.90	0.05720	0.05720	0.05720
5-6	矩形柱、异形柱、圆形柱	$10m^3$	5583.19	0.10000	0.10000	0.10000
名称		单位	单位/元	消耗量		
人工	二类人工	工日	135.00	3.47243	3.62997	3.19360
	三类人工	工日	155.00	1.14523	1.14523	1.14523
材料	热轧带肋钢筋 HRB400 Φ10	t	3938.00	0.05834	0.05834	0.05834
	热轧带肋钢筋 HRB400 Φ18	t	3759.00	0.09553	0.09553	0.09553
	热轧带肋钢筋 HRB400 Φ25	t	3759.00	0.04090	0.04090	0.04090
	泵送商品混凝土 C30	m^3	461.00	1.01000	1.01000	1.01000
	钢支撑	kg	3.97	3.63438	—	3.63438
	斜支撑杆件Φ48×3.5	套	155.00	—	0.02202	—
	水	m^3	4.27	1.18403	1.18403	1.18403
	复合模板 综合	m^2	32.33	—	—	1.55814
	钢模板	kg	5.96	6.10264	—	—
	铝模板	kg	34.99	—	2.84592	—
	木模板	m^3	1445.00	0.01127	—	0.02109

（3）定额项目表是概算定额手册的主要内容，由若干节定额组成。各节定额由工程内

容、定额表及附注说明组成。定额表中列有定额编号，计量单位，概算价格，人工、材料、机械台班消耗指标，综合了预算定额的若干项目与数量。

2.4.2 建筑工程概算指标

1. 概算指标的编制原则

(1) 按平均水平确定概算指标的原则。

(2) 概算指标的内容和表现形式，要贯彻简明适用的原则。

(3) 概算指标的编制依据，必须具有代表性。

2. 概算指标的内容

概算指标比概算定额更加综合扩大，其主要内容包括5部分。

(1) 总说明：说明概算指标的编制依据、适用范围、使用方法等。

(2) 示意图：说明工程的结构形式。工业项目中还应表示出吊车规格等技术参数。

(3) 结构特征：详细说明主要工程的结构形式、层高、层数和建筑面积等。

(4) 经济指标：说明该项目每$100m^2$或每座构筑物的造价指标，以及其中土建、水暖、电器照明等单位工程的相应造价。

(5) 分部分项工程构造内容及工程量指标：说明该工程项目各分部分项工程的构造内容，相应计量单位的工程量指标，以及人工、材料消耗指标。

复习思考题

1. 什么是工程建设定额？如何进行分类？
2. 什么是施工定额？施工定额的组成内容是什么？编制原则有哪些？
3. 什么是工作时间？人工工作时间和机械工作时间如何分类？
4. 什么是技术测定法？技术测定法的种类有哪些？
5. 劳动定额的概念、表现形式是什么？劳动定额是如何确定的？
6. 材料消耗量定额的概念是什么？材料消耗如何分类？材料定额的组成是什么？
7. 机械台班使用定额的概念、表现形式是什么？机械台班使用定额是如何确定的？
8. 简述预算定额的概念、性质、编制原则。
9. 预算定额中人工工日消耗量确定的方法有哪些？组成内容是什么？如何确定？
10. 确定预算定额中材料消耗量的方法有哪些？组成内容是什么？如何确定？
11. 预算定额中机械台班消耗量确定的方法有哪些？如何确定？
12. 简述人工工日单价的概念和组成内容。
13. 什么是材料预算价格？组成内容是什么？如何确定材料预算价格？
14. 简述机械台班单价的概念和组成内容。
15. 什么是单位估价表？分部分项工程单价如何分类？如何确定分部分项工程单价？

第 3 章　建设项目总投资构成

3.1　建设项目总投资构成

建设项目投资是指在工程项目建设阶段所需要的全部费用的总和。

我国现行建设项目总投资构成见表 3.1。

表 3.1　　建设项目总投资构成

<table>
<tr><th colspan="7">费用项目名称</th><th>资产类别归并</th></tr>
<tr><td rowspan="22">建设工程总投资</td><td rowspan="21">固定资产投资/工程造价</td><td rowspan="19">建设投资</td><td colspan="2" rowspan="2">工程费用</td><td colspan="2">设备及工器具购置费</td><td rowspan="14">固定资产费用</td></tr>
<tr><td colspan="2">建筑安装工程费</td></tr>
<tr><td rowspan="15">工程建设其他费用</td><td>土地使用费</td><td colspan="2">建设用地费</td></tr>
<tr><td rowspan="12">与项目建设有关的其他费用</td><td rowspan="2">建设管理费</td><td>建设单位管理费</td></tr>
<tr><td>建设工程监理费</td></tr>
<tr><td colspan="2">可行性研究费</td></tr>
<tr><td colspan="2">研究试验费</td></tr>
<tr><td colspan="2">勘察设计费</td></tr>
<tr><td colspan="2">专项评价费</td></tr>
<tr><td colspan="2">场地准备及临时设施费</td></tr>
<tr><td colspan="2">工程保险费</td></tr>
<tr><td colspan="2">引进技术和引进设备其他费</td></tr>
<tr><td colspan="2">特殊设备安全监督检验费</td></tr>
<tr><td colspan="2">市政公用设施费</td></tr>
<tr><td colspan="2">专利及专有技术使用费</td><td>无形资产费用</td></tr>
<tr><td rowspan="2">与未来企业生产经营有关的其他费用</td><td colspan="2">生产准备及开办费</td><td>其他资产费用（递延资产）</td></tr>
<tr><td colspan="2">联合试运转费</td><td rowspan="5">固定资产费用</td></tr>
<tr><td colspan="2" rowspan="2">预备费用</td><td colspan="2">基本预备费</td></tr>
<tr><td colspan="2">涨价预备费</td></tr>
<tr><td colspan="5">建设期利息</td></tr>
<tr><td colspan="5">固定资产投资方向调节税（暂停征收）</td></tr>
<tr><td colspan="6">流动资产投资（铺底流动资金）</td><td></td></tr>
</table>

（1）生产性建设项目总投资包括建设投资、建设期利息和流动资金三部分。

（2）非生产性建设项目总投资包括建设投资和建设期利息两部分。建设投资和建设期利息之和对应于固定资产投资，固定资产投资与建设项目的工程造价在量上相等。工程造价基本构成包括用于购买工程项目所含各种设备的费用，用于建筑施工和安装施工所需支付的费用，用于委托工程勘察设计应支付的费用，用于购置土地所需的费用，也包括用于建设单位自身进行项目筹建和项目管理所花费的费用等。总之，工程造价是按照确定的建设内容、建设规模、建设标准、功能要求和使用要求等将工程项目全部建成并验收合格交付使用所需的全部费用。

（3）工程造价的主要构成部分是建设投资，根据国家发展和改革委和建设部以发改投资〔2006〕1325 号发布的《建设项目经济评价方法与参数（第三版）》的规定，建设投资包括工程费用、工程建设其他费用和预备费三部分。

1）工程费用是指直接构成固定资产实体的各种费用，可以分为建筑安装工程费和设备及工器具购置费。

2）工程建设其他费用是指根据国家有关规定应在投资中支付，并列入建设项目总造价或单项工程造价的费用。

3）预备费是为了保证工程项目的顺利实施，避免在难以预料的情况下造成投资不足而预先安排的一笔费用。

3.2　设备及工器具购置费用的构成

3.2.1　设备及工具、器具购置费概述

（1）设备及工具、器具费用是指按照建设工程设计文件要求，建设单位（或委托其他单位）购置或自制达到固定资产标准的设备和新建、扩建项目配备的首套工器具及生产家具所需的费用。由设备购置费和工器具、生产家具购置费组成，它是固定资产投资中的重要组成部分，设备购置费是指各种生产设备、传动设备、动力设备、运输设备等设备原价及运杂费用，可分为需要安装和不需要安装的设备购置费两种。

（2）工具、器具购置费是指为保证初期正常生产必须购置的不构成固定资产标准的设备、仪器、工模具、器具及生产用家具的费用。

3.2.2　设备购置费的构成及计算

设备购置费是指为建设项目购置或自制的达到固定资产标准的各种国产或进口设备、工具、器具的费用。它由设备原价和设备运杂费构成，计算公式为

设备购置费＝设备原价或进口设备抵岸价＋设备运杂费

1. 国产设备原价的构成及计算

国产设备原价一般指的是设备制造厂的交货价，或订货合同价。国产设备原价分为国产标准设备原价和国产非标准设备原价。

（1）国产标准设备原价。国产标准设备是指按照主管部门颁布的标准图纸和技术要求，由我国设备生产厂批量生产的，符合国家质量检测标准的设备。国产标准设备原价有两种，即带有备件的原价和不带有备件的原价。在计算时一般采用带有备件的原价。

（2）国产非标准设备原价。国产非标准设备是指国家尚无定型标准或各设备生产厂不可能在工艺过程中采用批量生产，只能按一次订货，并根据具体的设计图纸制造的设备。

非标准设备原价有多种不同的计算方法，如成本计算估价法、系列设备插入估价法、分部组合估价法、定额估价法等。

按成本计算估价法，非标准设备的原价由以下各项组成。

1）材料费，其计算公式为

$$材料费=材料净重\times(1+加工损耗系数)\times每吨材料综合价$$

2）加工费，包括生产工人工资和工资附加费、燃料动力费、设备折旧费、车间经费等。其计算公式为

$$加工费=设备总重量(t)\times设备每吨加工费$$

3）辅助材料费（简称辅材费），包括焊条、焊丝、氧气、氩气、氮气、油漆、电石等费用。其计算公式为

$$辅助材料费=设备总重量\times辅助材料费指标$$

4）专用工具费，按第1)～3）项之和乘以一定百分比计算。

5）废品损失费，按第1)～4）项之和乘以一定百分比计算。

6）外购配套件费，按设备设计图纸所列的外购配套件的名称、型号、规格、数量、重量，根据相应的价格加运杂费计算。

7）包装费，按以上第1)～6）项之和乘以一定百分比计算。

8）利润，可按第1)～5）项及第7）项之和乘以一定利润率计算。

9）税金，主要指增值税。计算公式为

$$增值税=当期销项税额-进项税额$$

$$当期销项税额=销售额\times适用增值税率$$

其中，销售额为第1)～8）项之和。

10）非标准设备设计费，按国家规定的设计费收费标准计算。

综上所述，单台非标准设备原价可用下面的公式表达：

$$\begin{aligned}单台非标准设备原价=&\{[(材料费+加工费+辅助材料费)\times(1+专用工具费率)\\&\times(1+废品损失费率)+外购配套件费]\times(1+包装费率)\\&-外购配套件费\}\times(1+利润率)+销项税金+非标准\\&设备设计费+外购配套件费\end{aligned}$$

2. 进口设备抵岸价的构成及计算

进口设备的原价是指抵达买方边境港口或边境车站，且交完关税等税费后形成的价格。进口设备抵岸价的构成与进口设备的交货方式有关。

（1）进口设备的交货方式。进口设备的交货类别可分为内陆交货、目的地交货、装运港交货。

1）内陆交货。内陆交货即卖方在出口国内陆的某个地点交货。在交货地点，卖方及时提交合同规定的货物和有关凭证，并负担交货前的一切费用和风险；买方按时接收货物，交付货款，负担接货后的一切费用和风险，并自行办理出口手续和装运出口。货物的所有权也在交货后由卖方转移给买方。

2）目的地交货。目的地交货即卖方在进口国的港口或内地交货，有目的港船上交货价、目的港船边交货价（*FOS*）和目的港码头交货价（关税已付）及完税后交货价（进

口国的指定地点）等几种交货价。它们的特点是：买卖双方承担的责任、费用和风险是以目的地约定交货点为分界线，只有当卖方在交货点将货物置于买方控制下才算交货，才能向买方收取货款。这种交货类别对卖方来说承担的风险较大，在国际贸易中卖方一般不愿采用。

3）装运港交货。装运港交货即卖方在出口国装运港交货；主要有装运港船上交货价（*FOB*）（习惯称离岸价）、运费在内价（*CIF*）和运费、保险费在内价（*CIF*）（习惯称到岸价）。它们的特点是：卖方按照约定的时间在装运港交货，只要卖方把合同规定的货物装船后提供货运单据便完成交货任务，可凭单据收回货款。

（2）进口设备抵岸价的构成及计算。进口设备采用最多的是装运港船上交货价（*FOB*），其抵岸价的构成可概括为

进口设备抵岸价＝货价＋国外运费＋国外运输保险费＋银行财务费＋外贸手续费
＋进口关税＋增值税＋消费税＋海关监管手续费＋车辆购置附加费

1）货价一般指装运港船上交货价（*FOB*），计算公式为

货价＝离岸价(*FOB* 价)×人民币外汇牌价

2）国外运费，即从装运港（站）到达目的地国抵达港（站）的运费。进口设备国际运费计算公式为

国外运费(海、陆、空)＝离岸价×运费率或(运量×单位运价)

3）国外运输保险费。对外贸易货物运输保险由保险人（保险公司）与被保险人（出口人或进口人）订立保险契约，在被保险人交付议定的保险费后，保险人根据保险契约的规定对货物在运输过程中发生的承保责任范围内的损失给予经济上的补偿，这是一种财产保险。计算公式为

国外运输保险费＝(离岸价＋国外运费)/(1－保险费率)×国外保险费率

其中，保险费率按保险公司规定的进口货物保险费率计算。

4）银行财务费，一般是指中国银行手续费，可按下式简化计算：

银行财务费＝人民币货价(*FOB*)×银行财务费率

5）外贸手续费，指按相关规定的外贸手续费率计取的费用，外贸手续费率一般取1.5％。计算公式为

外贸手续费＝到岸价×外贸手续费率

其中

到岸价(*CIF*)＝离岸价(*FOB*)＋国外运费＋国外运输保险费

6）进口关税，这由海关对进出国境的货物和物品征收的一种税，属于流转性课税。计算公式为

关税＝到岸价(*CIF*)×进口关税税率

其中到岸价（*CIF*）包括离岸价（*FOB*）、国际运费、运输保险费等费用，它作为关税完税价格。进口关税税率分为优惠和普通两种。

7）增值税，是我国政府对从事进口贸易的单位和个人，在进口商品报关进口后征收的税种。我国增值税条例规定，进口应税产品均按组成计税价格和增值税税率直接计算应纳税额，即

进口产品增值税额=组成计税价格×增值税税率

组成计税价格=到岸价+进口关税+消费税

8）消费税。只对部分进口设备（如轿车、摩托车等）征收的税种，计算公式为

消费税=(到岸价+关税)/(1-消费税税率)×消费税税率

其中，消费税税率根据规定的税率计算。

9）海关监管手续费，海关监管手续费指海关对发生进口减税、免税、保税的货物实施监督、管理和提供服务的手续费。其计算公式为

海关监管手续费=到岸价×海关监管手续费率

全额收取关税的设备，不收取海关监管手续费。

10）车辆购置附加费。进口车辆需缴进口车辆购置附加费，其公式为

进口车辆购置附加费=(到岸价+关税+消费税+增值税)×进口车辆购置附加费率

3. 设备运杂费的构成及计算

（1）设备运杂费的构成。设备运杂费通常由下列各项构成。

1）运费和装卸费。这部分费用是指：国产设备由设备制造厂交货地点起至工地仓库（或施工组织设计指定的需要安装设备的堆放地点）止所发生的运费和装卸费；进口设备由我国到岸港口或边境车站起至工地仓库（或施工组织设计指定的需安装设备的堆放地点）止所发生的运费和装卸费。

2）包装费。包装费指在设备原价（设备出厂价）中没有包含的，为运输而进行的包装支出的各种费用。在设备出厂价或进口设备价格中如已包括了此项费用，则不应重复计算。

3）设备供销部门手续费。按有关部门规定的统一费率计算这部分费用。

4）建设单位（或工程承包公司）的采购与仓库保管费。这部分费用指采购、验收、保管和收发设备所发生的各种费用，包括设备采购人员、保管人员和管理人员的工资、工资附加费、办公费、差旅交通费，设备供应部门办公和仓库所占固定资产使用费、工具用具使用费、劳动保护费、检验试验费等。这些费用可按主管部门规定的采购与保管费费率计算。

（2）设备运杂费计算。设备运杂费按设备原价乘以设备运杂费率计算，其公式为

设备运杂费=设备原价×设备运杂费率

其中，设备运杂费率按各部门及不同省、市的规定计取。

一般来讲，沿海和交通便利的地区，设备运杂费率相对低一些；内地和交通不很便利的地区就要相对高一些，边远省份则要更高一些。对于非标准设备来讲，应尽量就近委托设备制造厂生产，以大幅度降低设备运杂费。进口设备由于原价较高，国内运距较短，因而运杂费比率应适当降低。

【例 3.1】 某公司拟从国外进口一套机电设备，重量 1500t，装运港船上交货价，即离岸价（*FOB*）为 400 万美元。其他有关费用参数为：国际运费标准为 360 美元/t，海上运输保险费率为 0.266%，中国银行手续费率为 0.5%，外贸手续费率为 1.5%，关税税率为 22%，增值税的税率为 13%，美元的银行外汇牌价为 1 美元=7.1 元人民币，设备的国内运杂费率为 2.5%。估算该设备购置费。

解：根据上述各项费用的计算公式。则有：

进口设备货价＝400×7.1＝2840(万元)

国际运费＝360×1500×7.1＝383.4(万元)

国外运输保险费＝[(2840＋383.4)÷(1－0.266％)]×0.266％＝8.597(万元)

进口关税＝(2840＋383.4＋8.597)×22％＝711.039(万元)

增值税＝(2840＋383.4＋8.597＋711.039)×13％＝512.595(万元)

银行财务费＝2840×0.5％＝14.2(万元)

外贸手续费＝(2840＋383.4＋8.597)×1.5％＝48.480(万元)

国内运杂费＝2840×2.5％＝71(万元)

设备购置费＝2840＋383.4＋8.597＋711.039＋512.595＋14.2＋48.480＋71＝4589.311(万元)

3.2.3　工具、器具及生产家具购置费的构成及计算

（1）工具、器具及生产家具购置费是指新建或扩建项目初步设计规定的，保证初期正常生产必须购置的没有达到固定资产标准的设备、仪器、工卡模具、器具、生产家具和备品备件等的购置费用。

（2）计算公式为：

工器具及生产家具购置费＝设备购置费×定额费率

3.3　工程建设其他费用的构成

工程建设其他费用是指应在建设项目的建设投资中开支的，除建筑安装工程费用和设备及工、器具购置费用以外的，为保证工程建设顺利完成和交付使用后能够正常发挥效益而发生的固定资产其他费用、无形资产费用和其他资产费用（递延资产）。其中，固定资产其他费用是固定资产费用的一部分，是指项目投产时将直接形成固定资产的建设投资，包括工程费用以及在工程建设其他费用中按规定形成固定资产的费用，后者被称为固定资产其他费用。

工程建设其他费用按其内容大体可以分为三类：第一类为土地使用费；第二类是与项目建设有关的费用；第三类是与未来企业生产经营有关的费用。

3.3.1　土地使用费

任何一个建设项目都固定于一定地点与地面相连接，必须占用一定量的土地，也就必然要发生为获得建设用地而支付的建设用地费，这就是土地使用费。

土地使用费是指为获得工程项目建设土地的使用权而在建设期内发生的各项费用，包括通过划拨方式取得土地使用权而支付的土地征用及迁移补偿费，或者通过土地使用权出让方式取得土地使用权而支付的土地使用权出让金。

1. 土地征用及迁移补偿费

土地征用及迁移补偿费是指建设项目通过划拨方式取得无限期的土地使用权，依照

《中华人民共和国土地管理法》等规定所支付的费用。其中涉及较广泛的是农用土地征用所产生的费用。

农用土地征用费由土地补偿费、安置补助费、土地投资补偿费、土地管理费、耕地占用税等组成，并按被征用土地的原用途给予补偿。

征用耕地的补偿费用包括土地补偿费、安置补助费以及地上附着物和青苗的补偿费。

（1）征用耕地的土地补偿费为该耕地被征用前3年平均年产值的6～10倍。

（2）征用耕地的安置补助费按照需要安置的农业人口数计算。需要安置的农业人口数按照被征用的耕地数量除以征地前被征用单位平均每人占有耕地的数量计算。每一个需要安置的农业人口的安置补助费标准为该耕地被征用前三年平均年产值的4～6倍。但是，每公顷被征用耕地的安置补助费最高不得超过被征用前三年平均年产值的15倍。

征用其他土地的土地补偿费和安置补助费标准，由各省（自治区、直辖市）参照征用耕地的土地补偿费和安置补助费的标准规定。

（3）征用土地上的附着物和青苗的补偿标准由各省（自治区、直辖市）规定。

（4）征用城市郊区的菜地，用地单位应当按照国家有关规定缴纳新菜地开发建设基金。

【例3.2】 某企业为了某一工程建设项目，需要征用耕地100亩，被征用前第一年平均每亩产值1200元，征用前第二年平均每亩产值1100元，征用前第三年平均每亩产值1000元，该单位人均耕地2.5亩，地上附着物共有树木3000棵，按照20元/棵补偿，青苗补偿按照100元/亩计取，现试对该土地费用进行估价。

解：该耕地征用前三年的平均每亩产值＝(1200＋1100＋1000)/3＝1100(元)。

根据国家有关规定，取被征用前三年产值的8倍计算土地补偿费，则有：

土地补偿费＝1100×100×8＝880000(元)＝88(万元)

取该耕地被征用前三年平均产值的5倍计算安置补助费，则

需要安置的农业人口＝100/2.5＝40(人)

安置补助费＝1100×5×40＝220000(元)＝22(万元)

地上附着物补偿费＝3000×20＝60000(元)＝6(万元)

青苗补偿费＝100×100＝10000(元)＝1(万元)

土地费用共计：88＋22＋6＋1＝117(万元)

2. 取得国有土地使用费

取得国有土地使用费包括土地使用权出让金、城市建设配套费、拆迁补偿与临时安置补助费等。

（1）土地使用权出让金是指建设工程通过土地使用权出让方式取得有限期的土地使用权，依照《中华人民共和国城镇国有土地使用权出让和转让暂行条例》规定支付的土地使用权出让金。

1）明确国家是城市土地的唯一所有者，并分层次、有偿、有限期地出让、转让城市土地。第一层次是城市政府将国有土地使用权出让给用地者，该层次由城市政府垄断经营。出让对象可以是有法人资格的企事业单位，也可以是外商。第二层次及以下层次的转

让则发生在使用者之间。

2）城市土地的出让和转让可采用协议、招标、公开拍卖等方式。

（2）城市建设配套费是指因进行城市公共设施的建设而分摊的费用。

（3）拆迁补偿与临时安置补助费由两部分构成，即拆迁补偿费和临时安置补助费或搬迁补助费。拆迁补偿费是指拆迁人按照有关规定对被拆迁人予以补偿所需的费用。拆迁补偿的形式可分为产权调换和货币补偿两种形式。产权调换的面积按照所拆迁房屋的建筑面积计算；货币补偿的金额按被拆迁房屋的结构和折旧程度划档，按平方米单价计算。在过渡期内，被拆迁人或者房屋承租人自行安排住处的，拆迁人应当支付临时安置补助费。

【例 3.3】 某建设单位准备以有偿的方式取得某城区一宗土地的使用权，该宗土地占地面积 15000m^2，土地使用权出让金标准为 4000 元/m^2，该地区拆迁补偿单价为 1200 元/m^2。根据调查，目前该区域尚有平房住户 60 户，建筑面积总计 3500m^2，试对该土地费用进行估价。

解： 土地使用权出让金＝0.4×15000＝6000(万元)

拆迁补偿费用＝0.12×3500＝420(万元)

该土地费用＝6000＋420＝6420(万元)

3.3.2　与项目建设有关的费用

1. 建设管理费

建设管理费是指建设单位从项目筹建开始直至工程竣工验收合格或交付使用为止发生的项目建设管理费用，费用内容包括以下几方面。

（1）建设单位管理费。建设单位管理费是指建设工程从立项、筹建、建设、联合试运转、竣工验收交付使用以及后评估等全过程管理中，建设单位发生的管理性质的开支，内容包括以下几项。

1）建设单位开办费：这项费用指新建项目为保证筹建和建设工作正常进行所需办公设备、生活家具、用具、交通工具等购置费用。

2）建设单位经费：这项费用包括工作人员的基本工资、工资性补贴、施工现场津贴、职工福利费、住房基金、基本养老保险费、基本医疗保险费、失业保险费、工伤保险费、办公费、差旅交通费、劳动保护费、工具用具使用费、固定资产使用费、必要的办公及生活用品购置费、必要的通信设备及交通工具购置费、零星固定资产购置费、招募生产工人费、技术图书资料费、业务招待费、设计审查费、工程招标费、合同契约公证费、法律顾问费、咨询费、完工清理费、竣工验收费、印花税和其他管理性质开支，不包括应计入设备、材料预算价格的建设单位采购及保管设备材料所需的费用。计算公式为

建设单位管理费＝工程费用×建设单位管理费指标

其中，工程费用是指建筑安装工程费用和设备及工具、器具购置费用之和。

（2）建设工程监理费。工程监理费是指建设单位委托工程监理单位实施工程监理的费用。

由于工程监理是受建设单位委托的工程建设技术服务，属建设管理范畴。如采用监

理，建设单位部分管理工作量转移至监理单位。监理费应根据委托的监理工作范围和监理深度在监理合同中商定，或按当地或所属行业部门的有关规定计算。

2. 可行性研究费

可行性研究费是指在工程项目投资决策阶段，依据调研报告对有关建设方案、技术方案或生产经营方案进行的技术经济论证，以及编制、评审可行性研究报告所需的费用。此项费用应依据前期研究委托合同计列。

3. 研究试验费

研究试验费是指为建设工程提供或验证设计参数、数据资料等进行必要的研究试验及按照设计规定在施工中进行试验、验证所需的费用，包括自行或委托其他部门研究实验所需人工费、材料费、实验设备及仪器使用费，支付的科技成果、先进技术的一次性技术转让费，此项费用按照设计单位根据本工程项目的需要提出的研究实验内容和要求计算。

4. 勘察设计费

勘察设计费是指为建设工程提供项目建议书、可行性研究报告及设计文件等所需费用，内容如下。

（1）编制项目建议书、可行性研究报告及投资估算、工程咨询、评价以及为编制上述文件所进行勘察、设计、研究实验等所需费用。

（2）委托勘察、设计单位进行初步设计（基础设计）、施工图设计（详细设计）、设计模型制作及概预算编制等所需费用。

（3）在规定范围内由建设单位自行完成的勘察、设计工作所需费用。

5. 专项评价费

专项评价费是指建设单位按照国家规定委托有资质的单位开展专项评价及有关验收工作发生的费用，包括环境影响评价及验收费、劳动安全卫生评价费、安全预评价及验收费、职业病危害预评价及控制效果评价费、地震安全性评价费、地质灾害危险性评价费、水土保持评价及验收费、压覆矿产资源评价费、节能评估费、危险与可操作性分析及安全完整性评价费及其他专项评价及验收费。

环境影响评价费是指按照《中华人民共和国环境保护法》《中华人民共和国环境影响评价法》等规定，为全面、详细评价本建设项目对环境可能产生的污染或造成的重大影响所需的费用。包括编制环境影响报告书（含大纲）、环境影响报告表和评估环境影响报告书（含大纲）、评估环境影响报告表等所需的费用。

劳动安全卫生评价费是指按照相关部门《建设项目（工程）劳动安全卫生监察规定》和《建设项目（工程）劳动安全卫生预评价管理办法》的规定，为预测和分析建设项目存在的职业危险、危害因素的种类和危险危害程度，并提出先进、科学、合理可行的劳动安全卫生技术和管理对策所需的费用。包括编制建设项目劳动安全卫生预评价大纲和劳动安全卫生预评价报告书以及为编制上述文件所进行的工程分析和环境现状调查等所需费用。

6. 场地准备及临时设施费

场地准备及临时设施费是指建设场地准备费和建设单位临时设施费。

（1）场地准备费是指建设项目为达到工程开工条件所发生的场地平整和对建设场地余留的有碍于施工建设的设施进行拆除清理的费用。

（2）临时设施费是指为满足施工建设需要而供到场地界区的、未列入工程费用的临时水、电、路、通信、气等其他工程费用和建设单位的现场临时建（构）筑物的搭设、维修、拆除、摊销或建设期间租赁费用，以及施工期间专用公路养护费、维修费。

临时设施包括：临时宿舍、文化福利及公用事业房屋与构筑物、仓库、办公室、加工厂及规定范围内道路、水、电、管线等临时设施和小型临时设施，其计算公式为

临时设施费＝建筑安装工程费×临时设施费标准

7. 工程保险费

工程保险费是指建设工程在建设期间根据需要，实施工程保险部分所需费用。包括以各种建设工程及其在施工过程中的物料、机器设备为保险标的的建筑工程一切险，以安装工程中的各种机器、设备为保险标的的安装工程一切险，以及机器损坏保险等。以其建筑安装工程费乘以建筑、安装工程保险费率计算。

8. 引进技术和引进设备其他费

引进技术和引进设备其他费是指引进技术和设备发生的未计入设备费的费用，内容包括以下几个方面。

（1）出国人员费用：指为引进技术和进口设备派出人员到国外培训和进行设计联络、设备检验等的差旅费、制装费、生活费等。这项费用根据设计规定的出国培训和工作的人数、时间及派往国家，按财政部、外交部规定的临时出国人员费用开支标准及中国民用航空公司现行国际航线票价等进行计算，其中使用外汇部分应计算银行财务费用。

（2）国外工程技术人员来华费用：指为安装进口设备、引进国外技术等聘用外国工程技术人员进行技术指导工作所发生的费用，包括技术服务费、外国技术人员的在华工资、生活补贴、差旅费、医药费、住宿费、交通费、宴请费、参观游览等招待费用。这项费用按每人每月费用指标计算。

（3）技术引进费：指为引进国外先进技术而支付的费用，包括专利费、专有技术费（技术保密费）、国外设计及技术资料费、计算机软件费等。这项费用根据合同或协议的价格计算。

（4）分期或延期付款利息：指利用出口信贷引进技术和进口设备采取分期或延期付款的办法所支付的利息。

（5）担保费：指国内金融机构为买方出具保函的担保费。这项费用按有关金融机构规定的担保率计算（一般可按承保金的5‰计算）。

（6）进口设备检验鉴定费用：指进口设备按规定付给商品检验部门的进口设备检验鉴定费。这项费用按进口设备货价的3‰～5‰计算。

9. 特殊设备安全监督检验费

特殊设备安全监督检验费是指安全监察部门对在施工现场组装的锅炉及压力容器、压力管道、消防设备、燃气设备、电梯等特殊设备和设施实施安全检验收取的费用。此项费用按照建设项目所在省（自治区、直辖市）安全监察部门的规定标准计算。无具体规定的，在编制投资估算和概算时可按受检设备现场安装费的比例估算。

10. 市政公用设施费

市政公用设施费是指使用市政公用设施的建设项目，按照项目所在地省级人民政府有

关规定缴纳的市政公用设施建设配套费用，以及绿化工程补偿费用。此项费用按工程所在地人民政府规定标准计列。

11. 专利及专有技术使用费

专利及专有技术使用费费用包括以下几项内容：

（1）国外设计及技术资料费，引进有效专利、专有技术使用费和技术保密费。

（2）国内有效专利、专有技术使用费用。

（3）商标权、商誉和特许经营权费等。

3.3.3 与未来企业生产经营有关的费用

1. 联合试运转费

联合试运转费是指新建项目或新增加生产能力的工程，在交付生产前按照批准的设计文件所规定的工程质量标准和技术要求，进行整个生产线或装置的负荷联合试运转或局部联动试车所发生的费用净支出（试运转支出大于收入的差额部分费用）。试运转支出包括试运转所需原材料、燃料及动力消耗、低值易耗品、其他物料消耗、工具用具使用费、机械使用费、保险金、施工单位参加试运转人员工资及专家指导费等；联合试运转费不包括应由设备安装工程费用开支的调试及试车费用，以及在试运转中暴露出来的因施工原因或设备缺陷等发生的处理费用。

2. 生产准备及开办费

（1）生产准备及开办费内容。生产准备及开办费是指建设项目为保证正常生产（或营业、使用）而发生的人员培训费、提前进厂费及投产使用必备的生产办公、生活家具用具及工器具等购置费用，包括以下几方面内容。

1）人员培训费及提前进厂费：自行组织培训或委托其他单位培训的人员工资、工资性补贴、职工福利费、差旅交通费、劳动保护费、学习资料费等。

2）为保证初期正常生产（或营业、使用）所必需的生产办公、生活家具用具购置费。

3）为保证初期正常生产（或营业、使用）必需的第一套不够固定资产标准的生产工具、器具、用具购置费。不包括备品备件费。

（2）生产准备及开办费计算。

1）新建项目按设计定员为基数计算，改扩建项目按新增设计定员为基数计算：

$$生产准备费=设计定员\times生产准备费指标$$

2）可采用综合的生产准备费指标进行计算，也可以按费用内容的分类指标计算。

3.4 预 备 费

按我国现行规定，预备费包括基本预备费和涨价预备费。

（1）基本预备费是指项目实施中可能发生难以预料的支出，需要预先预留的费用，又称不可预见费，费用内容包括以下几个方面。

1）在批准的初步设计范围内，技术设计、施工图设计及施工过程中所增加的工程费用；设计变更、局部地基处理等增加的费用。

2）一般自然灾害造成的损失和预防自然灾害所采取的措施费用。实行工程保险的工程项目费用应适当降低。

3）为鉴定工程质量竣工验收时对隐蔽工程进行必要的挖掘和修复费用。

基本预备费是按设备及工器具购置费、建筑安装工程费用和工程建设其他费用三者之和为计取基础，乘以基本预备费率进行计算，具体计算公式为

基本预备费=(设备及工器具购置费+建筑安装工程费+工程建设其他费)×基本预备费率

（2）涨价预备费是指建设项目在建设期间内由于价格等变化引起工程造价变化的预先预留费用，费用内容包括人工、设备、材料、施工机械的价差费，建筑安装工程费及工程建设其他费用调整，利率、汇率调整等增加的费用。

对于价格变动可能增加的投资额，即价差预备费的估算，可按国家或部门、地区建设行政主管部门定期测定、发布的相应造价指数计算，具体计算公式为

$$PF = \sum_{t=1}^{n} I_t[(1+f)^m(1+f)^{0.5}(1+f)^{t-1} - 1] \tag{3.1}$$

式中 PF——涨价预备费，元；

I_t——在建设期第 t 年的投资计划额，包括工程费用、工程建设其他费用及基本预备费，既第 t 年的静态投资，元；

n——建设期年度；

f——年均投资价格上涨率；

m——建设前期年限（从编制估算到开工建设）。

【例 3.4】 某工程项目建安工程费 5000 万元，设备购置费 3000 万元，工程建设其他费 2000 万元，项目建设前期为 1 年，项目建设期为 3 年，3 年的投资年分配使用额度为：第一年 20%，第二年 60%，第三年 20%，已知基本预备费率 5%，建设期内年平均物价变动指数为 5%，求该项目建设期间涨价预备费。

解： 基本预备费=(5000+3000+2000)×5%=500(万元)

静态投资=5000+3000+2000+500=10500(万元)

建设期第一年的价差预备费

$$PF_1=10500×20\%[(1+5\%)(1+5\%)^{0.5}-1]=159.45(万元)$$

建设期第二年的价差预备费

$$PF_2=10500×60\%[(1+5\%)(1+5\%)^{0.5}(1+5\%)^1-1]=817.28(万元)$$

建设期第三年的价差预备费

$$PF_3=10500×20\%[(1+5\%)(1+5\%)^{0.5}(1+5\%)^2-1]=391.05(万元)$$

建设期间涨价预备费 $PF=PF_1+PF_2+PF_3=159.45+817.28+391.05=1367.78$(万元)

3.5 建设期贷款利息、固定资产投资方向调节税

1. 建设期贷款利息

建设期贷款利息是指项目借款在建设期内发生并计入固定资产的利息。为了简化计

算，在编制投资估算时通常假设借款均在每年的年中均匀发放，具体可按式（3.2）计算：

$$R_n = Q_{n-1} i + \frac{1}{2} A_n i \tag{3.2}$$

式中 R_n——建设期第 n 个贷款年的贷款利息；

A_n——建设期第 n 个贷款年的当年贷款额；

Q_{n-1}——建设期第（$n-1$）年末累计贷款本金与利息之和；

i——年贷款利率。

【例 3.5】 某项目建设期 3 年，建设期内各年向银行贷款额为：第一年 2000 万元，第二年 5000 万元，第三年 3000 万元，年利率 6%，各年的贷款在一年中是均匀发放的，试计算该项目建设期的贷款利息。

解： 建设期第一年贷款利息 $R_1 = 2000 \times 6\% \times 1/2 = 60$(万元)

建设期第二年贷款利息 $R_2 = (2000 + 60) \times 6\% + 5000 \times 6\% \times 1/2 = 273.6$(万元)

建设期第三年贷款利息 $R_3 = (2000 + 5000 + 60 + 273.6) \times 6\% + 3000 \times 6\% \times 1/2 = 530.016$(万元)

建设期贷款利息 $R = R_1 + R_2 + R_3 = 60 + 273.6 + 530.016 = 863.616$(万元)

2. 固定资产投资方向调节税

投资方向调节税根据国家产业政策和项目经济规模实行差别税率，税率为 0%、5%、10%、15%、30%，共 5 个档次。为贯彻国家宏观调控政策，扩大内需，鼓励投资，根据国务院的决定，对《中华人民共和国固定资产投资方向调节税暂行条例》规定的纳税义务人，其固定资产投资应税项目自 2000 年 1 月 1 日起新发生的投资额，暂停征收固定资产投资方向调节税，但该税种并未取消。

复 习 思 考 题

1. 建设工程总投资的构成及其分类是什么？如何计算？
2. 设备及工器具购置费由哪些内容组成？工程建设其他费用由哪些内容组成？
3. 简述预备费的组成及其计算过程？建设期的利息如何计算？

第4章　建筑安装工程费用的组成及计算

4.1　建筑安装工程费用的组成

根据住建部、财政部关于印发《建筑安装工程费用项目组成》的通知（建标〔2013〕44号），自2013年7月1日起施行，建筑安装工程费用项目组成按费用构成要素与工程造价形成划分。

4.1.1　建筑安装工程费用的组成——按费用构成要素划分

按照费用构成要素划分，建筑安装工程费由人工费、材料（包含工程设备）费、施工机具使用费、企业管理费、利润、规费和税金组成。其中人工费、材料费、施工机具使用费、企业管理费和利润包含在分部分项工程费、措施项目费、其他项目费中，如图4.1所示。

4.1.1.1　人工费

人工费是指按工资总额构成规定，支付给从事建筑安装工程施工的生产工人和附属生产单位工人的各项费用。

1. 人工费组成内容

（1）计时工资或计件工资：是指按计时工资标准和工作时间或对已做工作按计件单价支付给个人的劳动报酬。

（2）奖金：是指对超额劳动和增收节支支付给个人的劳动报酬。如节约奖、劳动竞赛奖等。

（3）津贴补贴：是指为了补偿职工特殊或额外的劳动消耗和因其他特殊原因支付给个人的津贴，以及为了保证职工工资水平不受物价影响支付给个人的物价补贴。如流动施工津贴、特殊地区施工津贴、高温（寒）作业临时津贴、高空津贴等。

（4）加班加点工资：是指按规定支付的在法定节假日工作的加班工资和在法定日工作时间外延时工作的加点工资。

（5）特殊情况下支付的工资：是指根据国家法律、法规和政策规定，因病、工伤、产假、计划生育假、婚丧假、事假、探亲假、定期休假、停工学习、执行国家或社会义务等原因按计时工资标准或计时工资标准的一定比例支付的工资。

2. 人工费计算方法

（1）方法1。

$$\text{人工费}=\sum(\text{工日消耗量}\times\text{日工资单价}) \tag{4.1}$$

$$\text{日工资单价}=\frac{\text{生产工人平均月工资(计时、计件)}+\text{平均月(奖金}+\text{津贴补贴}+\text{特殊情况下支付的工资)}}{\text{年平均每月法定工作日}} \tag{4.2}$$

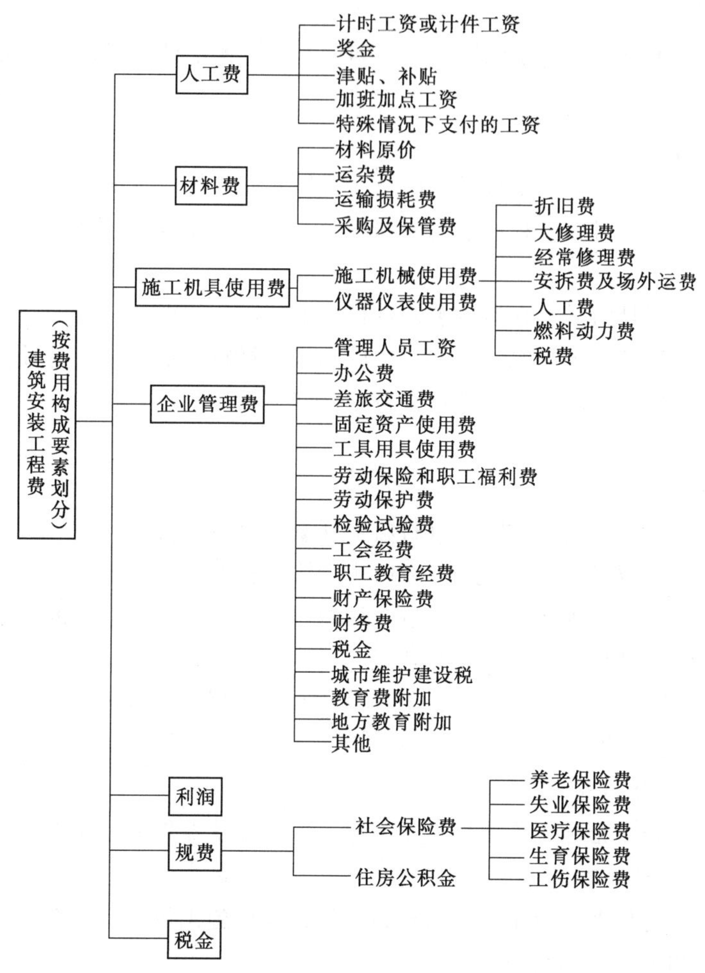

图 4.1　按费用构成要素划分的建筑安装工程费用项目组成

式（4.1）主要适用于施工企业投标报价时自主确定人工费，也是工程造价管理机构编制计价定额确定定额人工单价或发布人工成本信息的参考依据。

（2）方法 2。

$$人工费=\sum(工程工日消耗量\times日工资单价) \tag{4.3}$$

日工资单价是指施工企业平均技术熟练程度的生产工人在每工作日（国家法定工作时间内）按规定从事施工作业应得的日工资总额。

工程造价管理机构确定日工资单价应根据工程项目的技术要求，通过市场调查，参考实物工程量人工单价综合分析确定，最低日工资单价不得低于工程所在地人力资源和社会保障部门所发布的最低工资标准的：普工 1.3 倍、一般技工 2 倍、高级技工 3 倍。

工程计价定额不可只列一个综合工日单价，应根据工程项目技术要求和工种差别适当划分多种日人工单价，确保各分部工程人工费的合理构成。

式（4.3）适用于工程造价管理机构编制计价定额时确定定额人工费，是施工企业投标报价的参考依据。

4.1.1.2　材料费

材料费是指施工过程中耗费的原材料、辅助材料、构配件、零件、半成品或成品、工程设备的费用。

1. 材料费组成内容

（1）材料原价是指材料、工程设备的出厂价格或商家供应价格。

（2）运杂费是指材料、工程设备自来源地运至工地仓库或指定堆放地点所发生的全部费用。

（3）运输损耗费是指材料在运输装卸过程中不可避免的损耗。

（4）采购及保管费是指为组织采购、供应和保管材料、工程设备的过程中所需要的各项费用。包括采购费、仓储费、工地保管费、仓储损耗。

2. 材料费计算方法

（1）材料费。

$$材料费=\sum(材料消耗量\times材料单价) \tag{4.4}$$

$$材料单价=[(材料原价+运杂费)\times(1+运输损耗率)]\times[1+采购保管费率] \tag{4.5}$$

（2）工程设备费。工程设备是指构成或计划构成永久工程一部分的机电设备、金属结构设备、仪器装置及其他类似的设备和装置。

$$工程设备费=\sum(工程设备量\times工程设备单价) \tag{4.6}$$

$$工程设备单价=(设备原价+运杂费)\times[1+采购保管费率] \tag{4.7}$$

4.1.1.3　施工机具使用费

施工机具使用费是指施工作业所发生的施工机械、仪器仪表使用费或其租赁费。

1. 施工机具使用费组成内容

（1）施工机械使用费：以施工机械台班耗用量乘以施工机械台班单价表示，施工机械台班单价应由下列七项费用组成。

1）折旧费：指施工机械在规定的使用年限内，陆续收回其原值的费用。

2）大修理费：指施工机械按规定的大修理间隔台班进行必要的大修理，以恢复其正常功能所需的费用。

3）经常修理费：指施工机械除大修理以外的各级保养和临时故障排除所需的费用。包括为保障机械正常运转所需替换设备与随机配备工具附具的摊销和维护费用，机械运转中日常保养所需润滑与擦拭的材料费用及机械停滞期间的维护和保养费用等。

4）安拆费及场外运费：安拆费指施工机械（大型机械除外）在现场进行安装与拆卸所需的人工、材料、机械和试运转费用以及机械辅助设施的折旧、搭设、拆除等费用；场外运费指施工机械整体或分体自停放地点运至施工现场或由一施工地点运至另一施工地点的运输、装卸、辅助材料及架线等费用。

5）人工费：指机上司机（司炉）和其他操作人员的人工费。

6）燃料动力费：指施工机械在运转作业中所消耗的各种燃料及水、电等。

7）税费：指施工机械按照国家规定应缴纳的车船使用税、保险费及年检费等。

（2）仪器仪表使用费：是指工程施工所需使用的仪器仪表的摊销及维修费用。

2. 施工机具使用费计算方法

(1) 施工机械使用费。

$$\text{施工机械使用费}=\sum(\text{施工机械台班消耗量}\times\text{机械台班单价}) \tag{4.8}$$

$$\begin{aligned}\text{机械台班单价}=&\text{台班折旧费}+\text{台班大修费}+\text{台班经常修理费}+\text{台班安拆费及场外运费}+\\&\text{台班人工费}+\text{台班燃料动力费}+\text{台班车船税费}\end{aligned} \tag{4.9}$$

1) 折旧费计算公式为

$$\text{台班折旧费}=\frac{\text{机械预算价格}\times(1-\text{残值率})}{\text{耐用总台班数}} \tag{4.10}$$

$$\text{耐用总台班数}=\text{折旧年限}\times\text{年工作台班} \tag{4.11}$$

2) 大修理费计算公式为

$$\text{台班大修理费}=\frac{\text{一次大修理费}\times\text{大修次数}}{\text{耐用总台班数}} \tag{4.12}$$

工程造价管理机构在确定计价定额中的施工机械使用费时，应根据《建筑施工机械台班费用计算规则》结合市场调查编制施工机械台班单价。

施工企业可以参考工程造价管理机构发布的台班单价，自主确定施工机械使用费的报价，如租赁施工机械，公式为

$$\text{施工机械使用费}=\sum(\text{施工机械台班消耗量}\times\text{机械台班租赁单价}) \tag{4.13}$$

(2) 仪器仪表使用费。

$$\text{仪器仪表使用费}=\text{工程使用的仪器仪表摊销费}+\text{维修费} \tag{4.14}$$

【例 4.1】 某施工机械预算价格为 100 万元，折旧年限为 10 年，年平均工作 225 个台班，残值率为 4%，则该机械台班折旧费为多少？

解： 根据计算规则：

$$\begin{aligned}\text{台班折旧费}&=\frac{\text{机械预算价格}\times(1-\text{残值率})}{\text{耐用总台班数}}\\&=100\times(1-4\%)/(10\times225)=426.67(\text{万元})\end{aligned}$$

4.1.1.4 企业管理费

企业管理费是指建筑安装企业组织施工生产和经营管理所需的费用。

1. 企业管理费组成内容

(1) 管理人员工资：是指按规定支付给管理人员的计时工资、奖金、津贴补贴、加班加点工资及特殊情况下支付的工资等。

(2) 办公费：是指企业管理办公用的文具、纸张、账表、印刷、邮电、书报、办公软件、现场监控、会议、水电、烧水和集体取暖降温（包括现场临时宿舍取暖降温）等费用。

(3) 差旅交通费：是指职工因公出差、调动工作的差旅费、住勤补助费，市内交通费和误餐补助费，职工探亲路费，劳动力招募费，职工退休、退职一次性路费，工伤人员就医路费，工地转移费以及管理部门使用的交通工具的油料、燃料等费用。

(4) 固定资产使用费：是指管理和试验部门及附属生产单位使用的属于固定资产的房

屋、设备、仪器等的折旧、大修、维修或租赁费。

（5）工具用具使用费：是指企业施工生产和管理使用的不属于固定资产的工具、器具、家具、交通工具和检验、试验、测绘、消防用具等的购置、维修和摊销费。

（6）劳动保险和职工福利费：是指由企业支付的职工退职金、按规定支付给离休干部的经费，集体福利费、夏季防暑降温、冬季取暖补贴、上下班交通补贴等。

（7）劳动保护费：是企业按规定发放的劳动保护用品的支出。如工作服、手套、防暑降温饮料以及在有碍身体健康的环境中施工的保健费用等。

（8）检验试验费：是指施工企业按照有关标准规定，对建筑以及材料、构件和建筑安装物进行一般鉴定、检查所发生的费用，包括自设试验室进行试验所耗用的材料等费用。不包括新结构、新材料的试验费，对构件做破坏性试验及其他特殊要求检验试验的费用和建设单位委托检测机构进行检测的费用，对此类检测发生的费用，由建设单位在工程建设其他费用中列支。但对施工企业提供的具有合格证明的材料进行检测不合格的，该检测费用由施工企业支付。

建设工程专项检测项目应按建设工程其他费用定额要求列入工程建设其他费用。专项检测费由建设单位与检测单位根据工程质量检测的内容和要求在合同中约定。

建设工程专项检测应按《浙江省建设工程其他费用定额》要求列入工程建设其他费用。专项检测费由建设单位与检测单位根据工程质量检测的内容和要求在合同中约定。

（9）工会经费：是指企业按《中华人民共和国工会法》规定的全部职工工资总额比例计提的工会经费。

（10）职工教育经费：是指按职工工资总额的规定比例计提，企业为职工进行专业技术和职业技能培训，专业技术人员继续教育、职工职业技能鉴定、职业资格认定以及根据需要对职工进行各类文化教育所发生的费用。

（11）财产保险费：是指施工管理用财产、车辆等的保险费用。

（12）财务费：是指企业为施工生产筹集资金或提供预付款担保、履约担保、职工工资支付担保等所发生的各种费用。

（13）税金：是指企业按规定缴纳的房产税、车船使用税、土地使用税、印花税等。

（14）城市维护建设税：是指为了加强城市的维护建设，扩大和稳定城市维护建设资金的来源，规定凡缴纳增值税、消费税的单位和个人，都应当依照规定缴纳城市维护建设税。城市维护建设税税率如下：纳税人所在地在市区的，税率为 7％；纳税人所在地在县城、镇的，税率为 5％；纳税人所在地不在市区、县城或镇的，税率为 1％。

（15）教育费附加：是对缴纳增值税和消费税的单位和个人征收的一种附加费。其作用是为了发展地方性教育事业，扩大地方教育经费的资金来源。以纳税人实际缴纳的增值税和消费税的税额为计费依据，教育费附加的征收率为 3％。

（16）地方教育附加：按照《关于统一地方教育附加政策有关问题的通知》（财综〔2010〕98 号）要求，各地统一征收地方教育附加，地方教育附加征收标准为单位和个人实际缴纳的增值税和消费税税额的 2％。

（17）其他：包括技术转让费、技术开发费、投标费、业务招待费、绿化费、广告费、公证费、法律顾问费、审计费、咨询费、保险费等。还包括检验试验费、办公软件、现场监控、集体取暖降温（包括现场临时宿舍取暖降温）所发生的费用和企业为施工生产筹集资金或提供预付款担保、履约担保、职工工资支付担保等所发生的财务费等。

2. 企业管理费计算方法

（1）以分部分项工程费为计算基础。

$$企业管理费费率=\frac{生产工人年平均管理费}{年有效施工天数\times 人工单价}\times 人工费占分部分项工程费比例 \tag{4.15}$$

（2）以人工费和机械费合计为计算基础。

$$企业管理费费率=\frac{生产工人年平均管理费}{年有效施工天数\times(人工单价+每一工日机械使用费)}\times 100\% \tag{4.16}$$

（3）以人工费为计算基础。

$$企业管理费费率=\frac{生产工人年平均管理费}{年有效施工天数\times 人工单价}\times 100\% \tag{4.17}$$

上述公式适用于施工企业投标报价时自主确定管理费，是工程造价管理机构编制计价定额确定企业管理费的参考依据。

工程造价管理机构在确定计价定额中企业管理费时，以定额人工费或（定额人工费+定额机械费）作为计算基数，其费率根据历年工程造价积累的资料，辅以调查数据确定。

4.1.1.5 利润

利润是指施工企业完成所承包工程获得的盈利。

（1）施工企业根据企业自身需求并结合建筑市场实际自主确定，列入报价中。

（2）工程造价管理机构在确定计价定额中利润时，应以定额人工费或（定额人工费+定额机械费）作为计算基数，其费率根据历年工程造价积累的资料，并结合建筑市场实际确定，以单位（单项）工程测算，利润在税前建筑安装工程费的比重可按不低于5%且不高于7%的费率计算。利润应列入分部分项工程和措施项目中。

4.1.1.6 规费

规费是指按国家法律、法规规定，由省级政府和省级有关权力部门规定必须缴纳或计取的费用。

1. 规费组成内容

（1）社会保险费。是指企业按照规定标准为职工缴纳的养老保险费、失业保险费、医疗保险费、生育保险费、工伤保险费。

（2）住房公积金。是指企业按规定标准为职工缴纳的住房公积金。

其他应列而未列入的规费，按实际发生计取。

2. 规费计算方法

社会保险费和住房公积金应以定额人工费为计算基础，根据工程所在地省、自治区、直辖市或行业建设主管部门规定费率计算。

$$社会保险费和住房公积金=\sum(工程定额人工费\times 社会保险费和住房公积金费率) \tag{4.18}$$

式中：社会保险费和住房公积金费率可按每万元发承包价的生产工人人工费和管理人员工资含量与工程所在地规定的缴纳标准综合分析取定。

4.1.1.7　税金——增值税

1. 增值税含义

建筑安装工程费用的税金是指国家税法规定的应计入建筑安装工程造价内的增值税销项税额。增值税是以商品（含应税劳务）在流转过程中产生的增值额作为计税依据而征收的一种流转税。从计税原理上说，增值税是对商品生产、流通、劳务服务中多个环节的新增价值或商品的附加值征收的一种流转税。有增值才征税，没增值不征税。增值税是价外税。

2. 增值税应纳税额计算

纳税人销售货物、劳务、服务、无形资产、不动产（以下统称应税销售行为），应纳税额为当期销项税额抵扣当期进项税额后的余额。应纳税额计算公式：

$$增值税应纳税额=当期销项税额-当期进项税额 \tag{4.19}$$

当期销项税额小于当期进项税额不足抵扣时，其不足部分可以结转下期继续抵扣。

纳税人发生应税销售行为，按照销售额和增值税暂行条例规定的税率计算收取的增值税额，为销项税额。销项税额计算公式：

$$销项税额=销售额\times税率 \tag{4.20}$$

销售额为纳税人发生应税销售行为收取的全部价款和价外费用，但是不包括收取的销项税额。销售额以人民币计算。纳税人以人民币以外的货币结算销售额的，应当折合成人民币计算。

增值税进项税额，是指纳税人购进货物或者接受增值税应税劳务和服务而支付或者负担的增值税额。

3. 增值税税率

根据《关于深化增值税改革有关政策的公告》（财税〔2019〕39 号）调整后的增值税税率见表 4.1。

纳税人兼营不同税率的项目，应当分别核算不同税率项目的销售额；未分别核算销售额的，从高适用税率。

4. 建筑业增值税计算办法

建筑安装工程费用的增值税是指国家税法规定应计入建筑安装工程造价内的增值税销项税额。

增值税纳税人有一般纳税人和小规模纳税人两类。应税行为的年应征增值税销售额（以下称应税销售额）超过财政部和国家税务总局规定标准（财税 36 号文，附件 2，《试点实施办法》第三条规定：年应税销售额标准为 500 万元。）的纳税人为一般纳税人。未超过规定标准的纳税人为小规模纳税人。

增值税的计税方法，包括一般计税方法和简易计税方法。一般纳税人发生应税行为适用一般计税方法计税。小规模纳税人发生应税行为适用简易计税方法计税。

（1）一般计税方法。

当采用一般计税方法时，建筑业增值税税率为 9%。计算公式为

表 4.1 **增 值 税 税 率**

<table>
<tr><th>序号</th><th colspan="2">增值税纳税行业</th><th>增值税税率或扣除率/%</th></tr>
<tr><td rowspan="3">1</td><td colspan="2">销售或进口货物（另有列举的货物除外）</td><td rowspan="3">13</td></tr>
<tr><td rowspan="2">提供服务</td><td>提供加工、修理、修配劳务</td></tr>
<tr><td>提供有形动产租赁服务</td></tr>
<tr><td rowspan="6">2</td><td rowspan="5">销售或进口货物</td><td>粮食等农产品、食用植物油、食用盐</td><td rowspan="6">9</td></tr>
<tr><td>自来水、暖气、冷气、热水、煤气、石油液化气、天然气、沼气、居民用煤炭制品</td></tr>
<tr><td>图书、报纸、杂志、音像制品、电子出版物</td></tr>
<tr><td>饲料、化肥、农药、农机、农膜</td></tr>
<tr><td>国务院规定的其他货物</td></tr>
<tr><td>提供服务</td><td>转让土地使用权、销售不动产、提供不动产租赁、提供建筑服务、提供交通运输服务、提供邮政服务、提供基础电信服务</td></tr>
<tr><td rowspan="2">3</td><td colspan="2">销售无形资产</td><td rowspan="2">6</td></tr>
<tr><td colspan="2">提供服务（另有列举的服务除外）</td></tr>
<tr><td rowspan="4">4</td><td colspan="2">出口货物（国务院另有规定的除外）</td><td rowspan="4">0</td></tr>
<tr><td rowspan="3">提供服务</td><td>国家运输服务、航天运输服务</td></tr>
<tr><td>向境外单位提供的完全在境外消费的相关服务</td></tr>
<tr><td>财政部和国家税务总局规定的其他服务</td></tr>
</table>

$$增值税销项税额=税前造价\times 9\% \tag{4.21}$$

营改增后的工程造价由税前造价、增值税销项税额、地方水利建设基金构成。其中，税前造价为人工费、材料费、施工机械使用费、企业管理费、利润和规费之和，各费用项目均不包含增值税可抵扣进项税额的价格计算。

（2）简易计税方法。

简易计税方法的应纳税额，是指按照销售额和增值税征收率计算的增值税额，不得抵扣进项税额。简易计税方法一经选择，36 个月内不得变更。

当采用简易计税方法时，建筑业增值税征收率为 3%。计算公式为

$$增值税=税前造价\times 3\% \tag{4.22}$$

税前造价为人工费、材料费、施工机械使用费、企业管理费、利润和规费之和，各费用项目均以包含增值税进项税额的含税价格计算。

5. 建筑业可选择的简易计税方法

（1）一般纳税人以清包工方式提供的建筑服务，可以选择适用简易计税方法计税。

以清包工方式提供建筑服务：是指施工方不采购建筑工程所需的材料或只采购辅助材料，并收取人工费、管理费或者其他费用的建筑服务。

（2）一般纳税人为甲供工程提供的建筑服务，可以选择适用简易计税方法计税。

甲供工程：是指全部或部分设备、材料、动力由工程发包方自行采购的建筑工程。

（3）一般纳税人为建筑工程项目提供的建筑服务，可以选择适用简易计税方法计税。

6. 增值税发票的类型

(1) 增值税专用发票，采用一般计税方法，如果购买方也是一般纳税人（有纳税人识别号）的，可以开具增值税专用发票。

(2) 增值税普通发票，购买方不是一般纳税人；或者采用简易计税法开具增值税普通发票。小规模纳税人发生应税行为，购买方索取增值税专用发票的，可以向主管税务机关申请代开。

(3) 营业税和增值税下应纳税额计算比较。

【例 4.2】 施工企业开具 100 万元的工程发票，试分别计算营业税和增值税下应纳税额。营业税率为 3%。

解： (1) 缴纳营业税时：(不含甲供) 应纳营业税额＝100×3%＝3(万元)

(2) 作为一般纳税人缴纳增值税时：销项税额＝100/(1＋9%)×9%＝8.257(万元)

假设进项税额 5.8 万元，应纳增值税额＝8.257－5.8＝2.457(万元)

(3) 作为小规模纳税人缴纳增值税时：应纳增值税额＝100/(1＋3%)×3%＝2.913(万元)

4.1.2　建筑安装工程费用项目组成——按工程造价形成划分

按工程造价形成划分，建筑安装工程费用由分部分项工程费、措施项目费、其他项目费、规费、税金组成，如图 4.2 所示。

4.1.2.1　分部分项工程费

分部分项工程费是指各专业工程的分部分项工程应予列支的各项费用。

(1) 专业工程：是指按现行国家计量规范划分的房屋建筑与装饰工程、仿古建筑工程、通用安装工程、市政工程、园林绿化工程、矿山工程、构筑物工程、城市轨道交通工程、爆破工程等各类工程。

(2) 分部分项工程：指按现行国家计量规范对各专业工程划分的项目。如房屋建筑与装饰工程划分的土石方工程、地基处理与桩基工程、砌筑工程、钢筋及钢筋混凝土工程等。

各类专业工程的分部分项工程划分见现行国家或行业计量规范。

(3) 分部分项工程费计算方法：

$$分部分项工程费=\sum(分部分项工程量\times综合单价) \tag{4.23}$$

式中：综合单价包括人工费、材料费、施工机具使用费、企业管理费和利润以及一定范围的风险费用。

4.1.2.2　措施项目费

措施项目费是指为完成建设工程施工，发生于该工程施工前和施工过程中的技术、生活、安全、环境保护等方面的费用。

1. 措施项目费组成内容

(1) 安全文明施工费。

1) 环境保护费是指施工现场为达到环保部门要求所需要的各项费用。

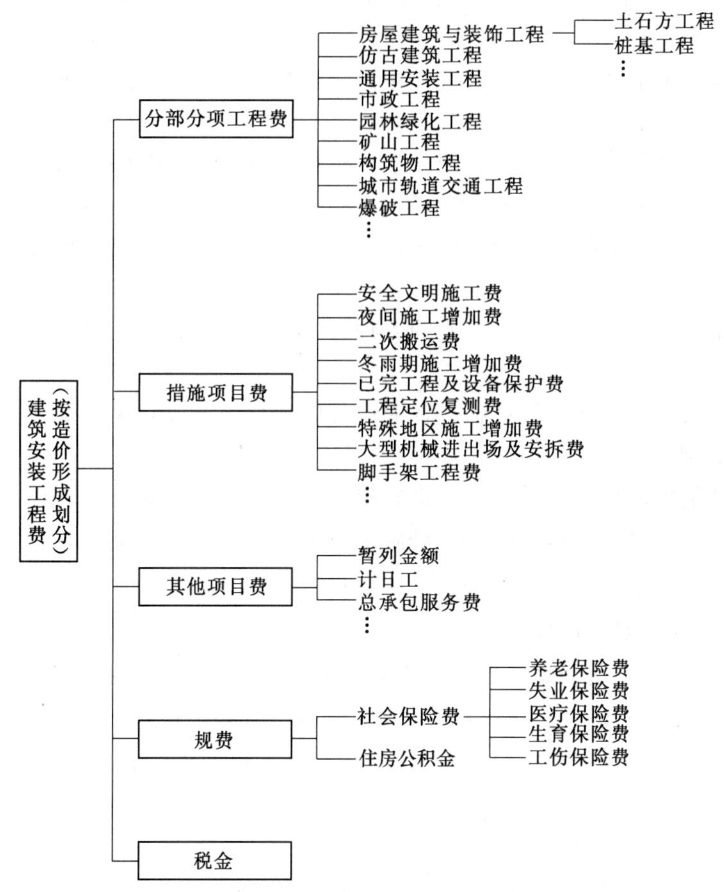

图 4.2 按造价组成内容划分的建筑安装工程费用项目组成

2）文明施工费是指施工现场文明施工所需要的各项费用。

3）安全施工费是指施工现场安全施工所需要的各项费用。

4）临时设施费是指施工企业为进行建设工程施工所必须搭设的生活和生产用的临时建筑物、构筑物和其他临时设施费用。包括临时设施的搭设、维修、拆除、清理费或摊销费等。

5）建筑工人实名制管理费：是对建筑工人实行实名制管理所需费用。

（2）夜间施工增加费。这项费用是指因夜间施工所发生的夜班补助费、夜间施工降效、夜间施工照明设备摊销及照明用电等费用。

（3）二次搬运费。是指因施工场地条件限制而发生的材料、构配件、半成品等一次运输不能到达堆放地点，必须进行二次或多次搬运所发生的费用。

（4）冬雨期施工增加费。是指在冬季或雨季施工需增加的临时设施，防滑、排除雨雪，人工及施工机械效率降低等费用。

（5）已完工程及设备保护费。是指竣工验收前，对已完工程及设备采取的必要保护措施所发生的费用。

(6) 工程定位复测费。是指工程施工过程中进行全部施工测量放线和复测工作的费用。

(7) 特殊地区施工增加费。是指工程在沙漠或其边缘地区、高海拔、高寒、原始森林等特殊地区施工增加的费用。

(8) 大型机械设备进出场及安拆费。是指机械整体或分体自停放场地运至施工现场或由一个施工地点运至另一个施工地点，所发生的机械进出场运输及转移费用及机械在施工现场进行安装、拆卸所需的人工费、材料费、机械费、试运转费和安装所需的辅助设施的费用。

(9) 脚手架工程费。是指施工需要的各种脚手架搭、拆、运输费用以及脚手架购置费的摊销（或租赁）费用。

措施项目及其包含的内容详见各类专业工程的现行国家或行业计量规范。

2. 措施项目费计算

(1) 国家计量规范规定应予计量的措施项目，其计算公式为

$$措施项目费=\sum(措施项目工程量\times综合单价) \tag{4.24}$$

(2) 国家计量规范规定不宜计量的措施项目计算方法如下。

1) 安全文明施工费，计算方法为

$$安全文明施工费=计算基数\times安全文明施工费费率 \tag{4.25}$$

计算基数应为定额基价（定额分部分项工程费＋定额中可以计量的措施项目费）、定额人工费或（定额人工费＋定额机械费），其费率由工程造价管理机构根据各专业工程的特点综合确定。

2) 夜间施工增加费，计算方法为

$$夜间施工增加费=计算基数\times夜间施工增加费费率 \tag{4.26}$$

3) 二次搬运费，计算方法为

$$二次搬运费=计算基数\times二次搬运费费率 \tag{4.27}$$

4) 冬雨期施工增加费，计算方法为

$$冬雨期施工增加费=计算基数\times冬雨期施工增加费费率 \tag{4.28}$$

5) 已完工程及设备保护费，计算方法为

$$已完工程及设备保护费=计算基数\times已完工程及设备保护费费率 \tag{4.29}$$

上述 2)～5) 项措施项目的计费基数应为定额人工费或（定额人工费＋定额机械费），其费率由工程造价管理机构根据各专业工程特点和调查资料综合分析后确定。

4.1.2.3　其他项目费

1. 其他项目费组成内容

(1) 暂列金额：是指建设单位在工程量清单中暂定并包括在工程合同价款中的一笔款项。用于施工合同签订时尚未确定或者不可预见的所需材料、工程设备、服务的采购，施工中可能发生的工程变更、合同约定调整因素出现时的工程价款调整以及发生的索赔、现场签证确认等的费用。

(2) 计日工：是指在施工过程中，施工企业完成建设单位提出的施工图纸以外的零星

项目或工作所需的费用。

(3) 总承包服务费：是指总承包人为配合、协调建设单位进行的专业工程发包，对建设单位自行采购的材料、工程设备等进行保管以及施工现场管理、竣工资料汇总整理等服务所需的费用。

2. 其他项目费计算方法

(1) 暂列金额：由建设单位根据工程特点，按有关计价规定估算，施工过程中由建设单位掌握使用、扣除合同价款调整后如有余额，归建设单位。

(2) 计日工：由建设单位和施工企业按施工过程中的签证计价。

(3) 总承包服务费：由建设单位在招标控制价中根据总包服务范围和有关计价规定编制，施工企业投标时自主报价，施工过程中按签约合同价执行。

4.1.2.4 规费和税金

建设单位和施工企业均应按照省、自治区、直辖市或行业建设主管部门发布的标准计算规费和税金，不得作为竞争性费用。

4.2 建设工程费用计算

本节主要以浙江省建设工程计价依据（2018版）介绍建设费用计算方法。

4.2.1 浙江省建筑安装工程费用构成

4.2.1.1 建筑安装工程费用构成要素

按照费用构成要素划分，建筑安装工程费用由人工费、材料费、机械费、企业管理费、利润、规费和税金组成，如图4.3所示。

4.2.1.2 建筑安装工程造价组成内容

按照造价组成内容划分，建筑安装工程费用由分部分项工程费、措施项目费、其他项目费、规费和税金组成，如图4.4所示。

4.2.2 建筑安装工程费用计算程序

建筑安装工程施工费用计算程序按照综合单价法计价，以招投标阶段和竣工结算阶段分别进行设置。

4.2.2.1 招投标阶段计算程序

招投标阶段建筑安装工程施工费用计算程序见表4.2。

4.2.2.2 竣工结算阶段计算程序

竣工结算阶段建筑安装工程施工费用计算程序见表4.3。

4.2.3 建筑安装工程费用计价方法

建筑安装工程统一按照综合单价法进行计价，包括国标工程量清单计价（简称国标清单计价）和定额项目清单计价（简称“定额清单计价”）两种。采用“国标清单计价”和“定额清单计价”时，除分部分项工程费、施工技术措施项目费分别依据“计量规范”规定的清单项目和“专业定额”规定的定额项目列项计算外，其余费用的计算原则及方法应当一致。

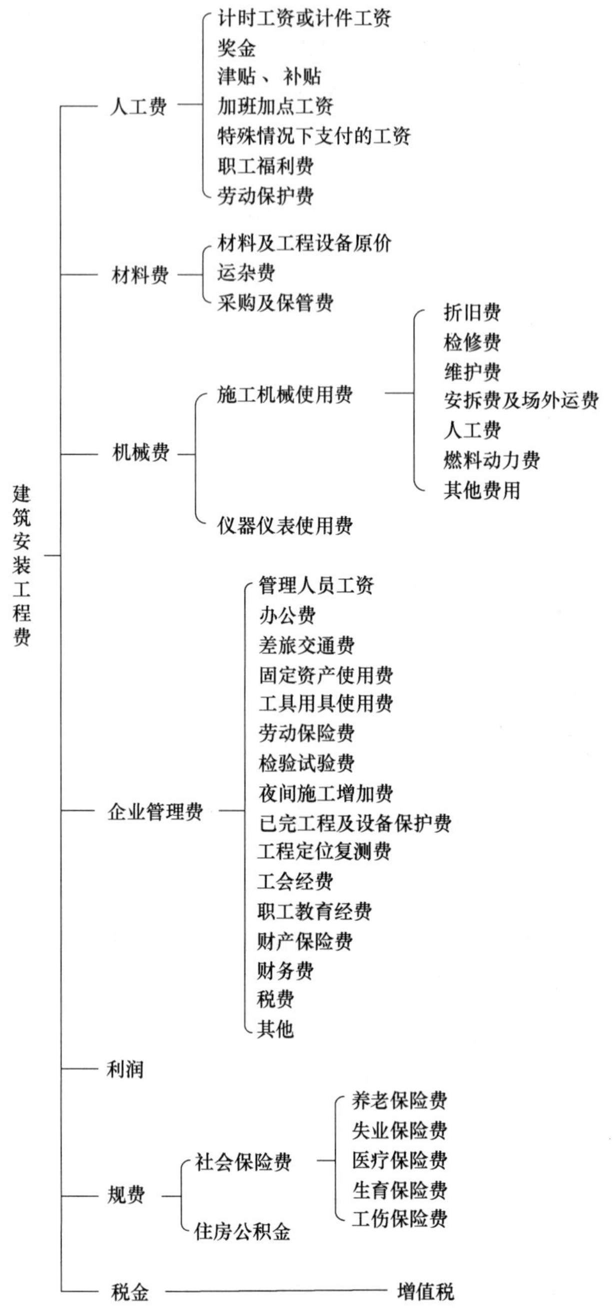

图 4.3　建筑安装工程费用项目组成（按费用构成要素划分）

建筑安装工程施工费用（即工程造价）由税前工程造价和税金（增值税销项税或征收率）组成，计价内容包括分部分项工程费、措施项目费、其他项目费、规费和税金。

4.2.3.1　分部分项工程费

分部分项工程费按分部分项工程数量乘以综合单价以其合价之和进行计算。

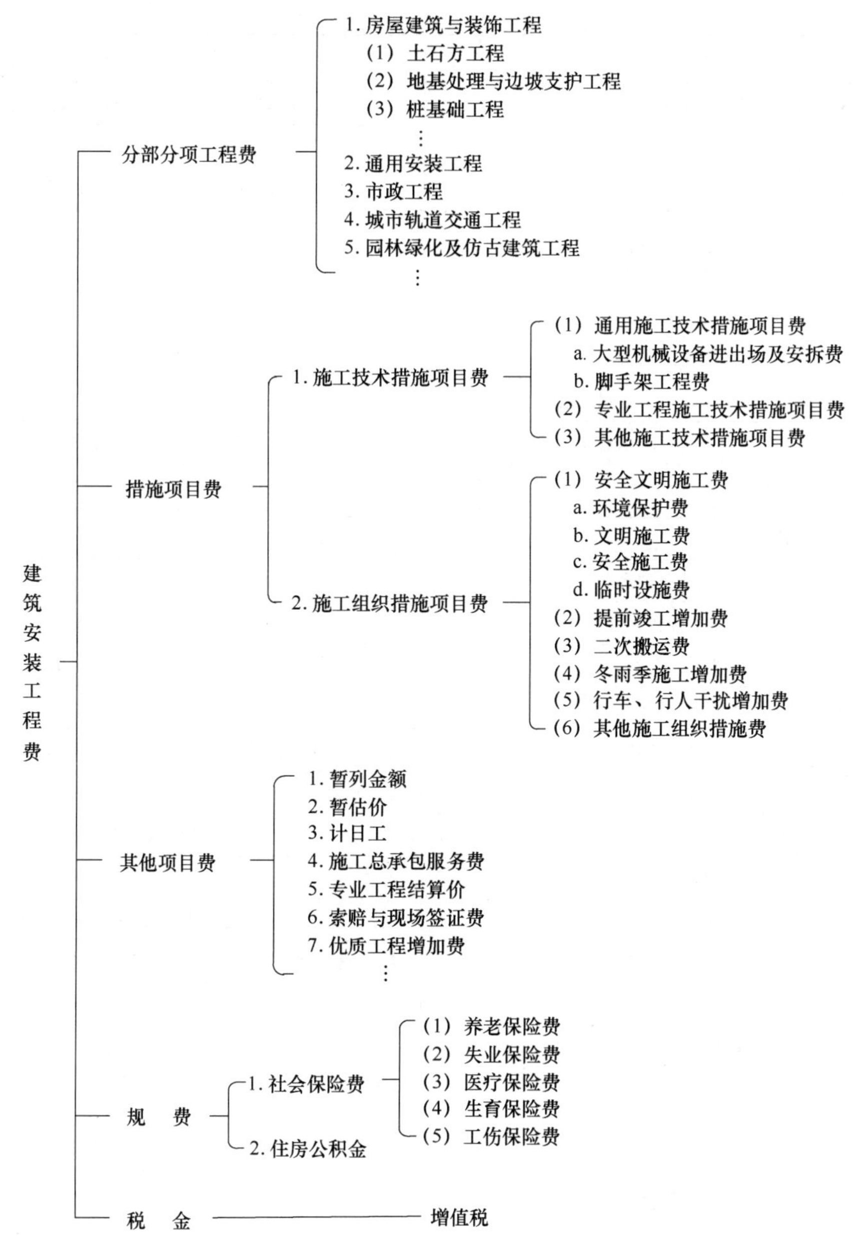

图 4.4 建筑安装工程费用项目组成（按造价组成内容划分）

表 4.2　　招投标阶段建筑安装工程施工费用计算程序

序号	费用项目		计算方法（公式）
一	分部分项工程费		∑(分部分项工程数量×综合单价)
	其中	1. 人工费＋机械费	∑分部分项工程（人工费＋机械费）
二	措施项目费		(一)＋(二)

续表

序号	费用项目		计算方法（公式）
	（一）施工技术措施项目费		Σ(技术措施项目工程数量×综合单价)
	其中	2. 人工费＋机械费	Σ技术措施项目（人工费＋机械费）
	（二）施工组织措施项目费		按实际发生项之和进行计算
	其中	3. 安全文明施工基本费	(1＋2)×费率
		4. 提前竣工增加费	
		5. 二次搬运费	
		6. 冬雨季施工增加费	
		7. 行车、行人干扰增加费	
		8. 其他施工组织措施费	按相关规定进行计算
三	其他项目费		(三)＋(四)＋(五)＋(六)＋(七)＋(八)
	（三）暂列金额		9＋10＋11
	其中	9. 标化工地暂列金额	(1＋2)×费率
		10. 优质工程暂列金额	除暂列金额外税前工程造价×费率
		11. 其他暂列金额	除暂列金额外税前工程造价×估算比例
	（四）暂估价		12＋13
	其中	12. 专业工程暂估价	按各专业工程的除税金外全费用暂估金额之和进行计算
		13. 专项措施暂估价	按各专项措施的除税金外全费用暂估金额之和进行计算
	（五）计日工		Σ计日工（暂估数量×综合单价）
	（六）施工总承包服务费		14＋15
	其中	专业发包工程管理费	Σ专业发包工程（暂估金额×费率）
		甲供材料设备保管费	甲供材料暂估金额×费率＋甲供设备暂估金额×费率
	（七）建筑渣土处置费		按招标文件规定额度列计
	（八）垂直运输保险增加费		(1＋2)×费率
四	规费		(1＋2)×费率
五	税前工程造价		一＋二＋三＋四
六	税金（增值税销项税或征收率）		五×税率
七	建筑安装工程造价		五＋六

表 4.3　　竣工结算阶段建筑安装工程施工费用计算程序

序号	费用项目		计算方法（公式）
一	分部分项工程费		Σ分部分项工程（工程数量×综合单价＋工料机价差）
	其中	1. 人工费＋机械费	Σ分部分项工程（人工费＋机械费）
		2. 工料机价差	Σ分部分项工程（人工费价差＋材料费价差＋机械费价差）
二	措施项目费		(一)＋(二)

续表

序号	费用项目		计算方法（公式）
	（一）施工技术措施项目费		∑技术措施项目（工程数量×综合单价＋工料机价差）
	其中	3. 人工费＋机械费	∑技术措施项目（人工费＋机械费）
		4. 工料机价差	∑技术措施项目（人工费价差＋材料费价差＋机械费价差）
	（二）施工组织措施项目费		按实际发生项之和进行计算
	其中	5. 安全文明施工基本费	(1＋3)×费率
		6. 标化工地增加费	
		7. 提前竣工增加费	
		8. 二次搬运费	
		9. 冬雨季施工增加费	
		10. 行车、行人干扰增加费	
		11. 其他施工组织措施费	按相关规定进行计算
三	其他项目费		(三)＋(四)＋(五)＋(六)＋(七)＋(八)＋(九)
	（三）专业发包工程结算价		按各专业发包工程的除税金外全费用结算金额之和进行计算
	（四）计日工		∑计日工（确认数量×综合单价）
	（五）施工总承包服务费		12＋13
	其中	12. 专业发包工程管理费	∑专业发包工程（结算金额×费率）
		13. 甲供材料设备保管费	甲供材料确认金额×费率＋甲供设备确认金额×费率
	（六）索赔与现场签证费		14＋15
	其中	14. 索赔费用	按各索赔事件的除税金外全费用金额之和进行计算
		15. 签证费用	按各签证事项的除税金外全费用金额之和进行计算
	（七）优质工程增加费		除优质工程增加费外税前工程造价×费率
	（八）建筑渣土处置费		按招标文件规定额度列计
	（九）垂直运输保险增加费		(1＋3)×费率
四	规费		(1＋3)×费率
五	税前工程造价		一＋二＋三＋四
六	税金（增值税销项税）		五×税率
七	建筑安装工程造价		五＋六

1. 工程数量

采用“国标清单计价”的工程，分部分项工程数量应根据“计量规范”中清单项目（含浙江省补充清单项目）规定的工程量计算规则和本省有关规定进行计算；采用“定额清单计价”的工程，分部分项工程数量应根据预算“专业定额”中定额项目规定的工程量计算规则进行计算。编制招标控制价和投标报价时，工程数量应统一按照招标人在发承包计价前依据招标工程设计图纸和有关计价规定计算并提供的工程量确定；编制竣工结算时，工程数量应以承包人完成合同工程应予计量的工程量进行调整。

2. 综合单价

综合单价指完成一个规定清单项目（或定额项目）所需的人工费、材料费及工程设备费、施工机具使用费和对应的企业管理费、利润以及一定范围内的风险费用。

（1）工料机费用。编制招标控制价时，综合单价所含人工费、材料费、机械费应按照预算“专业定额”中的人工、材料、施工机械（仪器仪表）台班消耗量以相应“基准价格”进行计算。遇未发布“基准价格”的，可通过市场调查以询价方式确定价格；因设计标准未明确等原因造成无法当时确定准确价格，或者设计标准虽已明确但一时无法取得合理询价的材料，应以“暂估单价”计入综合单价。

基准价格指基准日（基准日是指招标工程以投标截止日前 28 天、非招标工程以合同签订前 28 天的日历天）当天所对应月份的由省市工程造价管理机构发布的信息价。

基期价格指组成建设工程计价要素的人工、材料、机械在某一时点（预算定额编制期）的价格，其中人工基期价格也称“定额人工单价”，机械台班基期价格也称“定额机械台班单价”。

编制投标报价时，综合单价所含人工费、材料费、机械费可按照企业定额或参照预算“专业定额”中的人工、材料、施工机械（仪器仪表）台班消耗量，以当时当地相应市场价格由企业自主确定。

编制竣工结算时，综合单价所含人工费、材料费、机械费除“暂估单价”直接以相应“确认单价”替换计算外，应根据已标价清单综合单价中的人工、材料、施工机械（仪器仪表）台班消耗量，按照合同约定计算因价格波动所引起的价差。计补价差时，应以分部分项工程所列项目的全部差价汇总计算，或直接计入相应综合单价。

（2）企业管理费、利润。编制招标控制价时，采用“国标清单计价”的工程，综合单价所含企业管理费、利润应以清单项目中的“定额人工费＋定额机械费”乘以企业管理费、利润相应费率分别进行计算；采用“定额清单计价”的工程，综合单价所含企业管理费、利润应以定额项目中的“定额人工费＋定额机械费”乘以企业管理费、利润相应费率分别进行计算。其中，企业管理费、利润费率应按相应施工取费费率的中值计取。

编制投标报价时，采用“国标清单计价”的工程，综合单价所含企业管理费、利润应以清单项目中的“人工费＋机械费”乘以企业管理费、利润相应费率分别进行计算；采用“定额清单计价”的工程，综合单价所含企业管理费、利润应以定额项目中的“人工费＋机械费”乘以企业管理费、利润相应费率分别进行计算。其中，企业管理费、利润费率可参考相应施工取费费率由企业自主确定。

编制竣工结算时，采用“国标清单计价”的工程，综合单价所含企业管理费、利润应以清单项目中依据已标价清单综合单价确定的“人工费＋机械费”乘以企业管理费、利润相应费率分别进行计算；采用“定额清单计价”的工程，综合单价所含企业管理费、利润应以定额项目中依据已标价清单综合单价确定的“人工费＋机械费”乘以企业管理费、利润相应费率分别进行计算。其中，企业管理费、利润费率按投标报价时的相应费率保持不变。

（3）风险费用。综合单价应包括风险费用，风险费用是指隐含于综合单价之中，用于化解发承包双方在工程合同中约定风险内容和范围（幅度）内人工、材料、施工机械（仪器仪表）台班的市场价格波动风险的费用。以“暂估单价”计入综合单价的材料不考虑风险费用。

4.2.3.2 措施项目费

措施项目费，按施工技术措施项目费、施工组织措施项目费之和进行计算。

1. 施工技术措施项目费

施工技术措施项目费以施工技术措施项目工程数量乘以综合单价，以其合价之和进行计算。施工技术措施项目工程数量及综合单价的计算原则参照分部分项工程费相关内容计算。

2. 施工组织措施项目费

施工组织措施项目费分为安全文明施工基本费、标化工地增加费、提前竣工增加费、二次搬运费、冬雨季施工增加费和行车、行人干扰增加费，除安全文明施工基本费属于必须计算的施工组织措施费项目外，其余施工组织措施费项目可根据工程实际需要进行列项，工程实际不发生的项目不应计取其费用。

编制招标控制价时，施工组织措施项目费应以分部分项工程费与施工技术措施项目费中的“定额人工费＋定额机械费”乘以各施工组织措施项目相应费率以其合价之和进行计算。其中，安全文明施工基本费费率应按相应基准费率（即施工取费费率的中值）计取，其余施工组织措施项目费（“标化工地增加费”除外）费率均按相应施工取费费率的中值确定。

编制投标报价时，施工组织措施项目费应以分部分项工程费与施工技术措施项目费中的“人工费＋机械费”乘以各施工组织措施项目相应费率，以其合价之和进行计算。其中，安全文明施工基本费费率应以不低于相应基准费率的 90%（即施工取费费率的下限）计取，其余施工组织措施项目费（“标化工地增加费”除外）可参考相应施工取费费率，由企业自主确定。

编制竣工结算时，施工组织措施项目费应以分部分项工程费与施工技术措施项目费中依据已标价清单综合单价确定的“人工费＋机械费”乘以各施工组织措施项目相应费率以其合价之和进行计算。其中，除法律、法规等政策性调整外，各施工组织措施项目的费率均按投标报价时的相应费率保持不变。

（1）安全文明施工基本费。安全文明施工基本费分为非市区工程和市区工程，其中：市区工程是指城区、城镇等人流、车流集聚区的工程；非市区工程是指乡村等人流、车流非集聚区的工程。

对于工程规模变化较大的房屋建筑与装饰工程，应根据其取费基数额度（合同标段分部分项工程费与施工技术措施项目费所含“人工费＋机械费”）大小，采用分档累进方式计算费用。

对于安全防护、文明施工有特殊要求和危险性较大的工程，需增加安全防护、文明施工措施，所发生的费用可另列项目计算或要求投标报价的施工企业在费率中考虑。

安全文明施工基本费费率不包括市政、城市轨道交通高架桥（高架区间）及道路绿化等工程在施工区域沿线搭设的临时围挡（护栏）费用，此类费用发生时应按施工技术措施项目费另列项目进行计算。

施工现场与城市道路之间的连接道路硬化，是发包人向承包人提供正常施工所需要的进入施工现场的交通条件，属工程建设其他费用中“场地准备及临时设施费”所包含的内容。如由承包人负责实施的，其费用应按实际发生以现场签证另行计算。

编制招标控制价时，以“定额人工费＋定额机械费”乘以相应费率，安全文明施工基本费费率应按相应基准费率（即施工取费费率的中值）计取。

编制投标报价时，以“人工费＋机械费”乘以相应费率计算，安全文明施工基本费费率应不低于相应基准费率的90%（即施工取费费率的下限）计取。

编制竣工结算时，以已标价综合单价确定的“人工费＋机械费”乘以相应费率计算，其中，除法律、法规等政策性调整外，各施工组织措施项目的费率均按投标报价时的相应费率保持不变。

（2）标化工地增加费。标化工地施工费的基本内容已在安全文明施工基本费中综合考虑，但获得国家、省、设区市、县市区级安全文明施工标准化工地的，应计算标化工地增加费。

由于标化工地一般在工程竣工后进行评定，且不一定发生或达到预期要求的等级，编制招标控制价和投标报价时，标化工地增加费可按其他项目费的暂列金额计列；编制竣工结算时，标化工地增加费应以施工组织措施项目费计算。其中，合同约定有创安全文明施工标准化工地要求而实际未创建的，不计算标化工地增加费；实际创建等级与合同约定不符或合同无约定而实际创建的，按实际创建等级相应费率标准的75%～100%计算标化工地增加费（实际创建等级高于合同约定等级的，应不低于合同约定等级原有费率标准），并签订补充协议。

标化工地增加费分为非市区工程和市区工程，划分方法同安全文明施工基本费。

（3）提前竣工增加费。提前竣工增加费以工期缩短的比例计取，工期缩短比例计算方法：

$$工期缩短比例=[(定额工期-合同工期)/定额工期]\times 100\%$$

缩短工期比例在30%以上者，应按审定的措施方案计算相应的提前竣工增加费。实际工期比合同工期提前的，应根据合同约定另行计算。

（4）二次搬运费。二次搬运费适用于因施工场地狭小等特殊情况一次到不了施工现场而需要再次搬运发生的费用，不适用于上山及过河发生的费用。上山及过河所发生的费用应另列项目以现场签证进行计算。

（5）冬雨季施工增加费。冬雨季施工增加费不包括暴雪、强台风、暴雨、高温等异常恶劣气候所引起的费用，这类费用发生时应另列项目以现场签证进行计算。

（6）行车、行人干扰增加费。

行车、行人干扰增加费已综合考虑按要求进行交通疏导、设置导行标志需发生的费用。适用对象主要包括：市政道路、桥梁、隧道及其排水（含污水、给水、燃气、供热、电力、通信等的管道和开挖施工的综合管廊及相应构筑物）、路灯、交通设施等的改造和养护维修工程；占用交通道路进行施工的城市轨道交通高架桥工程及相应轨道工程；道路绿化（含景观）的改造与养护工程。

4.2.3.3　其他项目费

其他项目费按照不同计价阶段结合工程实际确定计价内容。其中，编制招标控制价和投标报价时，按暂列金额、暂估价、计日工和施工总承包服务费中实际发生项的合价之和进行计算；编制竣工结算时，按专业工程结算价、计日工、施工总承包服务费、索赔与现场签证费和优质工程增加费中实际发生项的合价之和进行计算。

1. 暂列金额

暂列金额按标化工地暂列金额、优质工程暂列金额、其他暂列金额之和进行计算。招标控制价与投标报价的暂列金额应保持一致；竣工结算时，暂列金额应予以取消，另根据工程实际发生项目增加相应费用。

（1）标化工地暂列金额。标化工地暂列金额应以招标控制价中分部分项工程费与施工技术措施项目费的“定额人工费＋定额机械费”乘以标化工地增加费相应费率进行计算。其中，招标文件有创安全文明施工标准化工地要求的，按要求等级对应费率计算。

（2）优质工程暂列金额。优质工程暂列金额应以招标控制价中除暂列金额外的税前工程造价乘以优质工程增加费相应费率进行计算。其中，招标文件有创优质工程要求的，按要求等级对应费率计算。

（3）其他暂列金额。其他暂列金额应以招标控制价中除暂列金额外的税前工程造价乘以相应估算比例进行计算，估算比例一般不高于5％。

2. 暂估价

暂估价按专业工程暂估价和专项措施暂估价之和进行计算。招标控制价与投标报价的暂估价应保持一致；竣工结算时，专业工程暂估价以专业工程结算价取代，专项措施暂估价以专项措施结算价格取代并计入施工技术措施项目费及相关费用。材料及工程设备暂估价按其暂估单价列入分部分项工程项目的综合单价计算。

（1）专业工程暂估价。专业工程暂估价按各专业工程的暂估金额之和进行计算。各专业工程的暂估金额应由招标人在发承包计价前，根据各专业工程的具体情况和有关计价规定以除税金以外的全部费用分别进行估算。

专业工程暂估价分为按规定必须招标并纳入施工总承包管理范围的发包人发包专业工程暂估价（以下简称“专业发包工程暂估价”）和按规定无须招标属于施工总承包人自行承包内容的专业工程暂估价。

（2）专项措施暂估价。专项措施暂估价按各专项措施的暂估金额之和进行计算。各专项措施的暂估金额应由招标人在发承包计价前，根据各专项措施的具体情况和有关计价规定以除税金以外的全部费用分别进行估算。

3. 计日工价

计日工价按计日工数量乘以计日工综合单价以其合价之和进行计算。

（1）计日工数量。编制招标控制价和投标报价时，计日工数量应统一以招标人在发承包计价前提供的“暂估数最”进行计算；编制竣工结算时，计日工数量应按实际发生并经发承包双方签证认可的“确认数量”进行调整。

（2）计日工综合单价。计日工综合单价应以除税金以外的全部费用进行计算。编制招标控制价时，应按有关计价规定并充分考虑市场价格波动因素计算；编制投标报价时，可由企业自主确定；编制竣工结算时，除计日工特征内容发生变化应予以调整外，其余按投标报价时的相应价格保持不变。

4. 施工总承包服务费

施工总承包服务费按专业发包工程管理费和甲供材料设备保管费之和进行计算。

（1）专业发包工程管理费。发包人对其发包工程中的相关专业工程进行单独发包的，施工总承包人可向发包人计取专业发包工程管理费。专业发包工程管理费按各专业发包工程金额乘以专业发包工程管理费相应费率以其合价之和进行计算。

编制招标控制价和投标报价时，各专业发包工程金额应统一按专业工程暂估价内相应专业发包工程的暂估金额取定；编制竣工结算时，各专业发包工程金额应以专业工程结算价内相应专业发包工程的结算金额进行调整。

编制招标控制价时，专业发包工程管理费费率应根据要求提供的服务内容，按相应区间费率的中值计算；编制投标报价时，专业发包工程管理费费率可参考相应区间费率由企业自主确定；编制竣工结算时，除服务内容和要求发生变化应予以调整外，其余按投标报价时的相应费率保持不变。

发包人仅要求施工总承包人对其单独发包的专业工程提供现场堆放场地、现场供水供电管线（水电费用可另行按实计收）、施工现场管理、竣工资料汇总整理等服务而进行的施工总承包管理和协调时，施工总承包人可按专业发包工程金额的1%～2%向发包人计取专业发包工程管理费。施工总承包人完成其自行承包工程范围内所搭建的临时道路、施工围挡（围墙）、脚手架等措施项目，在合理的施工进度计划期间应无偿提供给专业工程分包人使用，专业工程分包人不得重复计算相应费用。

发包人要求施工总承包人对其单独发包的专业工程进行施工总承包管理和协调，并同时要求提供垂直运输等配合服务时，施工总承包人可按专业发包工程金额的2%～4%向发包人计取专业发包工程管理费，专业工程分包人不得重复计算相应费用。

发包人未对其单独发包的专业工程要求施工总承包人提供垂直运输等配合服务的，专业工程承包人应投标报价时，考虑其垂直运输等相关费用。如施工时仍由施工总承包人提供垂直运输等配合服务的，其费用由总包、分包人根据实际发生情况自行商定。

当专业发包工程经招标由施工总承包人承包的，专业发包工程管理费不计。

（2）甲供材料设备保管费。发包人自行提供材料、工程设备的，对其所提供的材料、工程设备进行管理、服务的单位（施工总承包人或专业工程分包人）可向发包人计取甲供材料设备保管费。甲供材料设备保管费按甲供材料金额、甲供设备金额分别乘以各自的保管费费率以其合价之和进行计算。

编制招标控制价和投标报价时，甲供材料金额和甲供设备金额应统一以招标人在发承包计价前按暂定数量和暂估单价（含税价）确定并提供的暂估金额取定；编制竣工结算时，甲供材料金额和甲供设备金额应按发承包双方以实际数量和确认单价（含税价）共同确定的实际金额进行调整。

编制招标控制价时，甲供材料保管费费率和甲供设备保管费费率应按相应区间费率的中值计算；编制投标报价时，甲供材料保管费费率和甲供设备保管费费率可参考相应区间费率由企业自主确定；编制竣工结算时，除服务内容和要求发生变化应予以调整外，其余按投标报价时的相应费率保持不变。

5. 专业工程结算价

专业工程结算价按各专业工程的结算金额之和进行计算。各专业工程的结算金额应根据各自的合同约定，按不包括税金在内的全部费用分别进行计价，计价方法及原则参照单位工程相应内容。

专业工程结算价分为按规定必须招标并纳入施工总承包管理范围的发包人发包专业工程结算价（简称“专业发包工程结算价”）和按规定无须招标属于施工总承包人自行承包内容的专业工程结算价。其中，属于施工总承包人自行承包内容的专业工程，可按工程变更直接列入分部分项工程费、措施项目费及相关费用进行计算。

6. 索赔与现场签证费

索赔与现场签证费按索赔费用和签证费用之和进行计算。

（1）索赔费用。索赔费用按各索赔事件的索赔金额之和进行计算。各索赔事件的索赔金额应根据合同约定和相关计价规定，可参照索赔事件发生当期的市场信息价格以除税金以外的全部费用进行计价。涉及分部分项工程、施工技术措施项目的数量、价格确认及其项目改变的索赔内容，其相应费用可分别列入分部分项工程费和施工技术措施项目费进行计算。

（2）签证费用。签证费用按各签证事项的签证金额之和进行计算。各签证事项的签证金额应根据合同约定和相关计价规定，可参照签证事项发生当期的市场信息价格以除税金以外的全部费用进行计价。遇签证事项的内容列有计日工的，可直接并入计日工计算；涉及分部分项工程、施工技术措施项目的数量、价格确认及其项目改变的签证内容，其相应费用可分别列入分部分项工程费和施工技术措施项目费进行计算。

7. 优质工程增加费

浙江省“专业定额”的消耗量水平按合格工程考虑，获得国家、省、设区市、县（市、区）级优质工程的，应计算优质工程增加费。优质工程增加费以获奖工程除本费用之外的税前工程造价乘以优质工程增加费相应费率进行计算。

由于优质工程是在工程竣工后进行评定，且不一定发生或达到预期要求的等级，遇发包人有优质工程要求的，编制招标控制价和投标报价时，优质工程增加费可按暂列金额方式列项计算。

合同约定有工程获奖目标等级要求而实际未获奖的，不计算优质工程增加费；实际获奖等级与合同约定不符或合同无约定而实际获奖的，按实际获奖等级相应费率标准的

75%～100%计算优质工程增加费（实际获奖等级高于合同约定等级的，应不低于合同约定等级原有费率标准），并签订补充协议。

4.2.3.4　规费

规费应根据《浙江省建设工程计价规则》（2018 版）（简称“计价规则”），依据国家法律、法规所测定的费率计取。

计价规则中，规费费率包括养老保险费、失业保险费、医疗保险费、生育保险费、工伤保险费和住房公积金等“五险一金”。

编制招标控制价时，规费应以分部分项工程费与施工技术措施项目费中的“定额人工费＋定额机械费”乘以规费相应费率进行计算；编制投标报价时，投标人应根据本企业实际缴纳“五险一金”情况自主确定规费费率，规费应以分部分项工程费与施工技术措施项目费中的“人工费＋机械费”乘以自主确定的规费费率进行计算；编制竣工结算时，规费应以分部分项工程费与施工技术措施项目费中依据已标价清单综合单价确定的“人工费＋机械费”乘以规费相应费率进行计算。

4.2.3.5　税前工程造价

税前工程造价按分部分项工程费、措施项目费、其他项目费、规费之和进行计算。

4.2.3.6　税金

税金应根据计价规则，依据国家税法所规定的计税基数和税率计取，不得作为竞争性费用。

税金按税前工程造价乘以增值税相应税率进行计算。遇税前工程造价包含甲供材料、甲供设备金额的，应在计税基数中予以扣除；增值税税率应根据计价工程按规定选择的适用计税方法，分别以增值税销项税税率或增值税征收率取定。

4.2.3.7　建筑安装工程造价

建筑安装工程造价按税前工程造价、税金之和进行计算。

4.2.4　建筑安装工程施工取费费率

4.2.4.1　概况

建筑安装工程施工取费费率包括企业管理费费率、利润费率、施工组织措施项目费费率、其他项目费费率、规费费率和税金税率。

（1）企业管理费、利润费率、施工组织措施项目费费率均按下限、中值、上限进行设置，并以不同计税方法分为一般计税费率和简易计税费率。

（2）其他项目费费率不以计税方法进行区分，其中优质工程增加费费率按优质工程等级分为县（市、区）级、设区市级、省级、国家级四档；施工总承包服务费费率按弹性区间费率进行设置。

（3）规费费率分别以一般计税方法和简易计税方法的相应固定费率进行设置。

（4）税金税率按不同计税方法分为增值税销项税税率和增值税征收率。

4.2.4.2　取费费率

（1）房屋建筑与装饰工程企业管理费费率按表 4.4 计取。

表 4.4　　房屋建筑与装饰工程企业管理费费率

定额编号	项目名称	计算基数	费率/%					
			一般计税			简易计税		
			下限	中值	上限	下限	中值	上限
A1	企业管理费							
A1-1	房屋建筑及构筑物工程	人工费+机械费	12.43	16.57	20.71	12.12	16.16	20.20
A1-2	单独装饰工程		11.37	15.16	18.95	11.15	14.86	18.57
A1-3	专业打桩、钢结构、幕墙及其他专业工程		10.12	13.49	16.86	9.92	13.22	16.52
A1-4	专业土石方工程		4.15	5.53	6.91	3.82	5.09	6.36

注　1. 房屋建筑及构筑物工程适用于工业与民用建筑工程、单独构筑物及其他工程，并包括相应的附属工程。

2. 单独装饰工程仅适用于单独承包的装饰工程。

3. 专业工程仅适用于房屋建筑与装饰工程中单独承包的专业发包工程；其他专业工程是指本费率表所列专业工程项目以外的，需具有专业工程施工资质施工的专业发包工程。

4. 采用装配整体式混凝土结构的工程，其费率应根据不同 PC 率（预制装配率）乘以相应系数进行调整。其中，PC 率 20%及 20%以上至 30%以内的，调整系数为 1.1；PC 率 40%以内的，调整系数为 1.15；PC 率 50%以内的，调整系数为 1.2；PC 率 50%以上的，调整系数为 1.25。

（2）房屋建筑与装饰工程利润费率按表 4.5 计取。

表 4.5　　房屋建筑与装饰工程利润费率

定额编号	项目名称	计算基数	费率/%					
			一般计税			简易计税		
			下限	中值	上限	下限	中值	上限
A2	企业管理费							
A2-1	房屋建筑及构筑物工程	人工费+机械费	6.08	8.10	10.12	5.93	7.90	9.87
A2-2	单独装饰工程		5.72	7.62	9.52	5.60	7.74	9.34
A2-3	专业打桩、钢结构、幕墙及其他专业工程		5.72	7.63	9.54	5.59	7.45	9.31
A2-4	专业土石方工程		2.03	2.70	3.37	1.87	2.49	3.11

注　利润费率使用说明同企业管理费。

（3）房屋建筑与装饰工程施工组织措施项目费费率按表 4.6 计取。

表 4.6　　房屋建筑与装饰工程施工组织措施项目费费率

定额编号	项目名称		计算基数	费率/%					
				一般计税			简易计税		
				下限	中值	上限	下限	中值	上限
A3	施工组织措施项目费								
A3-1	安全文明施工基本费								
A3-1-1	其中	非市区工程	人工费+机械费	7.14	7.93	8.72	7.37	8.19	9.01
A3-1-2		市区工程		8.57	9.52	10.47	8.84	9.82	10.80

续表

定额编号	项目名称		计算基数	费率/%					
				一般计税			简易计税		
				下限	中值	上限	下限	中值	上限
A3-2	标化工地增加费								
A3-2-1	其中	非市区工程	人工费+机械费	1.27	1.49	1.79	1.31	1.54	1.85
A3-2-2		市区工程		1.54	1.81	2.17	1.58	1.86	2.23
A3-3	提前竣工增加费								
A3-3-1	其中	缩短工期比例10%以内	人工费+机械费	0.01	0.52	1.03	0.01	0.54	1.07
A3-3-2		缩短工期比例20%以内		1.03	1.29	1.55	1.07	1.33	1.59
A3-3-3		缩短工期比例30%以内		1.55	1.79	2.03	1.59	1.85	2.11
A3-4	二次搬运费		人工费+机械费	0.40	0.50	0.60	0.42	0.52	0.62
A3-5	冬雨季施工增加费		人工费+机械费	0.06	0.11	0.16	0.07	0.12	0.17

注 1. 采用装配整体式混凝土结构的工程，其施工组织措施项目费费率应根据不同 PC 率乘以相应系数进行调整。不同 PC 率的费率调整系数同企业管理费。

2. 专业土石方工程的施工组织措施项目费费率乘以系数 0.35。

3. 房屋建筑与装饰工程的安全文明施工基本费按其取费基数额度（合同标段分部分项工程费与施工技术措施项目费所含“人工费+机械费”）大小，采用分档累进以递减方式计算费用。其中，取费基数额度 500 万元以内的执行标准费率；500 万元以上至 2000 万元以内部分按标准费率乘以系数 0.9；2000 万元以上至 5000 万元以内部分按标准费率乘以系数 0.8；5000 万元以上部分按标准费率乘以系数 0.7。

4. 单独装饰工程与专业打桩、钢结构、幕墙及其他专业工程的安全文明施工基本费费率乘以系数 0.6。

5. 标化工地增加费费率的下限、中值、上限分别对应设区市级、省级、国家级标化工地，县市区级标化工地的费率按费率中值乘以系数 0.7。

【例 4.3】 某市区住宅工程，房屋建筑与装饰工程工程量清单分部分项工程费和施工技术措施项目费所含的“人工费+机械费”为 2001 万元，试计算其安全文明施工基本费。

解： 查表 4.5 得知市区安全文明施工基本费费率为 9.52%，按规范进行分档，分档规则是：500 万元以下、500 万～2000 万元、2000 万～5000 万元、5000 万元以上按照分档算为：500×标准费率+1500×标准费率×0.9+(2001－500－1500)×标准费率×0.8。

则安全文明施工基本费＝500×10000×9.52%＋1500×10000×9.52%×0.9＋(2001－500－1500)×10000×9.52%×0.8＝1761961.6(元)

（4）房屋建筑与装饰工程其他项目费费率按表 4.7 计取。

表 4.7　　房屋建筑与装饰工程其他项目费费率

定额编号	项目名称		计算基数	费率/%
A4	其他项目费			
A4－1	优质工程增加费			
A4－1－1	其中	县市区级优质工程	除优质工程增加费外税前工程造价	1.50
A4－1－2		设区市级优质工程		2.00
A4－1－3		省级优质工程		3.00
A4－1－4		国家级优质工程		4.00
A4－2	施工总承包服务费			
A4－2－1	其中	专业发包工程管理费（管理、协调）	专业发包工程金额	1.00～2.00
A4－2－2		专业发包工程管理费（管理、协调、配合）		2.00～4.00
A4－2－3		甲供材料保管费	甲供材料金额	0.50～1.00
A4－2－4		甲供设备保管费	甲供设备金额	0.20～0.50

注　1. 其他项目费不分计税方法，统一按相应费率执行。

2. 优质工程增加费费率按工程质量综合性奖项测定，适用于获得工程质量综合性奖项工程的计价；获得工程质量单项性专业奖项的工程，费率标准由发承包双方自行商定。

3. 施工总承包服务费中专业发包工程管理费的取费基数按其税前金额确定，不包括相应的销项税；甲供材料保管费和甲供设备保管费的取费基数按其含税金额计算，包括相应的进项税。

（5）房屋建筑与装饰工程规费费率按表 4.8 计取。

表 4.8　　房屋建筑与装饰工程规费费率

定额编号	项目名称	计算基数	费率/%	
			一般计税	简易计税
A5	规费			
A5－1	房屋建筑及构筑物工程	人工费＋机械费	25.78	25.15
A5－2	单独装饰工程		27.92	27.37
A5－3	专业打桩、钢结构、幕墙及其他专业工程		25.08	24.49
A5－4	专业土石方工程		12.62	11.65

注　规费费率使用说明同企业管理费。

（6）房屋建筑与装饰工程税金税率按表 4.9 计取。

表 4.9　　房屋建筑与装饰工程税金税率

定额编号	项目名称	适用计税方法	计算基数	税率/%
A6	增值税			
A6－1	增值税销项税	一般计税方法	税前工程造价	9
A6－2	增值税征收率	简易计税方法		3

注　采用一般计税方法计税时，税前工程造价中的各费用项目均不包含增值税进项税额；采用简易计税方法计税时，税前工程造价中的各费用项目均应包含增值税进项税额。

4.2.4.3　垂直运输保险增加费

垂直运输保险增加费是指建筑施工企业按规定为其投入现场施工的起重机械（塔式起重机、施工升降机、物料提升机）进行保险所发生的费用，保险内容包括因生产安全事故、自然灾害、意外事故造成的作业人员死亡及财产损失、第三者人身伤亡及财产损失、设备自身损失，以及保险机构为投保设备提供的检查和安全风险管控服务。

（1）垂直运输保险增加费应以本省建筑工程预算定额中垂直运输分部相应定额及基期价格的合价作为计算基数，按照5%的比例进行计算。

（2）垂直运输保险增加费应在建筑工程造价的税金之前单独列项，其费用仅计取税金，不得作为其余施工取费费用的计费基数。

【例 4.4】 某公寓楼单独建筑装饰工程，清单分部分项工程费为 6044605 元，其中定额人工费 852305 元，机械费 621693 元；施工技术措施费为 77982 元，其中定额人工费为 40519 元，机械费为 20247 元；该工程为市区一般工程，施工组织措施费除安全文明施工、夜间施工增加费、冬雨季施工增加费、材料二次搬运费，已完工程保护费、工程定位复测费外，其余不考虑；标化工地增加费暂列金额为 200000 元，材料暂估价为 100000 元。试根据 2018 版浙江省建设工程计价规则，一般计税法，计算该工程招标控制价（弹性取费项目按中值计取）。

解： 编制招标控制价取费基数为定额人工费与定额机械费之和，该工程招标控制价计算见表 4.10。

表 4.10　　专业工程招标控制价费用表

序号	费用名称	计算公式	费率	金额/元
1	分部分项工程费	Σ(分部分项工程数量×综合单价)		6044605
1.1	其中：人工费＋机械费	Σ分部分项（定额人工费＋定额机械费）		1473998
2	措施项目费			174979
2.1	施工技术措施项目	Σ(技术措施工程数量×综合单价)		77982
2.1.1	其中：人工费＋机械费	Σ技措项目（定额人工费＋定额机械费）		60766
2.2	施工组织措施项目	按实际发生项之和进行计算		96997
2.2.1	安全文明施工基本费	（定额人工费＋定额机械费）×费率	9.52×0.6	87635
2.2.2	提前竣工增加费			
2.2.3	二次搬运费		0.5	7674
2.2.4	冬雨季施工增加费		0.11	1688
2.2.5	行车、行人干扰增加费			
3	其他项目费	3.1＋3.2＋3.3＋3.4＋3.5		300000
3.1	暂列金额	3.1.1＋3.1.2＋3.1.3		200000
3.1.1	标化工地增加费	按招标文件规定额度列计		200000
3.1.2	优质工程增加费			
3.1.3	其他暂列金额			

续表

序号	费 用 名 称	计 算 公 式	费率	金额/元
3.2	暂估价	3.2.1+3.2.2+3.2.3		100000
3.2.1	材料（工程设备）暂估价	按招标文件规定额度列计（或计入综合单价）		100000
3.2.2	专业工程暂估价	按招标文件规定额度列计		
3.2.3	专项技术措施暂估价			
3.3	计日工	Σ计日工（暂估数量×综合单价）		
3.4	施工总承包服务费	3.4.1+3.4.2		
3.4.1	专业发包工程管理费	Σ专业发包工程（暂估金额×费率）		
3.4.2	甲供材料设备管理费	甲供材料暂估金额×费率＋甲供设备暂估金额		
3.5	建筑渣土处置费	按招标文件规定额度列计		
4	规费	计算基数×费率	8.38	128613
5	税前总造价	1+2+3+4		6648197
6	税金	计算基数×费率	9	598338
招标控制价合计		1+2+3+4+6		7246535

复习思考题

1. 我国现行建筑安装工程费用构成如何?

2. 浙江省企业管理费包括哪些费用?

3. 基准价格与基期价格有什么不同?

4. 暂列金额与暂估价区别是什么？浙江省暂列金额、暂估价由哪些费用组成及如何计算?

5. 什么是国标工程量清单、招标工程量清单、已标价工程量清单?

6. 综合单价和综合单价法有什么不同?

第5章 建筑工程建筑面积计算

5.1 建筑工程建筑面积

1. 建筑面积概述

建筑面积是建筑物（包括墙体）所形成的楼地面面积。根据有关规则计算水平面积之和，包括附属于建筑物的室外阳台、雨篷、檐廊、室外走廊、室外楼梯等建筑部件面积。可分为使用面积、辅助面积（交通面积）和结构面积。

（1）使用面积。可直接为生产或生活使用的净面积。

（2）辅助面积。为辅助生产或生活所占的净面积，包括房屋的楼梯、走道。

（3）结构面积。建筑物各层中的墙体、柱、垃圾道、通风道等结构在平面布置中所占的面积。

2. 建筑面积的作用

（1）建筑面积是计算建筑物占地面积、土地利用系数、使用面积系数、建筑容积率，以及开工、竣工面积等指标的依据。

（2）建筑面积也是建筑工程一项重要的技术经济指标，如单位面积造价、人工材料消耗指标。

（3）建筑面积是编制设计概算的一项重要参数。设计概算的参数有建筑面积、结构特征。

3. 建筑面积计算规范

自2014年7月1日起，以《建筑工程建筑面积计算规范》（GB/T 50353—2013）为准。该规范是在2005年建设部和国家质量监督检验检疫总局联合发布的《建筑工程建筑面积计算规范》（GB/T 50353—2005）基础上修订而成的，包括总则、术语、计算建筑面积的规定3个部分及规范用词和条文说明。适用于新建、扩建、改建的工业与民用建筑工程建设全过程的建筑面积计算。

4. 规范建筑面积的基本规定

建筑面积计算规定中将结构层高2.2m作为全计或半计面积的划分界限，结构层高在2.2m及以上者计算全部面积，结构层高不足2.2m的计算一半面积。

5.2 建筑工程建筑面积计算规则

5.2.1 建筑物主体建筑面积的计算

1. 建筑物的建筑面积

建筑物的建筑面积应按自然层外墙结构外围水平面积之和计算。

（1）自然层：按楼地面结构分层的楼层。

（2）结构层高：楼面或地面结构层上表面至上部结构层上表面之间的垂直距离。如图5.1（a）所示。

（3）结构层：是指整体结构体系中承重的楼板层，承受整个楼层的全部荷载，并对楼层的隔声、防火等起主要作用。包括板、梁等构件。而非局部结构起承重作用的分隔层。

（4）结构净高：楼面或地面结构层上表面与上部结构层下表面之间的垂直距离。如图5.1（b）所示。

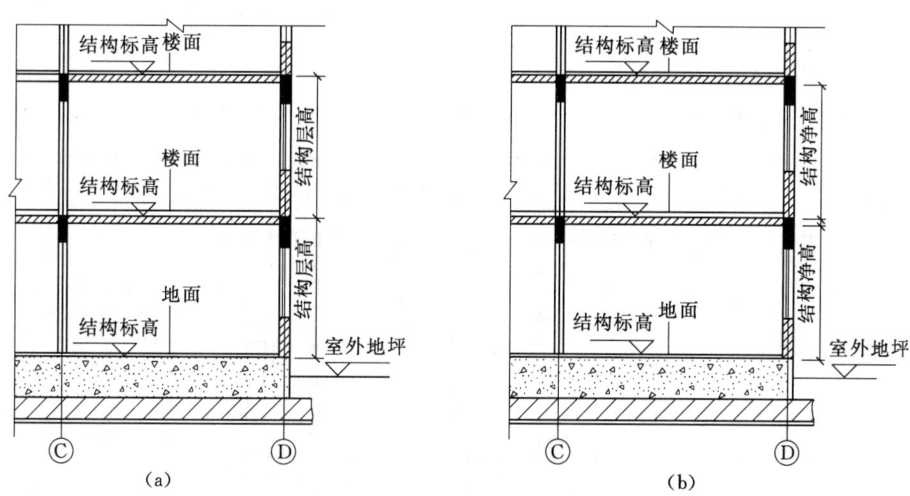

图5.1 结构层高、净高示意图

（a）结构层高图；（b）结构净高图

1）上下均为楼面时，结构层高是相邻两层楼板结构层上表面之间的垂直距离。

2）建筑物最底层，从“混凝土构造”的上表面，算至上层楼板结构层上表面。分两种情况：①有混凝土底板的，从底板上表面算起（如底板上有上反梁，则应从上反梁上表面算起）；②无混凝土底板、有地面构造的，以地面构造中最上一层混凝土垫层或混凝土找平层上表面算起。

3）建筑物顶层，从楼板结构层上表面算至屋面板结构层上表面。

4）下部为砌体上部为彩钢板围护的建筑物（图5.2，俗称轻钢厂房）其建筑面积的计算：①当$h<0.45$m，建筑面积按彩钢板外围水平面积计算；②当$h\geqslant0.45$m，建筑面积按下部砌体外围水平面积计算。

5）当外墙结构本身在一个层高范围内不等厚时（不包括勒脚，外墙结构在该层高范围内材质不变），以楼地面结构标高处的外围水平面积计算。

2. 建筑物内设有局部楼层

如图5.3所示，对于局部楼层的二层及以上楼层，有围护结构的应按其围护结构外围水平面积计算，无围护结构的应按其结构底板水平面积计算，且结构层高在2.20m及以上的，应计算全面积，结构层高在2.20m以下的，应计算1/2面积。

围护结构是指围合建筑空间四周的墙体、门、窗。围护设施则是指“为保障安全而设置的栏杆、栏板等围挡”，是建筑物的附属部件，而非在施工期间为保障安全而设置的临时性围挡。

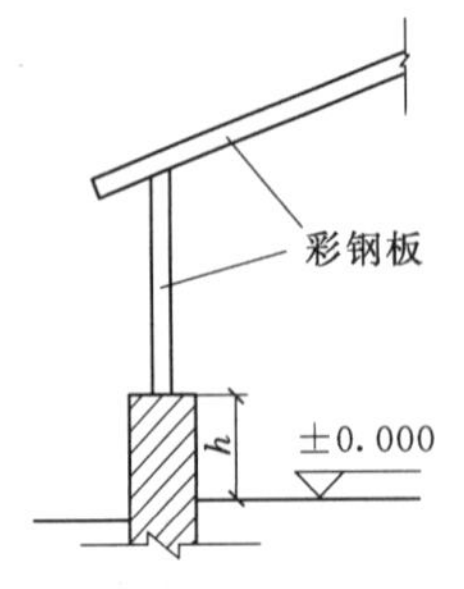

图 5.2　下部为砌体上部为彩钢板围护的建筑物示意图

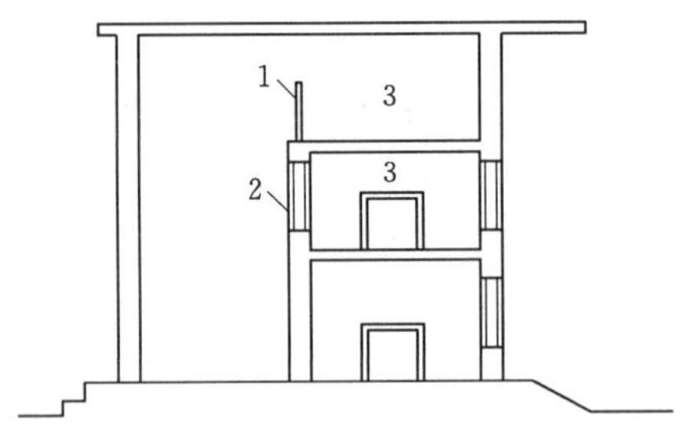

图 5.3　建筑物内的局部楼层

1—围护设施；2—围护结构；3—局部楼层

【例 5.1】 计算如图 5.4 所示某单层房屋（有局部楼层）的建筑面积。

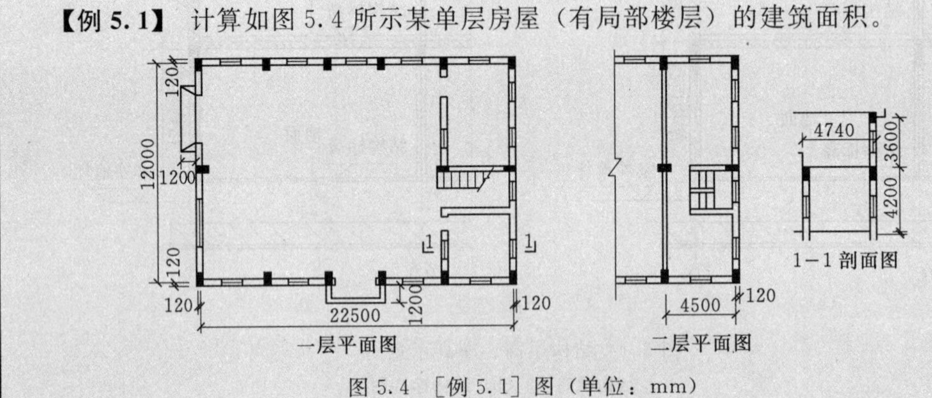

图 5.4　[例 5.1] 图（单位：mm）

解： 因有楼层处层高不同，应分别计算建筑面积。

单层部分建筑面积：$S_1=(22.50+0.24)\times(12.00+0.24)=278.34(m^2)$

$S_2=(4.50-0.24)\times(12.00-0.24)=50.10(m^2)$

建筑面积合计：$S=278.34+50.10=328.44(m^2)$

3. 形成建筑空间的坡屋顶

如图 5.5 所示，结构净高在 2.10m 及以上的部位应计算全面积；结构净高在 1.20m 及以上至 2.10m 以下的部位应计算 1/2 面积；结构净高在 1.20m 以下的部位不应计算建筑面积。即：第（1）部分净高＜1.2m，不计算建筑面积；第（2）、（4）部分 1.2m≤净高≤2.1m，计算 1/2 面积；第（3）部分净高＞2.1m，应全部计算面积。

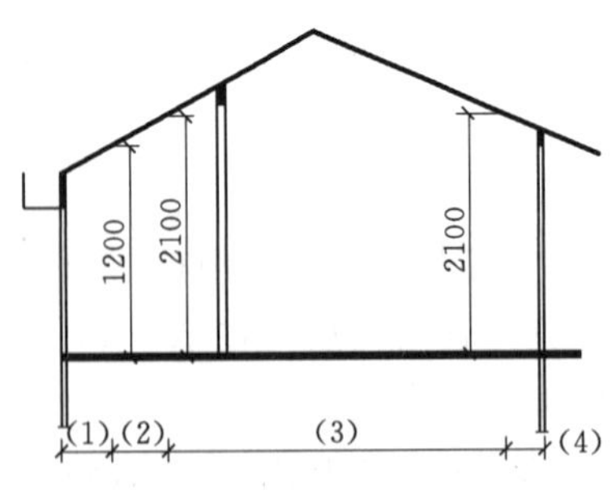

图 5.5　坡屋顶示意图（单位：mm）

（1）建筑空间，是指以建筑界面限定的、供人们生活和活动的场所。凡是具备可出入、可利用条件（设计中可能标明了使用用途，也可能没有标明使用用途或使用用途不明确）的围合空间，均应计算建筑面积。

（2）可出入，指的是人能够通过门（门洞）或楼梯等正常通道的出入，如必须通过窗、栏杆、上人孔、检修孔等出入的，则不算可出入。

4. 地下室、半地下室

地下室、半地下室区分如图 5.6 所示。

（1）地下室。室内地坪低于室外地坪的高度超过室内净高的 1/2 的房间。如图 5.6（a）所示。

（2）半地下室。室内地坪低于室外地坪的高度超过室内净高的 1/3，且不超过1/2的房间。如图 5.6（b）所示。

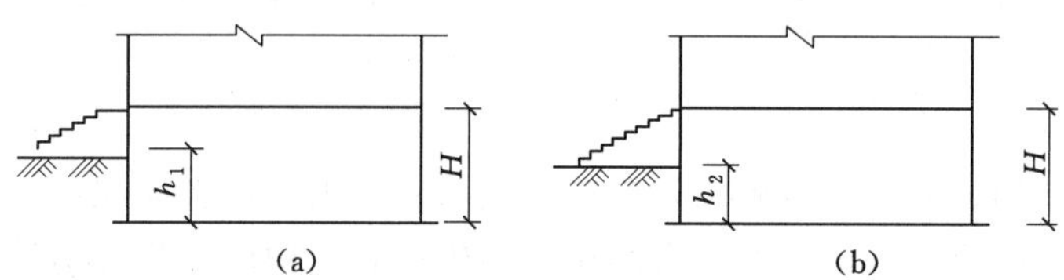

图 5.6 地下室、半地下室示意图（H 为地下层净高）

（a）地下室 $h_1 > H$；（b）半地下室 $H/3 < h_2 \leqslant H/2$

（3）计算规则。应按其结构外围水平面积计算。结构层高在 2.20m 及以上的，应计算全面积；结构层高在 2.20m 以下的，应计算 1/2 面积。

1）地下室的外墙结构不包括找平层、防水（潮）层、保护墙等。

2）当外墙为变截面时，按地下室、半地下室楼地面结构标高处的外围水平面积计算。

3）地下室未形成建筑空间的，不属于地下室、半地下室，不计算建筑面积。

5. 建筑物的门厅、大厅

应按一层计算建筑面积，门厅、大厅内设置的走廊应按走廊结构底板水平投影面积计算建筑面积，如图 5.7 所示。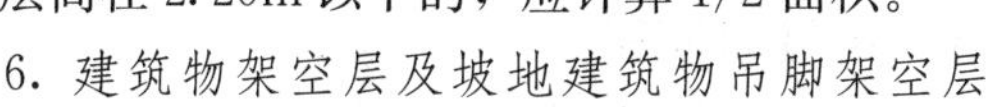结构层高在 2.20m 及以上的，应计算全面积；结构层高在 2.20m 以下的，应计算 1/2 面积。

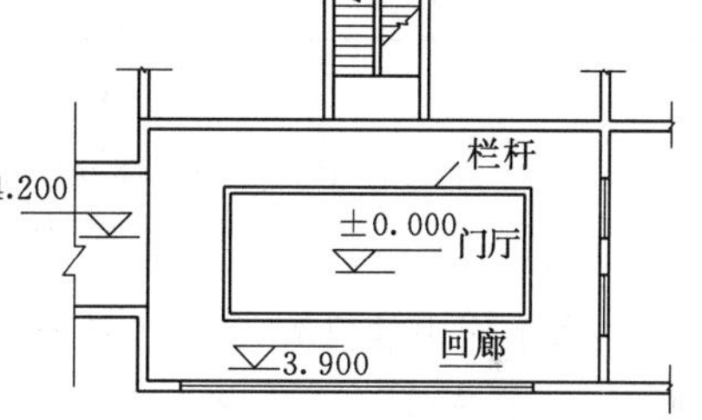

图 5.7 大厅、门厅设有走廊示意图（单位：m）

6. 建筑物架空层及坡地建筑物吊脚架空层

（1）架空层。是指“仅有结构支撑而无围护结构的敞开空间”。无论设计是否加以利用，只要具备可利用状态，均计算建筑面积。

（2）计算规则应按其顶板水平投影计算建筑面积。结构层高在 2.20m 及以上的，应计算全面积；结构层高在 2.20m 以下的，应计算 1/2 面积。

1）顶板水平投影面积是指架空层结构顶板的水平投影面积，不包括架空层主体结构外的阳台、空调板、通长水平挑板等外挑部分。

2）架空层常见的是住宅、教学楼等工程在底层设置的架空层，有的建筑物在二层或以上某个甚至多个楼层设置架空层，有的建筑物设置深基础架空层或利用斜坡设置吊脚架空层，作为公共活动、停车、绿化空间。吊脚架空层也是无围护结构，如图 5.8 所示。

7. 立体书库、立体仓库、立体车库

（1）有围护结构的，应按其围护结构外围水平面积计算建筑面积。

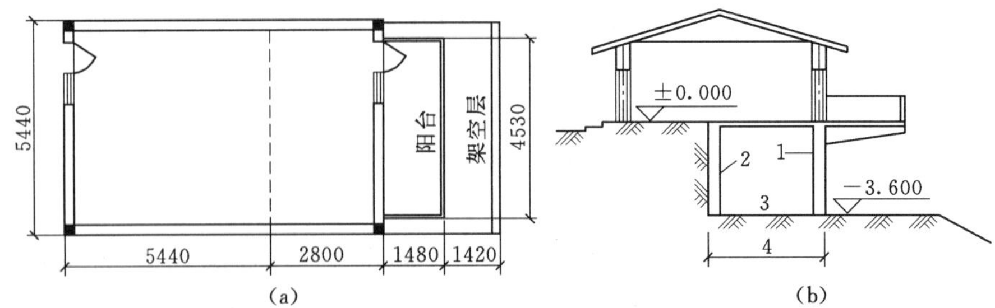

图 5.8　建筑物吊脚架空层（尺寸单位：mm；高程单位：m）
(a) 平面图；(b) 剖面图
1—柱；2—墙；3—吊脚架空层；4—计算建筑面积部位

（2）无围护结构、有围护设施的，应按其结构底板水平投影面积计算建筑面积。

（3）无结构层的应按一层计算，有结构层的应按其结构层面积分别计算。

结构层高在 2.20m 及以上的，应计算全面积；结构层高在 2.20m 以下的，应计算 1/2面积。立体仓库如图 5.9 所示。

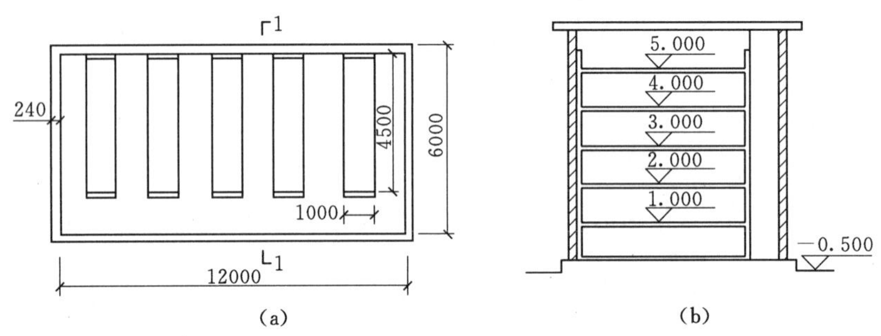

图 5.9　立体仓库示意图（尺寸单位：mm；高程单位：m）
(a) 标准层货台平面；(b) 1—1 剖面图

立体车库中的升降设备不属于结构层，不计算建筑面积。

8. 对于建筑物内的设备层、管道层、避难层等有结构层的楼层

（1）设备层、管道层，虽然其具体功能与普通楼层不同，但在结构上及施工消耗上并无本质区别，规范定义自然层为“按楼地面结构分层的楼层”，因此设备、管道楼层归为自然层，其计算规则与普通楼层相同。在吊顶空间内设置管道的，则吊顶空间部分不能被视为设备层、管道层。设备层如图 5.10 所示。

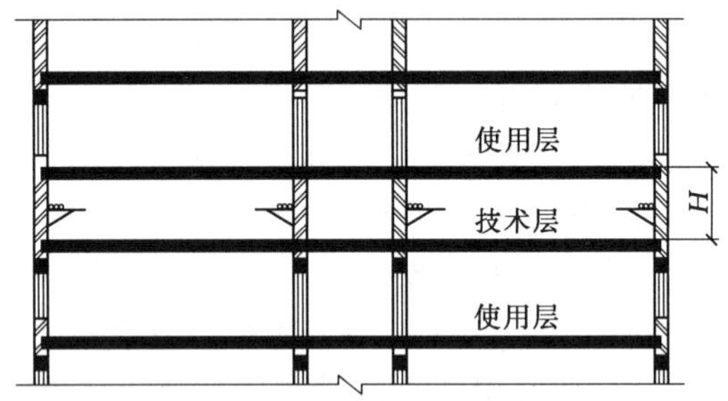

图 5.10　设备管道夹层示意图

（2）计算规则，结构层高在 2.20m 及以上的，应计算全面积；结构层高在 2.20m 以下的应计算 1/2 面积。

5.2.2　附属于建筑物的室外部件建筑面积的计算

1. 门斗、门廊、檐廊、室外走廊、架空走廊

（1）门斗，是指建筑物入口处两道门之间的空间。它是有顶盖和围护结构的全

围合空间。如图 5.11 所示。应按其围护结构外围水平面积计算建筑面积，且结构层高在 2.20m 及以上的，应计算全面积；结构层高在 2.20m 以下的，应计算 1/2 面积。

(2) 门廊，是指在建筑物出入口，无门、三面或二面有墙，上部有板（或借用上部楼板）围护的部位。门廊可划分为全凹式、半凹半凸式、全凸式，如图 5.12 所示。应按其顶板的水平投影面积的 1/2 计算建筑面积。

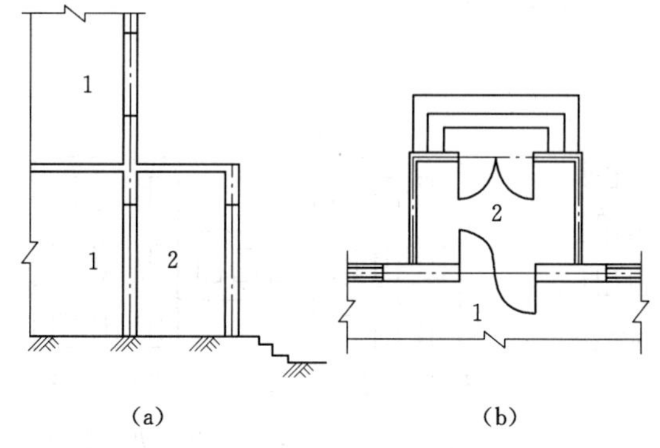

图 5.11　门斗位置示意图
(a) 剖面图；(b) 平面图
1—室内；2—门斗

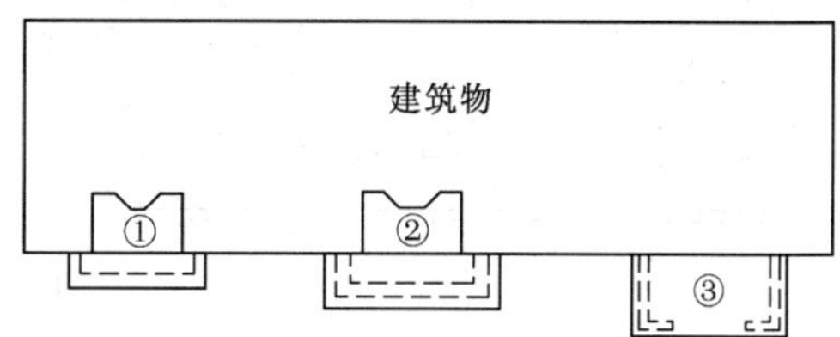

图 5.12　门廊示意图
①—全凹式门廊；②—半凹半凸式门廊；
③—全凸式门廊

(3) 走廊（挑廊）、檐廊。

走廊（挑廊）是指建筑物中的水平交通空间。

檐廊是指建筑物挑檐下的水平交通空间。

1) 有围护设施的室外走廊（挑廊）应按其结构底板水平投影面积计算 1/2 面积。

2) 有围护设施（或柱）的檐廊，应按其围护设施（或柱）外围水平面积计算 1/2 面积。檐廊如图 5.13 所示。

a. 室外走廊（包括挑廊）、檐廊都是室外水平交通空间。如图 5.14 所示。其中挑廊是悬挑的水平交通空间；檐廊是底层的水平交通空间，由屋檐或挑檐作为顶盖，且一般有柱或栏杆、栏板等。底层无围护设施但有柱的室外走廊可参照檐廊的规则计算建筑面积。

b. 无论哪一种廊，除了必须有地面结构外，还必须有栏杆、栏板等围护设施或柱，这两个条件缺一不可，缺少任何一个条件都不计算建筑面积。

c. 室外走廊（挑廊）、檐廊虽然都算 1/2 面积，但取定的计算部位不同：①室外走廊（挑廊）按结构底板计算；②檐廊按围护设施（或柱）外围计算。

(4) 建筑物间的架空走廊。架空走廊是指专门设置在建筑物的二层或二层以上，作不同建筑物之间水平交通的空间。无围护结构的架空走廊如图 5.15 所示，有围护结构的架空走廊如图 5.16 所示。

1) 有顶盖和围护结构的，应按其围护结构外围水平面积计算全面积。

2) 无围护结构、有围护设施的，应按其结构底板水平投影面积计算 1/2 面积。

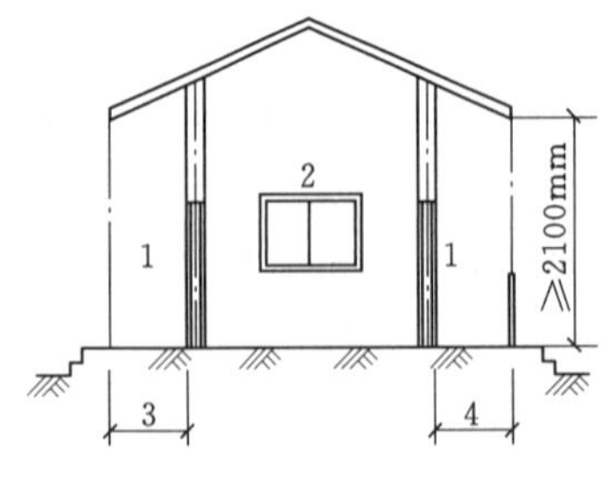

图 5.13　檐廊

1—檐廊；2—室内；3—不计算建筑面积部位；4—计算 1/2 建筑面积部位

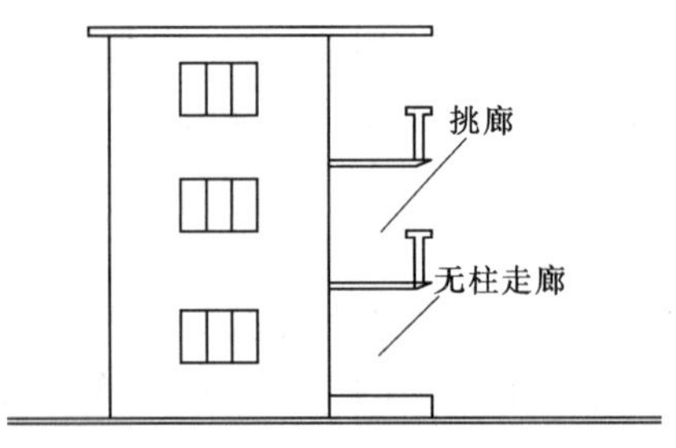

图 5.14　上有挑廊的底层走廊

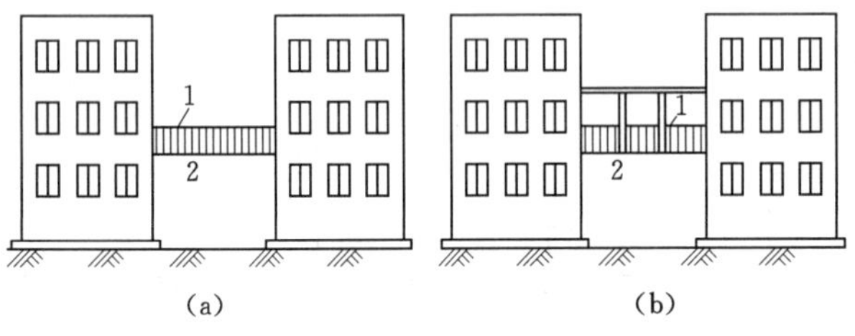

图 5.15　无围护结构的架空走廊

(a) 有围护设施；(b) 有顶盖无围护结构

1—栏杆；2—架空走廊

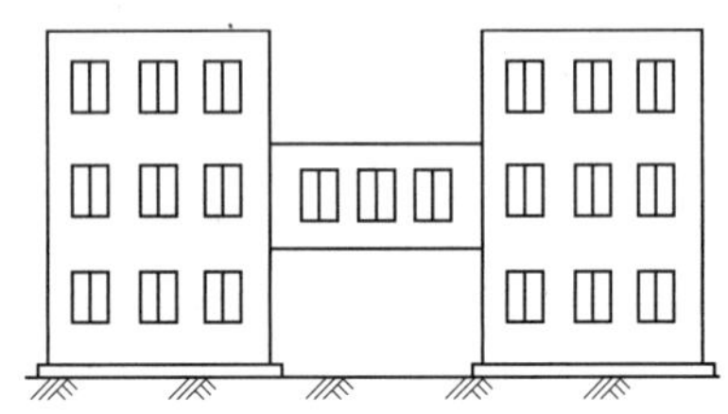

图 5.16　有围护结构的架空走廊

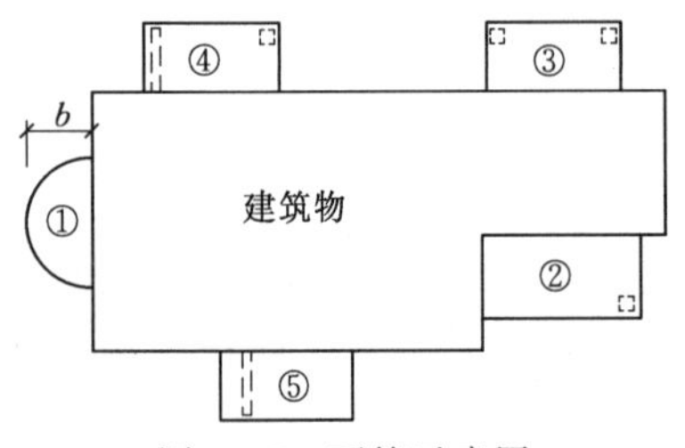

图 5.17　雨篷示意图

①—悬挑雨篷；②—独立柱雨篷；③—多柱雨篷；④—柱墙混合支撑雨篷；⑤—墙支撑雨篷

2. 雨篷

雨篷系指建筑物出入口上方、突出墙面、为遮挡雨水而单独设立的建筑部件。

雨篷可分为有柱雨篷（包括独立柱雨篷、多柱雨篷、柱墙混合支撑雨篷、墙支撑雨篷）和无柱雨篷（悬挑雨篷），如图 5.17 所示。

雨篷计算规则分有柱雨篷和无柱雨篷，具体如下：

（1）有柱雨篷，应按雨篷结构板的水平投影面积的 1/2 计算建筑面积。与挑出宽度、是否越层设置无关。

【例 5.2】 如图 5.18 所示，试判断该雨篷是否应该计算建筑面积。

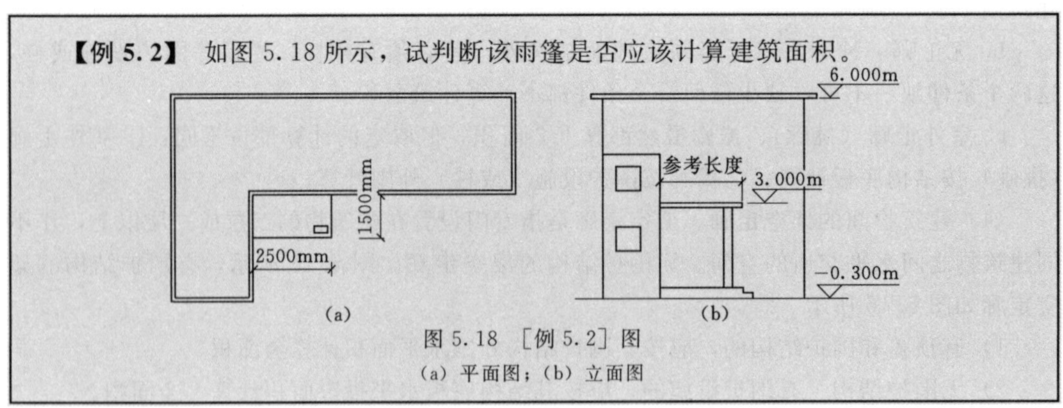

图 5.18 ［例 5.2］图

(a) 平面图；(b) 立面图

解：依据建筑面积计算规范相关条文规定，有柱雨篷没有出挑宽度的限制，按雨篷结构板的水平投影面积的 1/2 计算建筑面积。

雨篷的建筑面积为：$S=2.5\times1.5\times0.5=1.88$(mm)

（2）无柱雨篷，其结构外边线至外墙结构外边线的宽度在 2.10m 及以上的，应按雨篷结构板的水平投影面积的 1/2 计算建筑面积。

1）其结构板不能跨层，并受出挑宽度的限制，设计出挑宽度大于或等于 2.10m 时才计算建筑面积。

2）出挑宽度，系指雨篷结构外边线至外墙结构外边线的宽度，弧形或异形时，取最大宽度。

3）不单独设立顶盖，利用上层结构板（如楼板、阳台底板）进行遮挡，也不视为雨篷，不计算建筑面积。

3. 凸（飘）窗、落地橱窗

（1）凸（飘）窗指凸出建筑物外墙面的窗户。凸窗的底板需临空，建筑外立面上下两个凸（飘）窗间不应用实体封闭。具体如图 5.19 所示。

（2）凸（飘）窗，窗台与室内楼地面高差在 0.45m 以下且结构净高在 2.10m 及以上的，应按其围护结构外围水平面积的 1/2 计算。凸（飘）窗从室内看，可分两类：①凸（飘）窗底面与室内地面有高差；②凸（飘）窗底面与室内地面同标高，一般称为落地窗，是室内空间的延伸，与主体建筑物一起按自然层建设建筑面积。

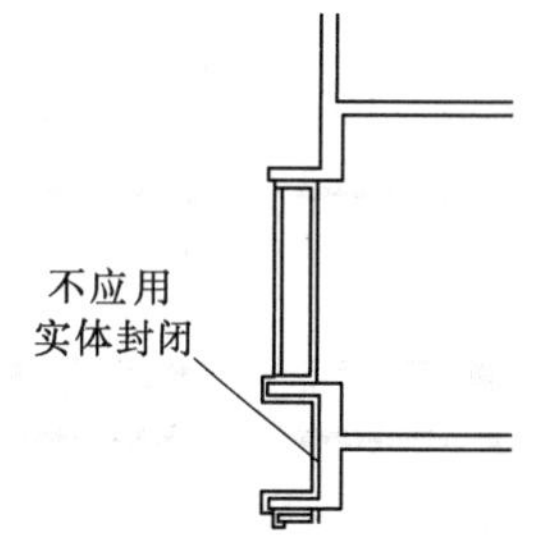

图 5.19 凸（飘）窗

（3）附属在建筑物外墙的落地橱窗。

1）落地橱窗是指在商业建筑临街面设置的下槛落地、可落在室外地坪也可落在室内首层地板，用来展览各种样品的玻璃窗。

2）计算规则应按其围护结构外围水平面积计算。结构层高在 2.20m 及以上的，应计算全面积；结构层高在 2.20m 以下的，应计算 1/2 的面积。

a. 落地橱窗是指突出外墙面且根基落地的橱窗。"落地"系指该橱窗下设置有基础。

b. 在建筑物主体结构内的橱窗，其建筑面积随自然层一起计算。在建筑物主体结构外的橱窗，属于建筑物的附属结构。

c. 当橱窗无基础，为悬挑式时，按凸（飘）窗的规定计算建筑面积。

4. 阳台

（1）阳台是附设于建筑物外墙，设有栏杆或栏板，可供人活动的室外空间。其主要有 3 个属性：是附属于建筑物外墙的建筑部件；应有栏杆、栏板等围护设施或窗；阳台是室外空间。

（2）建筑面积计算。

1）在主体结构内的阳台，应按其结构外围水平面积计算全面积；在主体结构外的阳台，应按其结构底板水平投影面积的 1/2 计算。

2）主体结构是指接受、承担和传递建筑工程所有上部荷载，维持上部结构整体性、稳定性和安全性的有机联系的构造，主体结构问题判断如下。

a. 砖混结构：通常以外墙（即围护结构，包括墙、门、窗）来判断，外墙以内为主体结构内，外墙以外为主体结构外。

b. 框架结构：柱梁体系之内为主体结构内，柱梁体系之外为主体结构外。

c. 剪力墙结构：情况比较复杂，分四类。如阳台在剪力墙包围之内，则属于主体结构内，应计算全面积。如相对两侧均为剪力墙时，也属于主体结构内，应计算全面积。如相对两侧仅一侧为剪力墙时，属于主体结构外，计算 1/2 的面积。

3）阳台处剪力墙与框架混合时，分两种情况：①角柱为受力结构，根基落地，则阳台为主体结构内，计算全面积；②角柱仅为造型，无根基，则阳台为主体结构外，计算 1/2 面积，具体如图 5.20 所示。

4）阳台一部分在主体结构内，一部分在主体结构外，应分别计算建筑面积。如图 5.21 所示中的阳台以柱外侧为界，上面部分属于主体结构内，计算全面积，下面部分属于主体结构外，计算 1/2 的面积。

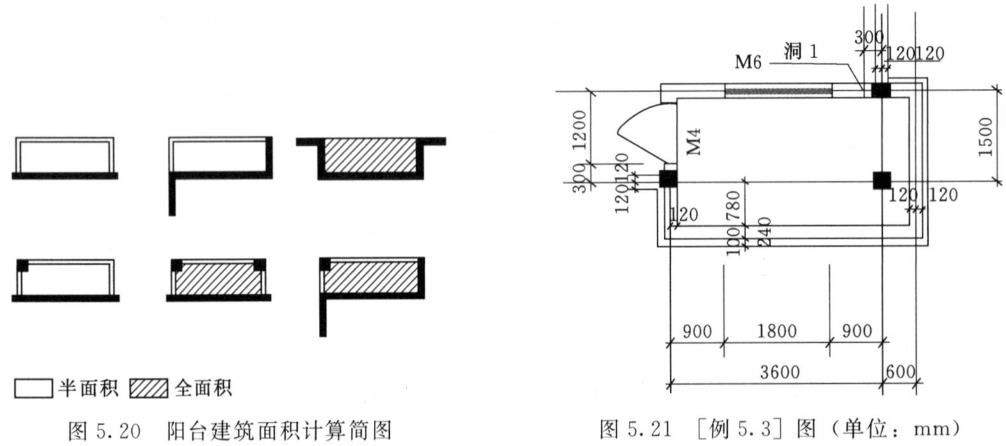

图 5.20　阳台建筑面积计算简图

图 5.21　［例 5.3］图（单位：mm）

【例 5.3】 如图 5.21 所示，某阳台平面图，结构层高 2.8m，试计算该阳台的建筑面积。

解： 结构外阳台建筑面积 $=[(0.78-0.12+0.24+0.1)\times(0.9\times2+1.8+0.6+0.1\times2+0.12\times2)+(0.6+0.1)\times(1.5+0.24+0.1)]\div2=2.96(\mathrm{m}^2)$

$$结构内阳台建筑面积=(3.6\times1.5)=5.4(\mathrm{m}^2)$$

$$阳台的建筑面积=2.96+5.4=8.36(\mathrm{m}^2)$$

（3）顶盖不再是判断阳台的必备条件，即无论有盖无盖，只要满足阳台的 3 个主要属性，都应归为阳台。上下层之间的阳台无论是否对齐，只要满足阳台的 3 个主要属性，也应归为阳台。

（4）有些工程会在图纸中标注“空中花园”之类的，则应根据阳台的判断原则进行分析，属于主体结构内，无论是否封闭，均应计算全面积。其他工程中，如发生类似入户花园等的情况，也按阳台的原则进行判断。

（5）阳台在主体结构外时，按结构底板计算建筑面积，此时无论围护设施是否垂直于水平面，都按结构底板计算建筑面积，同时应包括底板处突出的沿。如图 5.22 所示。

（6）如自然层结构层高在 2.20m 以下时，主体结构内的阳台随楼层一样，均计算 1/2 面积；但主体结构外的阳台，仍计算 1/2 的面积，不应出现 1/4 的面积。

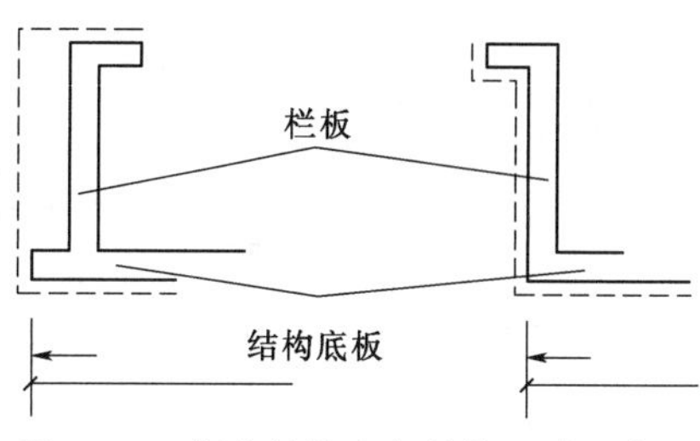

图 5.22　阳台结构底板计算尺寸示意图

5. 其他规定

（1）对于场馆看台下的建筑空间，结构净高在 2.10m 及以上的部位应计算全面积；结构净高在 1.20m 及以上至 2.1m 以下的部位应计算 1/2 的面积；结构净高在 1.2m 以下的部位不应计算建筑面积。即：第（1）部分净高＜1.2m，不计算建筑面积；第（2）部分 1.2m≤净高≤2.1m，计算 1/2 面积；第（3）部分净高＞2.1m，应全部计算面积。如图 5.23 所示。

1）室内单独设置的有围护设施的悬挑看台（如大会堂的二层、三层看台），无论是单层还是双层悬挑看台，都按各自的看台结构底板水平投影面积计算建筑面积。

2）有顶盖无围护结构的场馆看台应按其顶盖水平投影面积的 1/2 计算面积，如图 5.24 所示。

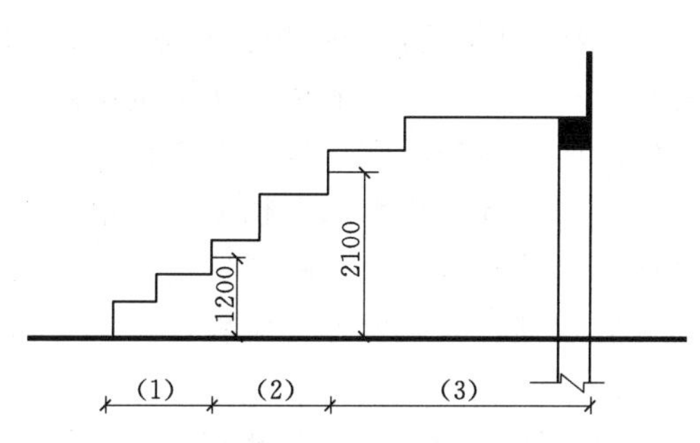

图 5.23　体育看台下器具间（单位：mm）

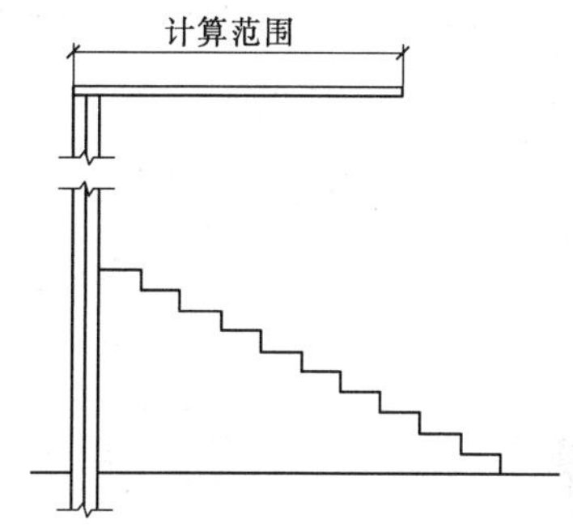

图 5.24　有顶盖看台

3）“场”的看台，有顶盖无围护结构的看台，按看台与顶盖重叠部分的水平投影面积的 1/2 计算建筑面积。

有双层看台时，各层分别计算建筑面积，顶盖及上层看台均视为下层看台的盖。

无顶盖的看台，不计算建筑面积。看台下的建筑空间按情况 1 计算建筑面积。

本条共分 3 种情况，都是针对场馆的，但各款的适用范围是有一定区别的：①情况 1，关于看台下的建筑空间，对“场”（顶盖不闭合）和“馆”（顶盖闭合）都适用；②情况 2，关于室内单独悬挑看台，仅对“馆”适用；③情况 3，关于有顶盖无维护结构的看台，仅对“场”适用。

（2）出入口外墙外侧坡道有顶盖的部位，如图 5.25 所示，应按其外墙结构外围水平面积的 1/2 计算面积。

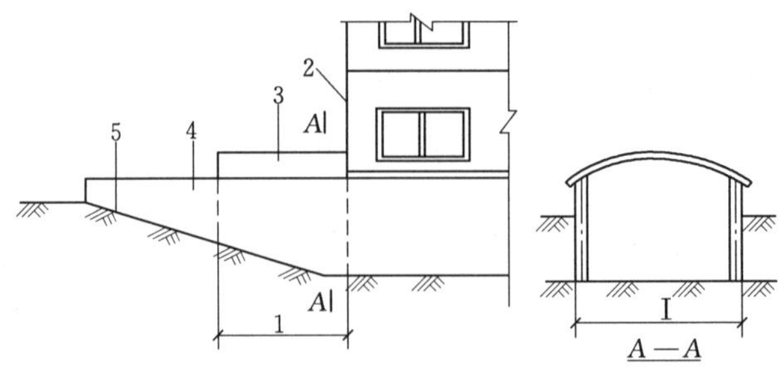

图 5.25　地下室出入口

1—计算 1/2 投影面积部位；2—主体建筑；3—出入口顶盖；4—封闭出入口侧墙；5—出入口坡道

1）出入口坡道计算建筑面积应满足两个条件：①有顶盖；②有侧墙（即规范中所说的“外墙结构”，但侧墙不一定封闭）。计算建筑面积时，有顶盖的部位按外墙（侧墙）结构外围水平面积计算；无顶盖的部位，即使有侧墙，也不计算建筑面积。

2）不仅适用于地下室、半地下室出入口，也适用于坡道向上的出入口。

3）出入口坡道，无论结构层高多高，都只计算 1/2 面积。

（3）有围护结构的舞台灯光控制室，应按其围护结构外围水平面积计算。结构层高在 2.20m 及以上的，应计算全面积；结构层高在 2.20m 以下的，应计算 1/2 的面积。

（4）围护结构不垂直于水平面的楼层，应按其底板面的外墙外围水平面积计算。结构净高在 2.10m 及以上的部位，应计算全面积；结构净高在 1.20m 及以上至 2.10m 以下的部位，应计算 1/2 的面积；结构净高在 1.20m 以下的部位，不应计算建筑面积。

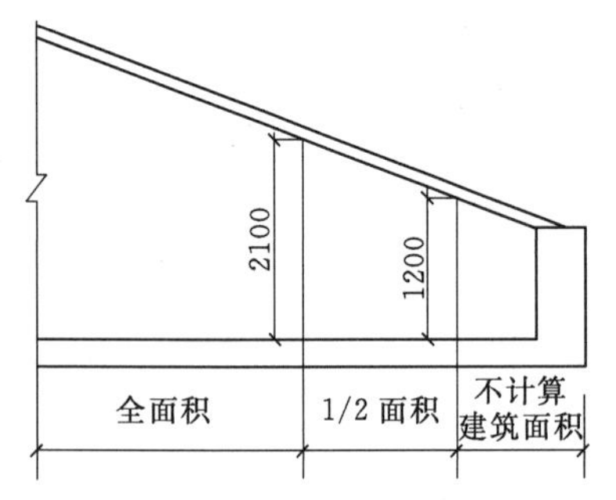

图 5.26　顶层斜围护结构示意图（单位：mm）

1）对于向内、向外倾斜均适用。在划分高度上，注意使用的是结构净高，与其他正常楼层按层高划分不同，但与斜屋面的划分原则一致。由于目前很多建筑设计追求新、奇、特，造型越来越复杂，很难明确区分围护结构、屋顶，因此对于斜围护结构与斜屋顶采用相同的计算规则，即只要外壳倾斜，就按结构净高划段，分别计算建筑面积。

2）多（高）层建筑物顶层，楼板以上部位的外侧均视为屋顶，具体计算看净高，计算全面积、1/2 的面积或不算面积。如图 5.26 所示。

3）多（高）层建筑物其他层，倾斜部位均视为围护结构，底板面处的围护结构应计算全面积。如图 5.27 所示。

4）单层建筑物时，计算原则同多（高）层建筑物其他层，即：倾斜部位均视为围护结构，底板面处的围护结构应计算全面积。

（5）建筑物的室内楼梯、电梯井、提物井、管道井、通风排气竖井、烟道，应并入建筑物的自然层计算建筑面积。有顶盖的采光井应按一层计算面积，结构净高在 2.10m 及以上的，应计算全面积，结构净高在 2.10m 以下的，应计算 1/2 的面积。

1）“室内楼梯”，包括形成井道的楼梯（即室内楼梯间）和没有形成井道的楼梯（即室内楼梯）。例如建筑物大堂内的楼梯、跃层（或复式）住宅的室内楼梯应该计算建筑面积。

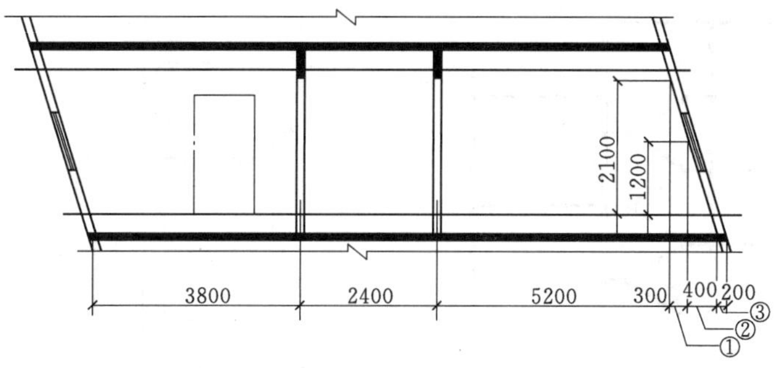

图 5.27 其他层斜围护结构示意图（单位：mm）
①—计算 1/2 面积；②—不计算建筑面积；③—部分计算全面积

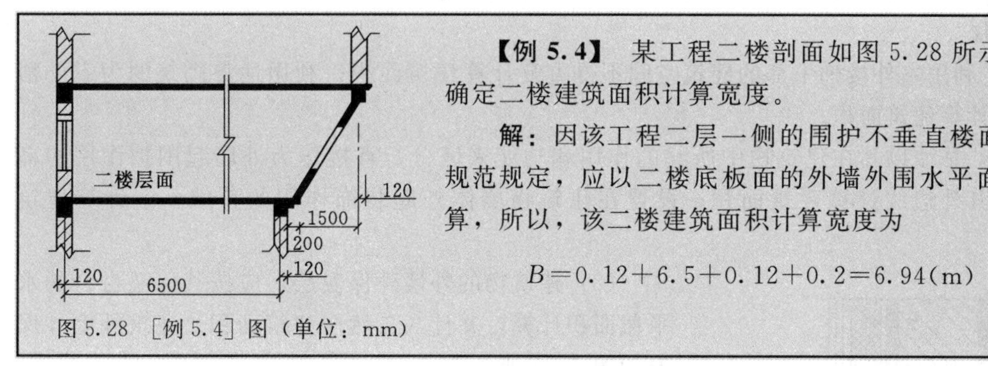

图 5.28 ［例 5.4］图（单位：mm）

【例 5.4】 某工程二楼剖面如图 5.28 所示。试确定二楼建筑面积计算宽度。

解： 因该工程二层一侧的围护不垂直楼面，按规范规定，应以二楼底板面的外墙外围水平面积计算，所以，该二楼建筑面积计算宽度为

$$B=0.12+6.5+0.12+0.2=6.94(\text{m})$$

2）室内楼梯间并入建筑物自然层计算建筑面积，未形成楼梯间的室内楼梯按楼梯水平投影面积计算建筑面积。

3）尽管通常设计描述的层数中不包括设备管道层，但在计算楼梯间建筑面积时，应算一个自然层。

4）当室内公共楼梯间两侧自然层数不同时，以楼层多的层数计算。图 5.29 中楼梯间应计算 4 个自然层建筑面积。

5）利用室内楼梯下部的建筑空间不重复计算建筑面积。例如，利用梯段下方做卫生间或库房时，该卫生间或库房不另计算建筑面积。

6）井道（包括电梯井、提物井、管道井、通风排气竖井、烟道），不分建筑物内外，均按自然层计算建筑面积，例如附墙烟道。但独立烟道不计算建筑面积。如自然层结构层高在 2.20m 以下，楼层本身计算 1/2 的面积时，相应的井道也应计算 1/2 的面积。

7）有顶盖的采光井（包括建筑物中的采光井和地下室采光井），无论多深、采光多少层，均计算一层建筑面积。无顶盖的采光井不计算建筑物。如图 5.30 所示采光两层，但只能计算一层建筑面积。

（6）室外楼梯：应并入所依附建筑物自然层，并应按其水平投影面积的 1/2 计算建筑面积。

1）室外楼梯作为连接该建筑物层与层之间交通不可缺少的基本部件，无论有盖或无盖均应计算建筑面积。

2）层数为室外楼梯所依附的主体建筑物的楼层数，即梯段部分垂直投影到建筑物范

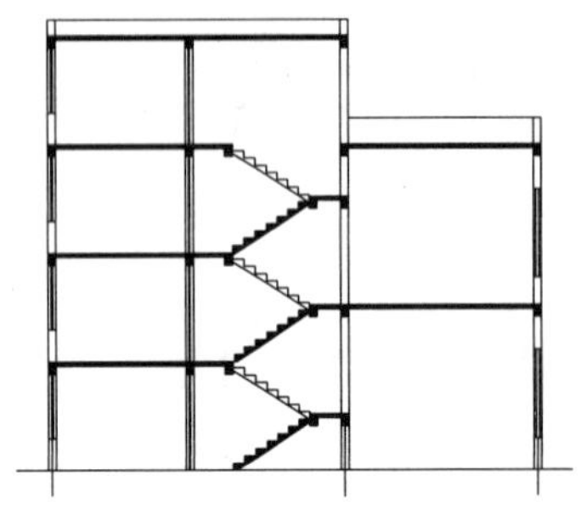

图 5.29　某房屋楼梯剖面图

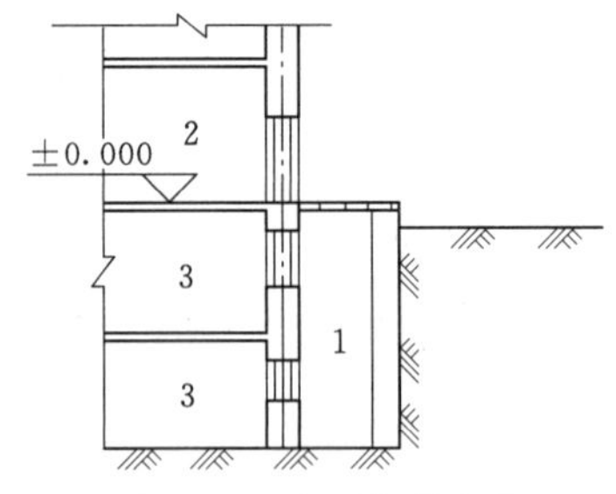

图 5.30　地下室采光井
1—采光井；2—室内；3—地下室

围的层数。即将梯段部分向主体建筑物墙面进行垂直投影，投影覆盖几个层高，就计算几个自然层。

3）利用室外楼梯下部的建筑空间不得重复计算建筑面积；利用地势砌筑的为室外踏步，不计算建筑面积。

（7）幕墙以其在建筑物中所起的作用和功能来区分。直接作为外墙起围护作用的幕墙，按其外边线计算建筑面积；设置在建筑物墙体外起装饰作用的幕墙，不计算建筑面积。

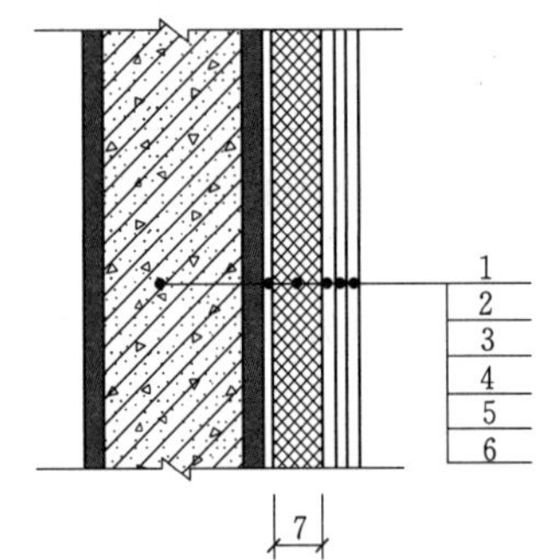

图 5.31　建筑外墙外保温
1—墙体；2—黏结胶浆；3—保温材料；4—标准网；5—加强网；6—抹面胶浆；7—计算建筑面积部位

（8）建筑物的外墙外保温层，应按其保温材料的水平截面积计算，并计入自然层建筑面积。建筑外墙外保温如图 5.31 所示。

保温层面积计算时，仅计算保温材料本身（例如外贴保温板材时，仅保温板材本身算保温材料），抹灰层、防水（潮）层、黏结层（空气层）及保护层（墙）等均不计入建筑面积。保温材料的净厚度乘以外墙结构外边线长度。

1）建筑物外墙外侧有保温隔热层的，保温隔热层以保温材料的净厚度乘以外墙结构外边线长度按建筑物的自然层计算建筑面积，其外墙外边线长度不扣除门窗和建筑物外已计算建筑面积构件（如阳台、室外走廊、门斗、落地橱窗等部件）所占长度。

2）当建筑物外已计算建筑面积的构件（如阳台室外走廊、门斗、落地橱窗等部件）有保温隔热层时，其保温隔热层也不再计算建筑面积。

3）外墙是斜面者按楼面楼板处的外墙外边线长度乘以保温材料的净厚度计算。外墙外保温以沿高度方向满铺为准，某层外墙外保温铺设高度未达到全部高度时（不包括阳台、室外走廊、门斗、落地橱窗、雨篷、飘窗等），不计算建筑面积。

（9）变形缝是防止建筑物在某些因素作用下引起开裂甚至破坏而预留的构造缝。

与室内相通的变形缝，应按其自然层合并在建筑物建筑面积内计算。对于高低联跨的建筑物，当高低跨内部连通时，其变形缝应计算在低跨面积内，如图 5.32 所示。规范所指的与室内相通的变形缝，是指暴露在建筑物内，在建筑物内可以看得见的变形缝。

（10）有顶盖无围护结构的车棚、货棚、站台、加油站、收费站等如图 5.33 所示，应按其顶盖水平投影面积的 1/2 计算建筑面积。

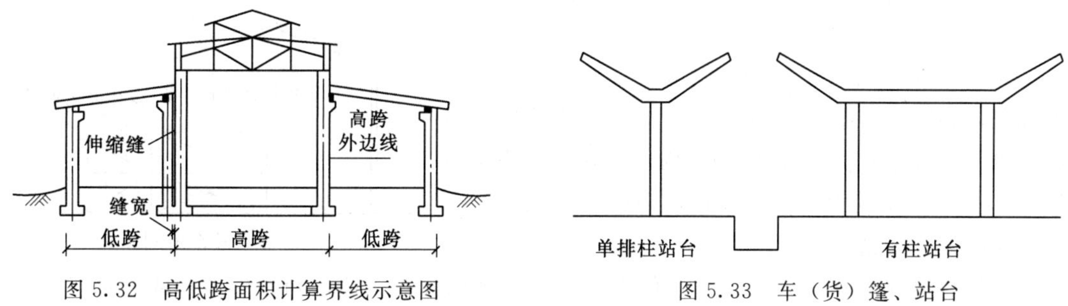

图 5.32 高低跨面积计算界线示意图

图 5.33 车（货）篷、站台

在车棚、货棚、站台、加油站、收费站内设有有围护结构的管理室、休息室等，另按相关条款计算面积。

（11）设在建筑物顶部的、有围护结构的楼梯间、水箱间、电梯机房等，结构层高在 2.20m 及以上的应计算全面积；结构层高在 2.20m 以下的，应计算 1/2 的面积。

5.2.3 不计算建筑面积的范围

1. 与建筑物内不相连通的建筑部件

依附于建筑物外墙外不与户室开门连通，起装饰作用的敞开式挑台（廊）、平台，以及不与阳台相通的空调室外机搁板（箱）等设备平台部件。

2. 骑楼、过街楼底层的开放公共空间和建筑物通道

（1）骑楼是指建筑底层沿街面后退且留出公共人行空间的建筑物，如图 5.34 所示。

（2）过街楼是指跨越道路上空并与两边建筑相连接的建筑物，如图 5.35 所示。

（3）建筑物通道是指为道路穿过建筑物而设置的建筑空间，如图 5.35 所示。

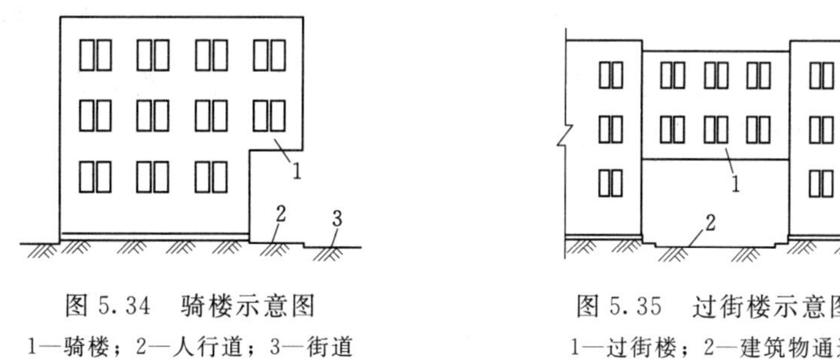

图 5.34 骑楼示意图

1—骑楼；2—人行道；3—街道

图 5.35 过街楼示意图

1—过街楼；2—建筑物通道

3. 露台、露天游泳池、花架、屋顶的水箱及装饰性结构构件

露台设置在屋面、首层地面或雨篷上的供人室外活动的有围护设施的平台。露台应满足 4 个条件：①位置，设置在屋面、地面或雨篷顶；②可出入；③有围护设施；④无盖。这 4 个条件须同时满足。如果设置在首层并有围护设施的平台，且其上层为同体量阳台，则该平台应视为阳台，按阳台的规则计算建筑面积。

4. 建筑物内平台

建筑物内平台主要有操作平台、上料平台、安装箱和罐体的平台，如图 5.36 所示。包括：工业厂房、搅拌站和料仓等建筑中的设备操作控制平台等，其主要作用为室内构筑物或设备服务的独立上人设施，因此不计算建筑面积。

5. 附墙构件及饰面

附墙构件及饰面有勒脚、附墙柱、垛、台阶、墙面抹灰、装饰面、镶贴块料面层、装饰性幕墙，主体结构外的空调室外机搁板（箱）、构件、配件，挑出宽度在 2.10m 以下的无柱雨篷和顶盖高度达到或超过两个楼层的无柱雨篷。

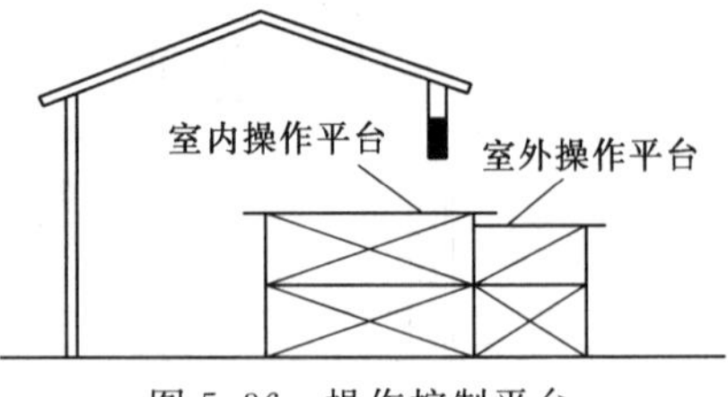

图 5.36　操作控制平台

（1）勒脚是在房屋外墙接近地面部位设置的饰面保护构造。与室外地面或散水接触部位墙体的加厚部分，其高度一般为室内地坪与室外地面的高差，也有的将勒角高度提高到底层窗台，它起着保护墙身和增加建筑物立面美观的作用。

（2）附墙柱是指非结构性装饰柱，结构柱应计算建筑面积，如图 5.37 所示。

（3）台阶是指联系室内外地坪或同楼层不同标高而设置的阶梯形踏步，室外台阶还包括与建筑物出入口连接处的平台，如图 5.38 所示。

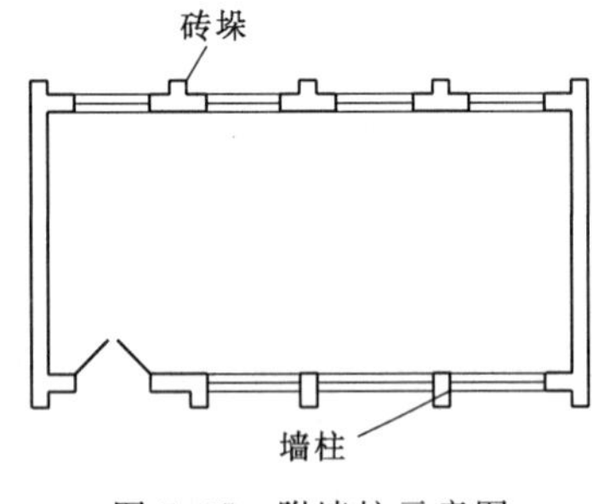

图 5.37　附墙柱示意图

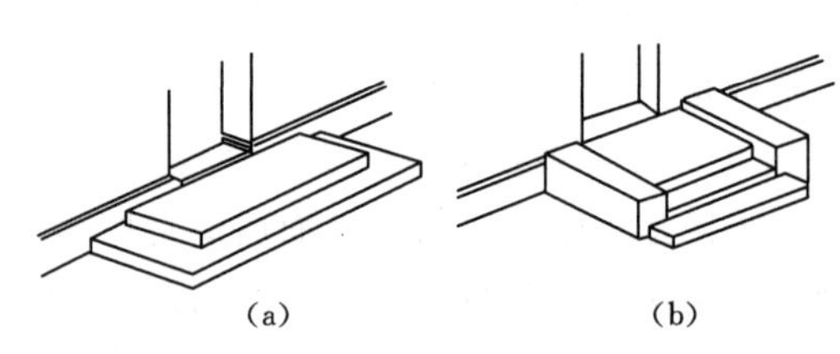

图 5.38　台阶示意图

（a）无挡墙台阶；（b）带挡墙台阶

架空的阶梯形踏步，起点至终点的高度达到该建筑物一个自然层及以上的称为楼梯，在一个自然层以内的称为台阶。

6.（飘）窗

窗台与室内地面高差在 0.45m 以下且结构净高在 2.10m 以下的凸（飘）窗，窗台与室内地面高差在 0.45m 及以上的。

7. 其他

（1）爬梯、消防钢楼梯。用于室外爬梯和室外用于检修、消防钢楼梯，如图 5.39 所示。室外钢楼梯需要区分具体用途，如专用于消防楼梯，则不计算建筑面积，如果是建筑物唯一通道，兼用于消防，则需要按室外楼梯相关规定计算建筑面积。

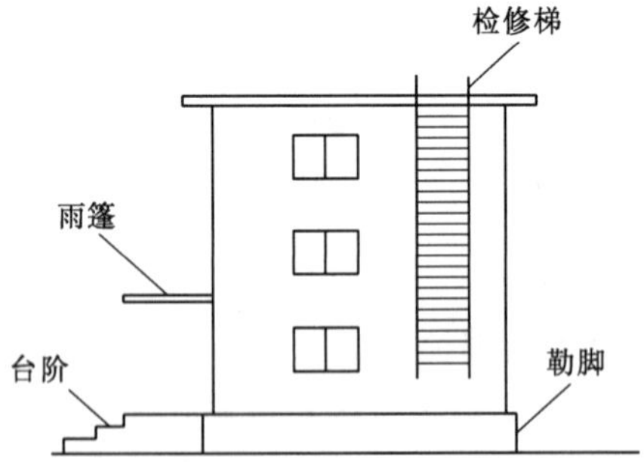

图 5.39　检修梯示意图

（2）建筑物以外的地下人防通道，独立的烟囱、烟道、地沟、油（水）罐、气柜、水塔、储油（水）池、储仓、栈桥等构筑物。

5.2.4 建筑面积计算规定的应用

1. 计算建筑面积应注意的问题

（1）计算建筑面积时，应注意分析施工图设计内容，特别应注意有不同层数、各层平面布置不一致的建筑。

（2）通过对设计图纸的熟悉，确定建筑物各部分建筑面积计算的范围和计算方法，注意分清哪些应计、哪些不计、哪些按减半计算。根据建筑面积计算规范，可按以下不同情况予以区分和确定。

1）按工程性质确定。房屋建筑工程除另有规定外应计算建筑面积；构筑物及公共市政使用空间不计算建筑面积（烟囱、水塔、栈桥、地下人防通道以及建筑物的通道等）。

2）按建筑物结构层高，不分单层建筑与多层单层建筑。将结构层高 2.2m 作为全部计算及计算一半面积的划分界限，结构层高在 2.2m 及以上的应计算全面积；结构层高不足 2.20m 者应计算 1/2 面积。

（3）按使用空间高度确定。对于形成建筑空间的坡屋顶内空间和场馆看台下空间，当结构净高>2.1m 的部位应按全面积计算，1.2m≤结构净高≤2.1m 的按 1/2 面积计算，结构净高<1.2m 的不计算建筑面积。

（4）按有无围护结构确定。如建筑物内设有局部楼层时，对于局部楼层的二层及二层以上楼层，有围护结构的应按其围护结构外围水平面积计算，无围护结构、有围护设施的应按其结构底板水平面积计算；建筑物间的架空走廊，有顶盖和围护结构的，应按其围护结构外围水平面积计算全面积，无围护结构有围护设施的，应按其结构底板水平投影面积的 1/2 计算。

（5）按使用功能和使用效益确定。如：主体结构外的阳台按其结构底板水平投影面积计算 1/2 面积；伸出建筑物外墙结构宽度在 2.1m 及以上的雨篷应按雨篷结构板的水平投影面积的 1/2 计算建筑面积；顶板跨层的无柱雨篷不计算建筑面积。

2. 建筑面积的计算方法

（1）按照规范规定应计算建筑面积的，其面积的计算一般有以下方法。

1）有围护结构，按围护结构外围水平面积计算。无围护结构、有围护设施、有底板的，按其结构底板计算面积（室外走廊、架空走檐）等。底板也不利用计算的，则取顶盖（车棚、货棚等）。

2）阳台面积计算以主体结构为主原则，按照属于主体结构内的计算全面积，附属主体结构的计算 1/2 面积。无论图纸标注为阳台、空中花园、入户花园，在主体结构内的都应计算全面积，不考虑是否封闭。

3）可以利用的建筑空间（不论设计是否明确利用）都计算建筑面积。

4）按其他指定界线计算。如：以幕墙作为外墙起围护作用的建筑物，按幕墙外边线计算建筑物的外墙外保温层，应按保温隔热层的水平截面积乘以外墙外边线计算，并入自然层建筑面积等。

（2）尺寸界线。

1）外围水平面积除另有规定以外，是指外围结构尺寸，不包括抹灰（装饰）层、凸出墙面的墙裙和梁、装饰柱、垛等。

2）同一建筑物不同层高要分别计算建筑面积时，其分界处的结构应计入结构相似或层高较高的建筑物内，如有变形缝时，变形缝的面积计入较低跨的建筑物内。

复习思考题

1. 建筑面积的含义及主要作用有哪些？

2. 什么是主体结构？熟练掌握阳台建筑面积的计算规则。

3. 掌握不计算建筑面积的范围和规定。试说明哪些部位按 1/2 计算建筑面积，如何计算？

4. 建筑物外的走廊、檐廊的建筑面积如何计算？

5. 简述围护结构与围护设施之间的区别，及其在建筑面积计算中的运用。

6. 建筑物内变形缝的建筑面积如何计算？

7. 斜围护结构与斜屋顶有何区别及其建筑面积如何计算？

8. 商品房建筑面积计算内容，公摊面积有哪些？

9.《房产测量规范》（GB/T 17986—2000）与《建筑工程建筑面积计算规范》（GB/T 50353—2013）对比学习建筑工程建筑面积计算规范？

第6章 建筑工程施工图预算

6.1 预算定额总说明

本章主要介绍《浙江省房屋建筑与装饰工程预算定额》(2018版)(以下简称本定额)工程量计算规则及定额计价。

6.1.1 预算定额编制概述

1. 浙江省预算定额编制依据

(1) 根据浙江省住房和城乡建设厅、浙江省发改委、浙江省财政厅《关于组织编制〈浙江省建设工程计价依据(2018版)〉的通知》〔建发(2017)166号〕、国家标准《建设工程工程量清单计价规范》(GB 50500—2013)及有关规定，在《房屋建筑与装饰工程工程量清单计算规范》(GB 50854—2013)、《房屋建筑与装饰工程消耗量定额》(TY 01-31—2015)、《装配式建筑工程消耗量定额》[TY 01-01(01)—2016]、《绿色建筑工程消耗量定额》[TY 01-01(02)—2017]和《浙江省建筑工程预算定额》(2010版)的基础上，结合本省实际情况编制的。

(2) 按现行的建筑工程及施工验收规范、质量评定标准和安全操作规程，根据合理的施工组织和正常的施工条件编制的，是本省境内完成规定计量单位建筑分项工程所需的人工、材料、机械台班消耗量标准，它反映了本省区域的社会平均消耗量水平。

2. 浙江省预算定额的作用

(1) 浙江省预算定额是编制施工图预算、工程招标控制价及工程合同价约定、办理竣工结算、工程计价纠纷调解处理、工程造价鉴定等的依据。

(2) 浙江省预算定额全部使用国有资金或国有资金投资为主的工程建设项目，编制招标控制价应执行本计价依据。

(3) 浙江省预算定额是统一全省建筑工程验收工程量计算规则、项目分项、计量单位的依据。

3. 浙江省预算定额适用范围

浙江省预算定额适用于本省区域内工业与民用建筑的新建、扩建和改建房屋建筑与装饰工程。

6.1.2 工料机消耗原则

1. 人工消耗量

(1) 定额的人工消耗量，以现行全国建筑安装工程统一劳动定额为基础，并结合本省实际情况编制的，已考虑了各项目施工操作的直接用工、其他用工(材料超运距、工种搭接、安全和质量检查以及临时停水、停电等)及人工幅度差。每工日按8小时工作制计算。

（2）定额日工资单价分为三类。

1）土石方工程按一类日工资单价 125 元计算。

2）装配式混凝土构件安装工程，木结构工程，金属结构工程，楼地面装饰工程，墙柱面装饰与隔断、幕墙工程，天棚工程，门窗工程，油漆、涂料、裱糊工程，其他工程装饰按三类日工资单价 155 元计算。

3）保温隔热、耐酸防腐工程根据子目性质不同分别按二类日工资单价 135 元或三类日工资单价 155 元计算。

4）其余工程均按二类日工资单价 135 元计算。

2. 材料消耗量

（1）定额的材料消耗量包括主要材料、次要材料和零星材料。凡能计量的材料、成品和半成品均按品种、规格逐一列出数量，并计入了相应损耗（包括场内运输损耗、施工操作损耗和施工现场堆放损耗）。次要的零星材料未一一列出，已包括在其他材料费内。

（2）材料、成品及半成品的定额消耗量均包括施工场内运输损耗和施工操作损耗，材料损耗率详见《浙江省房屋建筑与装饰工程预算定额》（下册）附录（三）。

（3）材料、成品、半成品的定额取定价格：包括市场供应价、运杂费、运输损耗费、采购保管费。取定价格详见《浙江省房屋建筑与装饰工程预算定额》（2018 版）（下册）附录四。

（4）材料、成品、半成品运输费：

1）场内材料、成品及半成品从工地仓库、现场堆放地点或现场加工地点至操作地点的场内水平运输，已包括在相应定额内。

2）材料场外运输费，门窗从加工厂至施工现场运费等已包括在相应预算价格内。

3）垂直运输费，未包括在相应定额内，应另按《浙江省房屋建筑与装饰工程预算定额》（2018 版）第十九章垂直运输工程计算。

（5）混凝土、砂浆及各种胶泥等均按半成品考虑，消耗量以体积“m^3”表示。定额中使用的混凝土除另有注明外均按商品混凝土编制，实际使用现场搅拌混凝土时，按第五章“混凝土及钢筋混凝土工程”定额说明的相关条款进行调整。

（6）定额中除了特殊说明外，大理石和花岗岩均按工程成品板考虑，定额消耗量中仅包括了场内运输、施工及零星切割的损耗。

（7）混凝土、砂浆及各种胶泥等均按半成品考虑，消耗量以体积“m^3”表示。

1）定额混凝土、砂浆材料用量均以干硬收缩压实后的密实体积计算的，并考虑了配制损耗。

2）附录一混凝土、砂浆强度等级配合比表中只列材料消耗量，配制所需的人工、机械费已包括在各章相应定额子目中。

3）定额混凝土配合比细骨料是按中、细砂各 50%综合，粗骨料按碎石编制的。如实际全部采用细砂时，可按混凝土配合比定额中水泥用量乘以系数 1.025；如使用卵石时，且混凝土强度等级在 C15 及其以上时，按相应碎石混凝土配合比定额的水泥用量乘系数 0.975。

4）防水混凝土设计要求抗渗 P6 混凝土强度等级≥C25 及抗渗 P8 混凝土强度等级

≥C40 时，均套用普通混凝土配合比定额。如设计要求抗渗 P8 混凝土强度等级为 C20 时，可套用 C25/P8 混凝土配合比定额。

5）商品混凝土的添加剂、搅拌、运输及泵送等费用均应列入混凝土单价内。但不包括含有特殊设计要求的外加剂。设计要求掺用膨胀剂（如 UEA 剂）和其他制剂时，应按掺入量等量减扣相应混凝土配合比定额中的水泥用量。

【例 6.1】 C20/P6 泵送混凝土地下室底板浇捣（内掺 10%UEA 膨胀剂，单价 2.79 元/kg）试进行定额计基换算。

解： 查定额下册附录一定额编号 175，泵送防水混凝土 C20/P6 水泥消耗量 367kg/m³。查定额下册附录四序号 521 泵送防水商品混凝土 C20/P6 单价为 444 元/m³。根据题意套定额 5－4：

换算基价＝4892.69＋(444－460)×10.1＋367×10.1×10%×2.79
－367×10.1×10%×0.34
＝5639.23(元/10m³)

（8）定额中所使用的砂浆除另有注明外均按干混预拌砂浆编制，若实际使用现拌砂浆或湿拌预拌砂浆时，按以下方式调整定额：

1）使用现拌砂浆的，除将定额中的干混预拌砂浆单价换算为现拌砂浆外，另按相应定额中每立方米砂浆增加：人工 0.382 工日、灰浆搅拌机 0.167 台班，并扣除定额中干混砂浆罐式搅拌机台班的数量。

【例 6.2】 某工程混凝土实心砖 1 砖厚外墙。采用 M7.5 水泥砂浆砌筑，M7.5 水泥砂浆信息除税价为 295.75 元/m³，试进行定额计基换算。

解： 混凝土实心砖 1 砖厚外墙应套定额编号 4－6，依据第（8）条规定进行基价换算，查本定额下册附录四序号 1508 灰浆搅拌机，型号规格 200L，机械台班单价为 154.97 元/台班。

换算基价＝4464.06＋(295.75－413.73)×2.36＋2.36×0.382×135＋2.36
×0.167×154.97－193.83×0.118＝4345.54(元/10m³)

或者

换算基价＝(10.34＋2.36×0.382)×135＋3045.29＋(295.75－413.73)×2.36
＋2.36×0.167×154.97＝4345.54(元/10m³)

2）使用湿拌预拌砂浆的，除将定额中的干混预拌砂浆单价换算为湿拌预拌砂浆外，另按相应定额中每立方米砂浆扣除人工 0.20 工日，并扣除定额中干混砂浆罐式搅拌机台班数量。

3）预拌砂浆：在工厂自动化生产，以商品化形式供应，和传统现场搅拌砂浆相比，使用预拌砂浆对用户更经济。按生产工艺分为干混或湿拌两大类。

a. 湿拌砂浆是指由水泥、砂、水、矿物掺合料和根据需要添加的保水增稠材料、外加剂组分按一定比例在集中搅拌站（厂）经计量、拌制后，用搅拌运输车运至使用地点，放入专用容器储存，并在规定时间内使用完毕的砂浆拌合物。

b. 干拌砂浆又分为普通砂浆（砌筑、抹灰、地面砂浆）和特种砂浆（瓷砖黏结类砂浆、界面砂浆、外墙保温专用砂浆，饰面砂浆、地面自流平砂浆等）两大类。

（9）定额中使用的混凝土除另有注明外均按商品混凝土编制，实际使用现场搅拌混凝土时，按本定额第五章“混凝土及钢筋混凝土工程”定额说明的相关条款进行调整。

（10）定额中木材不分板材与方材，均以××（指硬木、杉木或松木）板方材取定。木种分类规定如下。

1）一类、二类：红松、水桐木、樟木松、白松（云杉、冷杉）、杉木、杨木、柳木、椴木。

2）三类、四类：青松、黄花松、秋子木、马尾松、东北榆木、柏木、苦楝木、梓木、黄菠萝、椿木、楠木、柚木、樟木、栎木（柞木）、檀木、色木、槐木、荔木、麻栗木（麻栎、青冈）、桦木、荷木、水曲柳、华北榆木、榉木、枫木、橡木、核桃木、樱桃木。

3）设计采用木材种类与定额取定不同时，按本定额各章有关规定计算。

（11）周转材料按摊销量编制，且已包括回库维修耗量及相关费用。

（12）对于用量少、低值易耗的零星材料，列为其他材料费。

3. 有关建筑机械台班定额的说明和规定

（1）台班价格按本定额计算，每一台班按 8 小时工作制计算，并增加了其他直接生产用机械幅度差。

（2）建筑机械的类型、规格是按正常施工、合理配置，结合本省施工企业机械配备情况考虑的。未列出的零星机械已包括在其他机械费内。

（3）定额未包括大型机械场外运输及安拆费用、以及塔式起重机、施工电梯的基础费用，发生时应根据施工组织设计选用的实际机械种类及规格，按附录（二）及机械台班费用定额有关规定计算。

（4）凡单位价值 2000 元以内、使用年限在一年以内的不构成固定资产的施工机械，不列入机械台班消耗量，作为工具用具在建筑安装工程费中的企业管理费考虑，其消耗的燃料动力等已列入材料内。

4. 定额其他说明

（1）按建筑面积计算的综合脚手架费、垂直运输费等，是按一个整体工程考虑的，如遇结构与装饰分别发包，则应根据工程具体情况确定划分比例。

（2）建筑物的地下室以及外围采光面积小于室内平面面积 2.5%的库房、暗室等，可以其所涉及部位的结构外围水平面积之和，按每平方米 20 元（其中二类人工 0.05 工日）计算洞库照明费。

（3）垂直运输费用按不同檐高的建筑物和构筑物单独编制，应根据具体工程内容按垂直运输章节定额执行。

（4）除定额注明高度的以外，均按建筑物檐高 20m 内编制，檐高在 20m 以上的工程，其降效应增加的人工、机械台班及有关费用，按建筑物超高施工增加费定额执行。

1）建筑物檐高：是指设计室外地坪至檐口底的高度，突出主体建筑物屋顶的电梯机房、楼梯间、有围护结构的水箱间、瞭望塔等不计高度。

2）建筑物檐高以室外设计地坪标高作为计算起点。

a. 有外挑檐沟的，算至挑檐沟板底标高；

b. 无外挑檐沟，有屋面平挑檐的，算至挑檐板底标高；

c. 屋面板连内天沟的，算至屋面结构板（天沟板）面标高；

d. 突出主体建筑物屋面的电梯间、楼梯间、水箱间、瞭望塔等均不计算檐高。

3）建筑物层高：是指本层设计地（楼）面至上一层楼面的高度。

5. 装配整体式混凝土结构：包括装配整体式混凝土框架结构、装配整体式混凝土框架-剪力墙结构、装配整体式混凝土剪力墙结构、预制预应力混凝土装配整体式框架结构等。

钢结构：包括普通钢结构和轻型钢结构，梁、柱和支撑应采用钢结构，柱可采用钢管混凝土柱。

钢-混凝土混合结构：包括钢框架、钢支撑框架或钢管混凝土框架与钢筋混凝土核心筒（剪力墙）组成的框架一核心筒（剪力墙）结构，以及由外围钢框筒或钢管混凝土筒与钢筋混凝土核心筒组成的筒中筒结构，梁、柱和支撑应采用钢构件，柱可采用钢管混凝土柱。

6. 除《建筑工程建筑面积计算规范》（GB/T 50353—2013）及各章有规定外，定额中凡注明“××以内”或“××以下”及“小于”者，均包括××本身在内；注明“××以外”或“××以上”及“大于”者，则不包括××本身在内。定额中遇有两个或两个以上系数时，按连乘法计算。

6.2 土石方工程

土石方工程按开挖方法可分为人工土（石）方工程和机械土（石）方工程。人工土（石）方工程是指由人力采用手动、电（气）动工具操作的施工。机械土（石）方工程是指采用土石方机械与人工配合进行的施工，常用的机械有挖掘机、推土机、铲运机、压路机、装载机、自卸汽车、岩石破碎机等。

6.2.1 土石方工程定额概述

1. 定额说明

（1）土石方工程定额包括土方工程、石方工程、平整与回填及基础排水 4 个小节 96 个子目。

（2）土石方类别按开挖难易程度划分：

1）土方为一二类土、三类土、四类土。

2）石方分为极软岩、软岩、较软岩、较坚硬岩、坚硬岩。

3）同一工程的土石方类别不同，除另有规定者外，应分别列项计算。

（3）土方石、泥浆如发生外运（弃土外运或回填土外运）。

1）各市有规定的，按其规定执行；无规定的按本章相关定额执行；弃土外运的处置费等其他费用，按各市的有关规定执行。

2）如甬价费〔2018〕60 号《关于公布宁波市中心城区建筑渣土处理费市场信息参考

价的通知》规定：建筑渣土运输及处置分陆运和水运两类，运输费中包含装车（船）费、运输费、车辆（码头）及道路保洁费用。

a. 陆域运输费：建筑余土 5km（含）起运基价为 12.0 元/t，超起运里程至 40km 内（含）运价为 1.1 元/(t・km)，超 40km 后运价为 0.8 元/(t・km)；建筑泥浆 5km（含）起运基价为 25.0 元/t，超起运里程至 40km 内（含）运价为 1.3 元/(t・km)，超 40km 后运价为 1.1 元/(t・km)。

b. 建筑渣土处置费市场信息参考价见表 6.1。

表 6.1　建筑渣土处置费市场信息参考价

序号	项目名称	处置地点	单位 元/t	备注
1	建筑余土水域运输及海洋运输处置费	围涂工程及海上	36	含水域运至处置点运费及海洋处置费（包干价格）
2	建筑余土陆域处置费 1	绕城高速范围以内	35	
3	建筑余土陆域处置费 2	绕城高速范围以外、镇海区	28	
4	建筑余土陆域处置费 3	其他区域	13	
5	建筑泥浆水域运输及海洋倾倒处置费	围涂工程及海上	26	含水域运至处置点运费及海洋处置费（包干价格）

【例 6.3】 某工程地下室挖土 15200m^3，二类土，土方外运按陆域运输 45km，土方按绕城高速范围以内处置陆域，依据甬价费〔2018〕60 号文计算该工程土方运输及处置费用（土方松填系数为 1.08)。

解： 运输单价＝12.0＋(45－5)×1.1＝57.2(元/t)

运输费用＝57.2×15200×1.6×1.08＝1502392(元)

处置费用＝35×15200×1.6×1.08＝919296(元)

公式中 1.6 为土的容重，单位为 t/m^3。

（4）干、湿土的划分。

1）以地质勘察资料为准，含水率≥25％为湿土。

2）或以地下常水位为准，常水位以上为干土，以下为湿土。

3）挖、运土方除淤泥、流沙为湿土外，均按干土编制（含水率＜25％）。湿土排水（包括淤泥、流沙）均应另列项目计算，如采用井点降水等措施降低地下水位施工时，土方开挖按干土计算，并按施工组织设计要求套用基础排水相应定额，不再套用湿土排水定额。

4）挖桩承台土方时，人工开挖土方定额乘以系数 1.25；机械挖土方定额乘以系数 1.1。

【例 6.4】 人工挖三类湿土承台，挖土深度 1.5m，求每立方米定额基价。

解： 套定额 1－5H：

$$定额基价＝31.5×1.25×1.18＝46.46(元/m^3)$$

2. 人工土方工程

(1) 人工挖房屋基础土方最大深度按3m计算，超过3m时，应按机械挖土考虑，如局部超过3m且仍采用人工挖土的，超过3m时，超过3m部分的土方，每增加1m按相应定额乘以系数1.15计算。

(2) 人工挖、运湿土时，相应定额人工乘以系数1.18。湿土排水（包括淤泥、流沙）应另列项目计算。

(3) 在强夯后的地基上挖土方，相应子目人工、机械乘以系数1.15。

3. 机械土方

(1) 机械挖土定额已综合了挖掘机挖土后遗留厚度在30cm以内的基底清理和边坡修整所需的人工，不再另行计算。遇地下室底板等下翻构件部位的开挖，下翻部分为沟槽、基坑时，套用机械挖槽坑相应定额乘以系数1.25；如下翻部分采用人工开挖时，套用人工挖槽坑相应定额。

(2) 汽车（包括人力车）的负载上坡降效因素，已综合在相应运输项目中，不另行计算。推土机、装载机负载上坡时，其降效因素按坡道斜长乘以表6.2相应系数计算。

表6.2　　坡度系数

坡度/%	5～10	≤15	≤20	≤25
系数	1.75	2.00	2.25	2.50

(3) 推土机推土，当土层平均厚度小于30cm时，相应定额项目人工、机械乘以系数1.25。

(4) 挖掘机在有支撑的基坑内挖土，挖土深度在6m以内时，套用相应定额乘以系数1.2；挖土深度在6m以上时，套用相应定额乘系数1.4，如发生土方翻运，不再另行计算。挖掘机在垫板上进行工作，相应定额乘以系数1.25，铺设垫板所增加的材料使用费按每100m^{3}增加14元计算。

(5) 挖掘机挖含石子的黏质砂土按一类、二类土定额计算；挖砂石按三类土定额计算，挖极软岩按四类土定额计算；推土机推运未经压实的堆积土时，或土方集中堆放发生二次翻挖的，按一类、二类土乘以系数0.77。

(6) 机械土方作业均以天然湿度土壤为准，定额中已包括含水率在25%以内的土方所需增加的人工和机械，含水率超过25%时，挖土定额乘以系数1.15；机械运湿土定额不乘系数；如含水率在40%以上时另行处理。

【例6.5】 反铲挖掘机挖土、装土，自卸汽车运土，运距1000m，三类土，深4m，土壤含水率30%，垫板上作业，求每立方米基价。

解： 套定额1-24、1-39：

$$定额基价=5.6018\times1.25\times1.15+0.14+6.4879=14.68(元/m^3)$$

4. 石方

(1) 同一石方，如其中一种类别岩石的最厚一层大于设计横断面的75%时，按最厚一层岩石类别计算。

（2）石方爆破定额是按机械凿眼编制的。如用人工凿眼，费用仍按定额计算。爆破定额是按火雷管爆破编制的，如使用其他炸药或其他引爆方法费用按实际计算。爆破材料是按炮孔中无地下渗水、积雪（雨积水除外）计算的，如带水爆破，所需的绝缘材料费用另行按实计算。

（3）爆破定额已综合了不同阶段的高度、坡面、改炮、找平等因素，如设计规定爆破有粒径要求时，需增加的人工、材料和机械费用应按实计算。

（4）爆破工作面所需的架子，爆破覆盖用的安全网和草袋、爆破区所需的防护费用以及申请爆破的手续费、安全保证费等，定额均未考虑，如发生时另行按实计算。

（5）基坑开挖深度以 5m 为准，深度超过 5m，定额乘以系数 1.09，工程量包括 5m 以内部分。

（6）石方爆破，基坑开挖上口面积大于 150m^2 时，按爆破沟槽、坑开挖相应定额乘以系数 0.5。

（7）机械液压锤破碎槽坑石方，按相应定额乘以系数 1.3。

（8）石渣回填定额适用采用现场开挖岩石的利用回填。

6.2.2　工程量计算规则

1. 土方

（1）平整场地。平整场地指原地面与设计室外地坪标高平均相差（高于或低于）30cm 以内的原土找平。挖填土方厚度在±30cm 以上时，全部厚度按一般土方相应规定另行计算，不再计算平整场地。

工程量按设计图示尺寸以建筑物首层建筑面积（或架空层结构外围面积）的外边线每边各放 2m 所围成的面积计算，建筑物地下室结构外边线突出首层结构外边线时，其突出部分的面积合并计算。公式如下：

$$S_{场}=(\text{建筑物外墙外边线长}+4)\times(\text{建筑物外墙外边线宽}+4)$$

$$=S_{底}+2L_{外}+16 \tag{6.1}$$

式中　$S_{场}$——平整场地工程量；

$S_{底}$——建筑物底层建筑面积；

$L_{外}$——建筑物外墙外边线周长。

该公式使用于任何由矩形组成的建筑物或构筑物的场地平整工程量计算。非矩形场地时，要按照计算规则进行详细计算。

（2）土方开挖。

1）土方开挖包括挖沟槽、挖基坑、挖一般土石方三部分，均按体积计算工程量。

2）基槽、坑底宽≤7m，底长>3 倍底宽为沟槽；底长≤3 倍底宽，底面积≤150m^2 为基坑。

超出上述范围及平整场地挖土厚度在 30cm 以上的，为一般土石方。

（3）土石方工程量计算。

均按天然密实体积（自然方）计算，回填土按设计图示尺寸以体积计算。不同状态的土石方体积折算系数见表 6.3。

表 6.3 **土石方体积折算系数表**

名称	虚方	松填	天然密实	夯填
土方	1.00	0.83	0.77	0.67
	1.20	1.00	0.92	0.80
	1.30	1.08	1.00	0.87
	1.50	1.25	1.15	1.00
石方	1.00	0.85	0.65	—
	1.18	1.00	0.76	—
	1.54	1.31	1.00	—
块石	1.75	1.43	1.00	（码方）1.67
砂夹石	1.07	0.94	1.00	

注　虚方指未经碾压、堆积时间≤1a 的土壤；块石码方孔隙率不得大于 25%。

【例 6.6】 某工程人工土方，挖土工程量为 1500m³，回填土（夯填）工程量为 300m³，试计算其土方外运工程量。

解：查“土石方体积折算系数表”得：夯填：天然密实＝1∶1.15，即

$$夯填所需天然密实土方=300\times1.15=345(m^3)$$

$$土方外运量=(1500-300\times1.15)\times1.3=1501.5(m^3)$$

1）基槽垫层底面放坡示意如图 6.1 所示，挖地槽工程量计算公式为

$$\left.\begin{aligned}&没有工作面不放坡时:V=BHL\\&有工作面不放坡时:\quad V=(B+2C)HL\\&有工作面放坡时:\quad V=(B+KH+2C)HL\end{aligned}\right\}\quad(6.2)$$

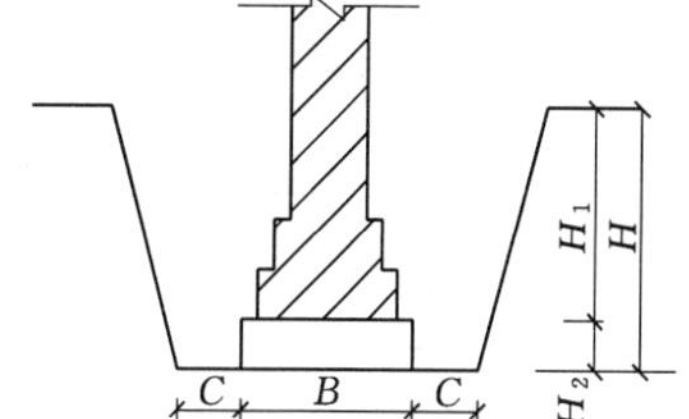

图 6.1　基槽垫层底面放坡示意图

式中　V——挖土体积，m³；

L——基槽长度，m；

B——槽坑底垫层宽度，m；

H——槽、坑深度，m；

C——基础施工所需工作面，m；

K——放坡系数。

计算基槽长度时，外墙按外墙中心线长度计算，内墙按基础底净长（有垫层时按垫层净长线）计算，如图 6.2 所示。

不扣除工作面及放坡重叠部分的长度，附墙垛凸出部分按砌筑工程规定的砖垛折加长度合并计算，不扣除搭接重叠部分的长度，如图 6.3 所示。垛的加深部分亦不增加。

H 按槽坑底（含垫层）标高至交付施工现场地标高确定，无交付施工场地标高时，应按自然地面标高确定。挖地下室等下翻构件土石方，深度按下翻构件基础（含垫层）底至地下室基础（含垫层）底标高确定。

如设计文件、施工组织设计未规定时，C 按以下方法计算：

a. 基础或垫层为混凝土时，按混凝土宽度每边各工作面 30cm 计算；

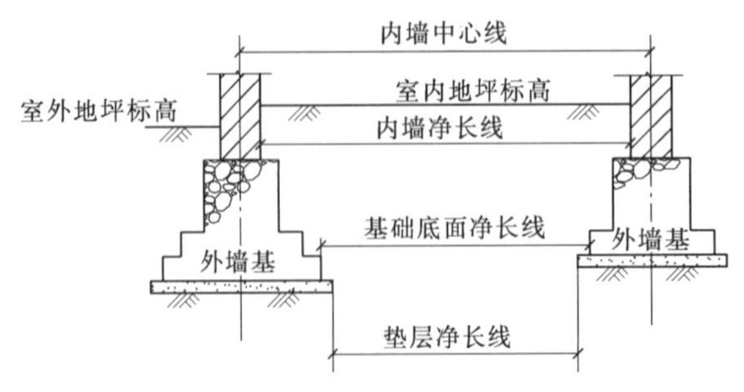

图 6.2　基槽长度计算示意图

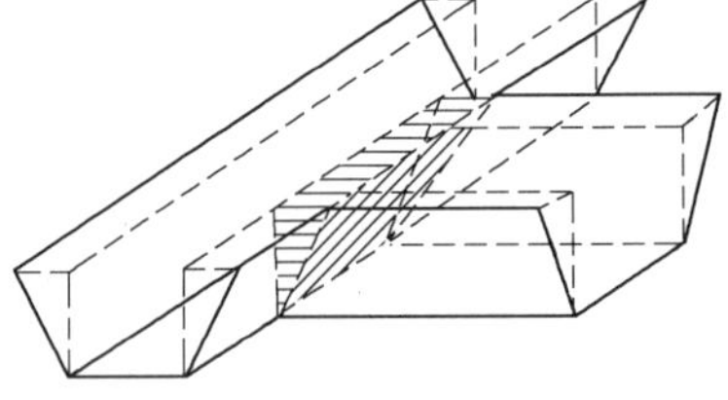

图 6.3　地槽放坡时交接重叠示意图

b. 挖地下室、半地下室土方按垫层底宽每边增加工作面 1m（烟囱、水、油地、水塔里入地下的基础，挖土方按地下室放工作面）；

c. 如基础垂直表面需做防腐或防潮处理的，每边增加工作面 80cm；

d. 砖基础或块石基础，每边增加工作面 15cm；

e. 如同一槽、坑遇到多个增加工作面条件时，按其中较大的一个计算；

f. 地下构件设有砖膜的，挖土工程量按砖模下设计垫层面积乘以下翻深度，不另增加工作面和放坡；

g. 挖管道沟槽土方，沟底宽度按管道宽度，如遇有管道垫层或基础管座时，按其中较大宽度，另加 0.40m 计算。

放坡工程量按施工设计规定计算，如施工设计未规定时可按表 6.4 中的放坡系数计算。

表 6.4　　土方放坡起点深度和放坡系数表

土类型	起点深度/m	放坡系数			
		人工挖土	机械挖土		
			基坑内作业	基坑上作业	沟槽上作业
一类、二类	＞1.20	1：0.50	1：0.33	1：0.75	1：0.50
三类	＞1.50	1：0.33	1：0.25	1：0.67	1：0.33
四类	＞2.00	1：0.25	1：0.10	1：0.33	1：0.25

注　1. 放坡起点均自槽、坑底开始。
2. 同一槽、坑内土类不同时，分别按其放坡起点、放坡系数、依不同土类别厚度加权平均计算。
3. 凡有围护或地下室连续墙的部分及基础土方支挡土板时，土方放坡不另行计算。

【例 6.7】　某独立柱基础基底标高－1.9m，垫层厚度 100mm，场地自然标高－0.45m，场地自然标高到－1.1m 为二类土，－1.1m 以下为三类土，人工挖土。该柱基坑开挖是否需要放坡，放坡系数是多少？

解：（1）判断是否放坡：

$$二类土\ H=1.1-0.45=0.65(\mathrm{m})$$

$$三类土\ H=1.9+0.1-0.45=1.55(\mathrm{m})$$

依据表 6.4 可知三类土 $H=1.55\mathrm{m}>1.5\mathrm{m}$，所以基坑需要放坡。

(2) 放坡系数计算：

$$三类土自身厚度\quad H=1.9+0.1-1.1=0.9(m)$$

$$K=(0.65\times0.5+0.9\times0.33)/1.55=0.401$$

2）方形基坑放坡示意图如图 6.4 所示，地坑工程量计算式为

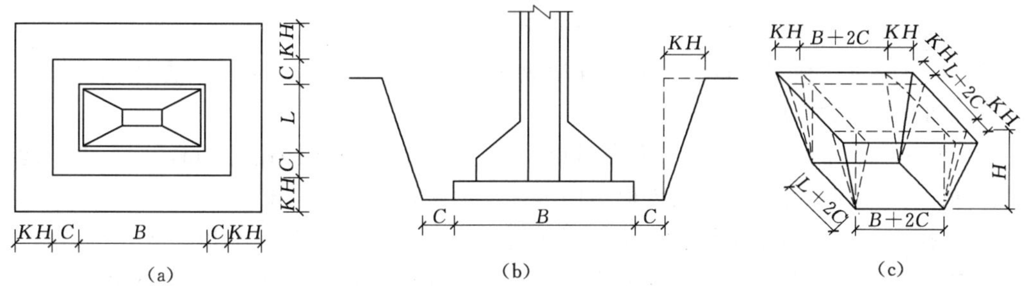

图 6.4 方形基坑放坡示意图

（a）基坑平面图；（b）基坑剖面图；（c）基坑四角锥体

$$\left.\begin{aligned}&\text{a. 方形 } V=(B+KH+2C)(L+KH+2C)H+\frac{K^2H^3}{3}\\&\text{b. 圆形 } V=\frac{\pi H}{3}[(R+C)^2+(R+C)(R+C+KH)+(R+C+KH)^2]\end{aligned}\right\}\qquad(6.3)$$

式中 V——挖土体积，m^3；

K——放坡系数；

B——槽坑底宽度，m；

H——槽、坑深度，m；

C——工作面宽度，m；

R——坑底半径，m；

L——槽、坑底长度，m。

3）挖淤泥流沙，以实际挖方体积计算。

4）原土夯实与碾压，按设计图示尺寸以面积计算。

(4) 工程量计算注意点。

1）挖土方工程量应扣除直径 800mm 及以上的钻（冲）孔桩、人工挖孔桩等大口径桩及空钻挖所形成的未经回填桩孔所占面积。

2）房屋基槽、坑土方开挖，因工作面、放坡重叠，如图 6.5 所示上面阴影三角形部位，造成基槽、坑计算体积之和大于实际大开挖体积时，按大开挖体积计算，即按实际开挖体积（即 *abcd* 区域范围面积）计算。

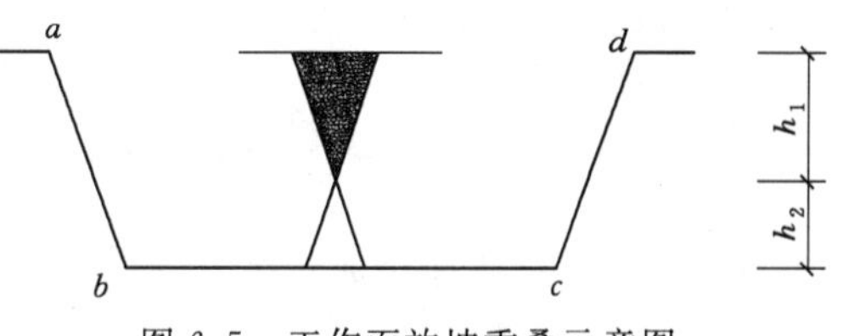

图 6.5 工作面放坡重叠示意图

(5) 回填土及弃置运输工程量计算，回填土定额分为就地回填和借土回填。

1）沟槽、基坑回填按挖土工程量减去交付施工标高（或自然地面标高）以下埋设的建（构）筑物、各类构件及基础、垫层等所占的体积计算。

2）室内回填土工程量为主墙间的净面积乘室内填土厚度，即设计室内与交付施工场地地面标高（或自然地面标高）的高差减地坪的垫层及面层厚度之和。底层为架空层时，室内回填土工程量为主墙间的净面积乘设计规定的室内填土厚度。

3）场地回填：回填面积乘以平均回填厚度。

4）回填石碴按设计图示尺寸以体积计算

5）余方弃置运输工程量为挖方工程量减回填土工程量乘相应的土石方体积折算系数表 6.3 中的折算系数计算。

6）就地回填是指将挖出的土方在运距 5m 内就地回填，运距超过 5m，按人力车运土定额计算。借土回填夯实是指向外取土回填，定额未包括挖、运土。

（6）挖混凝土管沟槽工程量按设计图示管道中心线长度计算，不扣除窨井所占长度，各种井类及管道接口处需加宽增加的土方量不另行计算。管沟回填工程量，按挖方体积减去管道及基础等埋入物的体积计算。

2. 石方

（1）一般开挖、人工凿石、机械凿石，按图示尺寸以“m^3”计算。

（2）槽坑爆破开挖，按图示尺寸另加允许超挖厚度：极软岩、软石 20cm；较软岩、较坚硬岩、坚硬岩 15cm。石方超挖量与工作面宽度不得重复计算。

（3）人工岩石表面找平按岩石爆破的规定尺寸以面积计算。

3. 基础排水

（1）湿土排水工程量同湿土工程量（含地下常水位以下的岩石开挖体积）。

（2）轻型井点以 50 根为一套，喷射井点以 30 根为一套，使用时累计根数轻型井点少于 25 根，喷射井点少于 15 根，使用费按相应定额乘系数 0.7。

（3）使用天数以昼夜（24h）为一天，并按施工组织设计要求的使用天数计算。

（4）湿土排水定额按正常施工条件编制，排水期至基础（含地下室周边）回填结束。回填后如遇后浇带施工需要排水，发生时另行按实计算。

【例 6.8】 某房屋工程基础平面及断面如图 6.6 所示，已知：基底土质均衡，为二类土，地下水位标高为－1.1m，土方含水率 30%；室外地坪设计标高－0.30m，交付施工场地标高－0.15m，人工挖土，试计算该基础土方开挖工程量。

解： 本工程采用人工开挖基槽坑，但未明确放坡系数及工作面。根据表 6.4，挖土深度 $H=1.6-0.15=1.45(m)$，挖土深大于 1.2m，放坡系数 $K=0.5$，混凝土工作面 $C=0.3m$，其中湿土挖土深度为 $H=1.6-1.1=0.5(m)$。

（1）基槽挖土工程量：

1—1 断面：

$$L=(10+9)\times2-1.1\times6+0.38=31.78(m)$$

其中 0.38 是砖垛折加长度，为 $\frac{490-240}{240}\times365=380(mm)$

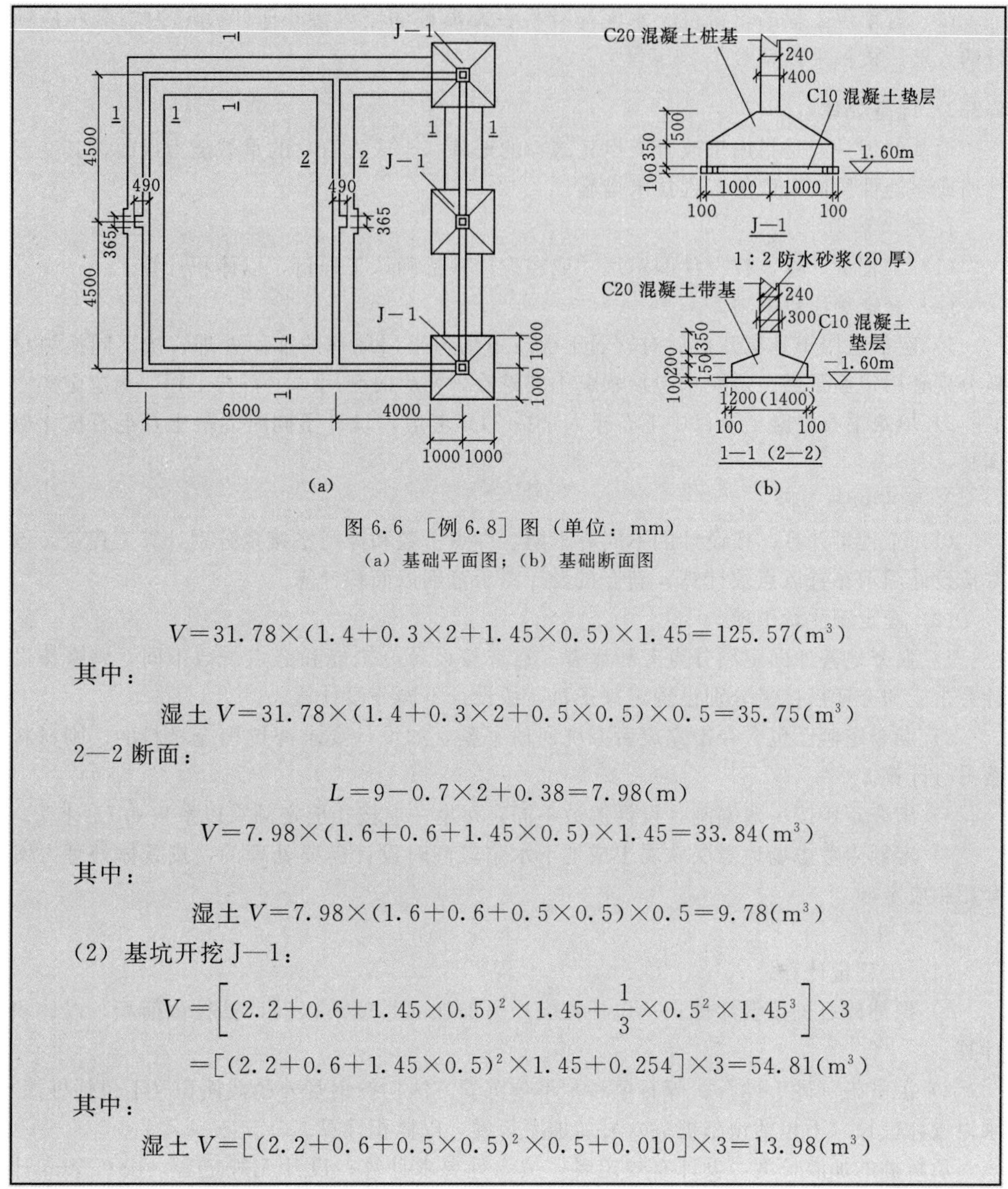

图 6.6 ［例 6.8］图（单位：mm）

(a) 基础平面图；(b) 基础断面图

$$V=31.78\times(1.4+0.3\times2+1.45\times0.5)\times1.45=125.57(\text{m}^3)$$

其中：

$$\text{湿土}\ V=31.78\times(1.4+0.3\times2+0.5\times0.5)\times0.5=35.75(\text{m}^3)$$

2—2 断面：

$$L=9-0.7\times2+0.38=7.98(\text{m})$$

$$V=7.98\times(1.6+0.6+1.45\times0.5)\times1.45=33.84(\text{m}^3)$$

其中：

$$\text{湿土}\ V=7.98\times(1.6+0.6+0.5\times0.5)\times0.5=9.78(\text{m}^3)$$

（2）基坑开挖 J—1：

$$V=\left[(2.2+0.6+1.45\times0.5)^2\times1.45+\frac{1}{3}\times0.5^2\times1.45^3\right]\times3$$

$$=[(2.2+0.6+1.45\times0.5)^2\times1.45+0.254]\times3=54.81(\text{m}^3)$$

其中：

$$\text{湿土}\ V=[(2.2+0.6+0.5\times0.5)^2\times0.5+0.010]\times3=13.98(\text{m}^3)$$

6.3　地基处理与边坡支护工程

6.3.1　定额概述

（1）定额均未考虑施工前的场地平整、压实地表、地下障碍物处理等，发生时另行计算。

（2）探桩位已综合考虑在各类桩基定额内，不另行计算。

(3) 若单位工程的填料桩、水泥搅拌桩、旋喷桩的工程量小于 100m^3 时，其相应项目的人工、机械乘以系数 1.25。

6.3.2 地基处理

地基处理一般是指用于改善支承建筑物的地基（土或岩石）的承载能力或改善其变形性质或渗透性质而采取的工程技术措施。

1. 换填加固

（1）工程量计算。按设计图示尺寸或经设计验槽确认工程量，以体积计算。

（2）套定额注意事项。

1）定额适用于基坑开挖后对软弱土层或不均匀土层地基的加固处理，按不同换填材料分别套用定额子目。定额未包括软弱土层挖除，发生时套用“土石方工程”相应定额。

2）填筑毛石混凝土子目中毛石投入量按 24%考虑，设计不同时混凝土及毛石按比例调整。

2. 强夯地基加固

（1）工程量计算。按设计的不同夯击能、夯点击数和夯锤搭接量分别计算工程量，点夯按设计图示布置以点数计算；满夯按设计图示范围以面积计算。

（2）套定额注意事项。

1）强夯地基加固定额分点夯和满夯；点夯按设计夯击能和夯点击数不同，满夯按设计夯击能和夯锤搭接量分别设置定额子目，按设计不同分段计算。

2）点夯定额已包含夯击完成后夯坑回填平整，如设计要求夯坑填充材料的，则材料费另行计算。

3）满夯定额按一遍编制，设计遍数不同，每增一遍按相应定额乘以系数 0.75 计算。

4）定额未考虑场地表层软弱土或地下水位较高时设计需要处理的，按具体处理方案套用相应定额。

3. 填料桩

（1）工程量计算。

1）振冲碎石桩按设计桩长（包括桩尖）另加加灌长度乘以设计桩径截面积，以体积计算。

2）沉管桩（砂、砂石、碎石填料）不分沉管方法均按钢管外径截面积（不包括桩箍）乘以设计桩长（不包括预制桩尖）另加加灌长度，以体积计算。

填料桩的加灌长度，设计有规定者，按设计要求计算；设计无规定者，按 0.50m 计算。若设计桩顶标高至交付地坪标高差小于 0.50m 时，加灌长度计算至交付地坪标高。

3）空打部分按交付地坪标高至设计桩顶标高的长度减加灌长度后乘以桩截面积计算。

（2）套定额注意事项。

1）定额按不同施工工艺、不同灌注填充材料编制。

2）空打部分按相应定额的人工及机械乘以系数 0.5 计算，其余不计。

3）振冲碎石桩泥浆池建拆、泥浆外运工程量按成桩工程量乘以系数 0.2 计算，套用本定额第三章“桩基工程”中泥浆处理定额子目。

4）沉管桩中的钢筋混凝土桩尖，定额已包括埋设费用，但不包括桩尖本身，发生时按成品购入构件另计材料费。遇不埋设桩尖时，每 10 个桩尖扣除人工 0.40 工日。

4. 水泥搅拌桩

水泥搅拌桩是利用水泥作为固化剂的主剂，利用搅拌桩机将水泥喷入土体并充分搅拌，使水泥与土发生一系列物理化学反应，使软土硬结而提高地基强度。目前按主要使用的施工方法分为单轴、双轴和三轴搅拌桩。

（1）工程量计算。

1）按桩长乘桩单个圆形截面积以体积计算，不扣除重叠部分的面积。桩长按设计桩顶标高至桩底长度另加加灌长度计算。当发生单桩内设计有不同水泥掺量时应分段计算。

2）加灌长度，设计有规定，按设计要求计算；设计无规定，按 0.50m 计算。若设计桩顶标高至交付地坪标高差小于 0.50m 时，加灌长度计算至交付地坪标高。

3）空搅（设计不掺水泥，下同）部分的长度按设计桩顶标高至交付地坪标高减去加灌长度计算。

4）桩顶凿除按加灌体积计算。

（2）套定额注意事项。

1）水泥搅拌桩的水泥掺入量定额按加固土重（1800kg/m^3）的 13%考虑，如设计不同时，水泥掺量按比例调整，其余不变。

2）定额按不掺添加剂（如：石膏粉、三乙醇胺、硅酸钙等）编制，如设计有要求，按设计要求增加添加剂材料费。

【例 6.9】 直径 650mm 双轴深层喷水泥搅拌桩，每米水泥用量 60kg，加固土重 1600kg/m^3，计算其定额基价。

解： 水泥掺量计算为：60÷(0.65×0.65×3.14×1×1600/4)×1600/1800×100%＝10%，定额水泥掺入量按加固土重的 13%考虑，设计不同时按，水泥掺量按比例调整，其余不变。查定额 2－31：

换算后基价＝1354.47＋0.34×2363×(10%/13%－1)＝1169.07(元/10m^3)

3）空搅（设计不掺水泥部分）按相应定额的人工及搅拌桩机台班乘以系数 0.5 计算，其余不计。

【例 6.10】 如图 6.7 所示某地下室围护水泥搅拌桩工程，原地坪相对标高－0.8m，空桩长度：1.8m、桩长：7m（包含加灌长度），双轴 700@500，桩间搭接 200mm。普通 42.5R 级水泥掺入量为土重 15%。计算该工程定额费用。

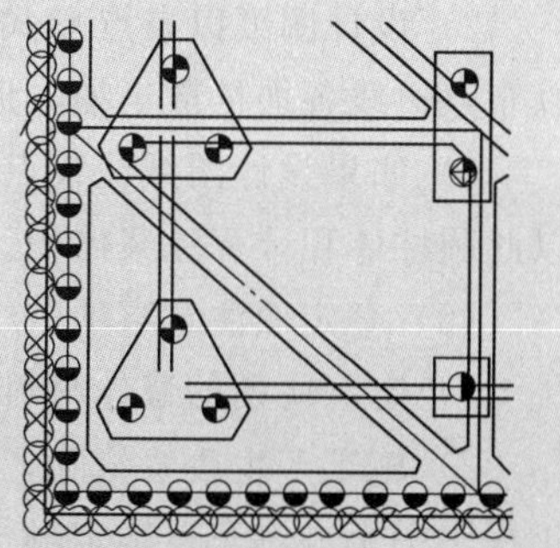

图 6.7 ［例 6.10］图

解： 定额水泥掺量按加固土重的 13%计价，按比列调整计算，则：

（1）双轴水泥搅拌桩费用：

工程量＝0.35×0.35×3.14×7×2×23＝123.86(m^3)

套定额 2-31：

工程定额费用=[1354.47+0.34×2363×(15%/13%-1)]/10 元/m^3×123.86m^3

=18307.4(元)

(2) 空搅部分费用：

工程量=0.35×0.35×3.14×1.8×2×23=31.85(m^3)

套定额 2-31：

工程定额费用=[19.089×0.5+0.028×591.04×0.5]×31.85=567.54(元)

4）桩顶凿除套用本定额第三章“桩基工程”中的凿灌注桩定额子目乘以系数 0.10 计算。

5）施工产生涌土、浮浆的清除，按成桩工程量乘以系数 0.20 计算，套用本定额第一章“土石方工程”中土方汽车运输定额子目。

5. 旋喷桩

（1）工程量计算。工程量按设计桩长乘以桩径截面积，以体积计算，不扣除桩与桩之间的搭接。当发生单桩内设计有不同水泥掺量时应分段计算。

（2）套定额注意事项。

1）旋喷桩的水泥掺入量统一按加固土重（1800kg/m^3）的 21%考虑，如设计不同时，水泥掺量按比例调整，其余不变。

2）定额按不掺添加剂（如石膏粉、三乙醇胺、硅酸钙等）编制，如设计有要求，按设计要求增加添加剂材料费。

3）定额已综合了常规施工的引孔，当设计桩顶标高到交付地坪标高深度大于 2.0m 时，超过部分的引孔按每 10m 增加人工 0.667 工日、旋喷桩机 0.285 台班计算。

4）施工产生涌土、浮浆的清除，按成桩工程量乘以系数 0.25 计算，套用本定额第一章“土石方工程”中土方汽车运输定额子目。

6. 注浆地基

（1）工程量计算。钻孔按交付地坪至设计桩底的长度计算，注浆按下列规定计算：

1）设计图纸明确加固土体体积的，按设计图纸注明的体积计算。

2）设计图纸以布点形式图示土体加固范围的，则按两孔间距的一半作为扩散半径，以布点边线各加扩散半径，形成计算平面，计算注浆体积。

3）如果设计图纸注浆点在钻孔灌注桩之间，按两注浆孔的一半作为每孔的扩散半径，以此圆柱体积计算注浆体积。

（2）套定额注意事项。

1）定额所列的浆体材料用量应按设计要求的材料品种、含量进行调整，其他不变。

2）施工产生废浆清除，按成桩工程量乘 0.10 系数计算，套用本定额第一章“土石方工程”中土方汽车运输定额子目。

7. 树根桩

树根桩按设计桩长乘以桩外径截面积，以体积计算。

8. 圆木桩

圆木桩按设计桩长（包括接桩）及梢径，按木材材积表计算，其预留长度的材积已考虑在定额内。送桩深度按设计桩顶标高至打桩前的交付地坪标高另加 0.50m 计算。

6.3.3 基坑与边坡支护

支护是为工程深基础施工而采取的措施，一是保护基坑，二是保护周围的建构筑物和其他设施不受施工影响。现在有很多时候除围护桩外还有支撑体系共同组成完整的支护体系。止水围护桩包括双轴水泥土搅拌桩和三轴水泥土搅拌桩，有时候也会用高压旋喷桩。挡土桩常用的有钻孔灌注桩。

1. 地下连续墙

（1）工程量计算。

1）导墙开挖按设计中心线长度乘开挖宽度及深度以体积计算；现浇导墙混凝土按设计图示以体积计算。

2）成槽按设计图示墙中心线长乘以墙厚乘以成槽深度（交付地坪至连续墙底深度），以体积计算。入岩增加费按设计图示墙中心线长乘以墙厚乘以入岩深度，以体积计算。

3）锁口管安、拔按连续墙设计施工图划分的槽段数计算，定额已包括锁口管的摊销费用。

4）清底置换以“段”为单位（段指槽壁单元槽段）。

5）浇筑连续墙混凝土，按设计图示墙中心线长乘以墙厚及墙深另加加灌高度，以体积计算。加灌高度：设计有规定，按设计规定计算；设计无规定，按 0.50m 计算。若设计墙顶标高至交付地坪标高差小于 0.50m 时，加灌高度计算至交付地坪标高。

6）地下连续墙凿墙顶按加灌混凝土体积计算。

（2）套定额注意事项。

1）导墙开挖定额已综合了土方挖、填，导墙浇灌定额已包含了模板安拆。

2）地下连续墙成槽土方运输按成槽工程量计算，套用本定额第一章“土石方工程”中相应定额子目。成槽产生的泥浆按成槽工程量乘以系数 0.2 计算。泥浆池建拆、泥浆运输套用本定额第三章“桩基工程”中泥浆处理定额子目。

3）钢筋笼、钢筋网片、十字钢板封口、预埋铁件及导墙的钢筋制作、安装，套用本定额第五章“混凝土及钢筋混凝土工程”中相应定额子目。

4）地下连续墙墙底注浆管埋设及注浆定额执行本定额第三章“桩基工程”中灌注桩相应子目。

5）地下连续墙墙顶凿除，套用本定额第三章“桩基工程”中的凿灌注桩定额子目。

6）成槽机、地下连续墙钢筋笼吊装机械不能利用原有场地内路基需单独加固处理的，应另列项目计算。

2. 水泥土连续墙

定额中水泥土连续墙分为三轴水泥土搅拌墙和渠式切割水泥土连续墙，即型钢水泥土搅拌墙，指在连续套接的三轴水泥搅拌桩内插入型钢形成的复合挡土截水结构。

（1）工程量计算。

1）三轴水泥土搅拌墙按桩长乘桩单个圆形截面积以体积计算，不扣除重叠部分的面积。桩长按设计桩顶标高至桩底长度另加加灌长度 0.50m 计算；若设计桩顶标高至交付地坪标高小于 0.50m 时，加灌长度计算至交付地坪标高。当发生单桩内设计有不同水泥掺量时应分段计算。

2）渠式切割水泥土连续墙，按设计图示中心线长度乘以墙厚及墙深另加加灌长度以体积计算；加灌高度：设计有规定，按设计要求计算；设计无规定者，按 0.50m 计算。若设计墙顶标高至交付地坪标高小于 0.50m 时，加灌高度计算至交付地坪标高。

3）空搅部分的长度按设计桩顶标高至交付地坪标高减去加灌长度计算。

4）插、拔型钢工程量按设计图示型钢规格以质量计算。

5）水泥土连续墙凿墙顶按加灌体积计算。

（2）套定额注意事项。

1）水泥土连续墙水泥掺入量按加固土重（1800kg/m^3）的 18%考虑，如设计不同时，水泥掺量按比例调整，其余不变。

2）三轴水泥土搅拌墙设计要求全截面套打时，相应定额的人工及机械乘以系数 1.5 计算，其余不变。

三轴水泥搅拌桩工程量计算方法为

$$Q=L(\pi D^2/4)(3N-n) \tag{6.4}$$

式中　L——设计桩长，m；

D——水泥搅拌桩直径，m；

N——幅数；

n——重复搅拌孔数。

三轴水泥搅拌桩 3 轴为一幅，后一幅与前一幅形成咬合重叠区域，如果这个区域是后一幅最前轴和前一幅最后轴，完全重合，相当于 6 轴形成 5 个孔，这个就是全面套打，仅咬合就是非全面。

【例 6.11】 其基坑围护设计方案，施工采用三轴水泥土搅拌连续墙，方案一是套接一孔法全断面套打如图 6.8（a）所示；方案二非全截面套打施工如图 6.8（b）所示。设计桩径为 850mm，设计桩长为 20m，设计桩顶标高－0.70m，场地标高为－0.10m，桩轴（圆心）距为 600mm，水泥掺入量为 20%。计算两种施工方案第一幅、第二幅、第三幅水泥土搅拌连续墙工程量及定额直接工程费用。

解：（1）方案一：全截面套打，按照规程，第一幅、第二幅、第三幅最终形成的是 7 个圆形截面面积，如图 6.8（a）所示，因此，在计算其工程量时，圆形截面数量＝3＋2＋2＝7（个）。

桩径截面积：　　　$S=(0.85/2)^2\times3.142\times7=3.973(\text{m}^2)$

三轴水泥搅拌桩工程量：$V=3.973\times(20+0.5)=81.45(\text{m}^3)$

套定额 2－58：

换算后基价＝$215.481+327.2\times0.34\times(20/18-1)+(17.024+83.517)\times(1.5-1)$

$=278.11(元/\text{m}^3)$

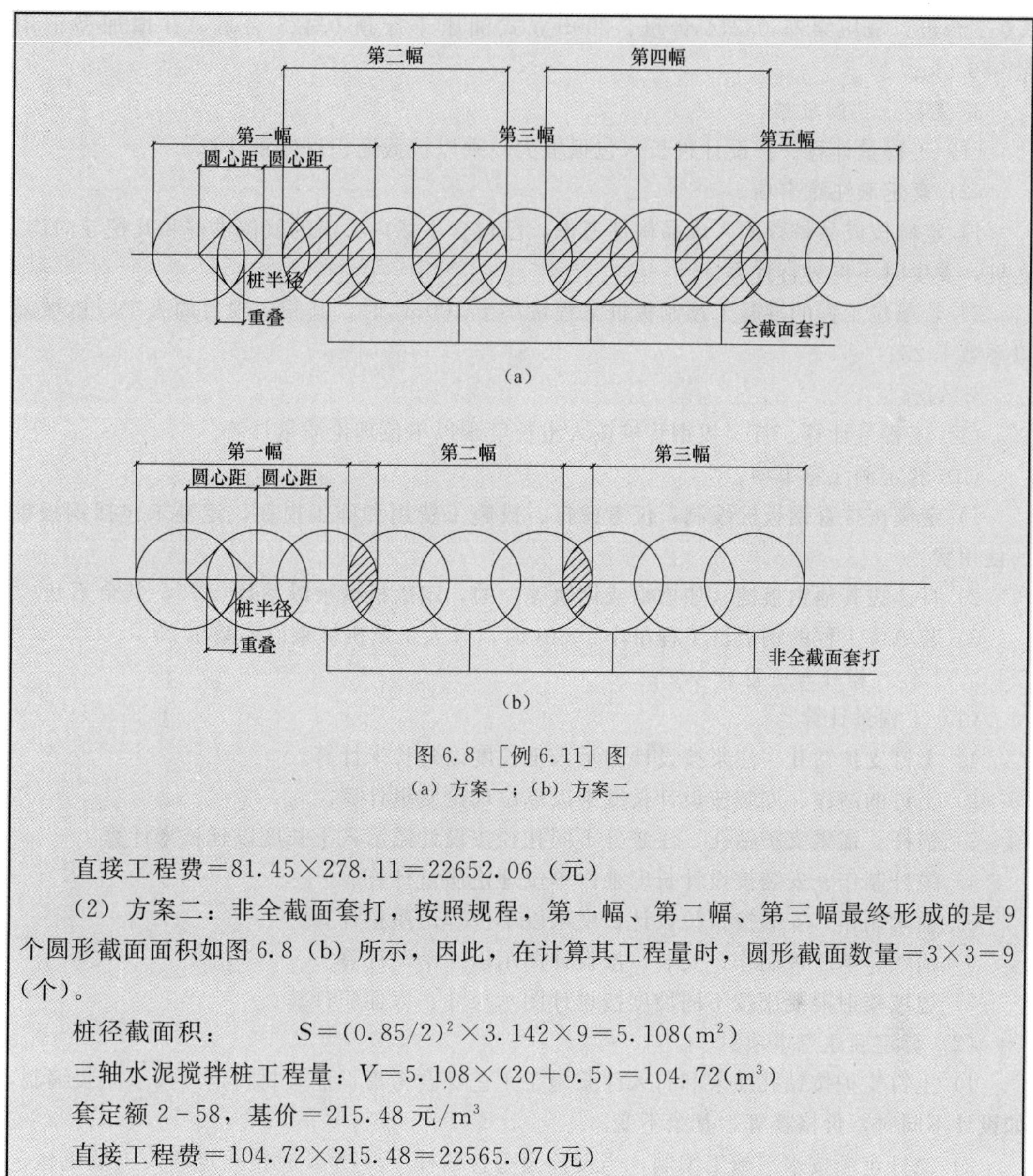

图 6.8 ［例 6.11］图

(a) 方案一；(b) 方案二

直接工程费＝81.45×278.11＝22652.06（元）

（2）方案二：非全截面套打，按照规程，第一幅、第二幅、第三幅最终形成的是 9 个圆形截面面积如图 6.8（b）所示，因此，在计算其工程量时，圆形截面数量＝3×3＝9（个）。

桩径截面积：　　　$S=(0.85/2)^2\times3.142\times9=5.108(\mathrm{m}^2)$

三轴水泥搅拌桩工程量：$V=5.108\times(20+0.5)=104.72(\mathrm{m}^3)$

套定额 2－58，基价＝215.48 元/m^3

直接工程费＝104.72×215.48＝22565.07(元)

3）空搅（设计不掺水泥部分）按相应定额的人工及搅拌桩机台班乘以系数 0.5 计算，其余不计。

4）墙顶凿除，套用“桩基工程”中的凿灌注桩定额子目乘以系数 0.10 计算。水泥土连续墙压顶梁执行本定额第五章“混凝土及钢筋混凝土工程”。

5）施工产生涌土、浮浆的清除，按成桩工程量乘以系数 0.25 计算，套用本定额第一章“土石方工程”中土方汽车运输定额子目。

6）插、拔型钢定额仅考虑施工费用和施工损耗，定额未包括型钢的使用费。遇设计（或场地原因）要求只插不拔时，每吨定额扣除：人工 0.292 工日、50t 履带式起重机

0.057 台班、液压泵车 0.214 台班、200t 立式油压千斤顶 0.428 台班，并增加型钢用量 950.0kg。

3. 混凝土预制板桩

（1）工程量计算。按设计桩长（包括桩尖）乘以桩截面积以体积计算。

（2）套定额注意事项。

1）定额按成品桩以购入成品构件考虑，已包含了场内必需的就位供桩和开挖导向沟、送桩，发生时不再另行计算。

2）若单位工程的混凝土预制板桩工程量小于 $100m^3$ 时，其相应项目的人工、机械乘以系数 1.25。

4. 钢板桩

（1）工程量计算。打、拔钢管桩按入土长度乘以单位理论质量计算。

（2）套定额注意事项。

1）定额按拉森钢板桩编制，仅考虑打、拔施工费用和施工损耗，定额未包括钢板桩的使用费。

2）打、拔其他钢板桩（如槽钢或钢轨等）的，定额机械乘以系数 0.75，其余不变。

3）若单位工程的钢板桩工程量小于 30t 时，其人工及机械乘以系数 1.25。

5. 土钉、锚杆与喷射联合支护

（1）工程量计算。

1）土钉支护钻孔、注浆按设计图示入土长度以延长米计算。

2）土钉的制作、安装按设计长度乘以单位理论质量计算。

3）锚杆、锚索支护钻孔、注浆分不同孔径按设计图示入土长度以延长米计算。

4）锚杆制作、安装按设计长度乘以单位理论质量计算。

5）锚索制作、安装按张拉设计长度乘以单位理论质量计算。

6）锚墩、承压板制作、安装，按设计图示以“个”计算。

7）边坡喷射混凝土按不同坡度按设计图示尺寸，以面积计算。

（2）套定额注意事项。

1）土钉支护按钻孔注浆和打入注浆施工工艺综合考虑。注浆材料定额按水泥浆编制，如设计不同时，价格换算，其余不变。

2）锚杆定额按水平施工编制，当设计为垂直锚杆（≥75°）时钻孔定额人工及机械定额机械乘以系数 0.85，其余不变。

3）锚杆、锚索支护注浆材料定额按水泥砂浆编制，如设计不同时，价格换算，其余不变。

4）定额未包括钢绞线锚索回收，发生时另行计算。

5）喷射混凝土按喷射厚度及边坡坡度不同分别设置子目。其中钢筋制作、安装套用“混凝土及钢筋混凝土工程”中相应定额子目。

6. 钢支撑

（1）工程量计算。钢支撑、预应力型钢组合支撑按设计图示尺寸以质量计算，不扣除孔眼质量，不另增焊条、铆钉、螺栓等质量。

（2）钢支撑、预应力型钢组合支撑定额仅考虑施工费和施工损耗，定额不包括钢支撑、预应力型钢组合支撑的使用费。

6.4 桩 基 工 程

6.4.1 桩基础工程概述

1. 桩基础工程种类

（1）按施工方法。

1）预制桩：先在工厂或施工现场预制成桩，然后利用沉桩设备将桩沉入土中。

a. 根据制桩材料的不同，预制桩主要有木桩、混凝土预制桩和钢桩。

b. 预制桩的沉桩方式主要有锤击法沉桩、振动法沉桩及静压法沉桩。

预制桩的施工包括制桩（或购成品桩）、运桩、沉桩三个过程；当单节桩不能满足设计要求时，应接桩；当桩顶标高要求在自然地坪以下时，需送桩。

2）灌注桩：指在工程现场通过机械钻孔、钢管挤土或人力挖掘等手段在地基土中形成的桩孔内放置钢筋笼、灌注混凝土而做成的桩。灌注桩的横截面呈圆形，可以做成大直径和扩底桩。

a. 按成孔方式不同，有钻孔灌注桩、沉管成孔灌注桩、人工挖孔大直径灌注桩、爆破成孔灌注桩等形式。

b. 钻孔灌注桩可分为干作业成孔灌注桩（成孔深度内无地下水且土质较好）、湿作业（泥浆护壁）成孔灌注桩（成孔深度内有地下水或土质较差时）

（2）按沉桩方法。

1）预制桩的沉桩方式主要有锤击法沉桩、振动法沉桩及静压法沉桩。

2）沉管灌注桩沉孔方式主要有锤击式、振动式、沉桩及静压振拔式。

3）钻孔灌注桩沉孔方式主要有转盘式（回转钻机）钻孔、旋挖钻机成孔、冲击锤冲孔、冲抓锤冲孔。

（3）按定额划分。

1）混凝土预制桩按非预应力混凝土预制桩（包含方桩、空心方桩、异形桩等非预应力预制桩）和预应力混凝土预制桩（包含管桩、空心方桩、竹节桩等预应力预制桩），分锤击、静压两种施工方法。

2）灌注桩按成孔方式分为转盘式、旋挖、冲孔、长螺旋钻孔、成管、空气潜孔锤孔六种成孔设置定额子目。

2. 定额概述

（1）定额内容包括混凝土预制桩与钢管桩、灌注桩等。

（2）适用陆地上桩基工程，所列打桩机械的规格、型号按常规施工工艺和方法综合取定。

（3）探桩位等因素已综合考虑于各类桩基定额内，不另行计算。

（4）桩基施工前场地平整、压实地表、地下障碍物处理等，定额均末考虑，发生时可另行计算。

(5) 混凝土预制桩与钢管桩发生送桩时，按沉桩相应定额的人工及打桩机械乘以表 6.5 中的系数，其余不计。

表 6.5　　　　**送桩深度系数表**

送桩深度/m	系　　数	送桩深度/m	系　　数
≤2	1.20	≤6	1.56
≤4	1.37	>6	1.78

(6) 其他说明。

1) 单独打试桩、锚桩，按相应定额打桩人工及机械乘系数 1.5。

2) 在桩间补桩时，按相应项目人工及机械乘系数 1.15，在室内或支架上打桩可另行补充。

3) 在强夯后的地基上混凝土预制及钢管桩施工按相应定额的人工及机械乘以系数 1.15；灌注桩按相应定额的人工及机械乘以系数 1.03。

4) 定额以打垂直桩为准，如设计要求打斜桩，斜度在 1∶6 以内者，按相应项目人工及机械乘系数 1.25；斜度大于 1∶6 者，按相应项目人工及机械乘系数 1.43。

5) 定额按平地（坡度小于 1∶6）打桩为准；坡度大于 15°时，按相应项目人工、机械乘以系数 1.15。

6) 如在基坑内（基坑深度大于 1.5m，基坑面积小于 500m²）打桩或在地坪上打坑槽内（坑槽深度大于 1m）桩时，按相应项目人工、机械乘以系数 1.11。

7) 非预应力混凝土预制桩发生单桩单节长度超过 18m 时，按锤击、静压相应定额（不含预制桩主材）乘以系数 1.20 计算。

8) 振动式沉管灌注混凝土桩，安放钢筋笼者，成孔人工和机械乘以系数 1.15。钢筋笼制作、安放按“混凝土及钢筋混凝土工程”相应定额另列项目计算。

9) 单位（群体）工程打桩工程量少于表 6.6 中数量者，相应项目人工及机械乘系数 1.25。

表 6.6　　　　**各类桩工程量数量表**

项　　目	单位工程的工程量	项　　目	单位工程的工程量
混凝土预制桩	1000m	机械成孔灌注桩	150m³
钢管桩	50t	人工挖孔灌注桩	50m³

【例 6.12】 锤击预应力管桩，桩型 PC－AB500（100），单位工程量 800m，计算该工程沉桩定额基价［PC－AB500(100) 管桩市场信息价为 145 元/m］。

解： 静力压预应力管桩，桩径 500mm 周长为 3.14×0.5＝1.57(m)，套定额 3－13，单位工程量 800m 小于 1000m，相应定额人工及机械乘系数 1.25

定额换算基价＝27.829＋145×1.01＋(6.5394＋19.2718)×0.25＝180.73(元/m)

【例 6.13】 静压振动式沉管灌注非泵送商品混凝土桩 C30，桩长 25m，工程量 $140m^3$。计算成孔、灌注混凝土定额基价（安放钢筋笼）。

解： 沉管灌注桩：打桩（成孔）数量不足 $150m^3$，定额人工及机械乘系 1.25，安放钢筋笼者，成孔人工和机械乘以系数 1.15。套定额 3-88、3-105：

成孔定额换算基价 $=(577.53+517.42)\times1.15\times1.25+107.49=1681.48$（元/$10m^3$）

灌注混凝土定额基价 $=5501.07+314.96\times(1.25-1)=5579.81$（元/$10m^3$）

（7）灌注桩套定额注意事项。

1）转盘式、旋挖钻机成孔定额按砂土层编制，如设计要求进入岩石层，则套用相应定额计算岩石层成孔增加费；如设计要求穿越碎石、卵石层时，按岩石层成孔增加费子目乘以表 6.7 中的调整系数计算穿越增加费。

表 6.7　碎石、卵石层调整系数表

成孔方式	系　　数	成孔方式	系　　数
转盘式钻机成孔	0.35	旋挖钻机成孔	0.25

2）除空气潜孔锤成孔外，灌注桩成孔定额未包含钢护筒埋设及拆除，需发生时直接套用埋设钢护筒定额。

3）冲孔桩机成孔、空气潜孔锤成孔按不同土（岩）层分别编制定额子目。

4）旋挖钻机成孔定额按湿作业成孔工艺考虑，如实际采用干作业成孔工艺，相应定额扣除黏土、水用量和泥浆泵台班，并不计泥浆工程量。

5）产生的泥浆（渣土）按泥浆处置定额执行。

6）成孔工艺灌注桩的充盈系数按常规地质情况编制，未考虑地下障碍物、溶洞、暗河等特殊地层。灌注混凝土定额中混凝土材料消耗量已包含了灌注充盈量，见表 6.8。

充盈量又叫超灌量，土体受到沉管和灌注混凝土的振动，结构被破坏，强度下降，混凝土产生了扩散导致用量的增加。

表 6.8　灌注桩充盈系数表

项　目　名　称	充盈系数	项　目　名　称	充盈系数
转盘式钻机成孔、长螺旋钻机成孔	1.20	冲孔桩机成孔	1.35
旋挖钻机成孔	1.15	沉管桩机成孔	1.18
空气潜孔锤成孔	1.20		

（8）工程桩施工质量检测费根据设计要求另行计算该项费用；桩架进出场费、安拆费根据附录二建筑机械台班费用相应定额计取。

6.4.2 混凝土预制桩与钢管桩工程量计算规则

1. 混凝土预制桩

（1）锤击（静压）非预应力混凝土预制桩按设计桩长（包括桩尖），以长度计算。

（2）锤击（静压）预应力混凝土预制桩按设计桩长（不包括桩尖），以长度计算。

（3）送桩深度按设计桩顶标高至打桩前的交付地坪标高另加 0.50m，分不同深度以长度计算。

在打桩工程中，被打的桩顶设计标高低于自然地面标高，用送桩器连接桩顶直到把桩顶打到设计标高，然后把送桩器拔出来，这个过程叫送桩，如图 6.9 所示。

（4）非预应力混凝土预制桩的接桩，电焊接桩按设计图示尺寸以角钢或钢板的重量以“t”计算。有些桩基设计很深，而预制桩因吊装、运输、就位等原因，不能将桩预制很长，而需要接头，多采用电焊接桩，如图 6.10 所示。

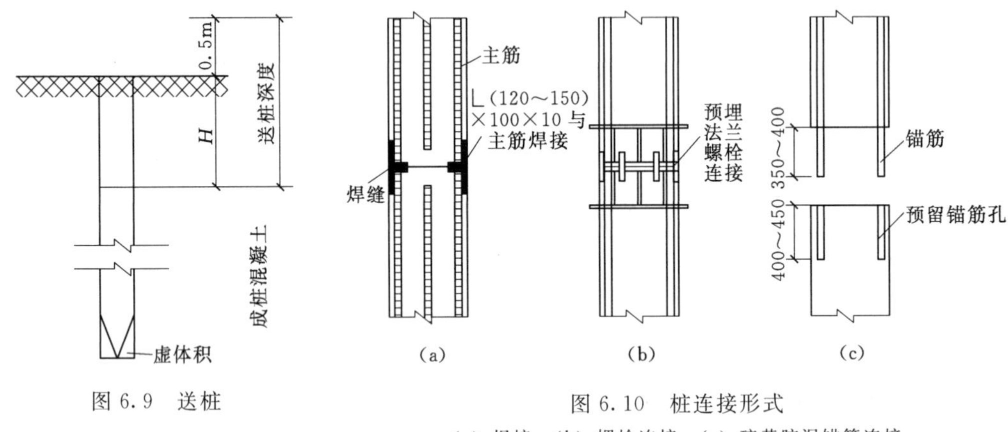

图 6.9　送桩

图 6.10　桩连接形式

（a）焊接；（b）螺栓连接；（c）硫黄胶泥锚筋连接

（5）预应力混凝土预制桩顶灌芯按设计长度乘以填芯截面积，以体积计算。钢骨架及钢托板，按设计图示重量计算。管桩桩尖、桩头灌芯、钢骨架及钢托板设计无规定，一般采用先张法预应力混凝土管桩 2010 浙 G22 图集要求进行计算相关工程量。

（6）因地质原因沉桩后的桩顶标高高出设计标高，在长度小于 1m 时，不扣减相应桩的沉桩工程量；在长度超过 1m 时，其超过部分按实扣减沉桩工程量，但桩体的价格不扣除。

（7）套定额注意事项。

1）混凝土预制桩定额按成品桩以购入构件考虑，已包含了场内必需的就位供桩，发生时不再另行计算。非预应力混凝土预制桩若采用现场预制时，场内运输运距在 500m 以内时，套用场内运桩子目；运距超过 500m 时，桩运输费另行计算。桩的预制执行本定额第五章“混凝土及钢筋混凝土工程”相应定额子目。

2）非预应力混凝土预制桩综合了接桩所需的打桩机械台班，但未包括接桩本身费用，发生时套用相应定额子目；预应力混凝土预制桩定额已综合了电焊接桩，如采用机械接桩，相应定额扣除电焊条和交流弧焊机台班用量；机械连接件材料费已含在相应预制桩信息价中，不得另计。

3）桩灌芯、桩芯取土按钢管桩相应定额执行，如设计要求桩芯取土长度小于 2.5m 时，相应定额乘以系数 0.75；设计要求设置的钢骨架、钢托板分别按本定额第五章“混凝土及钢筋混凝土工程”中的桩钢筋笼和预埋铁件相应定额计算。

4）设计要求设置桩尖时，如果桩尖价值不包括在成品桩构件单价内，则按成品桩尖以购入构件材料费另计。

【例 6.14】 某工程桩为现场预制混凝土方桩，如图 6.11 所示，C30 泵送商品混凝土，打桩前场地标高－0.3m，桩顶标高－1.80m，桩总计 100 根，采用锤击法沉桩，场内运桩运距为 500m，求该工程桩的定额分部分项工程费。

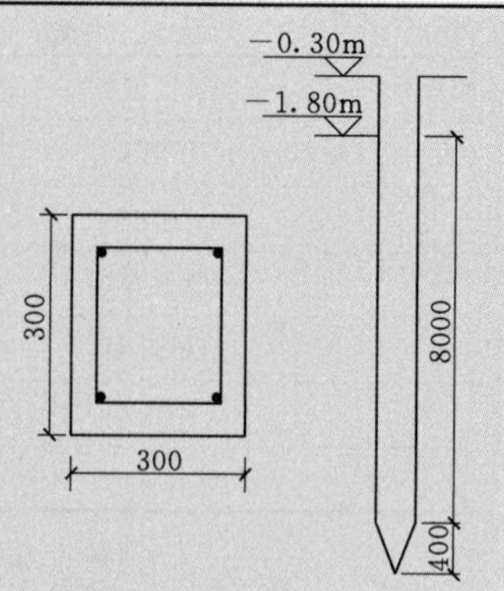

图 6.11 ［例 6.14］图

解：（1）混凝土方桩沉桩：

沉桩工程量＝(8＋0.4)×100＝840(m)

方桩截面 300mm×300mm，则：

桩断面周长＝0.3×4＝1.2(m)

套定额 3－1，沉桩工程费＝[16.7905＋(5.3703＋10.6696)×(1.25－1)]×840＝17472.48(元)

（2）混凝土方桩送桩：

送桩工程量＝(1.8－0.3＋0.5)×100＝200(m)

套定额 3－1，送桩工程费＝(5.3703＋0.00825×975.05)×1.20×1.25×200＝4024.34(元)

（3）现场预制混凝土方桩：

预制工程量＝0.3×0.3×(8＋0.4)×100×(1＋1.5%)＝76.73(m^3)

套定额 5－34，预制方桩混凝土计价＝523.74×76.73×(1＋1.5%)＝40789.37(元)

套定额 5－183，预制方桩模板计价＝158.74×(1＋1.5%)×76.73＝12362.82(元)

套定额 3－9，预制方桩运距计价＝57.223×76.73＝4390.72(元)

【例 6.15】 某工程 110 根 C60 先张法预应力钢筋混凝土管桩，PC－AB600(100)－12，13a，每根桩顶连接构造（假设）钢托板 3.5kg、圆钢骨架 38kg，桩顶灌注 C30 非泵送商品混凝土 1.5m；设计桩顶标高－3.5m，现场自然地坪标高为－0.45m，现场条件允许可以不发生场内运桩。试计算该工程桩基施工所发生工程量及按省定额计算该工程直接费［假设 PC－AB600(100) 除税信息价为 283 元/m，钢桩尖 6295 元/t，采用静压施工］。

解：（1）桩基工程量列于表 6.9。

桩尖工程量依据图集 2010 浙 G22 第 30 页相关数据进行计算：

$$V=\left[\frac{\pi(0.41+2\times 0.01)^2}{4}-\frac{\pi\times 0.41^2}{4}\right]\times 0.40\times 110+(0.06+0.08)\times 0.3/2\times 0.012\times 6\times 110$$

$$=0.746(m^3)$$

$$M=7.85\times0.746=5.856(t)$$

表 6.9　　**桩基工程量计算**

序号	项目名称	工程量计算式	单位	工程量
1	压管桩	110×25	m	2750
2	送桩	110×(3.5－0.45＋0.5)	m	390.5
3	桩顶灌芯	$110\times(0.6-0.2)^2\div4\times3.14\times1.5$	m^3	20.72
4	钢骨架	110×38/1000	t	4.18
5	钢托板	110×3.5/1000	t	0.385
6	桩尖(a 型)	7.85×0.746	t	5.856

(2) 该工程直接费计算见表 6.10。

表 6.10　　**工程直接费计算**

序号	定额编号	项目名称	单位	工程量	单价/元	合价/元
1	3-18	压管桩	m	2750	310.17	841500
2	3-18H	送桩	m	390.5	24.75	8415.28
3	3-37H	桩顶灌芯 C30	m^3	20.72	509.24	6596.83
4	5-54	钢骨架	t	4.18	4743.88	18028.34
5	5-59	钢托板	t	0.385	8628.03	2894.82
6	材料费	桩尖	t	5.856	6295	36863.52
合计						914298.79

注　1. 压管桩定额换算：定额基价＝24.3416＋1.01×283＝310.17(元/m)；

2. 压送管桩定额换算：定额基价＝(4.27＋0.00675×2044.05)×1.37＝24.75(元/m)。

2. 钢管桩

(1) 定额按锤击施工方法编制，已综合考虑了穿越砂、黏土层和碎、卵石层的因素，包含了场内必需的就位供桩，发生时不再另行计算。钢管内取土、填芯按设计材质不同分别套用定额。

(2) 锤击钢管桩按设计桩长（包括桩尖），以长度计算。

(3) 送桩深度按设计桩顶标高至打桩前的交付地坪标高另加 0.50m，分不同深度以长度计算。

(4) 钢管桩接桩、内切割、精割盖帽按设计要求的数量计算。

内切割就是将超过设计长度的钢管桩用气焊切割掉，因为钢管桩已经打入地下，只能够在内部切割。精割盖帽指通过精确的手段利用切割机切割桩帽，在每个桩顶上焊桩盖(有平形及凹形)。桩帽的作用是加固桩顶，避免在打桩过程中桩顶被打裂，

(5) 钢管桩管内钻孔取土、填芯，按设计桩长（包括桩尖）乘以填芯截面积，以体积计算。

6.4.3 灌注桩工程量计算规则

1. 转盘式钻机成孔、旋挖钻机成孔

钻孔灌注桩是指先用钻孔机在地基土层中钻孔，然后放入钢筋笼并现浇混凝土而成的混凝土桩，成孔一般采用泥浆护壁。

(1) 成孔按成孔长度乘以设计桩径截面积，以体积计算。成孔长度为打桩前的交付地坪标高至设计桩底的长度。

(2) 成孔入岩增加费按实际入岩石层深度乘以设计桩径截面积，以体积计算。

(3) 设计要求穿越碎（卵）石层按地质资料表明长度乘以设计桩径截面积，以体积计算。

(4) 桩底扩孔按设计桩数量计算。

(5) 钢护筒埋设及拆除，常规砂土层施工按 2.0m 计算；当遇地质资料表明桩位上层（砂砾、碎卵石、杂填土层）深度大于 2.0m 时，按实以长度计算。

钢护套筒的作用是保护孔口、定位、防止地面水流入；增高桩孔内水压力，防止塌孔，如图 6.12 所示。一般埋入黏土中深度不宜小于 1.0m，埋入砂土中深度不宜小于 1.5m。

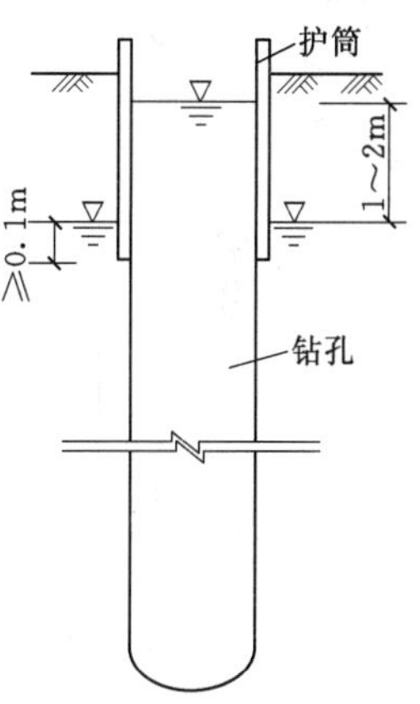

图 6.12 钢护筒示意图

2. 冲孔桩机成孔、空气潜孔锤成孔

这两种形式的工程量分别按进入各类土层、岩石层的成孔长度乘以设计桩径截面积，以体积计算。

3. 长螺旋钻机成孔

这种形式的工程量按成孔长度乘以设计桩径截面积，以体积计算。成孔长度为打桩前的交付地坪标高至设计桩底的长度。

4. 沉管灌注桩工程量计算

沉管灌注桩是指利用锤击打桩法或振动打桩法，将带有活瓣式桩尖或预制钢筋混凝土桩靴的钢套管沉入土中，然后边浇注混凝土（或先在管内放入钢筋笼）边锤击或振动边拔管而成的桩。为了提高桩的质量和承载能力，沉管灌注桩常采用单打法、复打法、翻插法等施工工艺。

(1) 单桩成孔按打桩前的交付地坪标高至设计桩底的长度（不包括预制桩尖）乘以钢管外径截面积（不包括桩箍）以体积计算。

(2) 夯扩桩（静压扩头）夯扩参数如图 6.13 所示，工程量＝单桩成孔工程量＋夯扩（扩头）部分高度×桩管外径截面积，式中夯扩（扩头）部分高度按设计规定计算。

(3) 扩大桩的体积按单桩体积乘以复打次数计算，其复打部分乘以系数 0.85。复打一般是在同一桩孔内进行两次单打，即：当桩孔中灌满混凝土将桩管全部拔出后，再重新沉管复打一次（前后两次沉管的中心线必须重合），第二次灌注混凝土时，将第一次灌注的混凝土挤密实，并向桩孔周围的土层中扩散，使桩径随之扩大。

(4) 沉管灌注桩定额已包括桩尖埋设费用，预制桩尖按购入构件另计算材料费，遇不埋设桩尖时，每 10 个桩尖扣除人工 0.4 工日。

(5) 预制桩尖需计算混凝土、模板、钢筋工程量，还有加固钢板圈（桩箍）一般按照

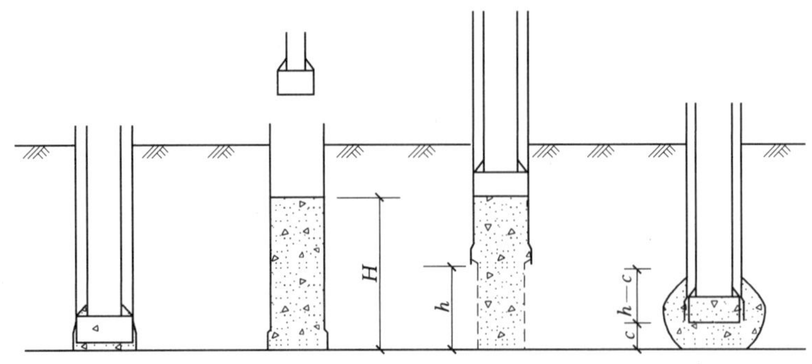

图 6.13　夯扩桩（静压扩头）夯扩参数示意图

相关图集如 2004 浙 G20 进行相关计算，并另列项目，套用混凝土及钢筋混凝土工程相应定额。

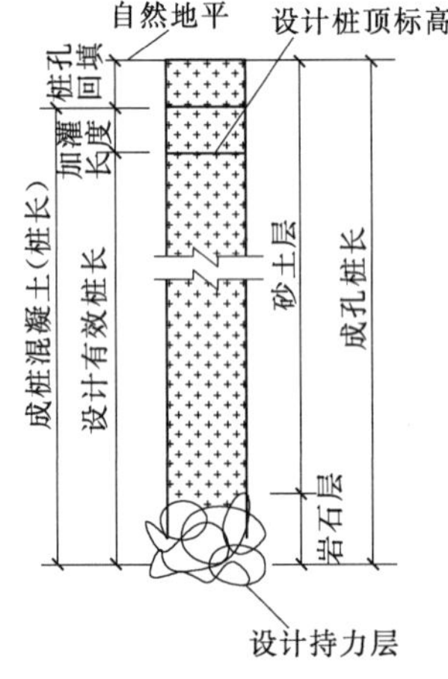

图 6.14　桩加灌长度示意图

(6) 预制桩尖运输按混凝土及钢筋混凝土工程相关规定计算。

(7) 桩孔回填工程量计算方法为

工程量＝桩径截面积×桩孔回填高度,桩孔回填高度为加灌长度顶面至自然地坪

5. 灌注混凝土工程量计算

工程量按桩长乘以设计桩径截面积计算，即：桩长＝设计桩长＋设计加灌长度，设计未规定加灌长度时，加灌长度(不论有无地下室）按不同设计桩长确定：25m 以内按 0.50m；35m 以内按 0.80m；45m 以内按 1.10m；55m 以内按 1.4m；5m 以内按 1.70m；65m 以上按 2.00m 计算。若按设计规定桩顶标高已达到自然地坪时，不计加灌长度。灌注桩设计要求扩底时，其扩底扩大工程量按设计尺寸，以体积计算，并入相应的工程量内。桩加灌长度如图 6.14 所示。

【例 6.16】 某桩基工程为钢筋混凝土沉管灌注桩，采用振动式沉管灌注，桩径外径 426mm，设计桩长 20m（含 0.45m 预制桩尖）；桩顶标高－1.85，场地自然标高－0.3；灌注 C25 非泵送商品混凝土，共 40 根；现场打桩记录单打混凝土充盈系数 1.3，预制桩尖场外运输 5km（每只假设体积 $0.036m^3$）。试按本定额计算桩基分部工程费（钢筋工程量不计）。

解：(1) 成桩工程量 $V=(3.14\times0.426^2/4)\times(20-0.45+0.5)\times40=114.25(m^3)$

非泵送混凝土套定额 3－105：

成桩费＝[550.107＋(421－438)×1.2＋314.96×(1.25－1)]×114.25＝61418.52(元)

注：421 元/m^3 查定额下册 P619 序号 525 而得，为 C25 非泵送商品混凝土定额取定价。

(2) 成孔工程量 $V=(3.14\times0.426^2/4)\times(20-0.45+1.85-0.3)\times40=120.24(m^3)$

套振动式沉管 25m 以内定额 3-88：

成孔费 $=(10.749+(57753+51.742)\times1.25\times1.15)\times120.24=20218.36$(元)

(3) 凿桩头工程量 $=40\times(3.14\times0.426^2/4)\times0.5=2.85(m^3)$

套定额 3-128：

$$凿桩头费=205.361\times2.85=585.28(元)$$

(4) 预制桩尖体积工程量 $=0.036\times40=1.44(m^3)$，按购入构件另算。

6. 人工挖孔桩工程量计算

(1) 人工挖孔工程量。

$$工程量=护壁外围截面积\times孔深$$

孔深按打桩前的交付地坪标高至设计桩底标高的长度计算。

(2) 挖淤泥、流沙、入岩增加费按实际挖、凿数量以体积计算。

(3) 护壁按设计图示截面积乘护壁长度以体积计算，护壁长度按打桩前的交付地坪标高至设计桩底标高（不含入岩长度）另加 0.20m 计算。

(4) 灌注桩芯混凝土工程量按设计图示截面积乘以设计桩长另加加灌长度，以体积计算；加灌长度设计无规定时，按 0.25m 计算。

(5) 套定额注意事项。

1) 挖孔按设计注明的桩芯直径及孔深套用定额。

2) 桩孔土方需外运时，按土方工程相应定额计算。

3) 挖孔时若遇淤泥、流沙、岩石层，可按实际挖、凿的工程量套用相应定额计算挖孔增加费。

4) 护壁不分现浇或预制，均套用安设混凝土护壁定额。

5) 人工挖孔子目中已综合考虑了孔内照明、通风，孔内垂直运输方式按人工考虑。

6) 挖孔桩若采用钢护筒护壁，每 $10m^3$ 桩芯混凝土增加金属周转材料 2.0kg，混凝土用量和其他材料费乘以系数 1.05。

【例 6.17】 人工挖孔桩直径 1000mm，C25 非泵送混凝土灌注桩，孔深 12m，采用钢护筒护壁，计算定额基价。

解：(1) 成孔：孔深 12m，桩径 1000mm 人工挖孔桩套用桩径 1000mm 以内，孔深 10m 以上套定额 3-109：

$$定额基价=1649.05(元/10m^3)$$

(2) 灌注混凝土套定额 3-116：

$$定额换算基价=4834.02+(10.15\times421+23.75)\times(1.05-1)+3.95\times2$$
$$=5056.77(元/10m^3)$$

(3) 钢护筒护壁套定额 3-62：

$$定额基价=1137.81(元/10m)$$

7. 桩孔回填工程量

桩孔回填工程量按桩（加灌后）顶面至打桩前交付地坪标高的长度乘以桩孔截面积计算，以体积计算。

8. 预埋管及后压浆

（1）注浆管、声测管工程量按打桩前的交付地坪标高至设计桩底标高的长度另加 0.20m 计算。

声测管是灌注桩进行超声检测法时探头进入桩身内部的通道。注浆管、声测管一般采用外径 50～60mm 的钢管，厚度在 3.0mm 左右。

（2）桩底（侧）后注浆工程量按设计注入水泥用量以"t"计算。

（3）套定额注意事项。

1）后注浆定额按桩底注浆考虑，如设计采用侧壁注浆，则人工和机械费乘以系数 1.20。

2）注浆管、声测管埋设，如遇材质、规格不同时，材料单价换算，其余不变。

9. 泥浆处置

（1）各类成孔灌注桩泥浆（渣土）工程量按表 6.11 计算。

表 6.11　　泥浆（渣土）工程量计算表

桩　　型	泥浆（渣土）产生工程量	
	泥　　浆	渣　　土
转盘式钻机成孔灌注桩	按成孔工程量	—
旋挖钻机成孔灌注桩	按成孔工程量乘以系数 0.2	按成孔工程量
长螺旋钻机成孔灌注桩	—	按成孔工程量
空气潜孔锤成孔灌注桩	按成孔工程量乘以系数 0.2	按成孔工程量
冲抓锤成孔灌注桩	按成孔工程量乘以系数 0.2	按成孔工程量
冲击锤成孔灌注桩	按成孔工程量	—
人工挖孔灌注桩	—	按挖孔工程量

（2）泥浆池建造和拆除、泥浆运输、泥浆固化、泥浆固化后的渣土工程量都按表 6.11 所列泥浆工程量计算；泥浆及泥浆固化后的渣土场外运输距离按实计算。

（3）施工产生的渣土按表 6.10 工程量计算，套用"土石方工程"相应定额子目。

（4）定额分泥浆池建拆、泥浆运输、泥浆固化。定额未考虑泥浆废弃处置费，发生时按工程所在地市场价格计算。

（5）桩施工产生的渣土和泥浆经过固化后的渣土处理，套用本定额第一章"土石方工程"土方汽车运输定额。

10. 截（凿）桩

截桩是指高于设计桩顶标高多余部分整桩的截除；凿桩是指高出设计桩顶标高部分混凝土（需保留钢筋）的凿除。

（1）预制混凝土桩截桩按截桩的数量计算。

（2）凿桩头按设计图示桩截面积乘以桩头凿除长度，以体积计算。

1）混凝土预制桩凿除长度设计有规定按设计规定，设计无规定按 $40d$（d 为桩体主筋直径，主筋直径不同时取大者）计算。

2）灌注混凝土桩按加灌长度计算。

（3）凿桩后的桩头钢筋清（整）理，已综合在凿桩头定额中，不再另行计算。

6.4.4　桩基检测

根据《建筑基桩检测技术规范》（JGJ 106—2014），工程桩完工后应进行桩基检测，进行桩身完整性及单桩竖向承载力检测，宜先进行工程桩的桩身完整性检测，根据完整性试验结果选择有代表性的桩进行单桩竖向承载力检测。

1. 桩基检测的主要方法

目前桩基检测的主要方法有静载试验法、钻芯法、低应变法、高应变法、跑桩复压法等。

1）静载试验法检测基桩竖向抗压承载力最直接。

2）高应变法主要功能是判定桩竖向抗压承载力是否满足设计要求。

3）低应变法使用小锤敲击桩顶，通过粘接在桩顶的传感器接收来自桩中的应力波信号，采用应力波理论来研究桩土体系的动态响应，反演分析实测速度信号、频率信号，从而获得桩的完整性。

4）跑桩复压法（简称跑桩法）可以直观地反映振动沉管灌注桩的单桩承载力。

2. 桩身完整性检测的规定

（1）桩身完整性检测应采用低应变法。

（2）检测数量不应少于总桩数的 20%，且不得少于 10 根，每个承台不得少于 1 根。

3. 桩基检测费

检测费用按市场价计取或在合同中以一次性包干处理，某检测机构基桩检测收费价目表见表 6.12。

表 6.12　　基桩检测收费价目表

序号	检测项目	检测方式	检　测　参　数	计量单位	单价/元
1	低应变			根	80
2	高应变	拟合法	承载力≤1200kN（锤重≤2t）	根	3500
			1200kN＜承载力≤3000kN（锤重 3～5t）	根	4500
			承载力＞3000kN（锤重＞5t）	根	5000
3		凯斯法	承载力≤1200kN（锤重≤2t）	根	2000
			1200kN＜承载力≤3000kN（锤重 3～5t）	根	3000
			承载力＞3000kN（锤重＞5t）	根	4000
			5000kN＜承载力≤6000kN（锤重＞5t）	根	6000
			超出吨位增加检测费	根	1000

续表

序号	检测项目	检测方式	检测参数	计量单位	单价/元
4	单桩静载荷	锚桩法	极限承载力≤2000kN	根	11000
			2000kN＜极限承载力≤4000kN	根	16000
			4000kN＜极限承载力≤8000kN	根	23000
			极限承载力＞8000kN	根	30000
5		堆载法（利用桩机）	极限承载力≤2000kN	根	3600
			极限承载力＞2000kN	根	4600
6		堆载法（垒砂法）	按设计单桩极限承载力（kN） 检测数量为 1 根时，按 1.2 系数计算，检测数量为 2 根时，按 1.1 系数计算 检测数量≥3 根时，按 1.0 系数计算，单根桩最低收费 10000 元计算（由委托单位提供黄砂）	根	6000

【例 6.18】 转盘式钻孔灌注桩，单桩设计长度 38m；单桩抗压承载力特征值为 2100kN，桩直径 600mm；C25 商品混凝土；桩顶标高为－3.0m、打桩前自然标高－1.350；桩进入岩层 1m；总桩数 20 枚；泥浆外运 10km，设计要求静载荷 3 枚（采用桩机堆载法）低应变法桩身完整性检测 10 枚，施工方案采用一台桩机。试按浙江省 2018 定额计算桩基工程费（参照造价信息月刊综合版：C25 非泵送水下混凝土单价为 624 元/m^3，其余按定额取定单价）。

解：（1）成孔：钻孔桩成孔工程量按成孔长度乘以设计桩径截面积，以“m^3”计算。打桩前自然地坪标高取场地自然标高－1.350。

1）工程量计算：

桩成孔工程量 $V=(38+3-1.35)\times0.6^2/4\times3.14\times20=224.10(m^3)$

桩进入岩层工程量 $V=1\times0.6^2/4\times3.14\times20=5.65(m^3)$

2）成孔定额计价：

套定额 3－40＋3－45，成孔定额计价＝3362.62/10×224.10＋12596.97/10×5.65＝82473.60（元）

（2）成桩：

1）工程量计算定额说明，灌注水下混凝土工程量按桩长乘以设计桩径截面积计算，桩长＝设计桩长＋设计加灌长度，设计未规定加灌长度时，加灌长度按 1.1m 计算。

$$V=(38+1.1)\times0.6^2/4\times3.14\times20=220.99(m^3)$$

2）定额计价：

套定额 3－101H：

成桩定额计价＝[5719.26＋12×(624－462)]/10×220.99＝169350.38(元)

（3）桩孔回填：

1）工程量计算，定额说明桩孔回填工程量按加灌长度顶面至打桩前自然地坪标高的长度乘以桩孔截面积计算，假设回填碎石：

$$V=(3-1.35-1.1)\times0.6^2/4\times3.14\times20=3.11(m^3)$$

2）定额计价，套定额4-87：

换算基价=2352.17/10×0.7×3.11=512.07(元)

说明：桩孔孔钻部分回填应根据施工组织设计要求套用相应定额，填土者按土方工程松填土方定额计算，填碎石者按砌筑工程碎石垫层定额乘以系数0.7计算。

（4）凿桩头：

1）工程量计算：

$$V=1.1\times0.6^2/4\times3.14\times20=6.22(m^3)$$

2）定额计价，套定额3-128：

凿桩头定额计价=2053.61/10×6.22=1277.35(元)

（5）泥浆池建造、拆除、运输、处置费：

1）工程量计算：

成孔工程量 $V=224.10(m^3)$

2）计价：泥浆池建造、拆除套定额3-121：

定额计价=54.86/10×224.10=1229.41(元)

泥浆运输（运距按10km考虑）套定额3-123+(3-124)×5：

泥浆运输费=(898.64+48.36×5)/10×224.10=25557.26(元)

按甬价费［2018］60号：

陆域运输费=224.10×3×1.3×(25+1.3×5)=27530.69(元)

泥浆处置费按甬价费〔2018〕60号：

陆域处置费=224.10×3×1.3×26=22723.74(元)

（6）桩架场外运输费及安拆费，根据本定额附录二（下册）机械台班单独计算的费用得，桩架安装、拆卸费套定额2006，为13514.06元/台次；桩架场外运输费套定额3016，为26193.30元/台次。

（7）桩基检测费：

静载荷费=4600×3=13800(元)

低应变检测费=80×10=800(元)

练 习 题

定额套用与换算，写出定额的编号、单位、单价及单价换算计算公式。

1. 静压预应力钢筋混凝土管桩PC500(100)AB，共800m（PC500(100)AB管桩市场价150元/m）。

2. 静压振动式沉管灌注非泵送商品混凝土桩C30，桩长26，（安放钢筋笼）工程量150m^3。

3. 转盘式钻孔桩成孔，桩径1200mm。

4. 钻孔桩灌注非泵送水下混凝土C25（非泵送水下混凝土C25市场价488元/m^3）。

5. 凿人工挖孔桩桩头，桩径 800mm。

6. 静压预应力管桩 PC600A110，单独试桩（PC600(100)A 市场价 197 元/m）。

7. 静力压非预应力空心方桩，桩型号 PS－A400(220)，单桩设计桩长 25m，单位工程量 900m（方桩市场价 158 元/m）。

8. 锤击非预应力方桩，桩截面 300mm×300mm，设计桩长 25m，单位工程量 800m^3（方桩市场价 165 元/m）。

9. 锤击非预应力方桩送桩，桩截面 300mm×300mm，设计桩长 25m，32 根，每根桩送桩长度 1.8m，单位工程量 800m（方桩市场价 165 元/m）。

10. 直径为 1500mm 人工挖孔桩成孔，孔深 10m。

11. 静压振动式沉管灌注混凝土桩沉管补桩，桩长 25m。

12. 直径为 800mm 混凝土灌注桩，转盘式钻孔机成孔，工程量 150m^3（其中入岩部分为 12m^3）。

6.5 砌　筑　工　程

6.5.1　砌体工程概述

砌体工程主要由块材和砂浆组成，砌体工程中的基础垫层材料主要有砂、砂石、块石、碎石。砌体工程按工程形象部位来分主要有砖（石）砌基础、墙体及附属构件砌筑等。

1. 块材分为砖、石及砌块三大类

（1）砖的种类按材质不同分为黏土砖和非黏土砖，按砖的制作工艺分为烧结砖和非烧结砖，按砖的结构形状分为实心砖、多孔砖和空心砖。实心砖有黏土标准砖、土青砖、大仑砖及水泥实心砖；空心砖有黏土空心砖、煤屑空心砖等。

（2）砌筑用石。按石材加工情况有一般块石（毛石）和方整石（毛石）两种，有的地区也会用卵石作砌筑材料。

（3）砌块按结构形状分为实心砌块和空心砌块；按制作材料分砂（灰）加气混凝土砌块、混凝土小型砌块（实心和空心）、轻集料混凝土小型砌块、粉煤灰砌块、膨胀珍珠岩砌块、煤渣混凝土砌块等。

2. 砌筑砂浆

（1）按砂浆供应方式可以有现拌和预拌两种。

（2）按砂浆的胶凝材料不同，常用的砌筑砂浆有水泥砂浆和混合砂浆，其中水泥砂浆一般用在有防水、防潮要求的砌体中，如基础、水池、地下砌体等。

（3）砂浆按照设计要求的强度等级划分，常用的现拌等级有 M10、M7.5、M5.0、M2.5，预拌砂浆有 DM20、DM15、DM10、DM7.5、DM5.0。

（4）有的简易工程会采用石灰砂浆或石灰黄泥浆来砌筑。

3. 砖砌基础

上部砌体传来的荷载传递到下部基础上，当基础承受荷载较大、砌筑高度达到一定范围时，在其底部做成阶梯形状，俗称“大放脚”，根据下部基础的结构设计计算，大放脚分为“等高式”和“间隔式”两种。等高式为二皮一收三层大放脚，间隔式为二皮一收与一皮一收间隔四层做法，如图 6.15 所示。

在砖基础上一般还应设置防潮层，分为水平防潮层和立面防潮层两种。

（1）水平防潮层设置一般在室内设计地坪 60mm 处的墙基内，材料可以采用防水砂浆、混凝土等。

（2）立面防潮层为室内地面以下砖基两侧里面，材料可以采用防水砂浆、防水卷材等。

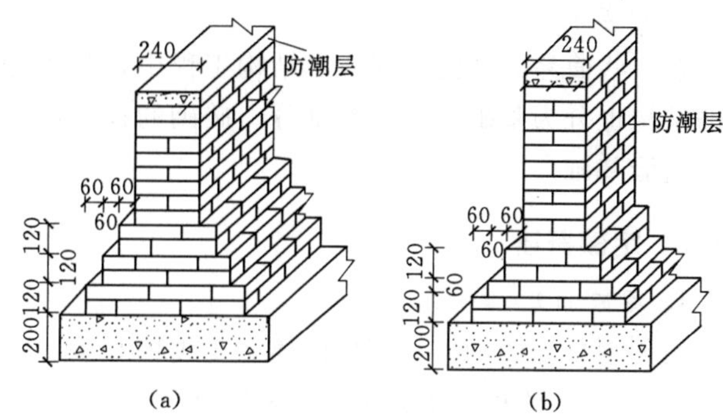

图 6.15 砖砌基础大放脚示意图

(a) 等高式大放脚；(b) 不等高式大放脚

4. 砌筑墙体

（1）墙体可以按其部位分为外墙、内墙。

（2）按其作用可以分为围护墙和隔断墙。

（3）按其受力情况可分为承重墙和非承重墙。

（4）按墙面装饰情况可分为清水墙（只勾缝，不抹灰）和混水墙。

（5）按组砌方式又可分为实心墙和空斗墙以及起装饰、通风作用的空花墙、填充墙等。

（6）按照使用功能还有保温、隔热填充墙等。

（7）砖砌墙体按其墙厚砖数称作 1/4 墙、半砖墙（1/2 墙）、3/4 墙、一砖墙、一砖半墙等，其厚度均按砌筑用砖的基本模数加灰缝来确定。

5. 附墙砖垛

当墙体承受有集中荷载时，该集中荷载的支座下墙砌体会在墙的一侧凸出，以增加支座承压面积。砖垛与墙身同时接槎砌筑，凸出墙身尺寸一般为 125mm、250mm、375mm 等，宽度按砖数确定。

6. 砌体出沿及附墙烟道

某些建筑因构造要求，在墙身面做出砖挑沿，以起分隔立面装饰、滴水等构造作用，如图 6.16 所示；因排烟、排气（通风）需要设置的附墙烟道、风道一般随墙体同时砌筑，如图 6.17 所示。

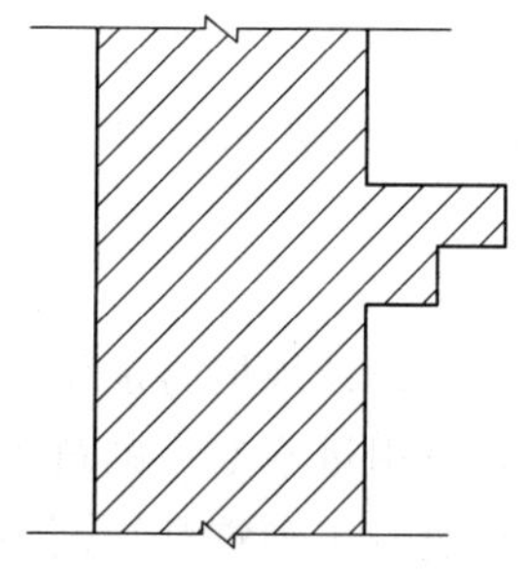

图 6.16 砖挑沿示意图

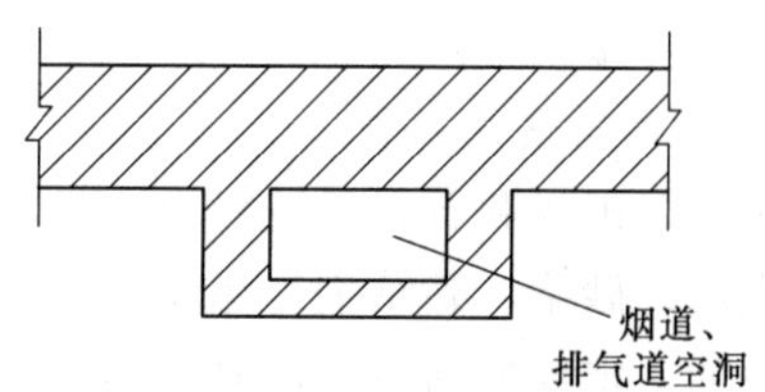

图 6.17 附墙烟道、风道

7. 砌筑柱

在一些简易的砖混工程或木结构工程中，当不能用墙体来承重时，会用到砌筑的柱，柱的结构也分为基础和柱身两部分。砖砌的柱下往往做成四边大放脚，其构造原理和尺寸同砌筑墙基础。

6.5.2　定额概述

1. 定额划分

定额划分为砖砌体、砌块砌体、石砌体和垫层 4 小节共 90 个子目。

2. 砌体工程基础与墙（柱）身的划分

（1）基础与墙（柱）身使用同一种材料时，以设计室内地面为界（有地下室者，以地下室室内设计地面为界），以下为基础，以上为（柱）身，如图 6.18（a）所示。

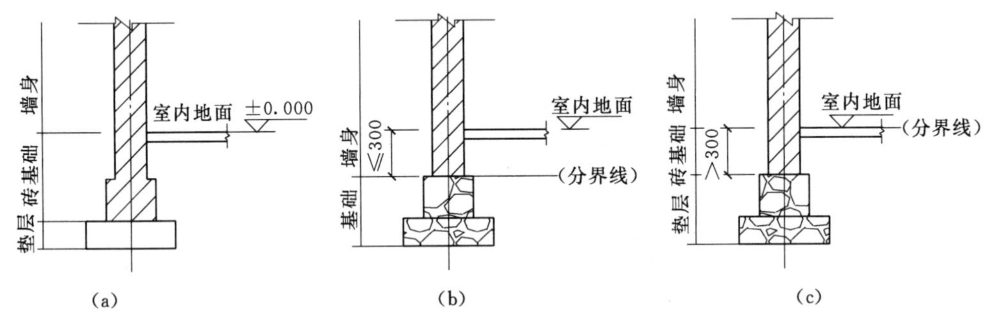

图 6.18　基础与墙身的分界线

（a）基础与墙身同一种材料；（b）基础与墙身不同材料（≤300mm）；

（c）基础与墙身不同材料（>300mm）

（2）基础与墙（柱）身使用不同材料。

1）位于设计室内地面高度小于或等于±300mm 时，以不同材料为分界线，如图 6.18（b）所示。

2）位于设计室内地面高度超过±300mm 时，以设计室内地面为分界线。如图 6.18（c）所示。

3）围墙以设计室外地坪为界，以下为基础，以上为墙身。套用墙的相关定额子目。

3. 砌筑工程基础、垫层划分

（1）块石基础与垫层的划分，如图纸不明确时，砌筑者为基础，铺排者为垫层。

（2）人工级配砂石垫层是按中（粗）砂 15%、砾石 85%的级配比例编制的。如设计与定额不同时，应做调整换算。

4. 定额中砖及砌块的用量

本定额中砖、砌块和石料是按标准和常用规格编制的，设计规格与定额不同时，砌体材料（砖、砌块、砂浆、黏结剂）用量应作调整换算，其余用量不变；砌筑砂浆是按干混砌筑砂浆编制的，定额所列砌筑砂浆种类和强度等级、砌块专用砌筑黏结剂品种，如设计与定额不同时，应按本定额总说明相应规定调整换算。

【例 6.19】 计算 DM M15 干混砂浆砌筑混凝土实心砖基础（240mm×115mm×53mm）的预算价格及定额单位的主要材料耗用量。

解：（1）查定额编号 4－1，DM M10 干混砂浆砌筑混凝土实心砖基础的基价为 4078.04 元/$10m^3$。

（2）查定额下册附录二表，定额编号 242 中 DM M15 干混砌筑砂浆单价为 430.23 元/$10m^3$。

（3）计算换算基价。

换算后基价＝原定额基价＋砂浆消耗量×(设计砂浆单价－换出砂浆单价)

＝4078.04＋2.3×(430.23－413.73)＝4115.99(元/$10m^3$)

（4）主要材料耗用量：混凝土实心砖 529 块/m^3，DM M7.5 干混砂浆 0.23m^3/m^3。

5. 砖基础和地下筏板基础的定额套用

砖基础不分砌筑宽度及有否大放脚，均执行对应品种及规格砖的同一定额；地下筏板基础下翻混凝土及钢筋混凝土构件的砖模、砖砌挡土墙、地垄墙套用砖基础定额。

6. 砖砌体及砌块砌体

（1）不分清水、混水和艺术形式、也不分内、外墙，均执行对应品种及规格砖和砌块的同一定额。

1）清水墙是指墙面不需抹灰而只需勾缝的砖墙体。

2）混水墙是指两个墙面均待装饰工程施工时抹灰的砖墙体。

（2）砌体定额已包括立门窗框的调直用工以及腰线、窗台线、挑檐等一般出线用工，不再另行计算。

（3）墙厚一砖以上的均套用一砖墙相应定额。

（4）轻集料（陶粒）混凝土小型空心砌块墙相应定额所包括的镶砌同类实心砖，未含墙身底部的砖砌导墙，砖砌导墙套用零星砌体相应定额另列项目计算。

（5）非黏土烧结空心砌块墙相应定额的砌筑砂浆用量，已包括洞口侧边竖砌砌块的灌芯砂浆。

7. 蒸压加气混凝土类砌块墙

（1）定额已包括砌块零星切割改锯的损耗及费用。

（2）柔性材料嵌缝定额已包括两侧嵌缝所需用量，其中 PU 发泡剂的单侧嵌缝尺寸按 2.0cm×2.5cm 考虑，如实际与定额不同时，PU 发泡剂用量按比例调整，其余用量不变。

（3）蒸压加气混凝土砌块墙墙顶与混凝土梁或楼板之间的缝隙，若实际采用柔性材料嵌缝时，柔性材料嵌缝按定额规定另列项目计算，同时扣除原定额中刚性材料嵌缝部分费用，具体调整方法如下。

1）采用干混砌筑砂浆砌筑的，每 $10m^3$ 砌体扣除砌筑砂浆 0.1m^3，人工 0.50 工日，干混砂浆罐式搅拌机 0.005 台班。

2）采用砌块砌筑黏结剂砌筑的，每 $10m^3$ 砌体扣除抹灰砂浆 0.1m^3，人工 0.50 工日，干混砂浆罐式搅拌机 0.005 台班。

【例 6.20】 300mm 厚专用黏结剂蒸压粉煤灰加气混凝土砌筑，墙顶采用柔性材料 2.0×3.0cm 嵌缝，求基价。

解：（1）砌筑套定额 4－65：

换算后基价＝3554.79－0.1×446.85－0.5×135－0.005×193.83＝3441.64（元/10m^3）

（2）柔性材料嵌缝套定额 4－68：

基价＝378＋1.29×204＋36.16×10.5(2.0×3.0)/(2.0×2.5)＝1096.78（元/100m）

（4）陶粒增强加气砌块墙墙顶与混凝土梁或楼板之间的缝隙，若实际采用柔性材料时，柔性材料嵌缝按定额规定另列项目计算，每 10m^3 砌体扣除砌块专用砌筑砂浆 164.50kg，人工 0.50 工日，其他材料费 2.63 元。

（5）轻质砌块专用连接件定额按轻质砌块与混凝土柱（墙）间的连接考虑，若为轻质砌块间的连接，扣除射钉弹用量，水泥钉用量乘以系数 2.00，其余不变。

【例 6.21】 200 厚蒸压砂加气混凝土专用黏结剂砌筑，与轻质砌块间 L 形铁件连接，求基价。

解： 砌筑套定额 4－63：

基价＝3623.64（元/10m^3）

连接套定额 4－67：

基价＝486.60－306×0.22＋0.75×5.6＝423.48（元/100 个）

8. 导墙

多孔砖、空心砖及砌块砌筑的墙体时，若以实心砖作为导墙砌筑的，导墙与上部墙身主体需分别计算，导墙部分套用零星砌体相应定额。

（1）设计要求空斗墙的窗间墙、窗下墙、楼板下、梁头下等的实砌部分，应另行计算，套用零星砌体定额。

（2）石墙定额中未包括的砖砌体（门窗口立边、窗台虎头砖等），套用零星砌体定额。

9. 夹心保温墙

（1）定额包括两侧，按单侧墙厚套用墙相应定额，人工乘系数 1.15。

（2）保温填充材料另行套用保温隔热工程的相应定额。

10. 空斗墙

空斗墙如需要灌肚料时（就地取材），每 10m^3 砌体增加人工 1.90 工日。

11. 空花墙

空花墙适用于各种类型的空花墙，使用混凝土花格砌筑的空花墙，实砌墙体与混凝土花格应分别计算。

12. 圆弧形砌筑

定额中各类砖、砌块及石砌体的砌筑均按直形砌筑编制，如为圆弧形砌筑者，按相应定额人工用量乘以系数 1.10，砖、砌块、石材及砂浆（黏结剂）用量乘以系数 1.03。

13. 其他规定

砌体钢筋加固、灌注混凝土，墙体拉结的制作、安装，以及墙基、墙身、地沟等的防潮、防水、抹灰等按本定额其他相关章节的定额及规定计算。

【例 6.22】 DM M7.5 干混砌筑砂浆砌圆弧形混凝土实心砖外墙（240mm 厚），求基价。

解：套定额 4-6：

$$
\begin{aligned}
\text{换算后基价} &= 1395.9\times1.10+(388\times5.32+2.36\times413.73-2.3)\\
&\quad\times1.03+0.1\times4.27+4.3\times1+22.87\\
&=4694.87(\text{元}/10\text{m}^3)
\end{aligned}
$$

6.5.3 工程量计算规则

1. 砖砌体、砌块砌体基础工程量计算

（1）垫层工程量计算。

1）条形基础垫层：

$$\text{工程量}=\text{设计断面积}\times\text{长度}$$

其中长度：①外墙按外墙中心线长度计算；②内墙基础按垫层净长计算，附墙垛凸出部分按砌筑工程规定的砖垛折加长度合并计算，不扣除搭接重叠部分的长度，垛的加深部分亦不增加；③桩网结构的条形基础垫层不分内外墙均按基底净长计算。

2）桩基承台垫层工程量＝设计垫层面积×厚度。不扣除嵌入承台基础的桩头所占体积。

3）地面垫层工程量＝地面面积×厚度。地面面积按楼地面工程的工程量计算规则计算。

（2）基础工程量计算。

1）条形砖基础、块石基础：按设计图示尺寸以体积计算。

$$
\begin{aligned}
\text{工程量}=&(\text{设计基础高度}\times\text{墙厚}+\text{大放脚面积})\times(\text{基础长度}+\text{折加长度})\\
&-\text{应扣除的体积}+\text{搭接体积}
\end{aligned}
$$

a. 基础长度：外墙按外墙中心线长度计算；内墙砖基础按内墙净长计算；其余基础按基底净长计算。

b. 附墙垛凸出部分按折加长度 L 计算，如图 6.19 所示。

计算条形砖（石）基础与垫层长度时，附墙垛折加长度为

$$L=\frac{ab}{d} \tag{6.5}$$

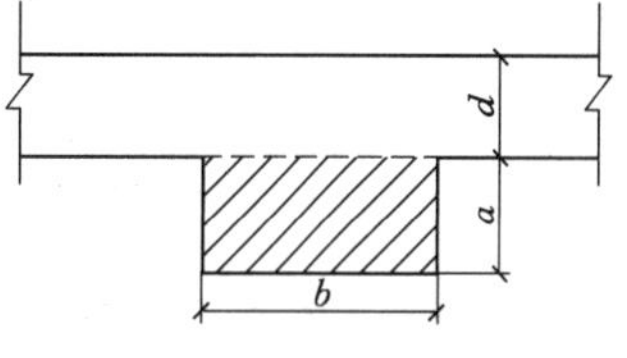

图 6.19 附墙砖垛

式中 a、b——附墙垛凸出部分断面的长、宽，mm；

d——砖（石）墙厚，mm。

c. 大放脚面积：两边大放脚体积合并计算，如图 6.20 所示。

大放脚体积＝砖基础长度×大放脚断面积，大放脚断面积按下列公式计算：

等高式：

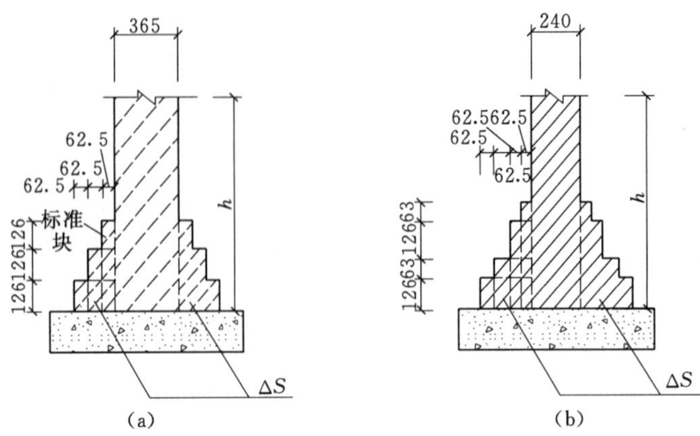

图 6.20　大放脚示意图
(a) 等高式大放脚砖基础；(b) 不等高式大放脚砖基础

$$S=n(n+1)ab \tag{6.6}$$

间隔式：

$$S=\sum(ab)+\sum\left(\frac{a}{2}b\right) \tag{6.7}$$

式中　n——放脚层数；

a、b——每层放脚的高、宽（凸出部分）。

注：标准砖基础 a=0.126m（每层二皮砖），b=0.0625m。

d. 搭接体积：按基底净长计算后应增加的体积按图示尺寸计算。

e. 应扣除的体积：双面为架空板的板厚及地梁（圈梁）、钢筋混凝土防潮带、嵌入基础的构造柱等。扣除地梁（圈梁）、构造柱所占体积。

不扣除基础大放脚 T 形接头处的重叠部分（图 6.21）及嵌入基础内的钢筋、铁件、管道、基础砂浆防潮层和单个 0.3m² 以内的孔洞所占体积。

2）独立砖柱基础。按柱身体积加上四边大放脚体积计算，砖柱基础工程量并入砖柱（柱身）工程量合并计算，扣除混凝土及钢筋混凝土梁垫、梁头、板头所占体积。

如图 6.22 示。套砖柱定额。四边大放脚体积 V 计算公式：

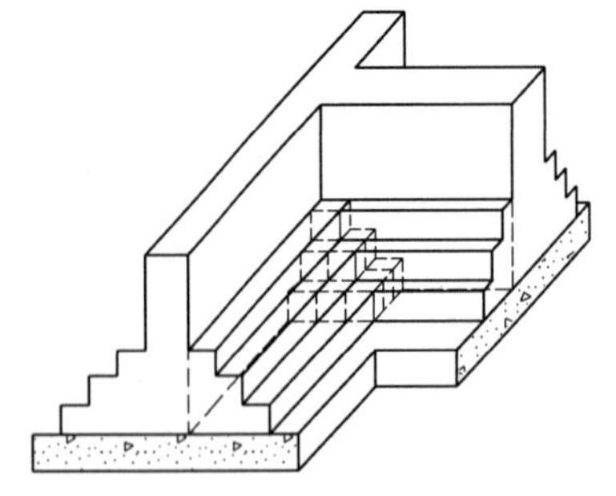

图 6.21　基础放脚 T 形接头重复示意图

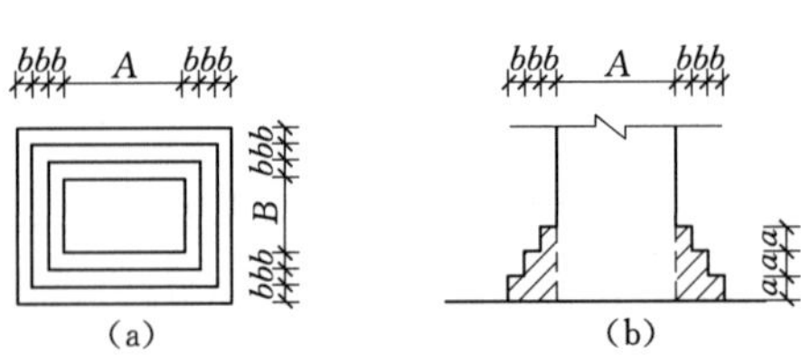

图 6.22　独立砖柱
(a) 平面图；(b) 剖面图

$$V=n(n+1)ab\left[\frac{2}{3}(2n+1)b+A+B\right]$$

式中 A、B——砖柱断面积的长、宽；

a、b——每层放脚的高、宽（凸出部分）；

n——放脚层数。

（3）地下混凝土及钢筋混凝土构件的砖模、舞台地龙墙按设计图示尺寸计算。

（4）地沟的砖基础和沟壁按设计图示尺寸以体积合并计算，套砖砌地沟定额。

（5）砌筑基础防潮、防水砖基水平防潮层工程量＝墙厚×基础长度，计量单位：m^2。其中基础长度外墙按外墙中心线计算，内墙按内墙净长线计算；附墙垛凸出部分按附墙垛折加长度。砖基立面防潮工程量等于实际展开面积。

2. 砖墙、砌块墙工程量计算

（1）砖砌体及砌块砌体工程量计算按设计图示尺寸以体积计算：

墙体工程量＝(墙体长度×墙体高度－门窗洞口面积)×墙厚

－嵌入墙体内的钢筋混凝土柱、圈梁、过梁体积＋砖垛、女儿墙等体积

1）墙体长度：①外墙按外墙中心线长度计算；内墙按内墙净长计算。②框架墙不分内、外墙均按净长计算。③附墙垛按折加长度合并计算。

2）墙体高度中的外墙：①斜（坡）屋面无檐口天棚者算至屋面板底；②有屋架且室内外均有天棚者算至屋架下弦底另加 200mm；③无天棚者算至屋架下弦底另加 300mm，出檐宽度超过 600mm 时按实砌高度计算；④平屋顶算至钢筋混凝土板底。⑤有女儿墙是从屋面板上表面算至女儿墙顶面（如有混凝土压顶时算至压顶下表面）。

墙体高度中的内墙：①位于屋架下弦者，算至屋架下弦底；②无屋架者算至天棚底另加 100mm；③有钢筋混凝土楼板隔层者算至楼板顶；④有框架梁时算至梁底，如图 6.23 所示；⑤内、外山墙按其平均高度计算，如图 6.24 所示。

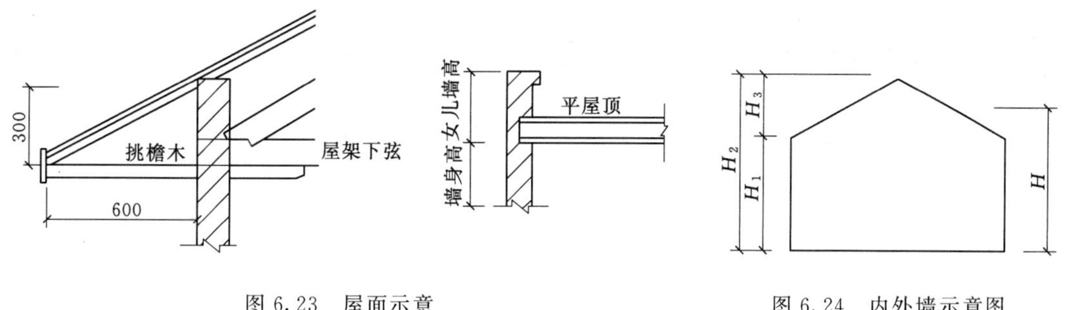

图 6.23 屋面示意

图 6.24 内外墙示意图

围墙高度算至压顶上表面（如有混凝土压顶时算至压顶下表面），围墙柱并入围墙体积内。

3）墙体墙厚：①砖砌体及砌块砌体厚度按砖墙厚度表计算，见表 6.13，实际与定额取定不同时，其砌体厚度应根据组合砌筑方式，结合砖实际规格和灰缝厚度计算；②砖砌体灰缝厚度统一按 10mm 考虑。

表 6.13　　砖墙厚度表　　单位：mm

砖及砌块分类	定额取定砖及砌块名称	砖及砌块规格（长×宽×厚）/(mm×mm×mm)	墙厚					
			1/4 砖	1/2 砖	3/4 砖	1 砖	11/2 砖	2 砖
混凝土类砖	混凝土实心砖	240×115×53	53	115	178	240	365	490
		190×90×53	—	90	—	190	—	—
	混凝土多孔砖	240×115×90	—	115	—	240	365	490
		190×190×90	—	—	—	190	—	—
烧结类砖	非黏土烧结页岩实心砖	240×115×53	53	115	178	240	365	490
	非黏土烧结页岩多孔砖	240×115×90	—	115	—	240	365	490
		190×90×90	—	90	—	190	—	—
	非黏土烧结页岩空心砖	240×240×115	—	—	—	240	—	—

3. 其他工程量计算

(1) 空斗墙按设计图示尺寸以体积计算。墙角、内外墙交接处、门窗洞口立边、窗台砖、屋檐处的实砌部分体积并入空斗墙体积内。砖垛工程量应另行计算，套实砌墙相应定额。

(2) 空花墙按设计图示尺寸以空花部分外形体积计算，不扣除空花部分体积。

(3) 零星砌体按设计图示尺寸以体积计算。

(4) 砌体设置导墙时，砖砌导墙需单独计算，厚度与长度按墙身主体，高度以设计要求砌筑高度计算，墙身主体的高度相应扣除。

(5) 附墙烟囱、通风道、垃圾道，应按设计图示尺寸以体积（扣除孔道所占体积）计算，按孔（道）不同厚度并入相同厚度的墙体体积内。当设计规定孔道内需抹灰时，另按本定额第十二章“墙、柱面装饰与隔断、幕墙工程”相应定额计算。

(6) 夹心保温墙砌体按设计图示尺寸以体积计算。

(7) 轻质砌块专用连接件按设计数量计算。

(8) 柔性材料嵌缝根据设计要求，按轻质填充墙与混凝土梁或楼板、柱或墙之间的缝隙长度计算。

(9) 石基础、石墙、石挡土墙、石护坡工程量按设计图示尺寸以体积计算。

4. 计算砌体工程量时的注意事项

(1) 应扣除的工程量：门窗洞口、过人洞、空圈、嵌入墙内的钢筋混凝土柱、梁、圈梁、挑梁、过梁及凹进墙内的壁龛、管槽、暖气槽、消火栓箱所占体积。

(2) 不扣除的工程量：梁头、檀头、垫木、木楞头、沿缘木、木砖、门窗走头、砖墙内加固钢筋、木筋、铁件、钢管及单个 0.3m^2 以内的孔洞所占的体积，如图 6.25 所示。

(3) 不增加的工程量：突出墙身的窗台、1/2 砖以内的门窗套、三出檐以内的挑檐等的体积，如图 6.26 所示。

(4) 增加的工程量：突出墙身的统腰线、1/2 砖以上的门窗套、三出檐以上的挑檐等的体积应并入所依附的砖墙内计算，如图 6.27 所示。

(5) 凸起墙面的砖垛并入墙体体积计算。

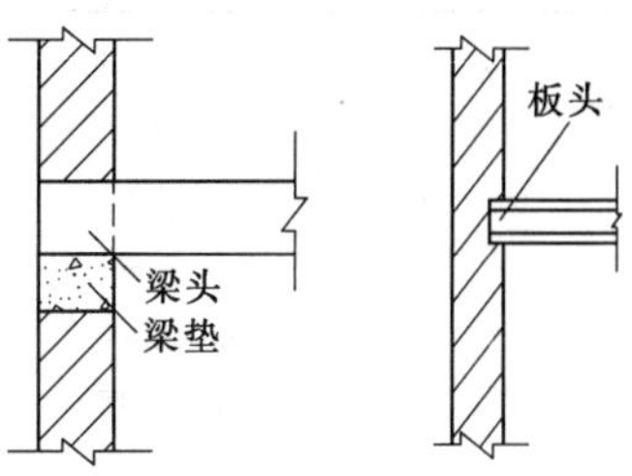

图 6.25 不扣除的工程量示意图

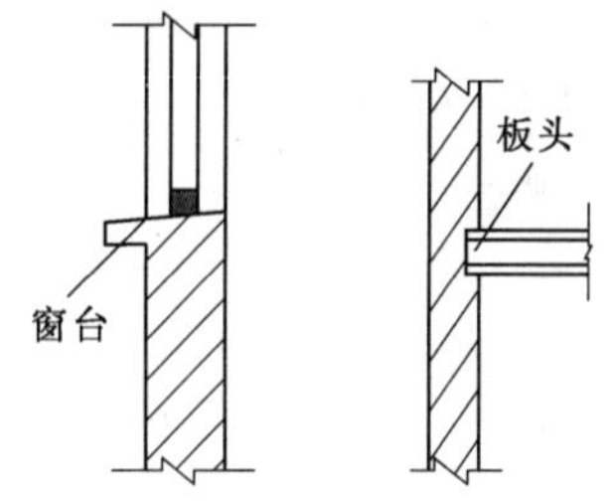

图 6.26 不增加的工程量示意图

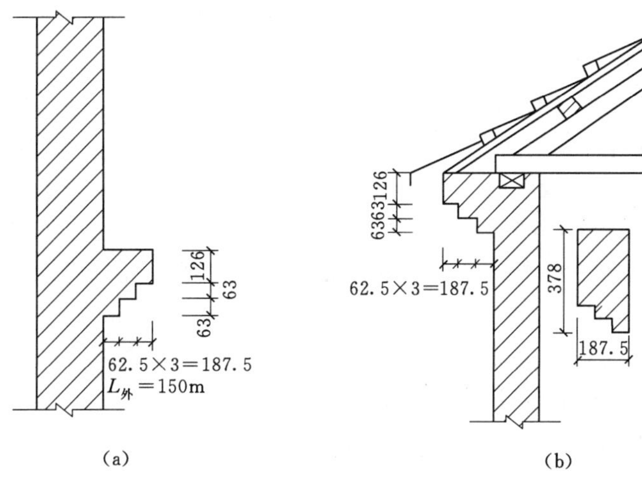

图 6.27 突出墙身的腰线与三出檐挑檐

(a) 腰线；(b) 三出檐挑檐

【例 6.23】 如图示某工程 M7.5 水泥砂浆砌筑 MU15 混凝土实心砖墙基（砖规格 240mm×115mm×53mm）。150mm 厚碎石垫层。试计算该图的垫层、砖基础、防潮层工程量及其定额直接费（假设砖砌体内无混凝土构件）。

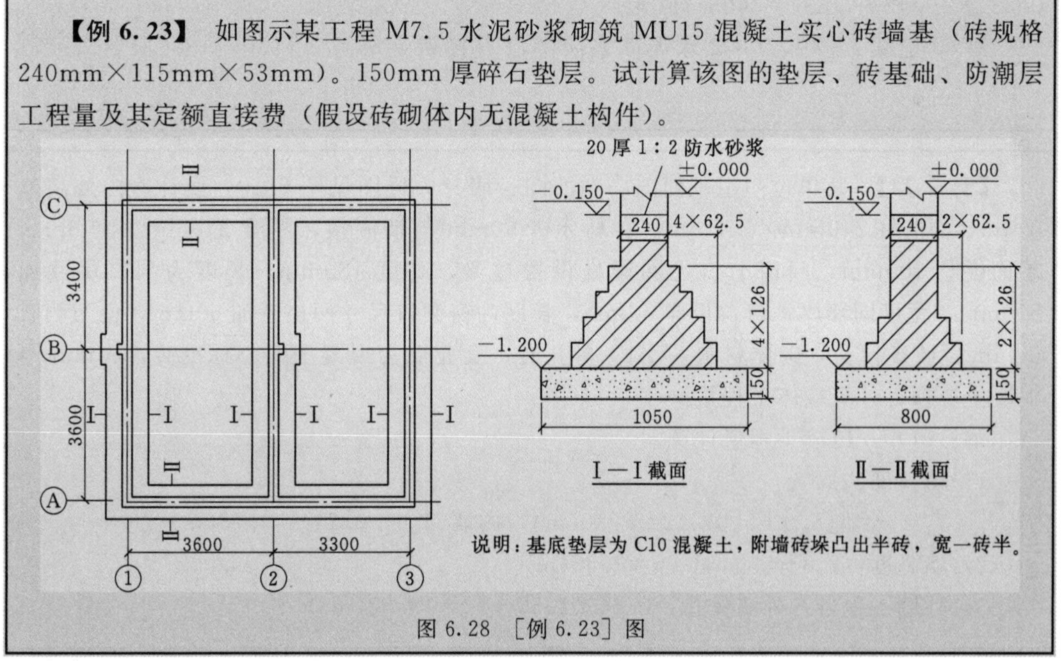

图 6.28 ［例 6.23］图

解：(1) 工程数量计算。

1) Ⅰ—Ⅰ截面：

砖基础高度：$H=1.2\text{m}$

砖基础长度：$L=7\times3-0.24+2\times(0.365-0.24)\times0.365\div0.24=21.14(\text{m})$

其中：$(0.365-0.24)\times0.365\div0.24=0.19(\text{m})$ 为砖垛折加长度

大放脚截面：$S=n(n+1)ab=4\times(4+1)\times0.126\times0.0625=0.1575(\text{m}^2)$

砖基础工程量：$V=L(Hd+s)21.14\times(1.2\times0.24+0.1575)=9.42(\text{m}^3)$

垫层长度：$L=7\times3-0.49+2\times0.19=20.89(\text{m})$

垫层工程量：$V=20.89\times1.05\times0.15=3.29(\text{m}^3)$

防潮层工程量：$S=21.14\times0.24=5.07(\text{m}^2)$

2) Ⅱ—Ⅱ截面：

砖基础高度：$H=1.2(\text{m})$

砖基础长度：$L=(3.6+3.3)\times2=13.8(\text{m})$

大放脚截面：$S=2\times(2+1)\times0.126\times0.0625=0.0473(\text{m}^2)$

砖基础工程量：$V=13.8\times(1.2\times0.24+0.0473)=4.63(\text{m}^3)$

垫层长度：$L=(3.6+3.3)\times2=13.8(\text{m})$

垫层工程量：$V=13.8\times0.8\times0.15=1.66(\text{m}^3)$

防潮层工程量：$S=13.8\times0.24=3.31(\text{m}^2)$

(2) 定额直接费。

1) 套定额 3-9，碎石垫层直接费$=109.2\times(3.29+1.66)=540.54$(元)

2) 套定额 3-13，混凝土实心砖基础直接费$=[250.3+(168.17-174.77)\times0.23]\times(9.42+4.63)=3495.39$(元)

3) 套定额 7-40，1∶2 水泥砂浆防潮层直接费$=68.7\times(5.07+3.31)=575.71$(元)

【例 6.24】 某单位门卫平面图、剖面图、墙身大样图见图 6.29，设计室内外高差 0.3m，构造柱 240mm×240mm，有马牙槎 60mm 与墙嵌接，圈梁 240mm×300mm，屋面板厚 100mm，门窗上口无圈梁处设置过梁，高度 180mm，长度为洞口尺寸加 500mm，宽度同墙厚，窗台板厚 60mm，长度为窗洞口尺寸两边各加 60mm，窗两侧有 60mm 宽砖砌窗套，砌体材料为 KP1 多孔砖，女儿墙为混凝土实心标准砖，60mm 厚混凝土压顶，计算墙体工程量。

解：(1) 一砖墙工程量计算。

1) 墙长度：

外墙$(6.0+5.0)\times2=22.0(\text{m})$　内墙$(5.0-0.24)=4.76(\text{m})$

2) 墙高度：$2.8-0.3+0.06=2.56(\text{m})$

3) 外墙工程量：外墙体积$=0.24\times2.56\times22=13.52(\text{m}^3)$

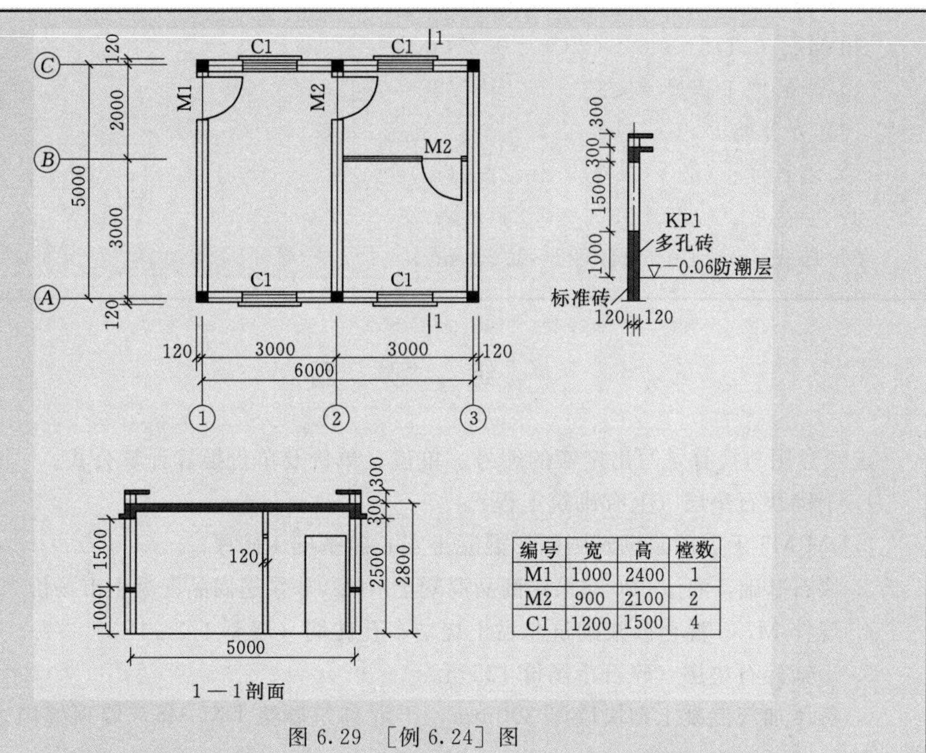

编号	宽	高	樘数
M1	1000	2400	1
M2	900	2100	2
C1	1200	1500	4

图 6.29 ［例 6.24］图

扣构造柱：0.24×0.24×2.56×6＝0.88(m^3)

扣马牙槎：0.24×0.03×2.56×12＝0.22(m^3)

扣窗 C1 窗台板：0.24×0.06×1.32×4＝0.08(m^3)

扣门 M1：0.24×1.0×2.40×1＝0.58(m^3)

扣窗 C1：0.24×1.20×1.50×4＝1.73(m^3)

扣门 M1 过梁：0.24×0.18×(1.0＋0.5)＝0.06(m^3)

外墙工程量＝13.52－0.88－0.22－0.08－0.58－1.73－0.06＝9.97(m^3)

4）内墙工程量：内墙体积＝0.24×2.56×4.76＝2.92(m^3)

扣马牙槎：0.24×0.03×2.56×2＝0.04(m^3)

扣过梁：0.24×0.18×(0.9＋0.5)＝0.06(m^3)

扣门 M2：0.24×0.90×2.10×1＝0.45(m^3)

内墙工程量＝2.92－0.04－0.06－0.45＝2.37(m^3)

5）一砖墙合计：9.97＋2.37＝112.34(m^3)

(2) 半砖墙。

1）内墙长度：3.0－0.24＝2.76(m)

2）墙高度：2.80－0.10＝2.70(m)

3）体积：0.115×2.70×2.76＝0.86(m^3)

扣过梁：0.115×0.12×(0.9＋0.5)＝0.02(m^3)

扣 M2：0.115×0.90×2.10＝0.22(m^3)

4）半砖墙工程量＝0.86－0.02－0.22＝0.62(m^3)

（3）女儿墙。

1）墙长度：(6.0＋5.0)×2＝22.0(m)

2）墙高度：0.30－0.06＝0.24(m)

3）体积：0.24×0.24×22＝1.28(m^3)

练　习　题

定额套用与换算，写出定额的编号、单位、单价及单价换算计算公式。

1. 干铺块石垫层（上有砌筑工程）。

2. DM M5 干混砂浆砌筑圆弧形混凝土实心砖基础 1 砖厚。

3. 块石基础，灌注 C20 非泵送商品混凝土（C20 非泵送商品混凝土市场价 390 元/m^3）。

4. 现拌 M7.5 混合砂浆砌筑非黏土烧结多孔砖墙（墙厚 1/2 砖）。

5. 干铺碎石垫层（碎石市场价 125 元/t）。

6. 蒸压加气混凝土砌块墙厚 300mm，干混砌筑砂浆 DM M5，墙顶缝隙之间采用柔性材料 2.5×2.5cm 嵌缝。

7. 轻质砌块墙间 L 形铁件连接加固。

8. 200mm 厚陶粒增强加气砌块墙，专用黏结剂砌筑，墙顶与混凝土梁采用聚氨酯发泡剂嵌缝。

9. 4.2m 高块石浆砌护坡（二类人工市场价 185 元/工日）。

10. 混凝土实心砖 1 砖厚内墙。采用 M7.5 湿拌砂浆砌筑（M7.5 湿拌砂浆信息价 325 元/m^3）。

11. 采用 M10 湿拌砂浆砌筑 190mm 厚蒸压砂加气混凝土砌块弧形内墙（M10 湿拌砂浆信息价 374.77 元/m^3）。

6.6　混凝土及钢筋混凝土工程

混凝土及钢筋混凝土工程主要包括现浇混凝土结构工程及装配式混凝土构件装配两部分，包括现浇混凝土、钢筋、现浇混凝土模板、装配式混凝土构件。

现浇混凝土构件按构件部位、作用及其性质划分，混凝土工程主要项目有基础、柱、梁、板、墙等工程主体结构构件和楼梯、阳台、栏板、雨篷、檐沟等工程辅助构件和小型构件。

小型构件是指定额未列构件名称且单件体积在 0.1m^3 以内的混凝土构件（如窗台、窗套线），定额已综合考虑了现场浇捣和现场预制、运输及安装的情况，无论何种施工方式，均按定额所列的混凝土、模板、钢筋定额子目执行。

6.6.1 现浇混凝土工程

混凝土的种类按其性能、用途及配合比要求等划分，工程常见的普通混凝土有现拌现浇混凝土、现拌预制混凝土、加工厂现拌预制混凝土。一般根据工程所在地规定确定混凝土采用自拌还是采用商品混凝土，采用商品混凝土时，应根据工程施工方案确定采用泵送还是非泵送施工。

1. 定额应用说明

(1) 定额中混凝土除另有注明外均按泵送商品混凝土编制。

(2) 实际采用非泵送商品混凝土、现场搅拌混凝土时仍套用泵送定额，混凝土价格按实际使用的种类换算，混凝土浇捣人工乘以表6.14中相应系数，其余不变。现场搅拌的混凝土还应按混凝土消耗量执行现场搅拌调整费定额。

表6.14　　人工调整系数表

序号	项目名称	人工系数调整	序号	项目名称	人工系数调整
1	基础	1.50	4	墙、板	1.30
2	柱	1.05	5	楼梯、雨篷、阳台、栏板及其他储仓	1.05
3	梁	1.40			

【例6.25】 C20非泵送商品混凝土柱，求基价。

解： 非泵送时，套用泵送定额，混凝土单价换算，查本定额下册P.619可知C20非泵送商品混凝土单价为412元/m^3，柱人工调整系数查表6.14为1.05，套定额5-6H，则

换算后基价＝5584.19＋0.05×876.15＋(412－461)×10.10＝5133.1(元/10m^3)

【例6.26】 C25(40)混凝土地下室底板现场搅拌泵送，求基价。

解： 据定额说明现拌泵送混凝土按商品泵送混凝土定额执行，混凝土单价按现场搅拌泵送混凝土换算，现场搅拌的混凝土还应按混凝土消耗量执行现场搅拌调整费定额。套定额5-4H＋5-35：

换算后基价＝4892.69＋(298.96－460)×10.10＋0.5×216.41＋1.01×595.7
＝3976.05(元/10m^3)

(3) 商品混凝土的添加剂、搅拌、运输及泵送等费用均应列入混凝土单价内。

商品混凝土的市场信息价由混凝土的配合比（考虑普通外加剂、石子粒径、坍落度等因素，但不包括含有特殊设计要求的外加剂)、搅拌、运输、泵送、泵车场外运费等直接费用和厂商综合费用（含利润)、综合税金（含增值税）等组成。

(4) 设计要求需进行温度控制的大体积混凝土，温度控制费用按照经批准的专项施工方案另行计算。

(5) 定额混凝土的强度等级和石子粒径是按常用规格编制的，当混凝土的设计强度等级与定额不同时应作换算。毛石混凝土子目中毛石的投入量按18%考虑。设计不同时混

凝土及毛石按比例调整。

【例 6.27】 某工程现浇现拌毛石混凝土基础，设计毛石投入量 16%，试计算该基础每立方米工程量毛石和混凝土的用量。

解： 查定额 5－2 得知：毛石含量为 0.3654t/m³，混凝土含量为 0.8282m³/m³，按投入比例，毛石用量＝0.3654×16%/18%＝0.3248(t/m³)，混凝土用量＝0.8282×(1－16%)/(1－18%)＝0.85(m³/m³)。

(6) 基础工程。

1) 基础与上部结构的划分以混凝土基础上表面为界。

2) 基础与垫层的划分一般以设计确定为准。设计不明确时以厚度划分，15cm 以内的为垫层，15cm 以上的为基础。

3) 设计为带形基础的单位工程，如仅楼（电）梯间、厨厕间等少量部位采用满堂基础时，其工程量并入带形基础计算。

4) 箱形基础的底板（包括边缘加厚部分）套用无梁式满堂基础定额，其余套用柱、梁、板、墙相应定额。

5) 设备基础仅考虑块体形式，执行混凝土及钢筋混凝土基础定额，其他形式设备基础分别按基础、柱、梁、板、墙等有关规定计算，套用相应定额。

6) 设备基础预留螺栓孔洞及基础面的二次灌浆按非泵送混凝土编制，如设计灌浆材料与定额不同时，按设计要求换算主材，采用砂浆灌注的，按总说明调整人工及砂浆搅拌机消耗量，其余不做调整。

7) 地圈梁套用圈梁定额；异形梁、梯形梁、变截面矩形梁套用“矩形梁、异形梁”定额。

8) 圈梁、过梁、拱形梁和构造柱均按非泵送商品混凝土编制，实际采用泵送商品混凝土时，除混凝土价格换算外，人工乘分别以系数 0.71 和 0.95。

(7) 柱、梁、板分别计算套用相应定额；暗柱、暗梁分别并入相连构件内计算。

当柱的 a 与 b 之比小于 4 时按柱相应定额执行，大于 4 时按墙相应定额执行，如图 6.30 所示。

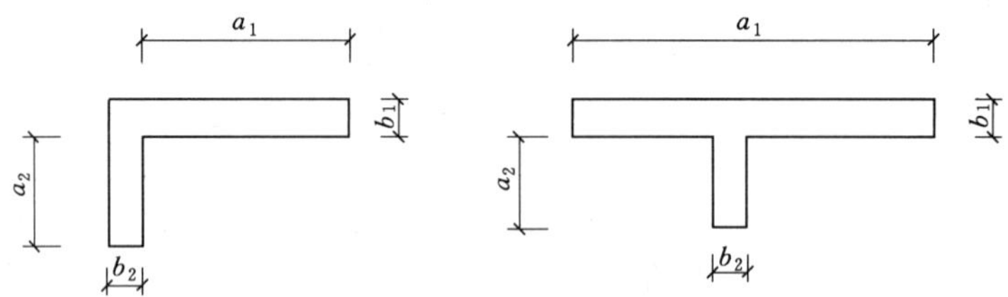

图 6.30　异形柱示意图

(8) 其他。

1) 斜梁（板）按坡度 $10°<\alpha\leqslant30°$综合编制的。坡度 $\alpha\leqslant10°$的斜梁（板）的执行普通梁、板项目；坡度 $30°<\alpha\leqslant45°$时人工乘以系数 1.05；坡度 $\alpha>45°$时，按墙相应定额

执行。

2）现浇屋脊、斜脊并入所依附的板内计算，单独屋脊、斜脊按压顶考虑套用定额。

3）压型钢板上浇捣混凝土，执行平板项目，人工乘以系数1.10。

4）屋面女儿墙、栏板（含扶手）及翻沿净高度在1.2m以上时套用墙相应定额，小于1.2m时套用栏板相应定额，小于250mm时体积并入所依附的构件计算。

5）现浇飘窗板、空调板、水平遮阳板按雨篷定额执行；楼面及屋面平挑檐外挑小于500mm时，并入板内计算；外挑大于500mm时，套用雨篷定额；拱形雨篷套用拱形板定额；非全悬挑的阳台、雨篷，按梁、板有关规则计算套用相应定额。阳台不包括阳台栏板及单独压顶内容，发生时执行相应定额。

6）屋面挑出的带翻沿平挑檐套用檐沟、挑檐定额。

7）屋面内天沟按梁、板规则计算，套用梁、板相应定额。雨篷与檐沟相连时，梁板式雨篷按雨篷规则计算并套用相应定额，板式雨篷并入檐沟计算。

8）楼梯设计指标超过表6.15中定额取定值时，混凝土浇捣定额按比例调整，其余不变。

表6.15　　楼梯底板厚度设计指标

项目名称	指标名称	取定值/cm	备　注
直形楼梯	底板厚度	18	梁式楼梯的梯段梁并入楼梯底板内计算折实厚度
弧形楼梯		30	

(9) 弧形楼梯指梯段为弧形的，仅平台弧形的，按直形楼梯定额执行。

(10) 自行车坡道带有台阶及四步以上的混凝土台阶按楼梯定额执行。

(11) 独立现浇门框按构造柱项目执行。

2. 现浇构件混凝土工程量计算

混凝土工程量除另有规定者外，均按设计图示尺寸以体积计算。不扣除构件内钢筋、预埋铁件所占体积。型钢混凝土中型钢骨架所占体积按（密度）7850kg/m^{3}扣除。

基础与垫层按设计图示尺寸以体积计算，不扣除伸入承台基础的桩头所占体积。

(1) 基础。一般常用的基础按外形划分有带形基础、独立基础、杯形基础、筏形基础（又称满堂基础）、箱式基础等。在带形、独立基础下设有桩基础时，又统称为“桩承台”。

按基础受力情况又可以分为柔性基础（钢筋混凝土）和刚性基础（素混凝土或毛石混凝土）。

1）带形基础工程量计算按基础断面积乘以基础长度计算：

$$V_{基}=\sum S_{基}L_{基}+\sum V_{搭}$$

基础长度：外墙基础按外墙中心线；内墙基础按基底净长线；独立柱基间带形基础按基底净长线；附墙垛折加长度合并；基础搭接体积按图示尺寸计算。

a. 有梁带基梁面以下凸出的钢筋混凝土柱并入相应基础内计算。

b. 不分有梁式与无梁式，均按带形基础项目计算，对于有梁式带形基础，梁高（指基础扩大顶面至梁顶面的高）小于1.2m时合并计算，大于1.2m时，扩大顶面以下的基础部分，按带形基础项目计算，扩大顶面以上部分，按墙项目计算。

无梁式（板式）带形基础、有梁式（带肋）带形基础（$h_3 \leqslant 4b$）如图 6.31、图 6.32 所示。

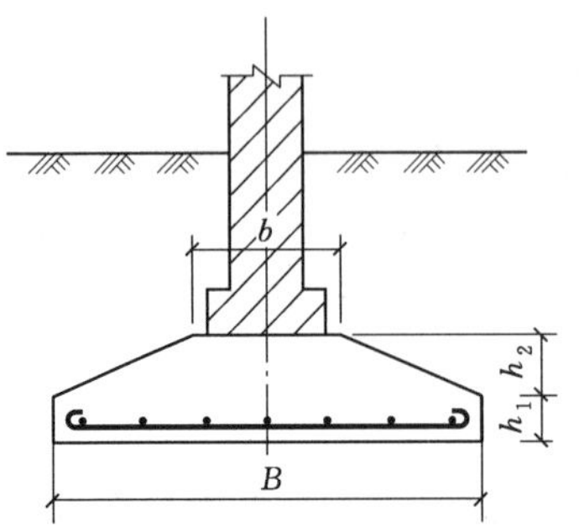

图 6.31　无梁式（板式）带形基础图

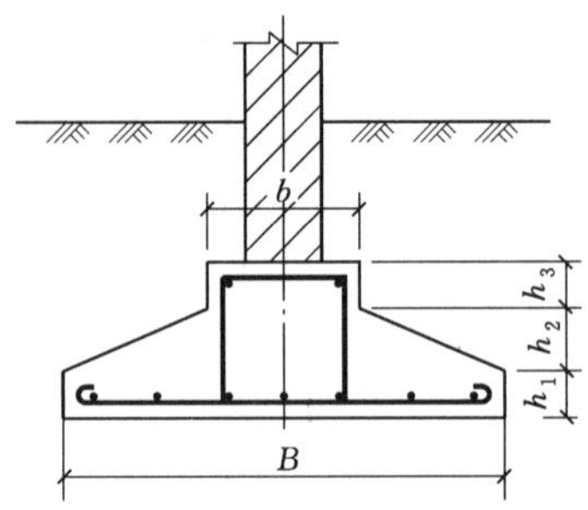

图 6.32　有梁带形基础图

c. 搭接体积如图 6.33、图 6.34 所示。

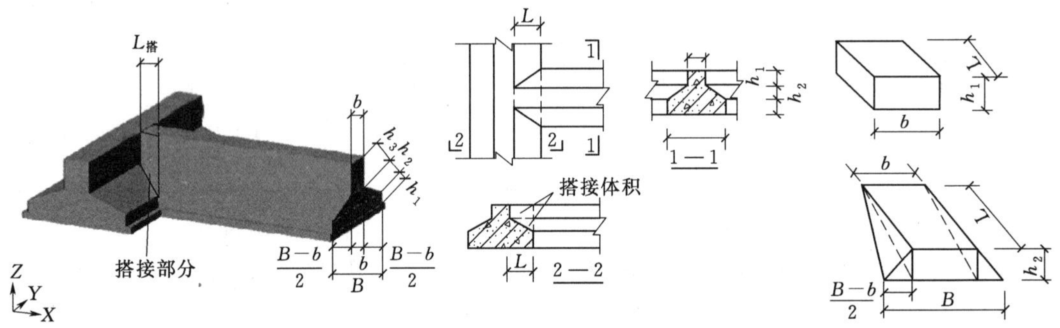

图 6.33　搭接体积示意图

图 6.34　搭接体积计算示意图

有梁式带基搭接时，每一个搭接工程量由四个块体组成，其中：

$$V_{搭接}=[(B-b)/2]h_2L_{搭}\times 2/3+bh_2L_{搭}/2+bh_1L_{搭}$$

$$=\{[(B-b)/3+b/2]\times h_2+b\times h_1\}\times L_{搭}$$

$$V_{搭接}=\left(\frac{B+2b}{6}h_2+bh_3\right)L_{搭}\quad V=\left(Bh_1+\frac{B+b}{2}h_2+bh_3\right)(L_{中}+L_{内})$$

无梁式带基搭接时，每一个搭接工程量由三个块体组成：

$$V_{搭接}=[(B-b)/2]h_2L\times 2/3+bh_2\times L/2=[(B-b)/3+b/2]h_2L$$

图 6.33 中“$L_{搭}$”为墙基础搭接长度，当搭接和被搭接基础各截面部位高度一致时，搭接长度可以直接从施工图上读出，如果各部位高度不同时，则应根据设计尺寸推算的搭接长度。

2）独立基础如图 6.35 所示、图 6.36 所示，工程量为

$$V=abh_1+a_1b_1h_2$$

$$V=abh+\frac{h_1}{6}[ab+(a+a_1)(b+b_1)+a_1b_1]$$

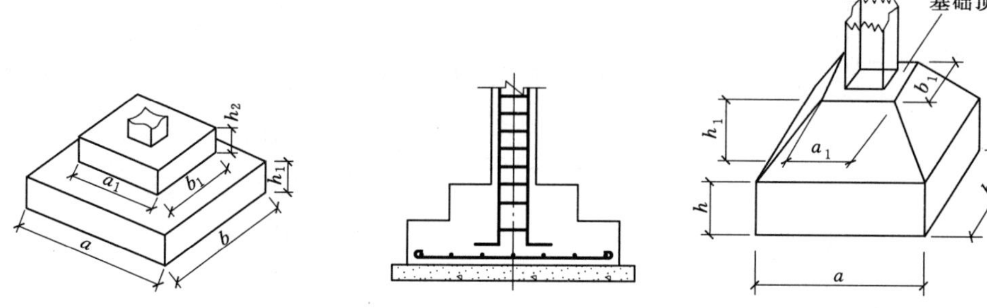

图 6.35 柱下台阶形独立基础图　　图 6.36 锥台形独立基础图

3）杯形基础：如图 6.37 所示，其形体可分解为一个立方体底座加一个四棱台，再加一个立方体上座，扣减一个倒四棱台杯口。

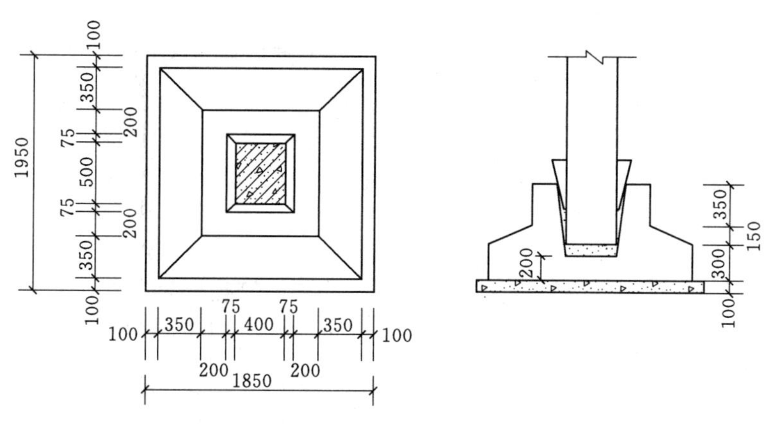

图 6.37 杯形基础示意图

【例 6.28】 计算如图 6.37 所示杯形基础混凝土工程量。

解：

$$V=1.83\times1.95\times0.3+1/3(1.83\times1.95+0.95\times1.05+\sqrt{1.83\times1.95+0.95\times1.05})\times0.15+0.95\times1.05\times0.35-1/3(0.55\times0.65+0.4\times0.5+\sqrt{0.55\times0.65+0.4\times0.5})\times0.6=2.713(\mathrm{m}^3)$$

4）满堂基础。满堂基础范围内承台、地梁、集水井、柱墩等并入满堂基础内计算，如图 6.38 所示。

5）箱式基础。如图 6.39 所示，定额中未设箱式基础项目，箱式基础分别按基础、柱、墙、梁、板等有关规定计算，套相应定额项目。

6）设备基础。除块体（块体设备基础是指没有空间的实心混凝土形状）以外其他类型设备基础分别按基础、柱、墙、梁、板等有关规定计算；工程量不扣除螺栓孔所占的体积，螺栓孔内及设备基础二次灌浆按设计图示尺寸另行计算，不扣除螺栓及预埋铁件体积。

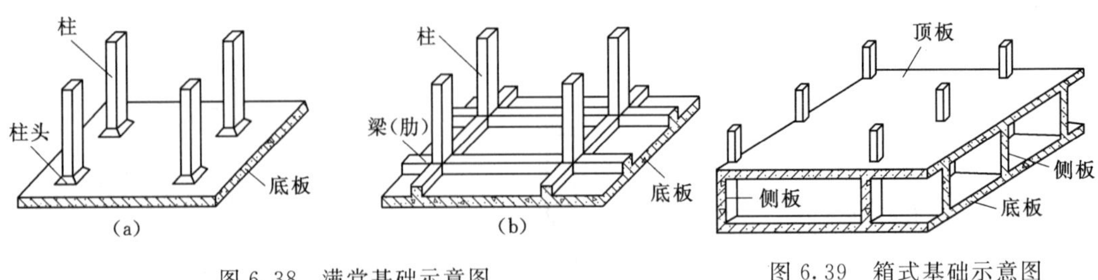

图 6.38 满堂基础示意图

(a) 无梁式满堂基础；(b) 有梁式满堂基础

图 6.39 箱式基础示意图

(2) 柱。

1) 柱按其作用简单分为独立柱和构造柱。

a. “独立柱”常见于承重独立柱、框架柱、有梁板柱、无梁板柱、构造柱等，按其断面划分为矩形、圆形、异形柱；

b. “构造柱”是指按建筑物刚性要求设置，为先砌墙后浇捣的柱，按设计规范要求，需设与墙体咬接的马牙槎。

c. 在框剪结构中，往往墙柱连接时在钢筋混凝土墙体中设暗柱。

2) 独立柱工程量计算。按图示断面尺寸乘以柱高，以“m^3”计算。柱高按图 6.40 所示规定确定。

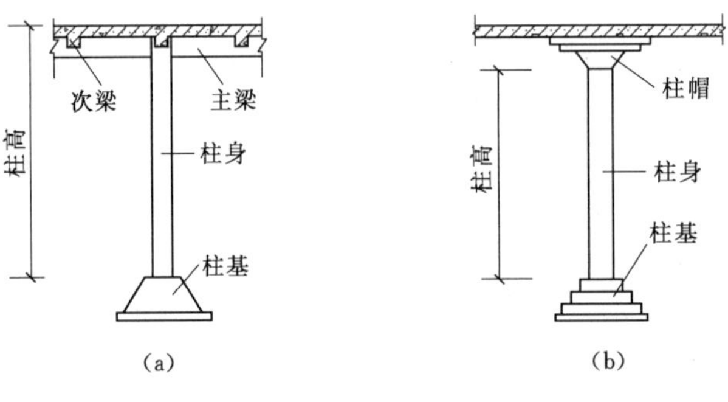

图 6.40 柱高示意图

(a) 有梁板柱；(b) 无梁板柱

a. 柱高按基础顶面或楼板上表面算至柱顶面或上一层楼板上表面，无梁板柱高按基础顶面（或楼板上表面）算至柱帽下表面。

b. 依附于柱上的牛腿并入柱内计算。

c. 预制框架结构的柱、梁现浇接头按实捣体积计算，套用框架接头定额。

3) 构造柱工程量计算。按图示断面尺寸乘以柱高，以“m^3”计算。

高度按基础顶面或楼面至框架梁、连续梁等单梁（不含圈、过梁）底标高计算，与墙咬接的马牙槎混凝土浇捣按柱高每侧 30mm 合并计算。如图 6.41 所示，构造柱横截面面积可按基本截面宽度两边各加 30mm 计算。

4) 暗柱工程量计算。按图示断面尺寸乘以柱高，以“m^3”计算，并入相应剪力墙工程量里。剪力墙端柱型钢劲性构件混凝土浇捣应扣除型钢构件所占混凝土体积。

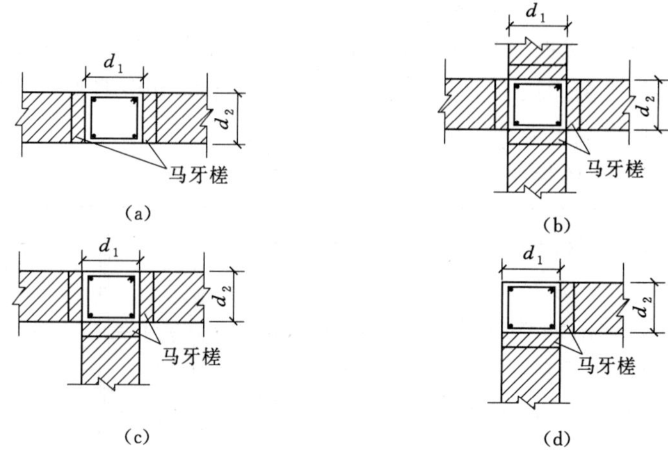

图 6.41　构造柱横截面示意图

(a) $S=(d_1+0.06)d_2$；(b) $S=d_1d_2+0.06d_2+0.06d_1$；
(c) $S=(d_1+0.06)d_2+0.03d_1$；(d) $S=(d_1+0.03)d_2+0.03d_1$

5）依附柱上的牛腿并入柱身体积内计算。

6）钢管混凝土柱以管内设计灌混凝土高度乘以钢管内径以体积计算。

（3）梁。

1）梁按其作用可简单分为以下类型：

a. 基础梁：一般用于柱网结构或不宜设墙基的构造部位，设置基础梁时可不再设墙基。

b. 单梁：包括框架梁或单独承重梁，按断面或外形形状分为矩形梁、异形梁、弧形梁、斜梁、拱形梁。

c. 圈梁：按建筑、构筑物整体刚度要求，沿墙体水平封闭设置，按布置情况分为矩形和弧形（布置轴线非直线）；过梁是用于承受洞口上部荷载并传递给墙体的单独小梁。

2）工程量计算。按图示断面尺寸乘以梁长，以“m^3”计算：

$$V=梁长\times梁断面面积+依附体积$$

a. 梁与柱、次梁与主梁、梁与混凝土墙交接时，按净空长度计算；伸入砌筑墙体内的梁头及现浇的梁垫并入梁内计算。

b. 圈梁的计算长度：外墙圈梁按中心线长度计算，内墙圈梁按净长线长度计算。与板整体浇捣时，圈梁按断面高度计算。

（4）板。板按荷载传递形式分为平板、有梁板（指现浇密肋板、“井”字梁板，即由同一平面内相互正交或斜交的梁与板所组成的结构构件）、无梁板，由于外形或结构形式不同，另有拱形板、薄壳屋盖等。

板工程量按图示面积乘以板厚，以“m^3”计算，不扣除单个 $0.3m^2$ 以内的柱、垛及孔洞所占体积。

1）面积按梁、墙间净距尺寸计算；板垫及板翻沿（净高 250mm 以内的）并入板内计算。板上单独浇捣的墙内素混凝土翻沿按圈梁定额计算。

2）无梁板的柱帽并入板内计算。

3）板垫及与板整体浇捣的翻边（净高 250mm 以内的）并入板内计算；板上单独浇捣的砌筑墙下素混凝土翻边按圈梁定额计算，高度大于 250mm 且厚度与砌体相同的翻边无论整浇或后浇均按混凝土墙体定额执行。

4）压形钢板混凝土楼板扣除构件内压形钢板所占的体积。

【例 6.29】 某工程楼层结构平面图如图所示，板厚为 100mm 的现浇结构，框架柱断面为 600mm×600mm，梁断面均为 250mm×600mm，试计算梁板混凝土的工程量。

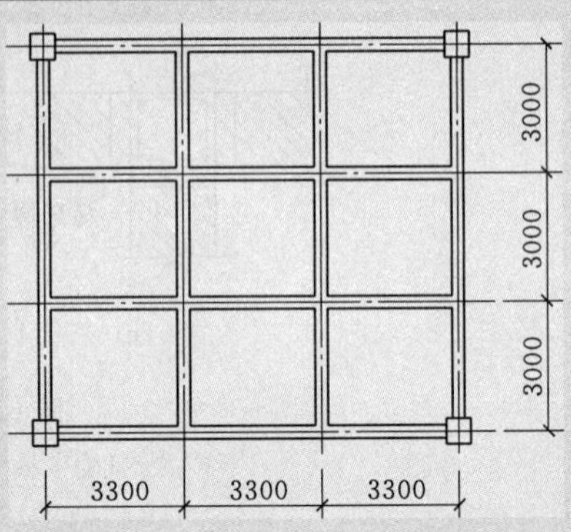

解： 该楼面结构为现浇框架“井”字梁结构，套用现浇有梁板分项。

（1）“井”字梁梁体积：

$$L=(3.3\times3-0.6)\times2+(3.3\times3-0.25)\times2+(3.0\times3-0.6)\times2+(3.0-0.25)\times6=71.2(\text{m})$$

$$V_1=SL=0.25\times0.60\times71.2=10.68(\text{m}^3)$$

（2）现浇板体积：

$$V_2=9\times(3.3-0.25)\times(3.0-0.25)\times0.10=75.49(\text{m}^3)$$

（3）现浇有梁板体积：

$$V=V_1+V_2=10.68+75.49=86.17(\text{m}^3)$$

3000
3000
3000
3300　3300　3300

图 6.42 ［例 6.29］楼层结构图

（5）墙。墙按布置形式有直形、弧形之分；按部位和作用一般将地下室墙单独予以列项。

墙、间壁墙、电梯井壁工程量，按图示中心线长度乘以墙高及厚度，以“m^3”计算，应扣除门窗洞口及 0.3m^2 以外孔洞所占的体积。墙与板连接时墙算至板顶。

1）柱与墙连接时柱并入墙体积；平行嵌入墙上的梁无论凸出与否均并入墙内计算。

2）与墙连接的暗梁暗柱并入墙体积，墙与梁相交时梁头并入墙内。

3）墙垛及突出部分并入墙体积内计算。

（6）楼梯。

1）楼梯按荷载的传递形式分为板式楼梯和梁式楼梯，按外形有直形和弧形之分。

2）工程量按水平投影面积计算。包括休息平台、平台梁、楼梯段、楼梯与楼面板连接的梁、无梁连接时，算至最上一级踏步沿加 300mm 处；不扣除宽度小于 500mm 的楼梯井，伸入墙内部分不另行计算，如图 6.43 所示。但与楼梯休息平台脱离的平台按单梁或圈梁计算，如休息平台处无墙封闭（属于敞开式平台）时，则平台梁投影面积应计入楼梯工程量。

a. 直形楼梯与弧形楼梯相连者，直形、弧形应分别计算套相应定额。

b. 单跑楼梯上下平台与楼梯段等宽部分并入楼梯内计算面积。

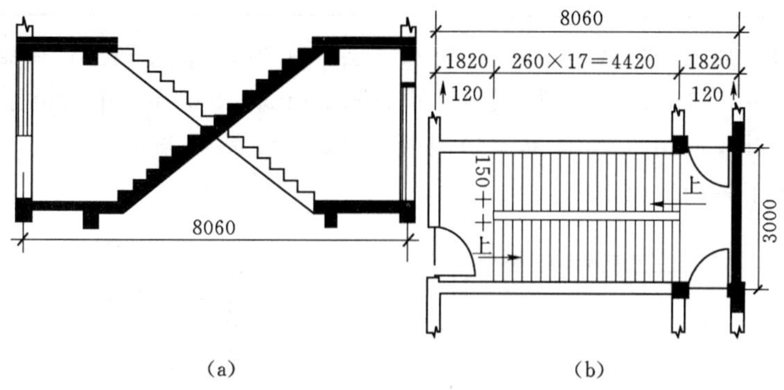

图 6.43 楼梯工程量计算示意图
(a) 楼梯剖面图；(b) 楼梯平面图

c. 楼梯基础、梯柱、栏板、扶手另行计算。

d. 场馆看台按设计图示尺寸以体积计算。

(7) 阳台、雨篷（悬挑板）。

1) 全悬挑阳台按阳台项目以体积计算，外挑牛腿（挑梁）、台口梁、高度小于250mm的翻沿均合并在阳台内计算，翻沿净高度大于250mm时，翻沿另行按栏板计算。

2) 非全悬挑阳台，按梁、板分别计算，阳台栏板、单独压顶分别按栏板、压顶项目计算。

3) 雨篷梁、板工程量合并，按雨篷以体积计算，雨篷翻沿高度小于250mm时并入雨篷体积内计算，高度大于250mm时另按栏板计算。

4) 模板按阳台、雨篷梁挑梁及台口梁外侧面范围的水平投影面积计算，阳台、雨篷外梁上有线条时另行计算线条模板增加费。

a. 阳台栏板、雨篷翻沿高度超过250mm的全部翻沿另行按栏板、翻沿计算。

b. 阳台、雨篷梁按过梁相应规则计算，伸入墙内的拖梁按圈梁计算。

c. 翻沿净高度小于25cm时并入所依附的项目内计算。

d. 阳台、雨篷支模高度超高（层高3.6m）时，按板的超高定额计算；有梁时展开计算并入板内工程量。

e. 当阳台、雨篷无台口梁而设上下翻沿时，上下翻沿合并计算高度；雨篷不同翻沿设置情况如图6.44中的(a)(b)(c)(d)所示。

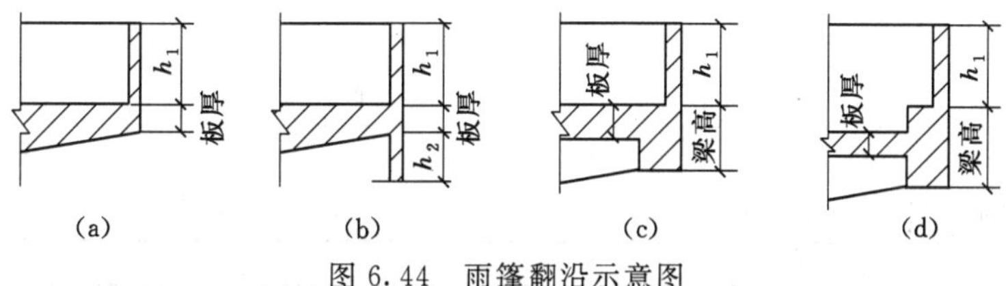

图 6.44 雨篷翻沿示意图

当 h_1（或 h_1+h_2）$\leqslant$250mm时，翻沿的浇捣并入雨篷体积内计算，并入雨篷内计算体积的翻沿模板不予另计；梁高不作翻沿高度考虑，均并入雨篷体积内计算。

当 h_1（或 h_1+h_2）$>$250mm时，全部翻沿另行按翻沿规则计算混凝土浇捣和模板。

【例 6.30】 某工程阳台如图 6.45 所示，层高 4.2m。设计做法：挑梁截面尺寸为 250mm×(450～550)mm，台口梁截面尺寸为 250mm×450mm，阳台板厚 110mm，阳台栏板高度 1.2m，采用 C25 商品泵送混凝土（C25 商品泵送混凝土市场价为 358 元/m³）浇捣，施工采用复合木模。

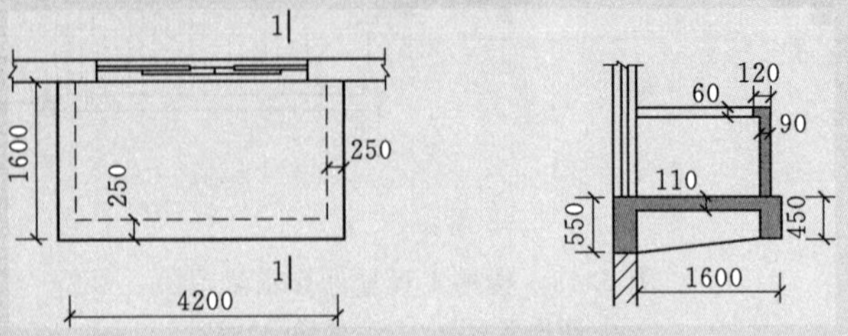

图 6.45 ［例 6.30］阳台结构图

（1）计算阳台混凝土浇捣、模板工程量，并计算直接工程费。

（2）计算阳台栏板的混凝土浇捣工程量，并计算直接工程费。

解：（1）混凝土、模板工程量计算详见表 6.16。

表 6.16　　**工 程 量 计 算 表**

序号	计算内容	计 算 式	计量	工程量
1	阳台板	(4.2－0.25)×(1.6－0.25)×0.11	m³	0.59
2	阳台挑梁	0.25×(0.45＋0.55)÷2×1.6×2	m³	0.40
3	阳台台口梁	0.25×0.45×(4.2－0.25×2)	m³	0.42
4	栏板混凝土	{(0.06×0.12＋0.09×(1.2－0.06)}×{(1.6－0.25＋0.09)×2＋4.2＋0.25－(0.25－0.09)}	m³	0.79
5	阳台模板	1.6×(4.2＋0.25)	m²	7.12
6	阳台栏板超过250mm 模板	{1.6×2＋4.2＋0.25＋(1.6－0.25)×2＋4.2－0.25)}×1.2＋{(4.2－0.25－0.06×2)＋(1.6－0.25)×2}×0.06	m²	17.55

（2）阳台混凝土浇捣、模板直接工程费见表 6.17。

表 6.17　　**直 接 工 程 费 计 算 表**

序号	定额编号	工程内容	单位	单价/元	工程数量	合价/元
1	4－97	阳台混凝土	m³	350.3＋(358－299)×1.015＝410.19	1.41	578.37
2	4－98	栏板混凝土	m³	375.4＋(358－299)×1.015＝435.29	0.77	335.04
3	4－193	阳台模板	m²	5.22	7.12	37.17
4	4－194	栏板模板	m²	21.75	17.55	381.75
5	4－180	阳台支模超高	m²	2.49	24.67	61.43

（8）栏板、翻檐、檐沟、挑檐。

1）栏板、扶手按设计图示尺寸以体积计算，伸入砖墙内的部分并入相应构件内计算，栏板柱并入栏板内计算，当栏板净高度小于 250mm 时，并入所依附的构件内计算。

2）挑檐、檐沟按设计图示尺寸以墙外部分体积计算，工程量包括底板、侧板及与板整浇的挑梁。

挑檐、檐沟板与板（包括屋面板）连接时，以外墙外边线为分界线；与梁（包括圈梁等）连接时，以梁外边线为分界线；外墙外边线以外为挑檐、檐沟。

（9）现场预制桩。按设计图示尺寸以体积另加综合损耗率1.5%计算。

（10）凸出混凝土柱、梁、墙面的线条。

1）定额应用。

a. 凸出混凝土柱、墙、梁、阳台梁、栏板外侧面的线条，凸出宽度小于300mm的混凝土工程量并入相应构件内计算，凸出宽度大于300mm的按雨篷定额执行。

b. 凸出混凝土梁、墙面的线条的模板工程量并入相应构件内计算，另按凸出的棱线道数执行模板增加费项目；但单独窗台板、拦板扶手、墙上压顶的单阶挑沿不另计算模板增加费；其他单阶线条凸出宽度大于300mm的套用雨篷定额。

c. 定额按线条凸出的棱线道数划分为三道以内、三道以上两个子目。

2）工程量计算。

a. 现浇混凝土阳台、雨篷模板按阳台、雨篷挑梁及台口梁外侧面（含外挑线条）范围的水平投影面积计算，阳台、雨篷外梁上有外挑线条时，另行计算线条模板增加费。

b. 凸出的线条模板增加费以凸出棱线的道数不同分别按延长米计算，两条及多条线条相互之间净距小于100mm以内的，每2条线条按1条计算工程量，如图6.46所示。

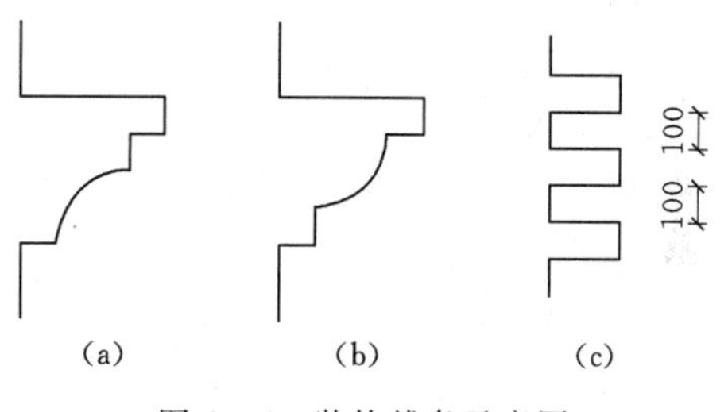

图6.46 装饰线条示意图

c. 线条断面为外凸弧形的，1个曲面按1道考虑［图6.46（b）］。

【例6.31】 如图6.46所示三种装饰线条的断面形式，分别确定其定额套用及如何计算工程量。

解：（1）（a）中共有凸出4道棱线，模板增加费套用定额5-173，工程量按设计布置线条长度计算。

（2）（b）中有3道棱线，1个外凸曲面算1道棱线共4道棱线，模板增加费套用定额5-173，工程量计算同（1）。

（3）（c）中共有3条凸出线条，因各线条间距为100mm，按定额规则应按每2条线条合并按1条线条计算模板增加费工程量，其中2条线条组合为1条线条计算工程量的共有4道棱线，套用定额4-192；剩下的1条线仅有2道棱线，套用定额4-191。

（11）后浇带。为防止现浇钢筋混凝土结构由于温度、收缩不均可能产生的有害裂缝，按照设计或施工规范要求，在板（包括基础底板）、墙、梁相应位置留设临时施工缝，将结构暂时划分为若干区块，经过构件内部收缩，在若干时间后再浇捣该施工缝混凝土，将结构连成整体。

设置后浇带的位置、距离通过设计计算确定，其宽度应考虑施工简便，避免应力集中。在有防水要求的部位设置后浇带，应考虑止水带构造，一般采用 3mm 厚左右钢板；设置后浇带部位还应考虑模板等措施内容不同的消耗因素；后浇带部位的混凝土强度等级须比原结构提高一级。

1）定额应用说明。

a. 定额按地下室底板、梁板、墙分别列出后浇带混凝土浇捣和模板增加费子目。

b. 混凝土梁、板后浇带合并按板厚 20mm 以内和 20mm 以上分别列项执行同一定额。

c. 后浇带包括了与原混凝土接缝处的钢丝网用量。

2）工程量计算。

a. 梁、板、墙后浇带，计算构件模板工程量不扣除后浇带面积，后浇带模板另行按延长米（含梁宽）计算增加费。

b. 后浇带混凝土浇捣应单独列项，按体积计算执行后浇带相应定额，相应构件混凝土浇捣工程量应扣除后浇带体积。

【例 6.32】 按图示计算楼面后浇带相应工程量并计算定额费用，工程采用 C35/P8 泵送防水商品泵送混凝土浇捣。

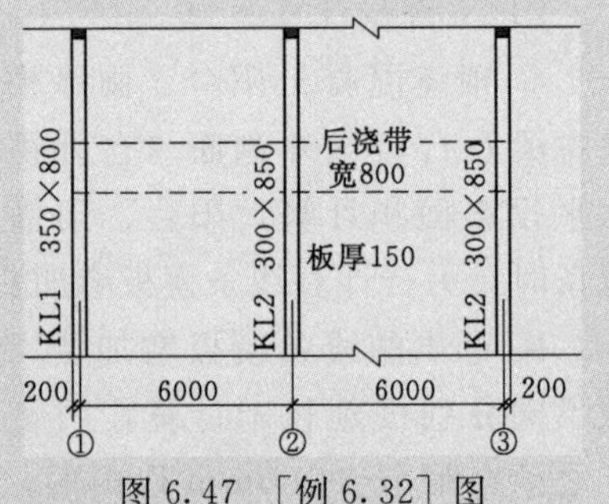

图 6.47 ［例 6.32］图

解：（1）后浇带混凝土浇捣工程量包括梁板体积合并计算，其中：

梁：$V_1=(0.35\times0.8+0.3\times0.85\times2)\times0.8=0.63(m^3)$

KL1～KL2 整体工程量应扣除该体积。

板：

$V_2=(12-0.15-0.3-0.1)\times0.15\times0.8=1.37(m^3)$

楼面板整体工程量应扣除该体积。

后浇带浇捣工程量 $V=V_1+V_2=0.63+1.37=2.0(m^3)$

板厚为 20cm 以内，混凝土浇捣套用定额 5-31，为 5376.76 元/10m³，则

$$混凝土浇捣费用=2\times5376.76/10=1075.35(元)$$

（2）后浇带范围模板工程量在整体梁板计算时不予扣除，另按梁板合并计算后浇带模板增加费：

$$L=12+0.2\times2=12.4(m)$$

按板厚套用定额 5-185，定额基价为 48.385 元/m。

$$模板费用=12\times48.385=580.62(元)$$

（12）小型构件、地沟、扶手、压顶。

1）小型构件模板工程定额已综合考虑了现浇和预制的情况，统一执行小型构件定额，发生时不做调整。

2）外形体积在 1m³ 以内池槽的混凝土、模板执行小型沟槽项目，外形体积在 1m³ 以

上的池槽混凝土、模板套用“构筑物、附属工程”相应项目。

3）地沟是指断面内空面积小于 0.40m^2 的，如果断面内空面积大于 0.4m^2 则按构筑物地沟相应定额执行。

6.6.2 现浇混凝土构件模板

1. 定额套用说明

（1）依据不同构件，现浇混凝土构件的模板分别以组合钢模、铝模、复合木模单独列项，模板的具体组成规格、比例、支撑方式及复合木模的材质等均综合考虑；定额未注明模板类型的，均按木模考虑。后浇带模板按相应构件模板计算，另行计算模板增加费。

1）铝模考虑实际工程使用情况，仅适用上部主体结构。电梯井壁使用铝模时，套用混凝土墙铝模定额；阳台雨篷使用铝模时，套用混凝土梁、板铝模定额。

2）铝模材料价格已包含铝模回库维修等相关费用。

（2）模板按混凝土浇筑构件及断面形式划分如下。

1）基础分为带形基础（按无梁式、有梁式划分），地下室底板、满堂基础；独立基础，杯形基础，设备基础，需分别列项计算。

2）柱模板按部位、工序、断面形式划分矩形柱、异形柱（圆形柱）、构造柱。

3）梁按混凝土浇筑断面、布置形式进行列项，如基础梁另列出弧形梁子目、直形和弧形圈梁、过梁。按断面分为矩形梁、异形梁、弧形梁、拱形梁、斜梁等。

4）板分为板、无梁板、拱形板、薄壳屋盖、斜板、坡屋面板。

5）墙以形状及部位划分为直形墙、弧形墙、直形地下室外墙、弧形地下室外墙、短支剪力墙、电梯井壁、大钢模板墙、混凝土墙滑膜等不同子目。

6）楼梯以形状划分为直形楼梯和弧形楼梯。

7）栏板、翻檐模板为直形、弧形不同子目。

（3）现浇钢筋混凝土柱（不含构造柱）、梁（不含圈、过梁）、板、墙的支模高度按层高 3.6m 以内编制，超过 3.6m 时，工程量包括 3.6m 以下部分，另按相应超高定额计算；斜板（梁）或拱形结构按板（梁）顶平均高度确定支模高度，电梯井壁按建筑物自然层层高确定支模高度。

（4）型钢混凝土劲性构件分别按模板、混凝土浇捣及钢构件相应定额执行。钢管柱内灌注混凝土按矩形柱、圆形柱定额执行，不再计算模板项目。

（5）基础模板。

1）有梁式基础模板仅适用于基础表面有梁上凸时，仅带有下翻或暗梁的基础套用无梁式基础定额。

2）圆弧形基础模板套用基础相应定额，另按弧形侧边长度计算基础侧边弧形增加费。每个面计算一道。侧边高度定额按 40cm 以内考虑，超过 40cm 时模板材料按每增加 10cm 模板消耗量增加 10%调整。

3）设备基础仅考虑块体形式，其他形式设备基础分别按基础、柱、梁、板、墙等有关规定计算，套用相应定额。定额根据单个块体体积按 5m^3 以内、5m^3 以上两个步距划分，设备螺栓套基本长度按 50cm 取定，超过时按每增加 50cm 定额计算；定额按木模考虑，若为金属螺栓套时按实际发生计算。二次灌浆定额已包含模板消耗量，模板不再单独列项计算。

4）地下室混凝土外墙、人防墙及有防水等特殊设计要求的内墙，采用止水对拉螺栓时，施工组织设计未明确时，每 $100m^2$ 模板定额中的六角带帽螺栓增加 85kg（施工方案明确的按方案数量计算）、人工增加 1.5 工日，相应定额的钢支撑用量乘以系数 0.9。止水对拉螺栓堵眼套用墙面螺栓堵眼增加费定额。

地下室内墙套用一般墙相应定额；屋面混凝土女儿墙高度大于 1.2m 时套用墙相应定额，小于 1.2m 时套用栏板相应定额。

5）毛石混凝土、无筋混凝土挡土墙模板套用地下室外墙模板定额扣除螺栓后，按人工乘以 0.9 系数、机械乘以 0.95 系数调整定额含量。

6）箱形基础的底板（包括边缘加厚部分）套用无梁式满堂基础定额，其余套用柱、梁、板、墙相应定额。

7）地下室底板模板套用满堂基础定额，集水井杯壳模板工程量合并计算；设计为带形基础的单位工程，如仅楼（电）梯间、厨厕间等少量部位采用满堂基础时，其工程量并入带形基础计算。

8）基础底板下翻构件采用砖模时，砌体按砌筑工程定额规定执行，抹灰按墙柱面工程墙面抹灰定额规定执行。

9）地圈梁模板套用圈梁定额。

（6）混凝土柱、梁、板模板均分别计算套用相应定额。

1）异形柱、梁是指柱、梁的断面形状为 Z 形、十字形、T 形、L 形的柱、梁，套用异形柱、梁定额。梯形、变截面矩形梁模板套用矩形梁定额；单独现浇过梁模板套用矩形梁定额；与圈梁连接的过梁模板套用圈梁定额。

2）当“一”字形柱 $a/b<4$ 时，按矩形柱相应定额执行。异形柱 $a/b\leqslant4$ 时按异形柱相应定额执行，$a/b>4$ 时套用墙相应定额；截面厚度 $b<300$mm，且 $4<a/b\leqslant8$ 时，套短肢剪力墙定额。

3）斜梁（板）坡度 α 是按 $10°<\alpha\leqslant30°$ 综合考虑，斜梁（板）坡度 $\alpha\leqslant10°$ 的执行普通梁、板项目；坡度 $30°<\alpha\leqslant45°$ 时，人工乘以系数 1.05；坡度 $\alpha>45°$ 时，按墙相应定额执行。

【例 6.33】 现浇混凝土屋面板复合木模，屋面板坡度 45°，平均层高 5m。试计算其定额基价。

解： 坡度 $30°<\alpha\leqslant45°$ 时，人工乘以系数 1.05。

套定额 5－148 和 5－151，有

定额基价＝5279.57＋2659.1×0.05＋393.27×2＋234.90×0.05×2＝6222.52(元/m^2)

4）柱、梁木模定额已综合考虑了对拉螺栓消耗量。

5）薄壳屋盖模板不分筒式、球形、双曲形等，均套用同一定额。

6）现浇屋脊、斜脊并入所依附的板内计算，单独屋脊、斜脊按套用压顶定额。

（7）阳台板、雨篷板、楼梯等构件模板。

1）混凝土栏板高度（含扶手及翻沿）定额按净高小于 1.2m 以内考虑，超过时套用墙相应定额，高度小于 250mm 的翻沿并入所依附的构件计算。

2）现浇混凝土阳台板、雨篷板按悬挑形式编制，半悬挑及非悬挑形式的阳台、雨篷按梁、板规则执行。弧形阳台、雨篷按普通阳台、雨篷定额执行另行计算弧形模板增加费。

3）楼板及屋面平挑檐外挑小于 500mm 时，并入板内计算；外挑大于 500mm 时，套用雨篷定额；屋面挑出的带翻沿平挑檐套用檐沟、挑檐定额。

4）屋面内天沟按梁、板规则计算，套用梁、板相应定额。雨篷与檐沟相连时，梁板式雨篷按雨篷规则计算并套用相应定额，板式雨篷并入檐沟计算。

5）弧形楼梯指梯段为弧形的，仅平台弧形的按直形楼梯定额执行，平台另计弧形板增加费。

6）自行车坡道带有台阶的，按楼梯相应定额执行；无底模的自行车坡道及 4 步以上的混凝土台阶按楼梯定额执行，其模板按楼梯相应定额乘以系数 0.20 计算。

2. 现浇混凝土构件模板工程量计算

（1）现浇混凝土构件模板，除另有规定者外均按模板与混凝土的接触面积计算。梁、板、墙设后浇带时，计算构件模板工程量不扣除后浇带面积，后浇带另行按延长米（含梁宽）计算增加费。不同构件模板接触面如图 6.48 所示。

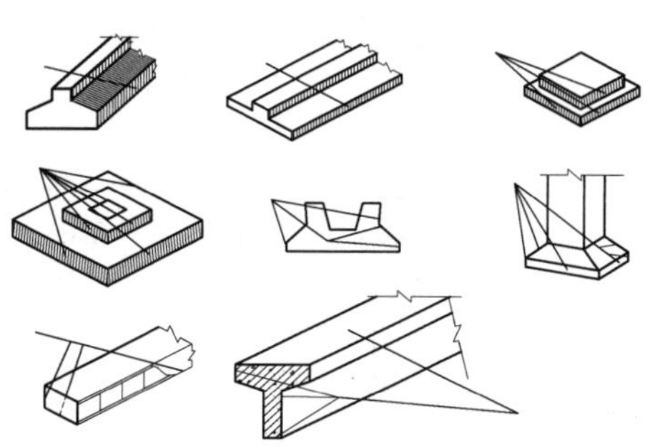

图 6.48 不同构件模板接触面

【例 6.34】 某工程设有钢筋混凝土柱 20 根，柱下独立基础形式如图 6.49 所示，试计算该工程独立基础模板工程量。

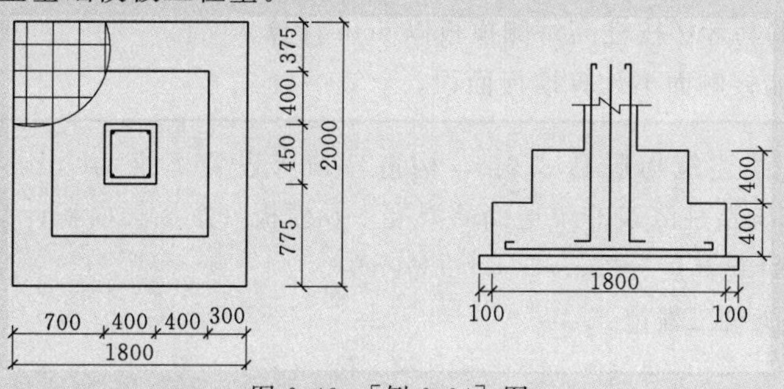

图 6.49 ［例 6.34］图

解： 按混凝土与模板接触面计算，根据图所示，该独立基础为阶梯形，其模板接触面积分阶计算如下：

$$S_{上}=(1.2+1.25)\times2\times0.4=1.96(m^2)$$

$$S_{下}=(1.8+2.0)\times2\times0.4=3.04(m^2)$$

独立基础模板工程量：$S=1.96+3.04=5.0(m^2)$

（2）注意定额计算规定。

1）计算墙、板工程量时，应扣除单孔面积大于 0.3m² 以上的孔洞，孔洞侧边工程量另算并入墙、板模板工程量之内计算；不扣除单孔面积小于 0.3m² 以内的孔洞，孔洞侧边也不予计算。

2）柱、墙、梁、板、栏板相互连接时，应扣除构件平行交接及 0.3m² 以上构件垂直交接处的面积。

3）弧形板并入板内计算，另按弧长计算弧形板增加费。梁板结构的弧形板弧长工程量应包括梁板交接部位的弧线长度。

4）挑檐、檐沟与板（包括屋面板、楼板）连接时，以外墙外边线为分界线；与梁（包括圈梁等）连接时，以梁外边线为分界线；外墙外边线以外或梁外边线以外为挑檐檐沟。

5）构造柱模板如图 6.50 所示。

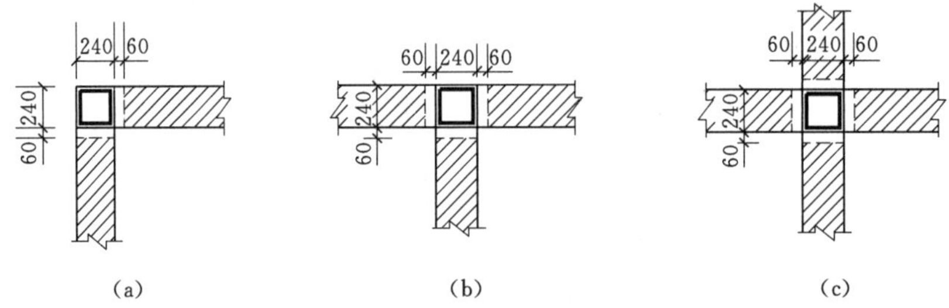

图 6.50　构造柱布置平面图

（a）转角处；（b）T 形接头处；（c）“十”字形接头处

a. 构造柱外露面均应按图示外露部分计算模板面积。

b. 高度按基础顶面或楼面至框架梁、连续梁等单梁不含圈、过梁底标高计算。

c. 与墙咬接的马牙槎按柱高每侧模板以 6cm 计算。

d. 构造柱与墙接触面不计算模板面积。

【例 6.35】 某建筑物层高 3.6m，构造柱顶部设置框梁 400mm×600mm，按图 6.50 布置，计算构造柱浇筑非泵送商品混凝土及模板（按接触面积计算）工程量。

解： 构造柱计算高度＝3.6－0.6＝3.0(m)

（1）混凝土浇筑工程量：

$$V=(0.24\times0.24\times3+0.24\times0.03\times9)\times3=0.71(m^3)$$

（2）模板工程量：

1）转角处 $S=[(0.24+0.06)\times2+0.06\times2]\times3.0=2.16(m^2)$

2）T 形接头处 $S=[0.24+0.06\times2+0.06\times2\times2]\times3.0=1.8(m^2)$

3）“十”字接头处 $S=0.06\times2\times4\times3.0=1.44(m^2)$

构造柱模板工程量＝2.16＋1.8＋1.44＝5.4(m²)

（3）现浇混凝土阳台、雨篷按阳台、雨篷挑梁及台口梁外侧面（含外挑线条）范围的水平投影面积计，阳台、雨篷外梁上有外挑线条时，另行计算线条模板增加费。

阳台、雨篷含净高 250mm 以内的翻檐模板，超过 250mm 时，全部翻檐另按栏板项目计算。

阳台、雨篷支模高度超高时，按板的超高定额计算，有梁时展开计算并入板内。

(4) 现浇混凝土楼梯（包括休息平台、平台梁、楼梯段、楼梯与楼层板连接的梁）按水平投影面积计算，同混凝土浇捣工程量。

(5) 架空式混凝土台阶按现浇楼梯计算；场馆看台按设计图示尺寸以水平投影面积计算。

(6) 预制方桩按设计断面乘以桩长（包括桩尖）以实际体积另加综合损耗率（1.5%）计算。

3. 超危支撑架空间体积及架体搭设材料的计算

(1) 无专项措施方案时。

1) 有现浇楼混凝土楼板时支撑架体积按楼板底至搭设起始面（地面或下层楼版面）的高度乘以楼板面积和四周外扩加宽 2m 面积之和计算，楼板覆盖范围内的柱、梁支撑架体积不另行列项计算。

2) 无楼板时，支撑架体积按梁顶面至搭设起始面（地面或下层楼面）的高度乘以梁长度（梁长+2m）再乘以宽度（4m）计算，梁支撑架覆盖范围内的柱支撑架体积不另行列项计算，梁交叉重叠时的按扣除宽后的净长计算。

3) 独立柱时，支撑架体积按柱顶面至搭设起始面（地面或下层楼面）的高度乘以长度（4m）再乘以宽度（4m）计算。

4) 架体搭设材料的数量按超危支撑架空间体积和满堂式支架定额暂定用量计算。

(2) 有专项措施方案时。

1) 空间体积按该方案标示的平面面积乘以高度，上部有楼板时，高度为底座与楼板顶托间的垂直距离，无楼板上空（仅柱、梁）时，高度为底座起至构件顶面间的垂直距离。

2) 超危支撑架搭设材料的数量按专项措施方案设计，范围同空间体积。

6.6.3 装配式结构构件安装及后浇连接混凝土

6.6.3.1 定额说明

1. 装配式混凝土结构构件安装工程定额说明

(1) 构件按成品购入构件考虑，构件价格已包含了构件运输至施工现场指定区域、卸车、堆放发生的费用。

(2) 构件吊装机械综合取定，按“垂直运输工程”相关说明及计算规则执行。

(3) 构件安装包含了结合面清理、指定位置堆放后的构件移位及吊装就位、构件临时支撑、注浆、并拆除临时支撑全部消耗量。构件临时支撑的搭设及拆除已综合考虑了支撑（含支撑用预埋铁件）种类、数量、周转次数及搭设方式，实际不同不予调整。

(4) 构件安装不分构件外形尺寸、截面类型以及是否带有保温，除另有规定者外，均按构件种类套用相应定额。

(5) 构件安装定额中，构件底部坐浆按砌筑砂浆铺筑考虑，遇设计采用灌浆料的，除灌浆材料单价换算外，每 $10m^3$ 构件安装定额另行增加人工 0.60 工日、液压注浆泵 HYB50－50－1 型 0.30 台班，其余不变。

（6）墙板安装定额不分是否带有门窗洞口，均按相应定额执行。凸（飘）窗安装定额适用于单独预制的凸（飘）窗安装，依附于外墙板制作的凸（飘）窗，其工程量并入外墙板计算，该板块安装整体套用外墙板安装定额，人工和机械用量乘以系数 1.30。

（7）外挂墙板安装定额已综合考虑了不同的连接方式，按构件不同类型及厚度套用相应定额。

（8）楼梯休息平台安装按平台板结构类型不同，分别套用整体楼板或叠合楼板相应定额。叠合楼板是由预制板和现浇钢筋混凝土层叠合而成的装配式楼板，如图 6.51 所示。

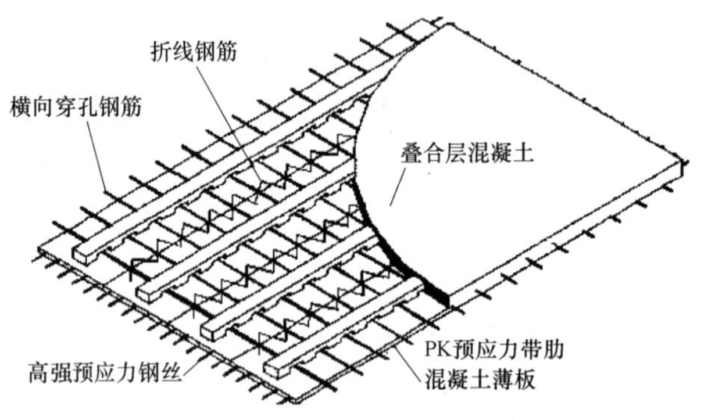

图 6.51　叠合楼板示意图

（9）单独受力的预应力空心板安装不区分板厚、连接方式，套用整体板定额；与后浇混凝土叠合整体受力的预应力空心板安装不区分板厚、连接方式，套用叠合板定额。

（10）阳台板安装不区分板式或梁式，均套用同一定额。空调板安装定额适用于单独预制的空调板安装，依附于阳台板制作的栏板、翻沿、空调板并入阳台板内计算。非悬挑的阳台板安装，分别按梁、板安装有关规则计算并套用相应定额。

（11）女儿墙安装按构件净高以 0.6m 以内和 1.4m 以内分别编制，构件净高 1.4m 以上时套用外墙板安装定额。压顶安装定额适用于单独预制的压顶安装。

（12）轻质条板隔墙安装按构件厚度的不同分别套用相应定额。定额已考虑了隔墙的固定配件、补（填）缝、抗裂措施构造，以及板材遇门窗洞所需要的切割改锯、孔洞加固的内容。

（13）烟道、通风道安装按构件外包周长套用相应定额，安装定额中未包含排烟（气）止回阀的材料及安装。

（14）套筒注浆不分部位、方向，按锚入套筒内的钢筋直径不同，以 $\phi18$ 以内及 $\phi18$ 以上分别编制。

（15）外墙嵌缝、打胶定额中的注胶缝断面按 20mm×15mm 编制，若设计断面与定额不同时，密封胶用量按比例调整，其余不变。定额中密封胶以硅酮耐候胶考虑，遇设计采用的密封胶种类与定额不同时，材料单价进行换算。

（16）装配式混凝土结构工程构件安装支撑高度按结构层高 3.6m 以内编制的，高度超过 3.6m 时，每增加 1m，人工乘以系数 1.15，钢支撑、零星卡具、支撑杆件乘以系数 1.30 计算。后浇混凝土模板支模高度超过 3.6m，按现浇相应模板的超高定额计算。

2. 后浇混凝土定额说明

(1) 后浇混凝土定额适用于装配式整体式结构工程，用于与预制混凝土构件连接，使其形成整体受力构件，由混凝土、钢筋、模板等子目组成。除下列部位外，其他现浇混凝土构件按现浇混凝土、钢筋和模板相应项目及规定执行。

1) 预制混凝土柱与梁、梁与梁接头，套用梁、柱接头定额。

2) 预制混凝土梁、墙、叠合板顶部及上部搁置叠合板的全断面混凝土后浇梁，套用叠合梁、板定额。

3) 预制双叶叠合墙板内及叠合墙板端部边缘，套用叠合剪力墙定额。

叠合剪力墙从厚度方向划分为三层，内外两侧预制，通过桁架钢筋连接，中间是空腔，现场浇筑自密实混凝土。现场安装后，上下构件的竖向钢筋和左右构件的水平钢筋在空腔内布置、搭接，然后浇筑混凝土形成实心墙体，如图 6.52 所示。

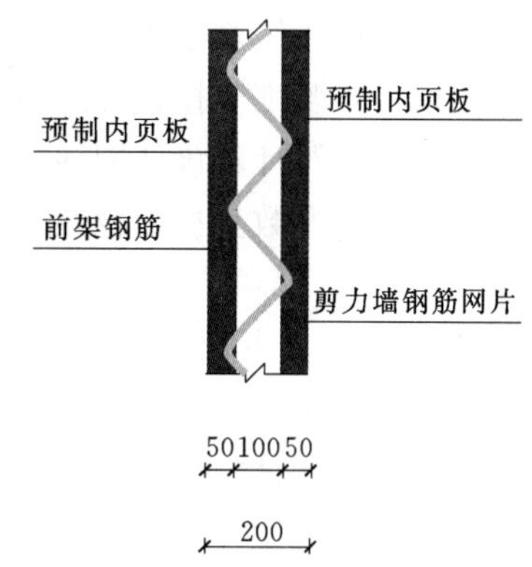

图 6.52 叠合剪力墙示意图

4) 预制墙板与墙板间、墙板与柱间等端部边缘连接墙、柱，套用连接墙、柱定额。

(2) 预制墙板或柱等预制垂直构件之间设计采用现浇混凝土墙连接的，当连接墙长度在 2m 以内的，套用后浇混凝土连接墙、柱定额，当连接墙长度大于 2m 的，按现浇混凝土构件相应项目及规定执行。

(3) 同开间内预制叠合楼板或整体楼板之间设计采用现浇混凝土板带拼缝的，板带混凝土浇捣并入后浇混凝土叠合梁、板计算。相应拼缝处需支模才能浇筑的混凝土模板工程套用板带定额。

(4) 后浇混凝土钢筋制作、安装定额按钢筋品种、型号、规格综合连接方法及用途划分，相应定额内的钢筋型号及比例已综合考虑，各类钢筋的制作成型、绑扎、接头、固定以及与预制构件外露钢筋的绑扎、焊接等所用人工、材料、机械消耗已综合考虑在相应定额内。钢筋接头采用机械连接的，按现浇混凝土构件相应接头项目及规定执行。

(5) 后浇混凝土模板按复合模板考虑，定额消耗量已考虑了超出后浇混凝土与预制构件抱合部分的模板用量。

6.6.3.2 工程量计算规则

1. 装配式结构构件安装

(1) 构件安装工程量按成品构件设计图示尺寸的实际体积以“m^3”计算，依附于构件制作的各类保温层、饰面层体积并入相应的构件安装中计算，不扣除构件内钢筋、预埋铁件、配管、套管、线盒及单个 0.3m^2 以内的孔洞、线箱等所占体积，外露钢筋体积亦不再增加。

(2) 套筒注浆按设计数量以“个”计算。

(3) 轻质条板隔墙安装工程量按构件图示尺寸以“m^2”计算，应扣除门窗洞口、过人洞、空圈、嵌入墙板内的钢筋混凝土柱、梁、圈梁、挑梁、过梁、止水翻边及凹进墙内的壁龛、消防栓箱及单个 0.3m^2 以上的孔洞所占的面积，不扣除梁头、板头及单个 0.3m^2 以内的孔洞所占面积。

（4）预制烟道、通风道安装工程量按图示长度以“m”计算，排烟（气）止回阀、成品风帽安装工程量按图示数量以“个”计算。

（5）外墙嵌缝、打胶按构件外墙接缝的设计图示尺寸以“m”计算。

2. 后浇混凝土

后浇混凝土浇捣工程量按设计图示尺寸以实际体积计算，不扣除混凝土内钢筋、预埋铁件及单个 0.3m^2 以内的孔洞等所占体积。

3. 后浇混凝土钢筋

后浇混凝土钢筋工程量按设计图示钢筋的长度、数量乘以钢筋单位理论质量计算。

钢筋搭接长度应按设计图示、标准图集和规范要求计算，当设计要求钢筋接头采用机械连接时，不再计算该处钢筋搭接长度。遇设计图示、标准图集和规范要求不明确时，钢筋的搭接长度和数量按现浇混凝土构件钢筋规则计算。预制构件外露钢筋不计入钢筋工程量。

4. 后浇混凝土模板

后浇混凝土模板工程量按后浇混凝土与模板接触面以“m^2”计算，超出后浇混凝土接触面与预制构件抱合部分的模板面积不增加计算。不扣除后浇混凝土墙、板上单孔面 0.3m^2 以内的孔洞，洞侧壁模板亦不增加；应扣除单孔 0.3m^2 以上孔洞，洞侧壁模板面积并入相应的墙、板模板工程量内计算。

6.6.4　钢筋工程

1. 钢筋基础知识

钢筋混凝土结构和预应力钢筋混凝土结构应用的钢筋有普通钢筋、预应力钢绞线、钢丝、热处理钢筋等。现行的钢筋分类如下。

（1）按生产工艺分有：热轧钢筋、冷拉钢筋、冷拔钢筋、热处理钢筋、钢绞线。

（2）按强度分有：HPB300、HRB335、HRB400、HRB500 钢筋，其中 H 为热轧钢筋；P 为光圆钢筋；B 为钢筋；R 为带肋钢筋；F 为细晶粒热轧带肋钢筋。

（3）按外形分有：光圆钢筋、带肋钢筋（螺纹、“人”字纹、月牙纹）。

（4）按化学成分分有：碳素钢筋、低合金钢钢筋。

（5）按钢筋在构件中的作用分类有：受力筋、架立筋、分布筋、箍筋、构造筋、负筋。

1）受力筋也叫主筋，是指在混凝土结构中，对受弯、压、拉等构件配置的主要用来承受由荷载引起的拉应力或者压应力的钢筋，其作用是使构件的承载力满足结构功能要求。

2）架立筋在混凝土构件中起架立作用（固定箍筋位置），形成钢筋笼骨架的构造钢筋，同时起到抵抗混凝土的收缩应力或者温度应力。

3）分布筋出现在板中，布置在受力钢筋的内侧，与受力钢筋垂直。固定受力钢筋的位置并将板上的荷载分散到受力钢筋上，同时也能防止因混凝土的收缩和温度变化等原因在平行于受力钢筋方向产生的裂缝。

4）箍筋用来满足斜截面抗剪强度，并连接受拉主钢筋和受压区混凝土使其共同工作，此外，用来固定主钢筋的位置而使梁内各种钢筋构成钢筋骨架。它是梁和柱抵抗剪力配置的环形（有圆形的和矩形的）钢筋。矩形箍肋使用较多的是“口”字形的，将上部和下部的钢筋固定起来，同时抵抗剪力。箍筋类型如图 6.53 所示。

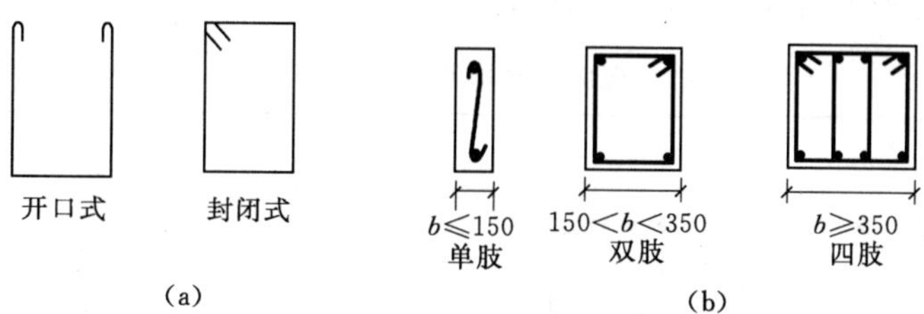

图 6.53 箍筋类型

（a）箍筋的形式；（b）箍筋的类型

5）构造筋。为满足构造要求，对不易计算和没有考虑进去的各种因素所设置的钢筋为构造钢筋，如：混凝土结构中梁的架立筋、纵向构造钢筋（其配置在梁侧中部，俗称腰筋）、拉筋、分布筋以及砌体拉结筋。

6）负筋是承受负弯矩的钢筋，一般在梁的上部靠近支座的部位或板的上部靠近支座部位，其为受力筋。

（6）钢筋的计价定额分类按不同钢种，以现浇构件、预制构件、预应力构件分别列项，定额中钢筋的规格比例、钢筋品种按常规工程综合考虑。

2. 钢筋的连接

钢筋的连接方式有焊接连接（电阻电焊、闪光对焊、电渣压力焊、气压焊、电弧焊）、绑扎连接和机械连接（套筒挤压连接和螺纹套筒连接）。

定额钢筋机械连接指的是套筒冷压、锥螺纹和直螺纹钢筋接头，焊接是指电渣压力焊和气压焊方式钢筋接头。

3. 钢筋保护层厚度

为使混凝土中的钢筋不致锈蚀，需有一定厚度的混凝土保护。钢筋保护层中的钢筋通常情况下指箍筋或外侧分布筋而不是主筋。依据《混凝土结构设计规范》（GB 50010—2010）的规定，最外层钢筋外边缘至混凝土表面的距离，不应小于钢筋的公称直径，且应符合表 6.18 中所列数值。

表 6.18　混凝土保护层最小厚度　单位：mm

环境类别	墙、板	梁、柱	环境类别	墙、板	梁、柱
一	15	20	三 a	30	40
二 a	20	25	三 b	40	50
二 b	25	35			

对于表 6.18：①表中混凝土保护层厚度指最外层钢筋外边缘至混凝土表面的距离，适用于设计使用年限为 50 年的钢筋混凝土结构。②构件中受力钢筋的保护层厚度不应小于钢筋的公称直径。③设计使用年限为 100 年的混凝土结构，一类环境中，最外层钢筋的保护层厚度不应小于表 6.19 中数值的 1.4 倍；二类、三类环境中，应采取专门的有效措施。④混凝土强度等级不大于 C25 时，表中保护层厚度数值应增加 5mm。⑤基础底面钢筋保护层的厚度，有混凝土垫层时应从垫层顶面算起，且不应小于 40mm；无垫层时不应小于 70mm。⑥混凝土结构的环境类别见表 6.19。

表 6.19　混凝土结构的环境类别

环境类别	条　件
一	室内干燥环境；无侵蚀性静水浸没环境
二 a	室内潮湿环境；非严寒和非寒冷地区的露天环境； 非严寒和非寒冷地区与无侵蚀性的水或土壤直接接触的环境； 严寒和寒冷地区的冰冻线以下与无侵蚀性的水或土壤直接接触的环境
二 b	干湿交替环境，水位频繁变动环境，严寒和寒冷地区的露天环境； 严寒和寒冷地区的冰冻线以上与无侵蚀性的水或土壤直接接触的环境
三 a	严寒和寒冷地区冬季水位变动区环境，受除冰盐作用环境，海风环境
三 b	盐渍土环境，受除冰盐作用环境，海安环境
四	海水环境
五	受人为或自然的侵蚀性物质影响的环境

4. 钢筋的锚固长度

钢筋的锚固长度一般指梁、板、柱等构件的受力钢筋伸入支座或基础中的总长度，是受力钢筋通过混凝土与钢筋的黏结将所受的力传递给混凝土所需的长度，可以直线锚固或弯折锚固。钢筋末端配置弯钩和机械锚固是减小锚固长度的有效方式，其原理是利用受力钢筋端部锚头（弯钩、贴焊锚焊接锚板或锚栓锚头）对混凝土的局部挤压作用加大锚固承载力。依据《混凝土结构施工图平面整体表示方法制图规则和构造详图》16G101 系列图集，受拉钢筋的锚固长度、搭接长度取值见表 6.20、表 6.21。

表 6.20　受拉钢筋基本锚固长度　　单位：mm

钢筋种类	混凝土强度等级								
	C20	C25	C30	C35	C40	C45	C50	C55	≥C60
HPR300	39d	34d	30d	28d	25d	24d	23d	22d	21d
HRB335、HRBF335	38d	33d	29d	27d	25d	23d	22d	21d	21d
HRB400、HRBF400 RRB400	—	40d	35d	32d	29d	28d	27d	26d	25d
HRB500、HRBF500	—	48d	43d	39d	36d	34d	32d	31d	30d

表 6.21　　抗震设计时受拉钢筋基本锚固长度　　单位：mm

钢筋种类	抗震等级	混凝土强度等级								
		C20	C25	C30	C35	C40	C45	C50	C55	≥C60
HPR300	一级、二级	45*d*	39*d*	35*d*	32*d*	29*d*	28*d*	26*d*	25*d*	24*d*
	三级	41*d*	36*d*	32*d*	29*d*	26*d*	25*d*	24*d*	23*d*	22*d*
HRB335 HRBF335	一级、二级	44*d*	38*d*	33*d*	31*d*	29*d*	26*d*	25*d*	24*d*	24*d*
	三级	40*d*	35*d*	31*d*	28*d*	26*d*	24*d*	23*d*	22*d*	22*d*
HRB400 HRBF400 RRB40	一级、二级	—	46*d*	40*d*	37*d*	33*d*	32*d*	31*d*	30*d*	29*d*
	三级	—	42*d*	37*d*	34*d*	30*d*	29*d*	28*d*	27*d*	26*d*
HRB500 HRBF500	一级、二级	—	55*d*	49*d*	45*d*	41*d*	39*d*	37*d*	36*d*	35*d*
	三级	—	50*d*	45*d*	41*d*	38*d*	36*d*	34*d*	33*d*	32*d*

注　1. 表中钢筋直径<25；HPB300 钢筋末端应做 180°弯钩，弯后平直长度不应小于 3*d*，但做受压钢筋时可不做弯钩。

2. 当锚固钢筋保护层厚度不大于 5*d* 时，锚固钢筋长度范围内应设置横向构造钢筋，其直径不应小于 *d*/4（*d* 为锚固钢筋最大直径）；对梁、柱等构件间距不应大于 5*d*，对墙、板等构件间距不应大于 10*d*，且均不应大于 100mm。

【例 6.36】 某框架结构，抗震等级为二级，HRB335 普通钢筋，钢筋直径 25mm，混凝土强度 C30，求其抗震锚固长度是多少？

解： 根据抗震等级为二级，HRB335 普通钢筋，钢筋直径 25mm，混凝土强度 C30，查表得：

$$L_{aE}=33d=33\times25=825(\mathrm{mm})$$

5. 钢筋工程量定额计算方法

（1）定额计算规则。

1）钢筋工程应区别构件及钢种，以理论质量计算。

理论质量＝设计图示长度×钢筋单位理论质量

包括设计要求锚固、搭接和钢筋超定尺长度必须计算的搭接用量；钢筋的冷拉加工费不计，延伸率不扣。

2）设计套用标准图集时，按标准图集钢筋（铁件）用量表所列数量计算，标准图集未列钢筋（铁件）用量表时，按标准图集图示及本规则计算。

3）计算钢筋用量时应扣除保护层厚度。

4）地下连续墙墙身内“十”字钢板封口按设计图示尺寸以净重量计算。

5）钢筋搭接长度及数量应按设计图示、标准图集和规范要求计算。遇设计图示、标准图集和规范要求不明确时，钢筋的搭接及数量可按以下规则计算：

a. 灌注桩钢筋笼纵向钢筋、地下连续墙钢筋笼钢筋定额按单面焊接头考虑，搭接长度按 10d 计算；灌注桩钢筋笼螺旋箍筋的超长搭接已综合考虑，发生时不另计算。

b. 建筑物柱、墙构件竖向钢筋搭接按自然层计算。

c. 单根钢筋连续长度超过 9m 的，按每 9m 计算一个接头，该接头按绑扎搭接计算时，搭接长度不做箍筋加密计算基数。

d. 当钢筋接头设计要求采用机械连接、焊接时，应按实际采用接头种类和个数列项计算，计算该接头后不再计算该处的钢筋搭接长度。

6）钢筋（板筋）、拉筋的长度及数量应按设计图示，标准图集和规范要求计算，遇设计图示、标准图集和规范要求不明确时，箍筋（板筋）的设计间距、拉筋的长度及数量可按以下规则计算：

a. 墙板 S 形拉结钢筋长度按墙板厚度扣保护层加两端弯钩计算。

b. 弯起钢筋不分弯起角度，每个斜边增加长度按梁高，（或板厚）乘以 0.4 计算。

c. 箍筋（板筋）排列根数为柱、梁、板净长除以箍筋（板筋）的设计距离；设计有不同距离时，应分段计算。柱净长按层高计算，梁净长按混凝土规则计算，板净长指主（次）梁与主梁之间的净长。计算中有小数时，向上取整。

d. 桩螺旋箍筋长度计算为螺旋斜长加螺旋箍上下端水平段长度计算：

$$\text{螺旋斜长}=\sqrt{[(D-2C+d)\pi]^2+h^2}\,n$$

$$\text{水平箍筋长度}=\pi(D-2C+d)(1.5\times2)$$

式中　D——桩直径，m；

C——筋保护层厚度，m；

d——箍筋直径，m；

h——箍筋间距，m；

n——箍筋道数（桩中箍筋配置范围除以箍筋间距，计算有小数时向上取整）。

7）双层钢筋撑钢筋脚按设计规则计算，设计未规定时，均按同板中小规格主筋计算，基础底板每平方米 1 只。长度按底板板厚乘以 2 再加 1m 计算，板每平方米 3 只，长度按板厚乘以 2 再加 0.1m 计算，双层钢筋的撑脚布置数量均按板（不包括柱、梁）的净面积计算。

8）后张预应力构件不能套用标准图集计算时，其预应力筋按设计构件尺寸，并区别不同的锚固类型，分别按下列规定计算：

a. 钢绞线采用 JM、XM、QM 型锚具，孔道长度小于 20m 时，钢绞线长度按孔道长度增加 1m 计算；孔道长度大于 20m 时，钢绞线长度按孔道长度增加 1.8m 计算。

b. 钢丝束采用锥形锚具，孔道长度小于 20m 时，钢丝束长度按孔道长度增加 1m 计算；孔道长度大于 20m 时，钢丝束长度按孔道长度增加 1.8m 计算。

c. 钢丝束采用墩头锚具时，钢丝束长度按孔道长度增加 0.35m 计算。

9）预应力钢丝束、钢绞线锚具安装按套数计算。不分一端、两端张拉时锚具的不同，均按两端为 1“套”计算。

10）植筋按数量计算，植入钢筋按外露和植入部分长度之和乘以单位理论质量计算。

11）现场预制桩钢筋工程量按设计图用量另加桩综合损耗率 1.5%计算。

12）混凝土构件预埋铁件、螺栓，按设计图示尺寸以净重量计算。

13）墙柱拉接筋采用预埋或植筋方式的钢筋工程量均并入砌体内加固钢筋计算。

14）沉降观测点列入钢筋（或铁件）工程量内计算，采用成品的按成品价计算。

（2）定额计价说明。

1）钢筋工程按现浇构件钢筋、地下连续墙钢筋、桩钢筋等不同用途、不同强度等级和规格，以圆钢、螺纹钢、箍筋及钢绞线等分别列项，发生时分别套用相应定额。

2）除定额规定单独列项计算以外，各类钢筋、铁件的制作成型、绑扎、接头、安装及固定所用工料机消耗均已列入相应项目内。

3）钢筋连接接头。

a. 除定额另有说明外，均按绑扎搭接计算。

b. 当设计规定采用直螺纹、锥螺纹、冷挤压、电渣压力焊和气压焊连接时，则以设计规定的连接方式按个数计算套用相应定额。

c. 单根钢筋连续长度，超过 9m（定额规定），可按设计规定计算一个接头，该接头按绑扎搭接计算时，搭接长度不做箍筋加密计算基数。

4）钢筋工程中措施钢筋，设计有规定时按设计的品种、规格执行相应项目；如设计无规定时，仅计楼板及基础底板的撑脚（铁马）。多排钢筋的垫铁在定额损耗中已综合考虑，发生时不另计算。

5）现浇构件冷拔钢丝按 Φ10 以内钢筋制安定额执行。

6）定额已综合考虑预应力钢筋的张拉设备，预应力钢筋如设计要求人工时效处理时，应另行计算。

7）预应力钢丝束、钢绞线综合考虑了一端、两端张拉；锚具按单锚、群锚分别列项单锚按单孔锚具列入，群锚按 3 孔列入。预应力钢丝束、钢绞线长度大于 50m 时，应采用分段张拉。

8）植筋深度，定额按 $10d$ 考虑，如设计要求植筋深度与定额不同时，相应定额按比例调整。植筋定额未包括钢筋、化学螺栓的主材费，钢筋按设计长度计算套钢筋制作、安装相应项目执行，化学螺栓的主材费另行计算，使用化学螺栓时，应扣除植筋胶的消耗量。

9）地下连续墙钢筋笼绑扎平台制作、安装费不含地下连续墙钢筋制作平台费用，发生时按批准的施工措施方案另行计算。

10）现场预制桩钢筋执行现浇构件钢筋。

11）除模板所用铁件及成品构件内已包括的铁件外，定额均不包括混凝土构件内的预埋铁件，预埋铁件及用于固定或定位预埋铁件（螺栓）所消耗的钢筋、钢板、型钢等应按设计图示计算工程量，执行铁件定额。

6.“平法”钢筋概述

（1）“平法”是“建筑结构平面整体设计方法”的简称，是把结构构件的尺寸和配筋等按照平面整体表示方法制图规则，整体直接表达在各类构件的结构平面布置图上，再与相应的“结构设计总说明”和梁、柱、墙等构件的“标准构造详图”相配合，构成一套完整的结构设计。现行的《混凝土结构施工图平面整体表示方法制图规则和构造详图》16G101 系列图集（16G101 - 1——现浇混凝土框架、剪力墙、梁、板；16G101 - 2——现浇混凝土板式楼梯；16G101 - 3——独立基础、条形基础、筏形基础及桩基承台）自 2016 年 9 月 1 日实行。本书仅以框架柱、梁、板为例简要介绍平法钢筋的计算方法。

（2）钢筋计算原理。在计算钢筋工程量时，其最终就是计算钢筋的长度。

$$钢筋重量 = 钢筋长度 \times 根数 \times 理论重量$$

$$钢筋长度 = 净长 + 锚固长度 + 搭接 + 弯钩(\text{I}级钢)$$

(3) 钢筋平法计算中常用的符号及其含义详见表 6.22。

表 6.22　　　　**平法符号及含义**

符号	含　　义	符号	含　　义
L_{ab}	受拉钢筋基本锚固长度	L_a	受拉钢筋锚固长度
L_{abE}	抗震设计时受拉钢筋基本锚固长度	L_{aE}	受拉钢筋抗震锚固长度
L_{lE}	纵向受拉钢筋抗震搭接长度	L_L	纵向受拉钢筋搭接长度
C	混凝土保护层厚度	d	钢筋直径
h_b	为梁截面高度	L_w	钢筋弯折长度
H_n	为所在楼层的柱净高	L_n	梁跨净长
h_c	在计算柱钢筋时为柱截面长边尺寸（圆柱为截面直径），在计算梁钢筋时：h_c 为柱截面沿框架方向的高度		

7. 框架柱钢筋计算

(1) “平法”标注方法。现行柱钢筋“平法”设计的表达方式有列表注写方式、截面注写方式两种。

1) 列表注写方式。在柱平面布置图上，分别在同一编号（有 5 种：框架柱 KZ、转换柱 ZKZ、芯柱 XZ、梁上柱 LZ、剪力墙柱 QZ）的柱中选择一个或几个截面标注几何参数代号（反映截面对轴线的偏心情况），用简明的柱表注写柱编号、各柱段起止标高、几何尺寸（含截面对轴线的偏心情况）与配筋数值，并配以各种柱截面形状及箍筋类型图。如图 6.54 所示。

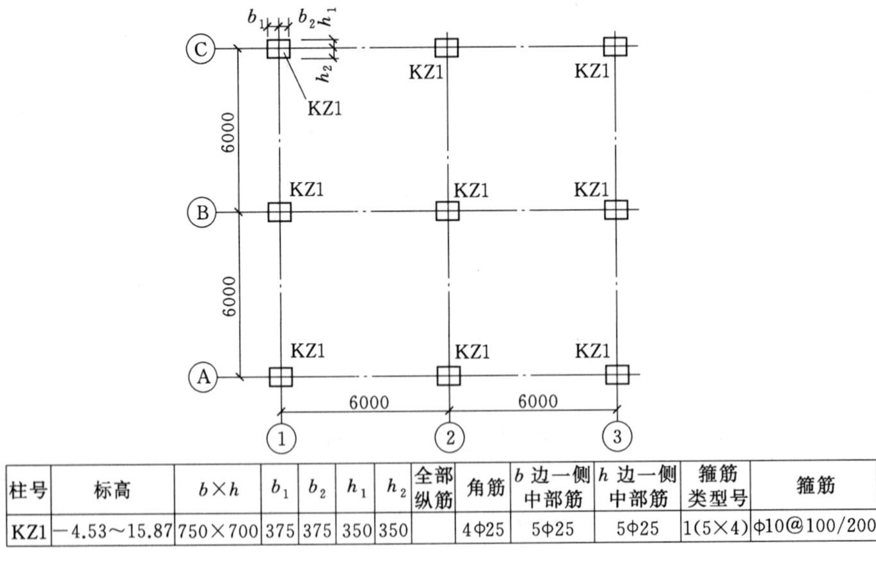

柱号	标高	$b\times h$	b_1	b_2	h_1	h_2	全部纵筋	角筋	b 边一侧中部筋	h 边一侧中部筋	箍筋类型号	箍筋
KZ1	−4.53～15.87	750×700	375	375	350	350		4Φ25	5Φ25	5Φ25	1(5×4)	Φ10@100/200

图 6.54　柱列表注写方式

a. 框架柱：在框架结构中主要承受竖向压力，将来自框架梁的荷载向下传输，是框架结构中承力最大构件。

b. 转换柱：因使用功能不同上部楼层部分竖向构件（剪力墙、框架柱）不能直接连续贯通落地。出现在框架结构向剪力墙结构转换层，柱的上层变为剪力墙时该柱定义为转换柱。包括部分框支剪力墙结构中的框支柱和框架-核心筒、框架-剪力墙结构中支承托柱转换梁的柱。

c. 芯柱：它不是一根独立的柱子，在建筑外表是看不到的，隐藏在柱内。当柱截面较大时，由设计人员计算柱的承力情况，当外侧一圈钢筋不能满足承力要求时，在柱中再设置一圈纵筋。由柱内内侧钢筋围成的柱称之为芯柱。

d. 梁上柱：柱的生根不再基础而在梁上的柱称之为梁上柱。主要出现在建筑物上下结构或建筑布局发生变化时。

e. 墙上柱：柱的生根不再基础而在墙顶面标高处的柱称之为墙上柱。同样，主要还是出现在建筑物上下结构或建筑布局发生变化时。

柱表中自柱根部（基础顶面标高）往上以变截面位置或配筋改变处为界分段注写。如图 6.54 所示。

2）断面注写方式：在分标准层绘制的柱平面布置图的柱截面上，分别在同一编号的柱中选择一个截面，直接注写截面尺寸和配筋数值。如图 6.55 所示。

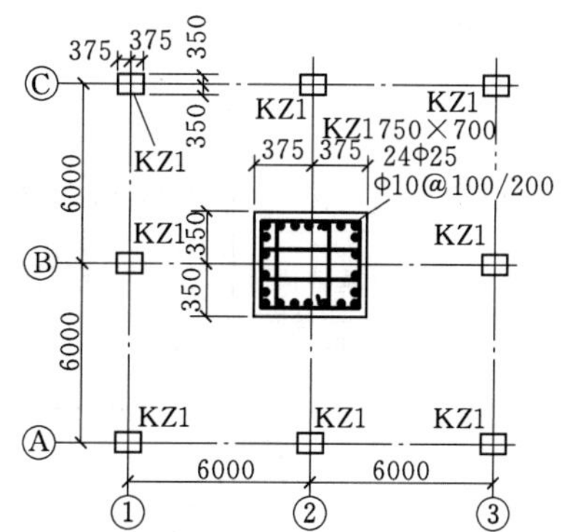

层号	标高/m	层高/m
屋面	15.870	
4	12.270	3.6
3	8.670	3.6
2	4.470	4.2
1	−0.030	4.5
−1	−4.530	4.5

图 6.55　柱平法截面注写方式

（2）柱构件钢筋计算内容。

1）柱构件骨架钢筋有纵（竖）向钢筋、箍筋。

2）纵向钢筋包括基础插筋、地下室纵筋、中间层纵筋、顶层纵筋及变截面插筋。

3）箍筋包括基础内箍筋、地下室箍筋、地上楼层箍筋。

（3）纵筋计算方法。

1）基础插筋的计算是指在浇筑基础前，根据柱子纵向钢筋的尺寸、数量将一段钢筋事先埋入基础内，插筋的根数、尺寸应与柱子纵向钢筋保持一致，等基础混凝土浇筑完成后，从插筋上往上进行连接。

插筋与植筋的区别：插筋是在混凝土浇筑之前将柱的纵筋绑扎在基础内；植筋是混凝土已浇筑而钢筋遗漏，然后钻孔用结构胶将钢筋植于孔内。

基础插筋长度＝露(伸)出长度＋(基础厚度－基础保护层)＋基础内弯折长度

露（伸）出长度＝非连接区（$H_n/3$ 或 $H_n/6$）＋搭接长度 L_{lE}（绑扎搭接时）

柱嵌固的部位就是上部结构在基础中生根部位。嵌固部位的计算，主要是因为其上的柱构件抗剪要求较大，箍筋加密区（同时也是柱纵筋非连接区）为 $H_n/3$（只有基础顶面和嵌固部位有这个要求，基础顶面和嵌固部位不一定在一起，也就是说 $H_n/3$ 加密可能出现两次）。

无地下室时，嵌固部位在基础顶。

当有地下室时，在基础顶面嵌固部位由设计决定（可设可不设），地下室顶面仍然为嵌固部位。规范规定设计需注明柱的嵌固部位位置。

基础内弯折长度如图 6.56 所示。若 $h_j > L_{aE}(L_a)$，则弯折长度＝max(6d，150mm)；若 $h_j \leqslant L_{aE}(L_a)$，则弯折长度＝15$d$。

2）地下室纵筋计算图 6.57 所示。

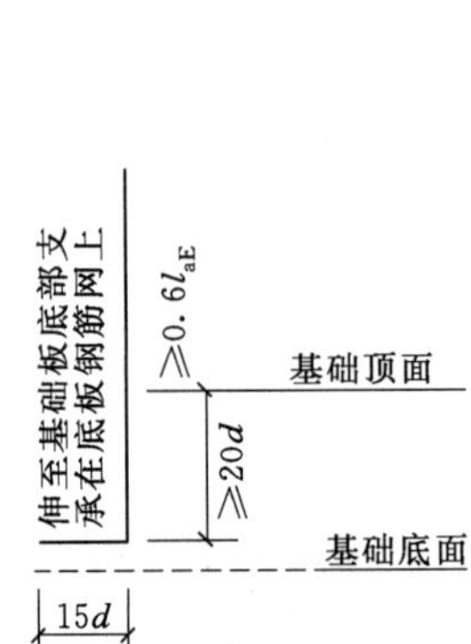

图 6.56　柱插筋构造示意图

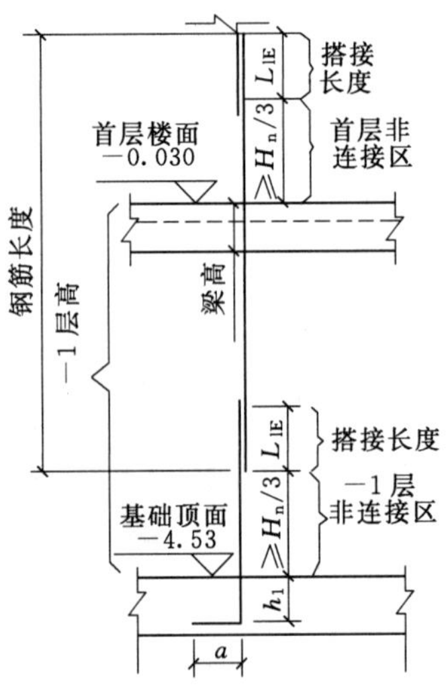

图 6.57　地下室柱纵筋示意图

纵筋长度＝地下室层高－本层净高 $H_n/3$＋首层楼层净高 $H_n/3$＋与首层纵筋搭接 l_{lE}
（如采用焊接时，搭接长度为 0）

如果出现多层地下室，只有基础层顶面和首层顶面是 1/3 净高，其余均（1/6 净高、500mm、柱截面长边）取大值。

3）首层柱纵筋计算如图 6.58 所示。

纵筋长度＝首层层高－首层净高 $H_n/3$＋max{二层楼层净高 $H_n/6$，500mm，柱截面长边尺寸（圆柱直径）}＋与二层纵筋搭接 L_{lE} 如采用焊接时，搭接长度为 0）

4）中间层柱纵筋计算图 6.59 所示。

纵筋长度＝二层层高－max{二层 $H_n/6$，500mm，柱截面长边尺寸（圆柱直径）}
＋max{三层楼层净高 $H_n/6$，500mm，柱截面长边尺寸（圆柱直径）}
＋与三层纵筋搭接 L_{lE}（如采用焊接时，搭接长度为 0）

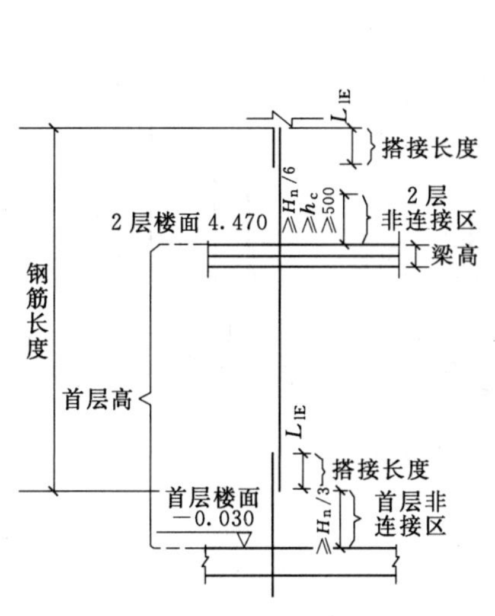

图 6.58 首层柱纵筋示意图

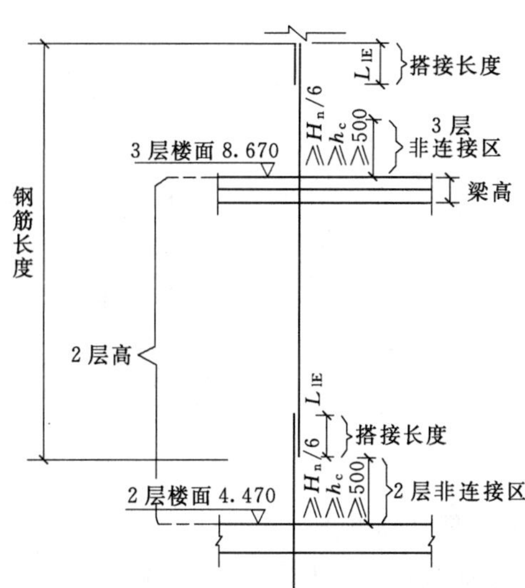

图 6.59 中间层柱纵筋示意图

5）顶层柱纵筋计算。顶层柱依据柱在平面位置分为角柱、边柱、中柱，其构造及锚固要求不同，具体计算详见表 6.23。构造及锚固示意如图 6.60 所示。

表 6.23　　顶层柱纵筋计算表

钢筋部位及其名称	计算公式	说明
角柱纵筋	外侧钢筋长度＝顶层层高－max{本层楼层净高 $H_n/6$，500mm，柱截面长边尺寸(圆柱直径)}－梁高＋$1.5L_{abE}$	以常见的②节点为例（16G101－1 的 P67）：当框架柱为矩形截面时，外侧钢筋根数为：3 根角筋，b 边钢筋总数的 1/2，h 边钢筋总数的 1/2，内侧钢筋根数为：1 根角筋，b 边钢筋总数的 1/2，h 边钢筋总数的 1/2
	内侧纵筋长度＝顶层层高－max{本层楼层净高 $H_n/6$，500mm，柱截面长边尺寸(圆柱直径)}－梁高＋锚固长度 其锚固长度取值为： a. 当柱纵筋伸入梁内的直段长＜L_{aE}时，则弯锚。柱纵筋伸至柱顶后弯折 $12d$，锚固长度＝梁高－保护层＋$12d$； b. 当柱纵筋伸入梁内的直段长≥L_{aE}时，则直锚。柱纵筋伸至柱顶后截断，锚固长度＝梁高－保护层	
边柱纵筋	边柱内侧钢筋、内侧角筋长度的计算同中柱 边柱外侧角筋长度＝层高－本层的露出长度－保护层＋节点设置中的柱外侧纵筋顶层弯折 节点设置中的柱外侧纵筋顶层弯折＝max{$1.5L_{abE}$－(节点高－保护层)，$15d$}	
中柱纵筋	中柱纵筋长度＝顶层层高－max{本层楼层净高 $H_n/6$，500mm，柱截面长边尺寸(圆柱直径)}－梁高＋锚固 其中锚固长度取值为： a. 当柱纵筋伸入梁内的直段长＜L_{aE}时，则使用弯锚形式，柱纵筋伸至柱顶后弯折 $12d$，锚固长度＝梁高－保护层＋$12d$； b. 当柱纵筋伸入梁内的直段长≥L_{aE}时，则使用直锚形式，柱纵筋伸至柱顶后截断，锚固长度＝梁高－保护层	

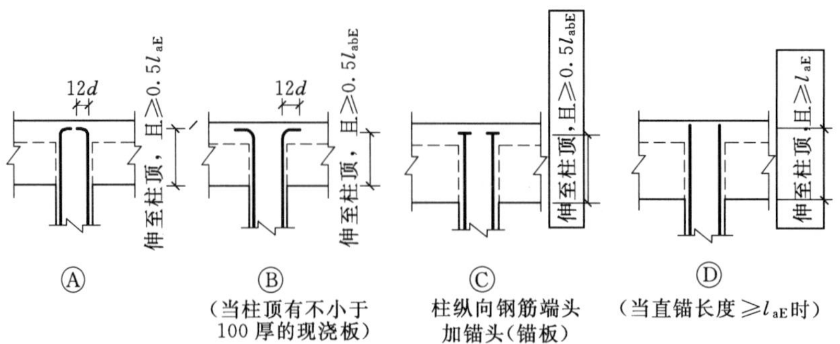

图 6.60 中柱柱顶纵向钢筋构造Ⓐ～Ⓓ

（4）箍筋计算方法。

1）箍筋复合方式如图 6.61 所示。

2）箍筋长度计算。

a. 以图 6.62、图 6.63 为例对 1 号箍筋、2 号箍筋、3 号箍筋、4 号拉筋进行计算：

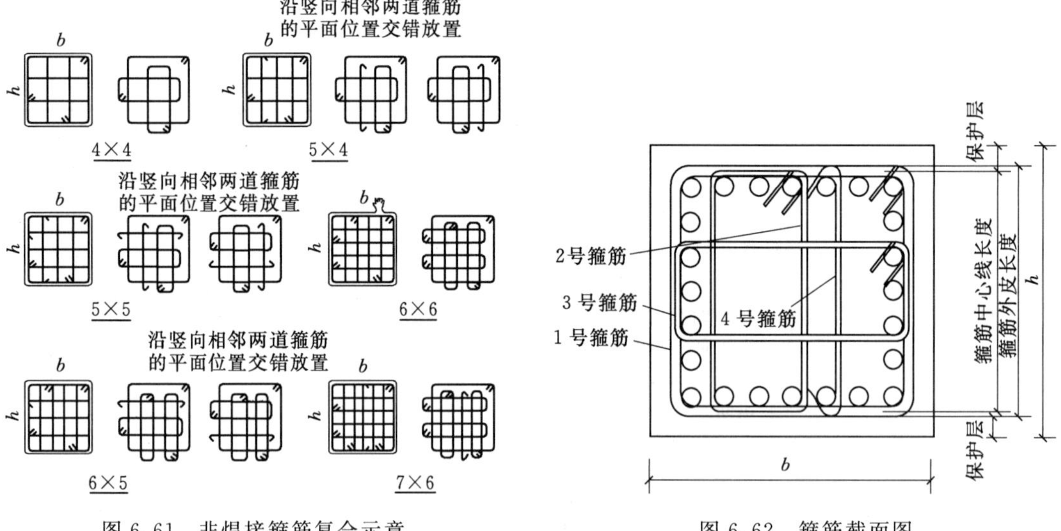

图 6.61 非焊接箍筋复合示意

图 6.62 箍筋截面图

1 号箍筋长度＝$(b+h)\times2-8c+1.9d\times2+\max(10d,75\text{mm})\times2$

2 号箍筋长度＝$[(b-2c-2d-D)/6\times2+D+2d]\times2+(h-2c)\times2+2\times[1.9d+\max(10d,75\text{mm})]$

3 号箍筋长度＝$[(h-2c-D)/6\times2+D+2d]\times2+(b-2c)\times2+2\times[1.9d+\max(10d,75\text{mm})]$

4 号拉筋长度 1＝$(h-2c)+1.9d\times2+\max(10d,75\text{mm})\times2$

4 号拉筋长度 2＝$(h-2c+2d)+1.9d\times2+\max(10d,75\text{mm})\times2$

式中 b——柱截面平行 X 轴线尺寸，mm；

h——柱截面平行 Y 轴线尺寸，mm；

d——箍筋直径，mm；

c——保护层，mm；

D——纵向钢筋直径，mm。

b. 圆形柱；箍筋截面如图 6.64 所示。

$$箍筋长度=周长(按扣除保护层的直径)+max(10d,75mm)×2+搭接长度$$

$$搭接长度=max(L_{aE},300mm)$$

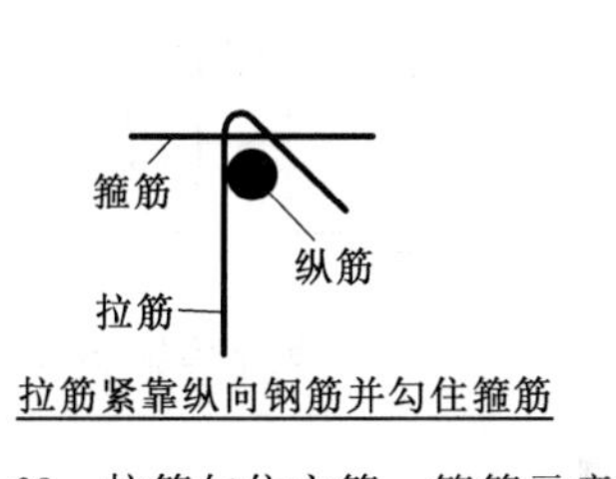

图 6.63 拉筋勾住主筋、箍筋示意图

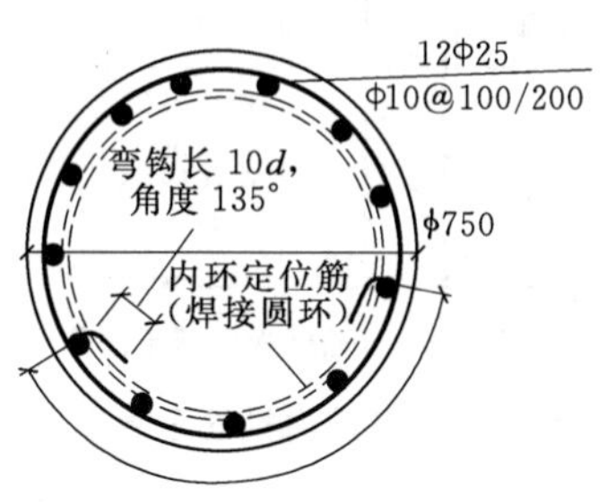

图 6.64 圆形柱箍筋截面图

3）柱箍筋根数计算。基础内箍筋、地下室箍筋、地上楼层箍筋根数计算见表 6.24。

表 6.24　　箍筋根数计算表

钢筋部位	箍筋根数计算公式	说　明
基础层	通常为间距≤500mm 且不少于 2 道矩形封闭箍筋（非复合箍）	16G101－3 的 P66
地下室～1 层	箍筋根数＝（H_n/3－50）/加密区间距或 max（H_n/6，500mm，h_c）/加密区间距＋搭接长度/加密间距＋max（H_n/6，500mm，h_c）/加密区间距＋节点高/加密区间距＋（柱净高－加密长）/非加密间距＋1	有地下室基础顶面嵌固部位由设计决定（可设可不设）
首层	箍筋根数＝（H_n/3－50）/加密区间距＋搭接长度/加密间距＋max（H_n/6，500mm，h_c）/加密区间距＋节点高/加密区间距＋（柱净高－加密长）/非加密间距＋1	16G101－1 的 P58、P61： 1）当柱纵筋采用搭接连接时，应在柱纵筋搭接长度范围内均按≤5d（d 为搭接钢筋较小直径）及≤100mm的间距加密箍筋； 2）图中所包含的柱箍筋加密区范围及构造适用于抗震框架柱、剪力墙上柱、梁上柱
中间层顶层	箍筋根数：［max（H_n/6，500mm，h_c）－50］/加密区间距＋搭接长度/加密间距＋max（H_n/6，500mm，h_c）/加密区间距＋节点高/加密区间距＋（柱高度－加密长）/非加密间距＋节点高/加密区间距＋1	

a. 基础内箍筋根数：基础内箍筋示意如图 6.65 所示。保护层厚度＞5d 不少于 2 根；保护层厚度≤5d 加密。

b. 地下室箍筋根数如图 6.66 所示进行计算，其计算结果见表 6.25。纵向钢筋直径 HRB335 直径 25mm，混凝土强度 C20，三级抗震，箍筋为 Φ10@200/100，同一截面内搭接钢筋面积要求不超过 25%。

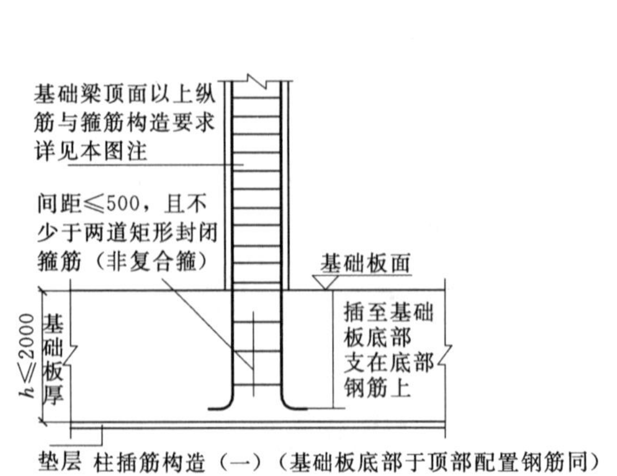

图 6.65　基础内箍筋示意图

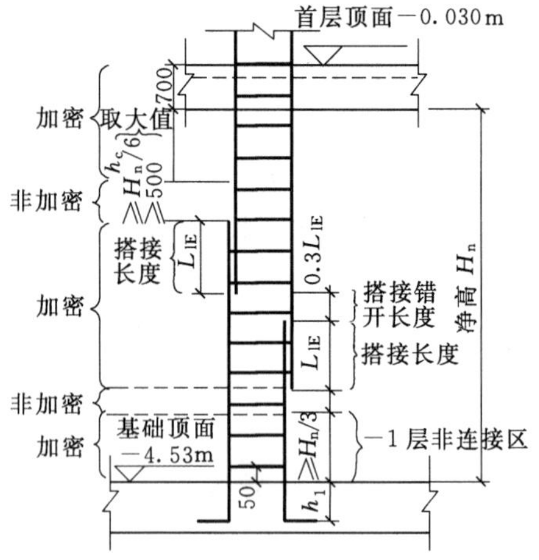

图 6.66　地下室箍筋示意图

表 6.25　　　地下室箍筋根数计算表

加密部位	加密范围	加密长度/mm	加密长度合计/mm	加密判断
基础根部	$H_n/3$	(4530－30－700)/3＝1267	1267＋2760＋700＋700＝5427	因为 5427mm 大于层高 4500mm，所以全高加密
搭接范围	$48d+0.3\times48d+48d$	(2＋0.3)×48×25＝2760		
梁下部位	max(h_c，$H_n/6$，500)	Max(700，3800/6，500)		
		700		
梁高范围	梁高	700		

－1 层箍筋根数计算				
计算方法	根数＝(－1 层层高－50)/加密间距＋1			
计算过程	－1 层层高/mm	第一根钢筋距基础顶的距离/mm	加密间距/mm	结果
	4500	50	100	
计算公式/根	(4500－50)/100＋1＝45.5			46

c. 地上楼层箍筋根数。以图 6.67 为例，1 层纵向钢筋直径 HRB335 直径 25mm，混凝土强度 C20，三级抗震，钢筋连接采用电渣压力焊，箍筋为Φ12@200/100，箍筋根数计算结果见表 6.26。

表 6.26　　　1 层箍筋根数计算表

加密部位	加密范围	加密长度/mm	加密长度合计/mm	加密判断
基础根部	$H_n/3$	(4500－700)/3＝1267	1267＋700＋700＝2667	2667mm 加密
梁下部位	max(h_c，$H_n/6$，500)	Max(700，3800/6，500)		
		700		
梁高范围	梁高	700		

1 层箍筋根数计算		
计算方法	根数＝(1 层加密区范围－50)/加密间距＋(层高－加密区范围)/非加密区间距＋1	
计算公式/根	(2667－50)/100＋(4500－2667)/200＋1＝36.3	37

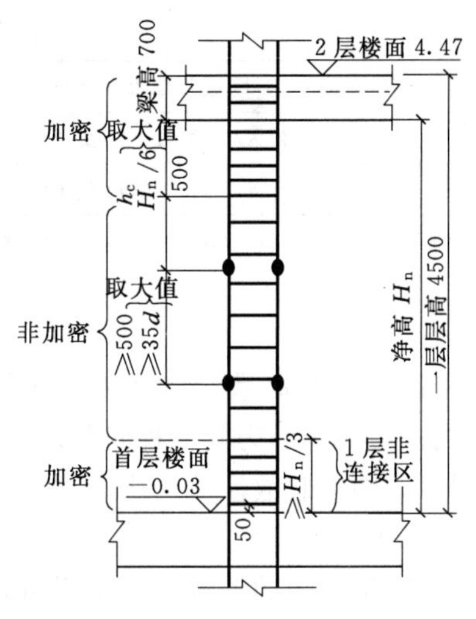

图 6.67　层柱箍筋计算图

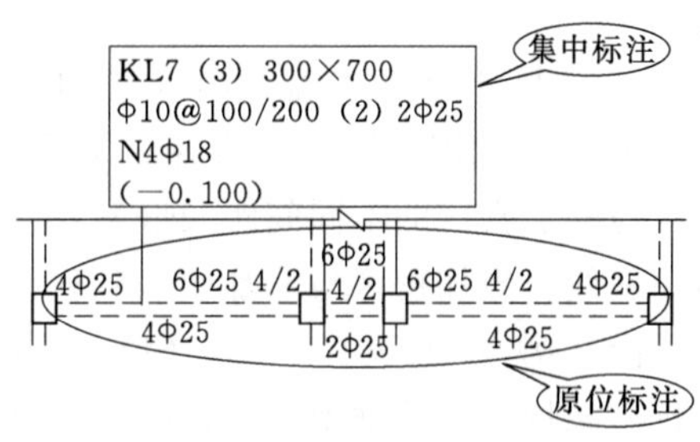

图 6.68　梁平法标注示意

8. 框架梁钢筋计算

(1) 平面注写方式包括集中标柱与原位标注两部分，如图 6.68 所示。

集中标注表达梁的通用数值，原位标注表达梁的特殊数值。

当集中标注的某项数值不适用于梁的某部位时，则将该项数值进行原位标注，施工时原位标注取值优先。

1) 梁集中标注。标注的内容包括六项：梁编号、梁截面尺寸、梁箍筋、梁上下通长筋及架立筋、梁侧面钢筋、梁顶面标高高差，梁集中标注如图 6.69 所示，规定如下：

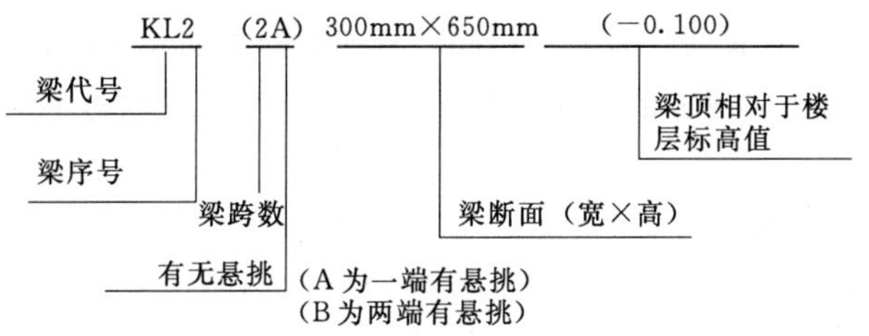

图 6.69　梁集中标注示意

a. 梁编号见表 6.27。

表 6.27　　梁　编　号

梁类型	代号	序号	跨数及是否带有悬挑
楼层框架梁	KL	X X	(X X)、(X X A) 或 (X X B)
楼层框架扁梁	KBL	X X	(X X)、(X X A) 或 (X X B)
屋面框架梁	WKL	X X	(X X)、(X X A) 或 (X X B)
框支梁	KZL	X X	(X X)、(X X A) 或 (X X B)
托柱转换梁	TZL	X X	(X X)、(X X A) 或 (X X B)
非框架梁	L	X X	(X X)、(X X A) 或 (X X B)

续表

梁类型	代号	序号	跨数及是否带有悬挑
悬挑梁	XL	X X	(X X)、(X X A) 或 (X X B)
“井”字梁	JZL	X X	(X X)、(X X A) 或 (X X B)

注　序号用阿拉伯数字；跨数是指柱或墙为梁的支座，其相邻的两个支座之间为 1 跨，(X X A) 为 1 端悬挑，(X X B) 为 2 端悬挑，悬挑不计入跨数。

b. 梁截面尺寸为 bh（宽×高），该项为必注值。

c. 梁箍筋包括钢筋级别、直径、加密区与非加密区间距及肢数，该项为必注值。箍筋加密区与非加密区的不同间距及肢数需用“/”分隔；当梁箍筋为同一种间距及肢数时，则不需用斜线；当加密区与非加密区的箍筋肢数相同时，则将肢数注写一次；箍筋肢数应写在括号内，例：Φ10@100/200（4）；Φ8@100（4）/150（2）。

当抗震结构中的非框架梁、悬挑梁、井字梁及非抗震结构中的各类梁采用不同的箍筋间距及肢数时，也用“/”将其分隔开来。注写时先注写梁支座端部的箍筋（包括箍筋的箍数、钢筋级别、直径、间距与肢数），在斜线后注写梁跨中部分的箍筋间距及肢数，例：13Φ10@150/200（4）；18Φ12@150（4）/200（2）。

d. 梁上部通长筋或架立筋配置（通长筋可为相同或不同直径采用搭接连接、机械连接或对焊接连接的钢筋），该项为必注值。

当同排纵筋中既有通长筋又有架立筋时，用加号“＋”将通长筋和架立筋相连。注写时须将角部纵筋写在加号的前面，架立筋写在加号后面的括号内，以示不同直径及与通长筋的区别。当全部采用架立筋时，则将其写入括号内，例：2Φ22＋(4Φ12)；2Φ22＋4Φ20。

当梁的上部纵筋和下部纵筋为全跨相同，且多数跨配筋相同时，此项可加注下部纵筋的配筋值，用“;”将上部与下部纵筋的配筋值分隔开来，少数跨不同者按原位标注处理，例：3Φ22；3Φ20。

e. 梁侧面纵向构造钢筋或受扭钢筋配置，该项为必注值。

当梁腹板高度 $h_w \geqslant 450$mm 时，须配置纵向构造钢筋，以大写字母 G 打头，接续注写配置在梁两个侧面的总配筋值，且对称配置，例：G4Φ12。

配置受扭纵向钢筋时以大写字母 N 打头，接续注写配置在梁两个侧面的总配筋值，且对称配置，例：N6Φ22。

f. 梁顶面标高高差，该项为选注值。

梁顶面标高高差系指相对于结构层楼面标高的高差值，对于位于结构夹层的梁，则指相对于结构层楼面标高的高差。有高差时须将其写入括号内，无高差时不注。

2）梁原位标注。

a. 当上部纵筋多于一排时，用“/”将各排纵筋自上而下分开。

b. 当同排纵筋有两种直径时，用“＋”将两种直径相连，注写时将角部纵筋写在前面。

c. 当梁中间支座两边的上部纵筋不同时，须在支座两边分别标注。

d. 支座负筋标注在梁上部相应位置（两个支座、跨中），如果支座两侧支座负筋相同，可只在一侧标注。

e. 附加箍筋或吊筋，次梁与主梁相交时设置的钢筋可直接画在平面图中的主梁上，用线引注总配筋值，如图 6.70 所示。当多数附加箍筋或吊筋相同时，可在梁平法施工图上统一注明，少数与统一注明值不同时，再原位引注。

f. 当在梁上集中标注的内容不适用于某跨或某悬挑部分时，则将其不同数值原位标注在该跨或该悬挑部位，施工时应按原位标注数值取用。

(2) 某梁平法标注示例。如图 6.71 所示，对应梁的截面配筋如图 6.72 所示，该梁平法解读详见表 6.28。

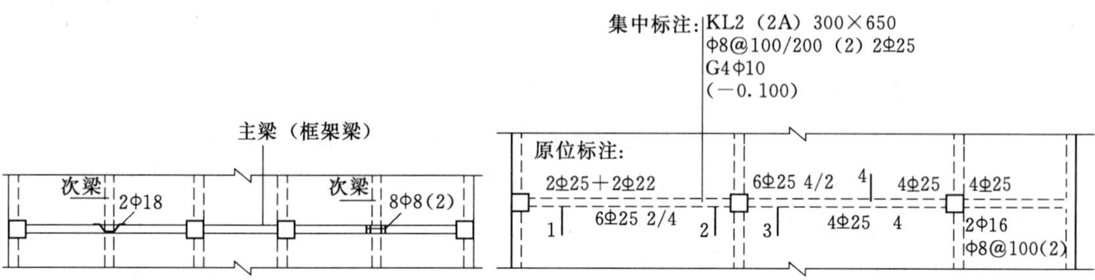

图 6.70 附加箍筋或吊筋

图 6.71 平面注写方式示例

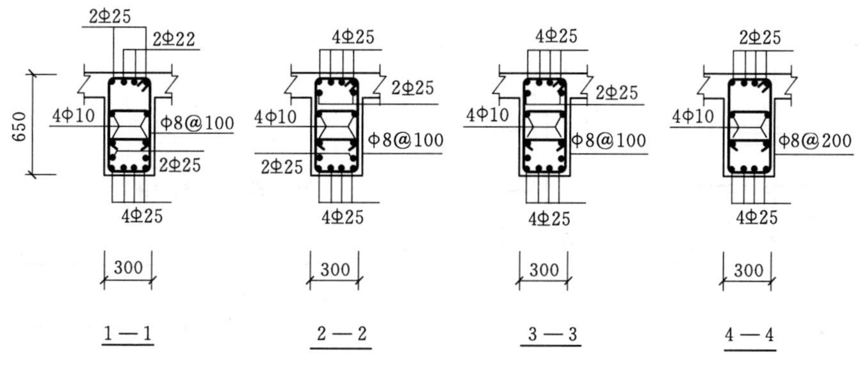

图 6.72 梁的截面配筋图

表 6.28　　梁平法解读表

集中标注	KL2（2A）300×650	表示 2 号框架梁、2 跨，一端悬挑，截面宽为 300mm，截面高为 650mm
	Φ8@100/200（2）	表示箍筋为圆钢 8mm，加密区间为 100mm，非加密区间为 200mm，2 支箍
	2Φ25	表示梁的上部贯通为 2 根二级 25mm 的钢筋
	G4Φ10	表示梁的侧面设置 4 根圆钢 10mm 的贯通构造纵筋，两侧各为 2 根
	（−0.100）	表示该梁顶面标高相对于楼板面标高低 0.1m
原位标注	左支座处 2Φ25+2Φ22	表示梁的 1 支座有 4 根钢筋，上排有 2 根 25mm 贯通筋，2 根直径 22mm 二级钢非通常筋，全部伸入支座
	中间支座处 6Φ25 4/2	表示梁的中间支座有 6 根二级 25mm 的钢筋，分 2 排布置，其中上排为 4 根，下排为 2 根，因为上排有 2 根贯通筋，所有上排只有 2 根属于支座负筋，中间支座如果只标注一边，另一边不标，说明两边的负筋一致

续表

原位标注	右支座处 4 Φ 25	表示 3 支座上部有 4 根直径 25mm 二级钢钢筋、2 根贯通筋、2 根非通常筋
	第一跨梁下部 6 Φ 25 2/4	第一跨梁的下部有 6 根二级 25mm 的钢筋，分 2 排布置，其中上排为 2 根，下排为 4 根；全部伸入支座
	第二跨下部 4 Φ 25	第二跨下部纵筋为 4 根直径 25mm 的二级钢，全部伸入支座
	右悬挑下部 2Φ16Φ8@100（2）	右悬挑下部纵筋为 2 根直径 16mm 的一级钢，双肢箍圆 8mm 箍筋全部加密间距为 100mm

（3）梁钢筋计算。

分析在平法中出现的钢筋类型：梁上下部贯通钢筋、支座负筋、架立筋、侧面纵向钢筋、吊筋、箍筋。

1）梁上部贯通钢筋计算：

梁上部贯通筋长度＝总净跨长＋左支座锚固＋右支座锚固

如果存在搭接情况，还需要把搭接长度加进去，搭接总长＝搭接长度×搭接个数。

左、右支座锚固长度的取值判断：

a. 当 h_c－保护层（直锚长度）≥L_{aE}时，取 max(L_{aE}，$0.5h_c+5d$)，如图 6.73 所示。

b. 当 h_c－保护层（直锚长度）<L_{aE}时，必须弯锚，取 max($0.4L_{aE}+15d$，h_c－保护层＋$15d$)，取值如图 6.74 所示。

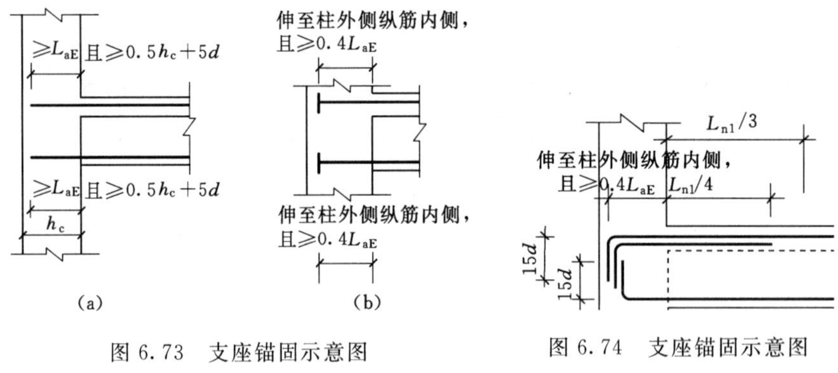

图 6.73 支座锚固示意图

（a）端支座直锚；（b）支座加锚头（锚板）

图 6.74 支座锚固示意图

2）梁下部贯通钢筋计算同上部贯通钢筋，如图 6.75 所示。

下部通筋长度＝总净跨长＋左支座锚固＋右支座锚固

3）梁端支座负筋的计算如图 6.75 所示。

a. 左、右支座（端支座）负筋：

端支座负筋长度＝(端支座锚固长度＋伸出支座的长度)×根数

第一排长度＝左或右支座锚固＋净跨长/3

第二排长度＝左或右支座锚固＋净跨长/4

b. 中间支座负筋：

负筋长度＝中间支座宽度＋左右两边伸出支座的长度

第一排长度＝2×max(第一跨,第二跨)净跨长/3＋支座宽

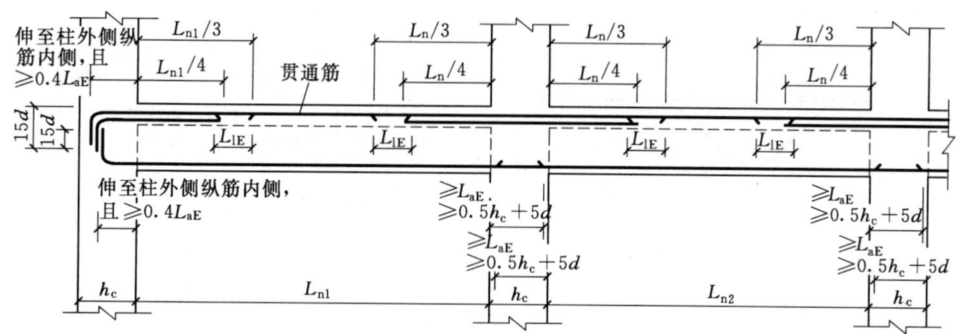

图 6.75 梁纵向钢筋示意图

第二排长度＝2×max(第一跨，第二跨)净跨长/4＋支座宽

4）架立钢筋的计算如图 6.76 所示。

架立钢筋长度＝净跨长－净跨长/3×2＋150×2

5）侧面纵向钢筋的计算如图 6.77 所示。

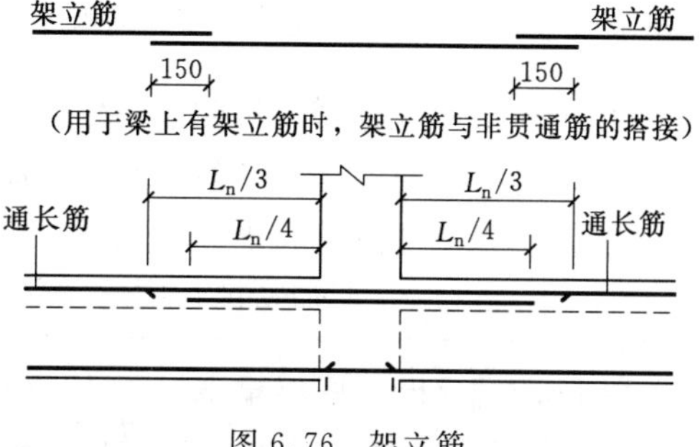

图 6.76 架立筋

侧面纵向钢筋包括构造筋和抗扭筋：

构造筋长度＝净跨长＋2×15d＋L_{lE}(L_l)

抗扭筋长度＝净跨长＋2×锚固长度(L_{aE}或L_a)＋L_{lE}(L_l)

拉筋长度＝梁宽－2×保护层＋2×11.9d＋max(10d，75mm)×2

根数按非加密区箍筋间距的 2 倍计算。

注意：在图 6.77 中：①当 h_w≥450 时，在梁的两个侧面应沿高度配置纵向构造钢筋，纵向构造钢筋间 a≤200。②当梁宽≤350 时，拉筋直径为 6mm，当梁宽＞350 时，拉筋直径为 8mm，拉筋间距为非加密区箍筋间距的两倍，当设有多排拉筋时，上下两排拉筋竖向错开设置。

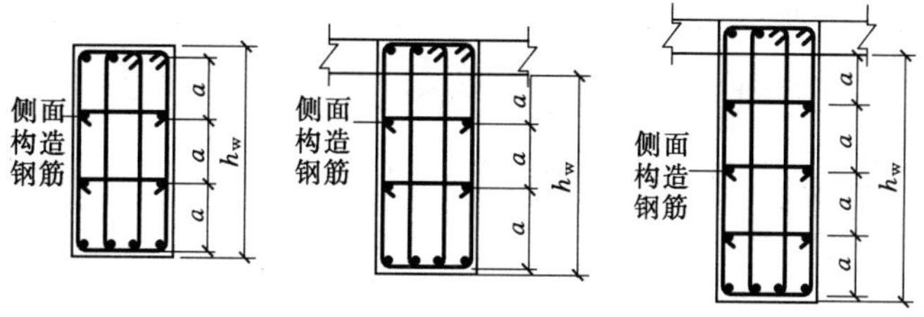

图 6.77 梁侧面纵向构造筋和拉筋

6）吊筋的计算。吊筋构造要求如图 6.78 所示。吊筋夹角取值：梁高≤800 取 45°，梁高＞800 取 60°。

吊筋长度＝次梁宽＋2×50＋2×(梁高－2 保护层)/sin45°(60°)＋2×20d

7）箍筋的计算。箍筋构造要求如图 6.79 所示，附加箍筋长度计算同柱箍筋计算。

8）框架梁箍筋构造及计算。框架梁箍筋构造要求与抗震等级有关如图 6.80、图 6.81 所示。

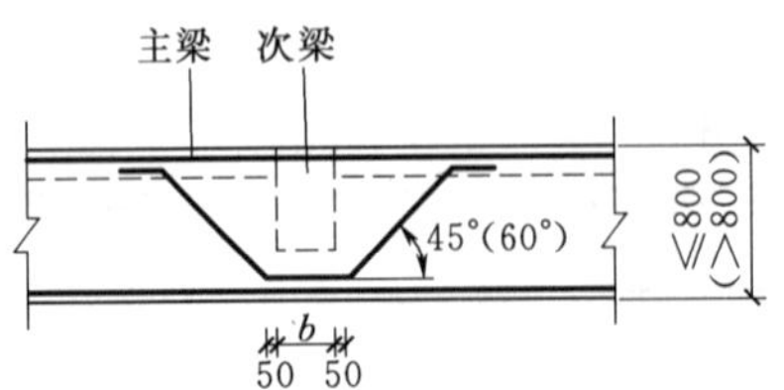

图 6.78　吊筋构造要求示意图

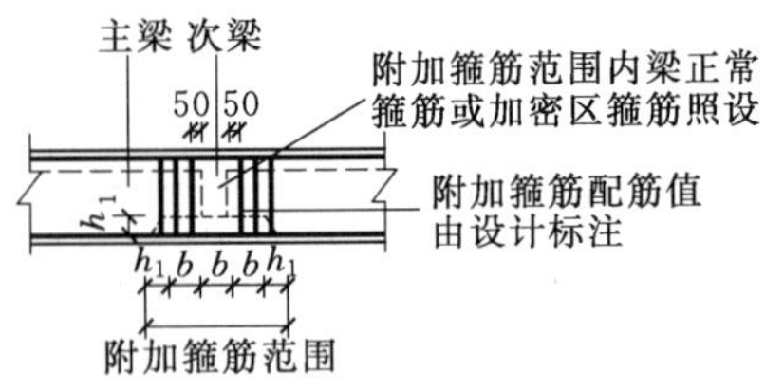

图 6.79　附加箍筋构造示意图

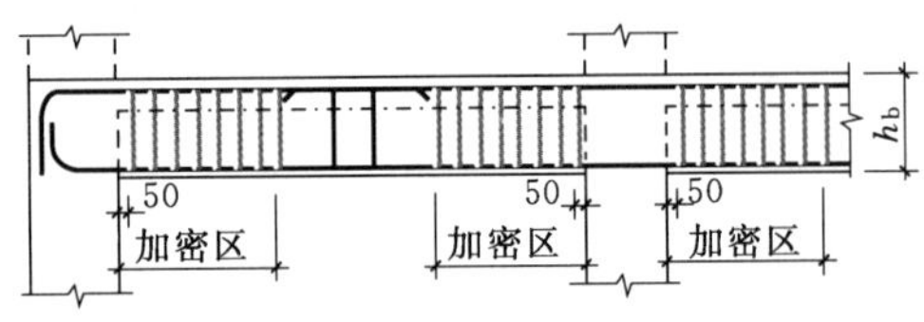

图 6.80　一级抗震等级楼层框架梁箍筋构造

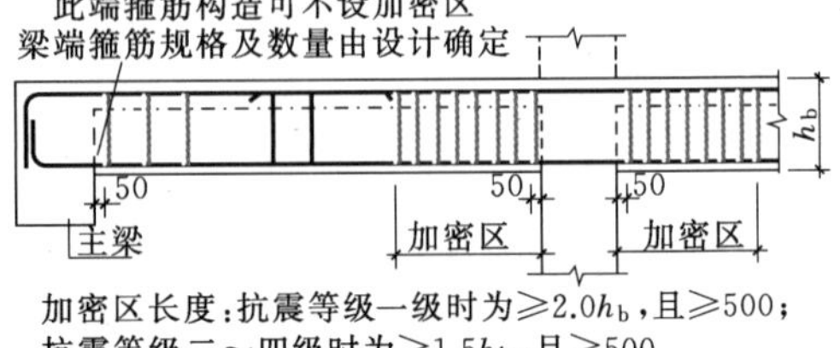

图 6.81　二至四抗震等级楼层框架梁箍筋构造

箍筋根数＝(左加密区长度－50)/加密间距＋1＋非加密区长度/非加密间距－1
＋(右加密区长度－50)/加密间距＋1

加密区长度：一级抗震为 2 倍梁高，二～四级抗震为 1.5 倍梁高。

非加密区长度＝净跨长－左加密区－右加密区

【例 6.37】 已知框架梁 KL1(1)，如图 6.82 所示，三级抗震，混凝土强度 C20，采用直螺纹连接，保护层 25mm，纵向钢筋 HRB335，试计算该框架梁钢筋工程量。

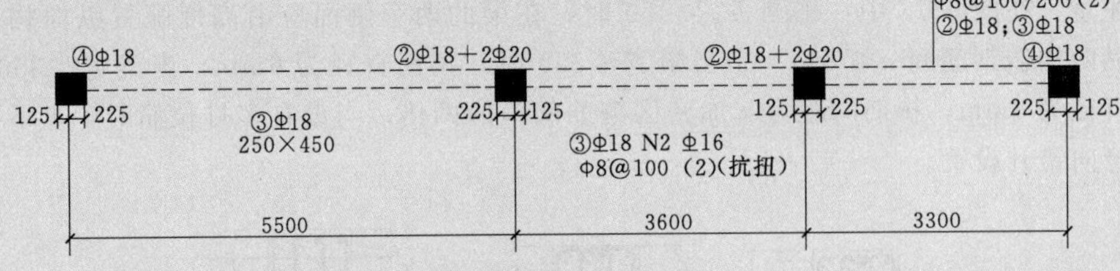

图 6.82 ［例 6.37］图

解： 根据已知条件：三级抗震，混凝土强度 C20，HRB335，查表 6.21 得 $L_{ab}=40d$

(1) 直径为 18mm，则

$$L_{aE}=40\times18=720(\text{mm})$$

首先判断支座是否可以直锚，当（支座宽－保护层）≥L_{aE}时，可直锚。

支座宽－保护层＝350－25＝325(mm)＜L_{aE}，需弯锚。

弯锚长度＝$\max(0.4L_{aE}+15d, h_c-b+15d)$

＝$\max(0.4\times720+15\times18, 350-25+15\times18)=\max(558, 595)$

＝595(mm)

（2）直径为20mm，则

$$L_{aE}=40d=800(\text{mm})$$

支座宽－保护层＝350－25＝325(mm)＜L_{aE}，需弯锚。

弯锚长度$=\max(0.4L_{aE}+15d, h_c-b+15d)=\max(0.4\times800+15\times18, 350-25+15\times18)$

$=\max(590,595)=595(\text{mm})$

（3）钢筋计算详见表6.29。

表6.29　KL1(3) 钢筋工程量计算表

钢筋名称	直径/mm	钢筋形状/mm	计算式/mm	数量/根	合计长度/m	理论质量/(kg/m)	质量/kg
1跨上通长筋	18	270 12600 270	12400－225×2＋595×2＝1314	2	26.28	2.00	52.56
1跨左支座筋	18	270 2008	(5500－225×2)/3＋595＝2278	2	4.556	2.00	9.112
1跨右支座筋	20	3716	2×max（第一跨，第二跨净跨长）/3＋支座宽 ＝2×max(5500－225×2,3600－125×2)/3＋350 ＝2×1683＋350＝3716	2	7.432	2.468	18.357
1跨下部钢筋	18	270 5700 270	595＋(5500－225×2)＋595＝6240	3	18.72	2.00	37.44
2跨右支座筋	20	2534	3350/3＋350＋(3600－125×2)/3＝2583	2	5.168	2.468	12.765
2跨侧面受扭筋	16	4630	$40d$＋3600－125×2＋$40d$ ＝40×18＋3600－125×2＋40×18＝4630	2	9.26	1.58	14.631
2跨、3跨下通长筋	18	270 7595	$40d$＋3600＋3300－350＋350－25＋$15d$ ＝40×18＋6550＋595＝7865	3	23.595	2.00	47.19
3跨右支座负筋	18	270 1275	(3300－225×2)/3＋350－25＋$15d$ ＝2850/3＋595＝1545	2	3.09	1.58	6.18
1跨箍筋	8	400 200	$n=\left(\frac{1.5h_{b2}-50}{100}\right)+\left(\frac{5500-225\times2-1.5h_{b2}\times2}{200}\right)\times2+1=14.5+18.5+1=34$ 2×[(250－2×25)＋(450－2×25)]＋2×(11.9d)＝4726	34	47.26	0.395	18.668
2跨、3跨箍筋	8	320 200	$n=\frac{3600-125\times2-50\times2}{100}+1+\left(\frac{1.5h_{b2}-50}{100}\right)\times2$ $\frac{3300-225\times2-1.5h_{b2}\times2}{200}+1=56$ L＝2×[(250－2×25)＋(370－2×25)]＋2×(11.9d) ＝6888	56	68.88	0.395	27.208
2跨拉筋	6	200	250－2×25＋2×(75＋1.9d) ＝200＋2×(75＋1.9×6)＝373 根数＝(3600－125×2－50×2)/200＋1＝18	18	6.714	0.222	1.491

9. 板钢筋计算

(1) 板的钢筋平法标注。现浇混凝土楼面与屋面板可以分为有梁楼盖板和无梁楼盖板两类，工程中常用有梁楼盖板平面注写，包括板块的集中标注和板支座原位标注。

1) 板块集中标注。板块集中标注的内容包括板块编号、板厚、贯通纵筋及板面标高不同的标高高差。板的编号可按表 6.30 来采用。

表 6.30　板　块　编　号

板类型	代号	序号
楼面板	LB	XX
屋面板	WB	XX
悬挑板	XB	XX

a. 板厚注写为 h＝xxx（xxx 为垂直于板面的厚度）；当悬挑板的端部改变截面厚度时，用斜线分隔根部与端部的高度值，注写为 h＝xxx/xxx；当设计已在图注中统一注明板厚时，此项可不注。

b. 贯通纵筋按板块的下部和上部分别注写（当板块上部不设贯通纵筋时则不注），并以 B 代表下部，以 T 代表上部，B&T 代表下部与上部；X 向贯通纵筋以 X 打头，Y 向贯通纵筋以 Y 打头，两向贯通纵筋配置相同时则以 X&Y 打头。当为单向板时，另一向贯通的分布筋可不必注写，而在图中统一注明。

c. 当在某些板内配置有构造钢筋时，则 X 向以 Xc，Y 向以 Yc 打头注写。

d. 板面标高高差系指相对于结构层楼面标高的高差，应将其注写在括号内，有高差则注，无高差不注。

2) 板支座原位标注。标注内容为板支座上部非贯通纵筋和纯悬挑板上部受力钢筋。

a. 板支座原位标注的钢筋，在配置相同跨的第一跨表达（当在梁悬挑部位单独配置时则在原位表达）。在配置相同跨的第一跨（或梁悬挑部位），垂直于板支座（梁或墙）绘制一段适宜长度的中粗实线（当该筋通长设置在悬挑板或短跨板上部时，实线段应画至对边或贯通短跨），以该线代表支座上部非贯通纵筋，并在线段上方注写钢筋编号、配筋值、横向连续布置的跨数（注写在括号内，且当为一跨时可不注），以及是否横向布置到梁的悬挑端，如图 6.83 所示。

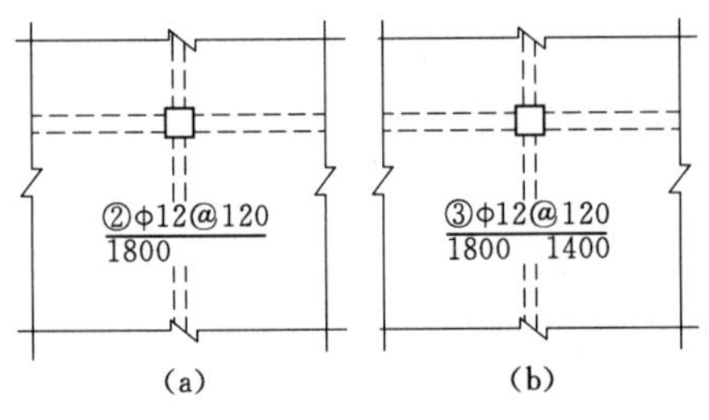

图 6.83 板支座上部钢筋示意图
(a) 非贯通筋对称伸出；(b) 非贯通筋非对称伸出

b. 板支座上部非贯通筋自支座中线向跨内的延伸长度，注写在线段的下方位置。当中间支座上部非贯通纵筋向支座两侧对称延伸时，仅在支座一侧线段下方标注延伸长度，另一侧不注，如图 6.84 所示。

(2) 板钢筋计算。分析在平法中出现的板钢筋类型有受力筋（单向或双向，单层或双层）、分布筋、支座负筋、温度筋、附加钢筋（角部附加放射筋、洞口附加钢筋）、支撑钢筋（双层钢筋时支撑上下层）。

1）板受力筋如图 6.85 所示。

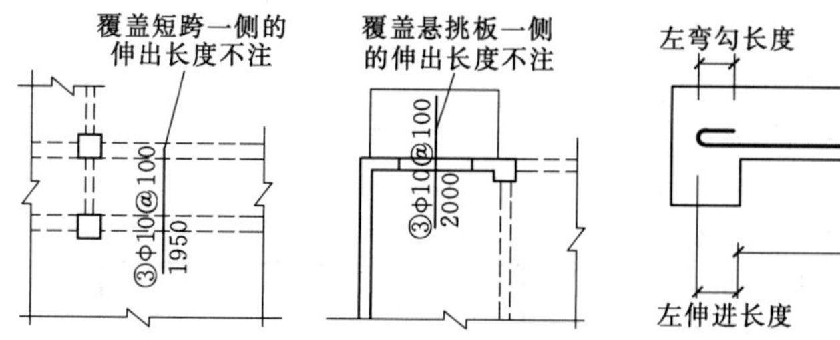

图 6.84　板支座非贯通筋全跨或伸出至悬挑端　　图 6.85　板底钢筋长度计算示意图

a. 板底钢筋长度＝净跨＋伸进长度×2＋6.25d×2

不同支座伸进长度构造要求如图 6.86 所示。

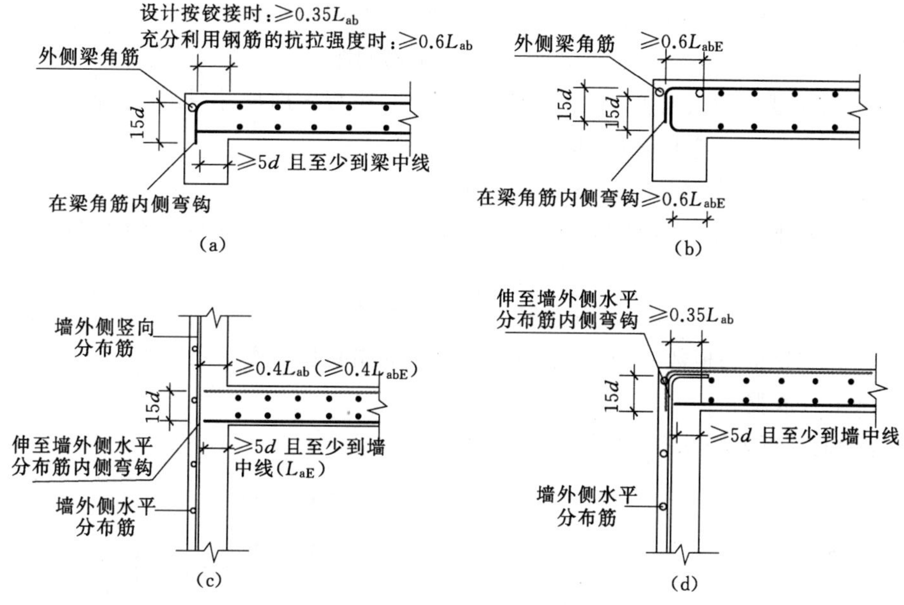

图 6.86　不同端支座伸进长度计算示意

板底钢筋的伸进长度计算如下：

端支座为梁：伸进长度＝max[≥12d 且≥梁（或墙）宽/2]

端支座为梁为剪力墙：伸进长度≥L_a（锚固长度）

端支座为梁为圈梁：伸进长度＝过墙（或梁）中线＋5d

伸进长度＝梁(或墙)宽－保护层厚

伸进长度＝板底钢筋伸进到墙(或梁)的中线长

b. 板底筋根数如图 6.87 所示。

底板钢筋根数(向上取整)＝布筋范围(净跨－两端起步距离)/板筋间距＋1

两端起步距离一般取 1/2 板筋间距。

2）板底筋的分部筋长度与根数计算同板底筋。

3）双向板面筋长度与根数计算方法同板底筋。

4）支座负筋计算如图 6.88 所示。

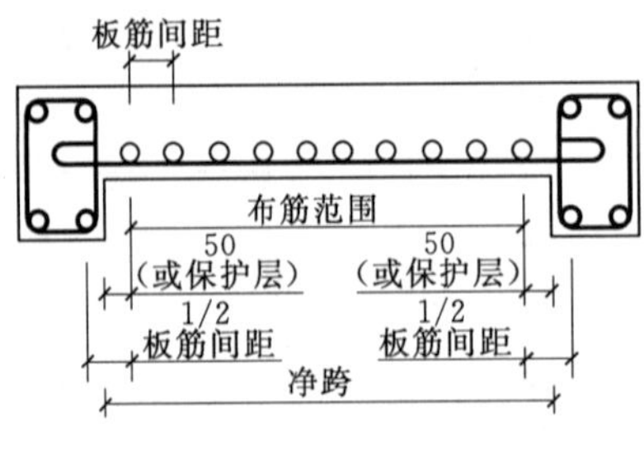

图 6.87　板底钢筋根数计算图

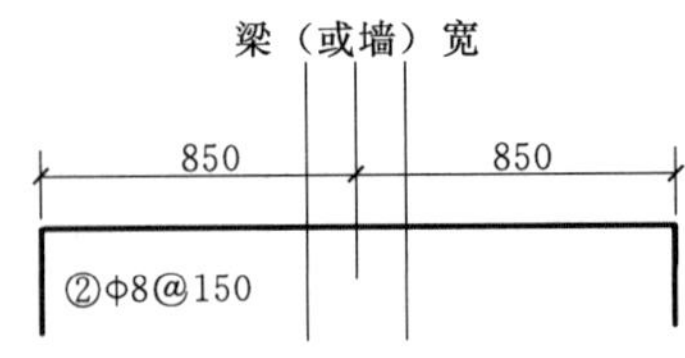

图 6.88　板支座平法示意

a. 边支座负筋长度＝负筋标注长度＋两端弯折

b. 中间支座负筋长度＝平直段长度＋两端弯折

c. 负筋根数＝负筋板内净长－两端起步间距/负筋间距＋1

两端起步间距＝负筋间距/2

负筋长度＝锚入长度(锚固长度 L_a＋弯勾)＋板内净尺寸(按标注计算)

＋弯折长度(板厚－2 保护层)

5）支座负筋的分布筋计算如图 6.89 所示。

分布筋长度＝轴线(净跨)长度－负筋标注长度×2＋参差长度×2＋弯勾×2

分布筋长度＝分布筋范围净长度

分布筋长度＝轴线长度

分布筋根数＝(布筋范围净长度－两端起步距离)/间距＋1

向上（下）取整。

6）温度筋计算如图 6.90、图 6.91 所示。

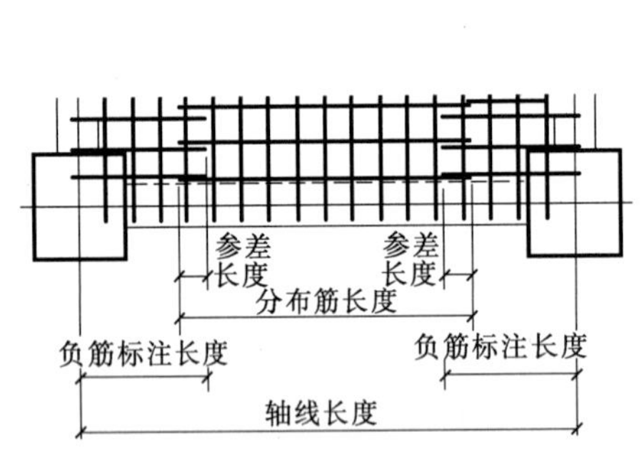

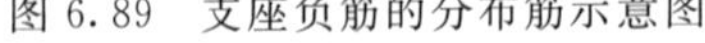

图 6.89　支座负筋的分布筋示意图

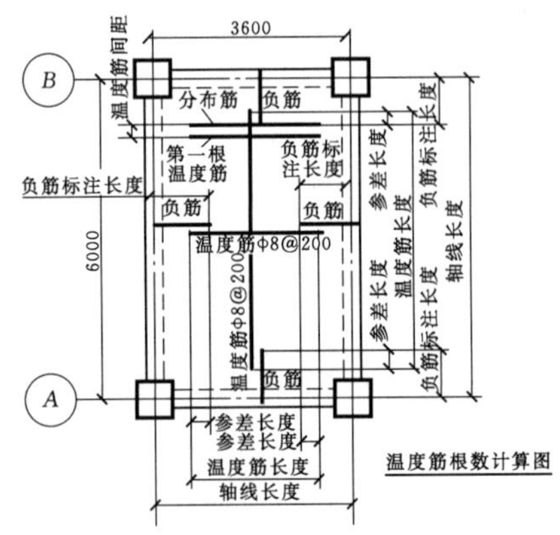

图 6.90　温度筋根数计算示意图

温度筋长度＝轴线长度－负筋标注长度×2＋搭接长度×2＋弯勾×2

温度筋根数＝(轴线长－负筋标注长)/温度筋间距＋1

7）附加钢筋如图 6.92 所示。

a. 附加钢筋（角部的附加放射筋，洞口附加钢筋；双层钢筋时支撑上下层）：

附加钢筋长度＝设计标示长度＋左弯折＋右弯折(板厚－保护层)

注：角部放射筋长度有时长度是从角部向两边逐步递减的。

b. 支撑钢筋如图 6.93 所示。

支撑钢筋是为了保证双层筋的上层钢筋位置的措施钢筋（马镫），一般情况下是每间距 1m 布置 1 根，规格为比板筋大一个规格，长度为该跨净跨长度，支撑腿长度为板厚减保护层的两倍腿间距为 1m。

马镫筋尺寸数据：高度＝板厚－2×保护层－面筋直径；宽度＝120mm 左右；脚长＝120mm 左右；直径≤面筋直径。

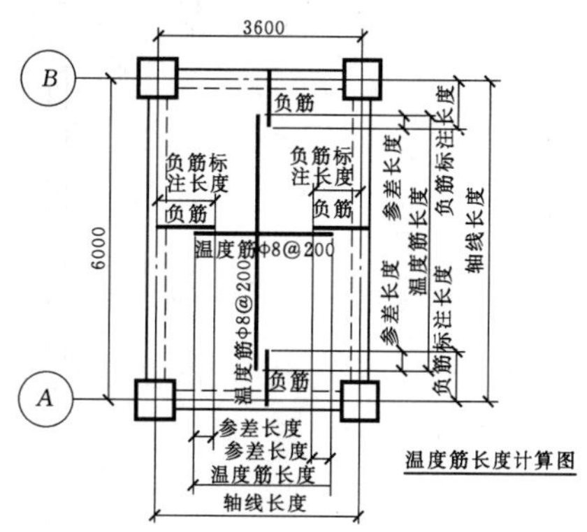

图 6.91 温度筋长度计算示意图

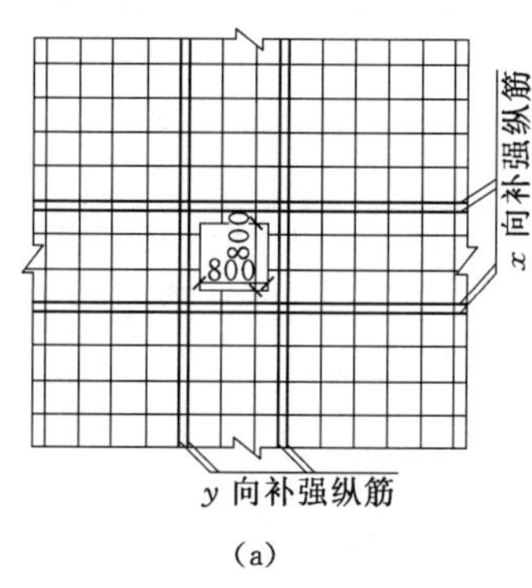

(a)

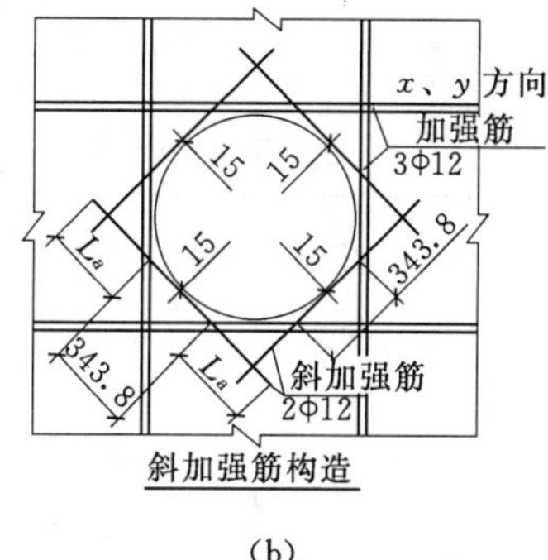

(b)

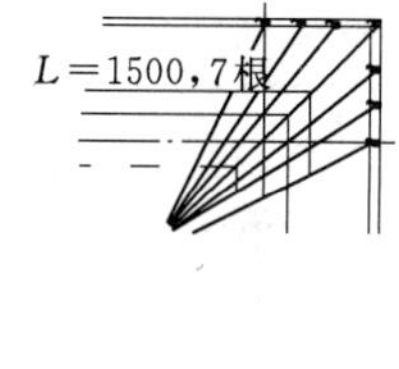

(c)

图 6.92 附加钢筋示意图

(a) 洞口补强筋；(b) 墙斜加强筋；(c) 楼板角放射筋

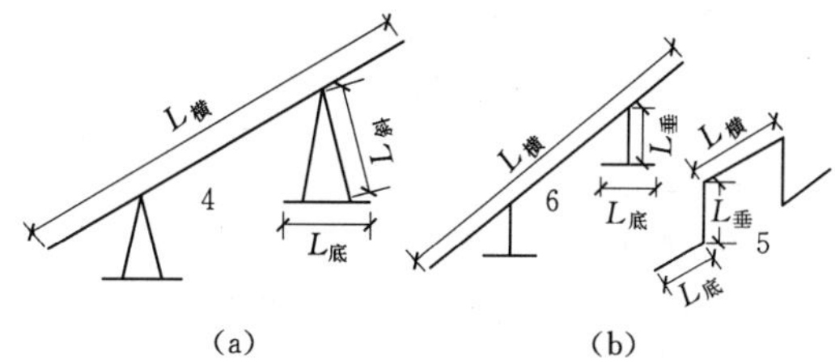

(a)　　(b)

图 6.93 马镫筋示意图

(a) 用于基础底板；(b) 用于楼板

【例 6.38】 板配筋如图 6.94 所示：非抗震，混凝土等级 C30，保护层 15mm，试计算板钢筋工程量。

解： 下部筋伸入支座：max(5d，300/2)＝150(mm)

端支座负筋伸入支座：28d＝28×8＝224(mm)

扣筋弯折长：板厚－保护层＝120－15×2＝90(mm)

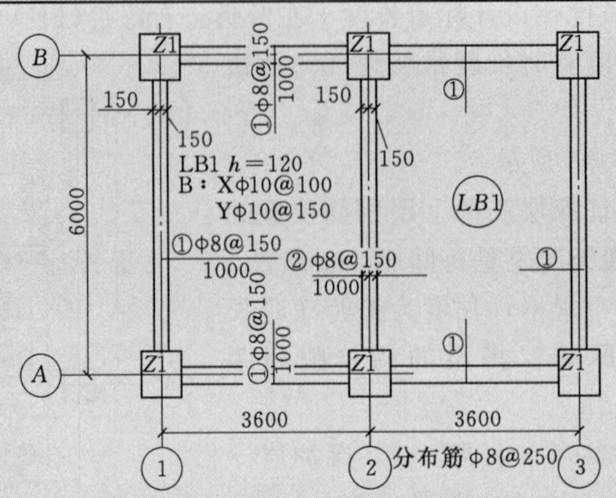

图 6.94　［例 6.38］图

板布筋范围：Y 方向 6000−300=5700(mm)，X 方向（单跨）3600−300=3300(mm)

钢筋计算详见表 6.31。

表 6.31　　板钢筋计算表

类　别	直径/mm	计　算　式	理论质量/(kg/m)	质量/kg
X 方向底筋	10	长度=(3300+150×2+6.25d×2)=3725(mm) 根数=[(6000−300−100)/100+1]×2=57	0.617	257.16
Y 方向底筋	10	长度=5700+150×2+6.25d×2=6125(mm) 根数=[(3600−300−150)/150+1]×2=44	0.617	162.89
①③轴负筋	8	长度=1000−150+224+90+6.25×8=1214(mm) 根数=[(5700−150)/150+1]×2=76	0.395	36.44
①③轴分布筋	8	长度=(6000−1000×2+150×2)=4300(mm) 根数=[(1000−150−250/2)/250+1]×2=8	0.395	13.59
A、B 轴负筋	8	长度=1000−150+224+90+6.25×8=1214(mm) 根数=[(3300−150)/150+1]×4=88	0.395	42.20
A、B 轴分布筋	8	长度=3600−1000×2+150×2=1900(mm) 根数=[(1000−150−250/2)/250+1]×4=16	0.395	12.01
②轴负筋	8	长度=1000×2+90×2=2180(mm) 根数=(5700−150)/150+1=38	0.395	33.58
②轴负筋分布筋	8	长度=6000−1000×2+150×2=4300(mm) 根数=[(1000−150−250/2)/250+1]×2=8	0.395	13.59

练　习　题

一、定额套用与换算（写出定额的编号、单位、单价及单价换算计算公式）

1. 现浇混凝土异形柱复合木模，层高 5.2m。

2. 现浇混凝土地下室外墙组合钢模，层高 6m。

3. 直形地下室混凝土外墙复合木模，层高 4.5m，采用止水对拉螺栓。

4. 现浇混凝土地下室内墙复合木模，层高 5m。

5. 现浇混凝土屋面板复合木模，坡度 35°，平均层高 4.2m。

6. 预制方桩混凝土 C40(40) 现场预制。

7. 现浇混凝土悬挑阳台板复合木模，支模高度 4.2m。

8. 6 步的直形混凝土台阶木模。

9. 杯形基础泵送商品混凝土 C25(20) [泵送商品混凝土 C25(20) 混凝土信息价 530 元/m^3]。

10. C25(20) 泵送商品混凝土直形楼梯浇捣，底板厚度 20cm [泵送商品混凝土 C25(20) 混凝土信息价 530 元/m^3]。

11. C35/P8 泵送商品混凝土地下室底板后浇带浇捣（内掺水 10%UEA 膨胀剂，单价 12 元/kg)。

12. C30/P8(20) 现拌泵送混凝土地下室外墙浇捣。

13. 楼面卫生间四周砖墙内 C20 非泵送商品素混凝土翻沿浇捣，单独浇捣（C20 非泵送商品混凝土信息价 512 元/m^3)。

14. 混凝土灌注桩钢筋笼带肋钢筋。

15. Φ12HRB400 箍筋。

16. 装配式混凝土柱安装，采用 1∶1.5 水泥砂浆灌浆，结构层高 3.8m。

二、计算题

1. 如图 6.95 所示，试计算 C25 混凝土框架梁的钢筋工程量（抗震等级为三级）。

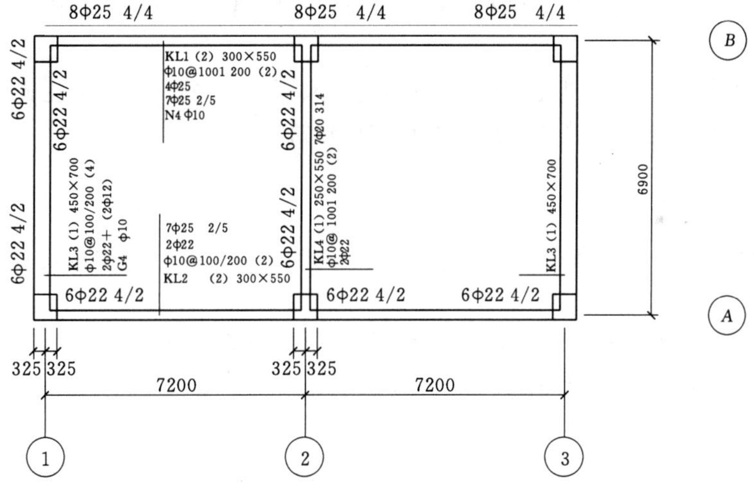

图 6.95 计算题 1 用图（单位：mm）

2. 如图 6.96 所示，已知场地交付标高为－0.150m，设计室外标高为－0.300m，二类土，采用人工挖土，试计算：

(1) 基础土方工程量及定额直接工程费。

(2) C10 混凝土垫层、C25 混凝土基础及 DM M10 干混砌筑砂浆 MU10 水泥实心砖基础、防潮层工程量及其定额直接工程费。

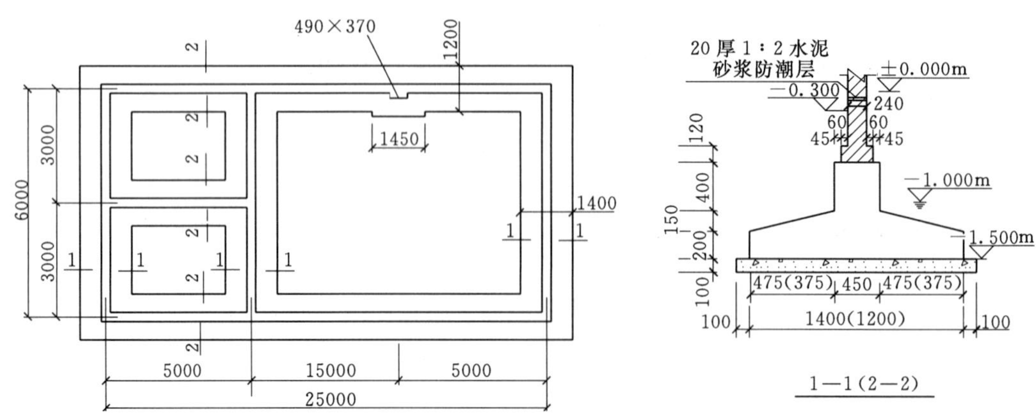

图 6.96　计算题 2 用图（单位：mm）

6.7　其　他　工　程

6.7.1　金属结构工程

6.7.1.1　金属结构工程概述

1. 建筑工程中常见的金属构件

金属结构是以钢材制作为主的结构，由各类型钢、钢板及钢管、圆钢等钢材制造而成，在建筑工程中，金属结构主要有钢柱、钢梁、钢屋架、钢支撑、钢栏杆、钢梯、钢平台等。

装配式钢结构是指以标准化设计、工厂化生产、装配化施工、一体化装修和信息化管理等为主要特征的工业化生产方式建造的钢结构建筑。

2. 常用钢材

（1）钢板。

1）在图纸上一般用厚度来表示，符号为“$-\delta$”其中“－”为钢板代号，δ 为钢板的板厚，单位为 mm，如：−8×400×120。

2）钢板的重量计算可查五金手册，也可按照下列公式计算：

$$1\text{mm 厚每平方米钢板的理论质量}=7850\times0.001=7.85(\text{kg/m}^2)$$

（2）型钢。

1）圆钢在图纸上以“ϕd”表示，d 为圆钢直径，单位为 mm，计算公式为

$$\text{每米圆钢理论质量}=0.00617d^2(\text{kg/m})$$

2）方钢断面是正方形，在图纸上用“□b”表示，b 表示方钢的边长，单位为 mm，每米方钢理论质量$=0.00785b^2$(kg/m)。

3）扁钢断面是长方形，在图纸上用$-b\times t$ 表示，b 表示长方形的长边长，t 表示短边长，单位为 mm：

$$\text{每米扁钢理论质量}=0.00785\times bt(\text{kg/m})$$

4）角钢断面是∟型，等边角钢以∟ $b\times t$ 表示，不等边角钢以∟ $B\times b\times t$ 表示，如：

∟ 90×9 表示两边长为 90mm、边厚为 9mm 的等边角钢；∟ 100×75×8 表示长边为 100mm、短边为 75mm、边厚为 8mm 的不等边角钢。

5）槽钢断面呈“［”形，一般用型号表示，同一型号的槽钢其宽度和厚度均有差别，分别用 a、b、c 表示。

6）工字钢：截面为“工”字形状的长条钢材，也称为钢梁。其规格以腰高（h）×腿宽（b）×腰厚（d）表示，如“工 160×88×6”表示腰高为 160mm、腿宽为 88mm、腰厚为 6mm 的工字钢。也可用型号表示如工 16＃，型号表示腰高的厘米数。腰高相同的工字钢，如有几种不同的腿宽和腰厚，需在型号右边加 a、b、c 予以区别，如 32a＃、32b＃、32c＃等。

7）槽钢热轧 H 型钢是一种截面面积分配更加优化、强重比更加合理的经济断面高效型材，因其断面与英文字母 H 相同而得名，有钢厂热轧成品和钢板焊接两种类型。如图 6.97 所示，其表示方法为高度 H 值×宽度 B 值×腹板厚度 t_1 值×翼缘厚度 t_2 值表示。如 H 型钢牌号 Q345，规格 200×200×8×12，表示为高 200mm、宽 200mm、腹板厚度 8mm、翼板厚度 12mm 的宽翼缘 H 型钢。

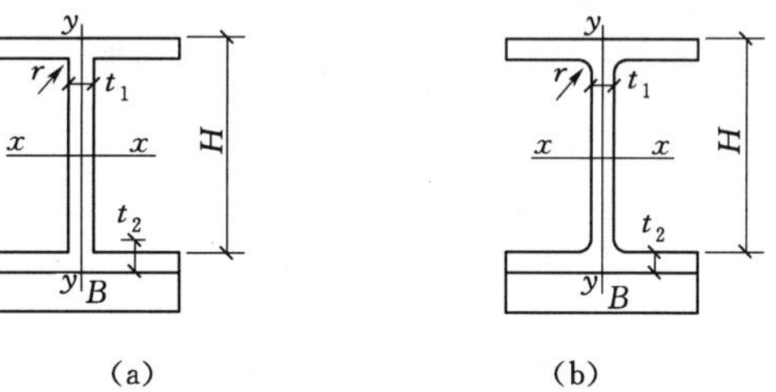

图 6.97 H 型钢

（a）钢板焊接 H 型钢；（b）热轧成品 H 型钢

H—高度；B—宽度；t_1—腹厚度；

t_2—翼缘厚度；r—圆角半径

a. 钢板焊接 H 型钢计算：

$$单位质量\ G=[t_1(H-2t_2)+2Bt_2]\times 0.00785(\text{kg/m})$$

【例 6.39】 计算 H400×200×8×12 钢板焊接 H 型钢每米质量。

解： $W=[(400-12\times 2)\times 8+200\times 2\times 12]\times 0.00785=61.29(\text{kg/m})$

b. 定型 H 型钢按 GB/T 11263—2010，单位重量 $G=[t_1(H-2t_2)+2Bt_2+0.858r^2]\times 0.00785(\text{kg/m})$：因型号标注于各参数不是同一数值，各参数值应按国家标准提供的有关表格查取计算。

3. 钢结构的连接方式

钢结构的连接方式有铆钉连接、螺栓连接及焊接三种。

4. 实腹和空腹钢构件

（1）实腹钢构件是指腹部构件能够在模型中参与承受轴力及弯矩，如 H 型钢柱、角钢、槽钢、工字钢、方管、矩管、箱形构件、T 型钢、C 型钢、Z 型钢、圆管等。

（2）空腹钢构件的腹杆或腹板不考虑承受轴力及弯矩，只对翼缘构件相对形状及稳定性起支撑作用，减少翼缘构件的计算长度，如格构式构件、桁架、蜂窝梁、腹板连续开孔并且无补强的梁柱等。

（3）实腹钢构件与空腹钢构件之间的区别是腹板在轴线方向有否断开或减弱，有则是空腹构件，反之则是实腹构件。如图 6.98、图 6.99 所示。

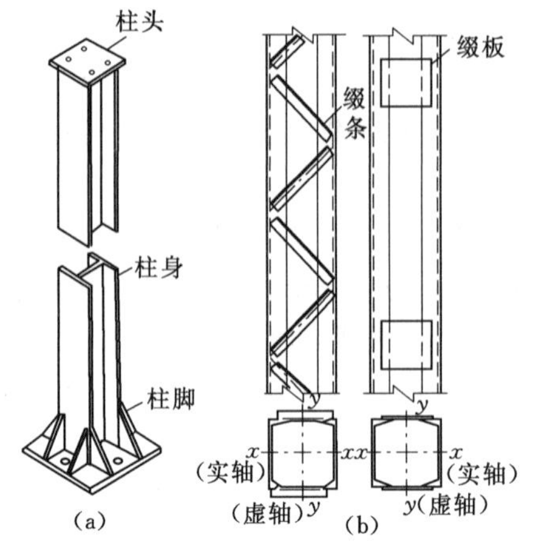

图 6.98　钢柱

(a) 实腹柱；(b) 格构柱

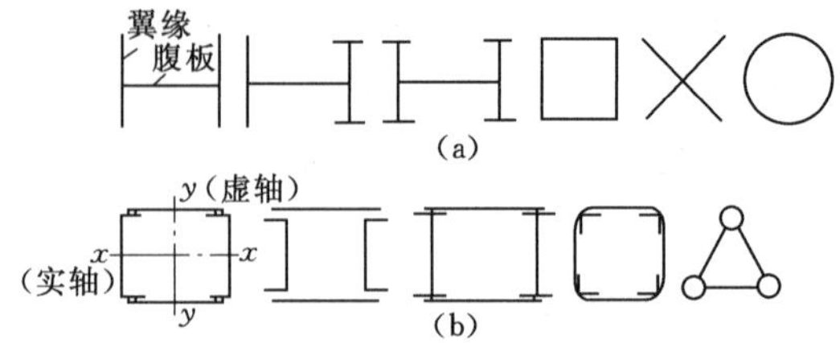

图 6.99　钢柱截面形式

(a) 实腹柱；(b) 格构柱

6.7.1.2　定额说明

1. 金属结构工程定额

定额按构件性质、施工阶段及部位等划分预制钢构件安装、围护体系安装、钢结构现场制作及除锈。其中预制钢构件安装包括钢网架、厂（库）房钢结构、住宅钢结构、钢结构安装配件。

(1) 大卖场、物流中心等钢结构安装工程可参照厂（库）房钢结构安装的相应定额；高层商务楼、商住楼、医院、教学楼等钢结构安装工程可参照住宅钢结构安装相应定额。

(2) 钢构件安装定额中已包含现场施工发生的零星油漆破坏的修补、节点焊接或切割需要的除锈及补漆费用。

(3) 预制钢构件的除锈、油漆及防火涂料费用应在成品价格内包含，若成品价格中未包括除锈、油漆及防火涂料等，另按“油漆、涂料、裱糊工程”相应定额及规定执行。

(4) 定额中预制构件均按购入成品到场考虑，不再考虑场外运输费用。

2. 预制钢构件安装

(1) 钢构件安装定额中预制钢构件以外购成品编制，不考虑施工损耗。

(2) 预制钢结构构件安装按构件种类、重量不同分别套用定额。

(3) 钢构件安装定额中已包括了施工企业按照质量验收规范要求所需的超声波探伤费用，但未包括 X 光拍片检测费用，如设计有要求，X 光拍片检测费用另行计取。

(4) 不锈钢螺栓球网架安装套用螺栓球节点网架安装定额，同时取消定额中油漆及稀释剂含量，人工消耗量乘以系数 0.95。

【例 6.40】 不锈钢螺栓球网架安装（不锈钢螺栓球网架市场价 4500 元/t），计算定额基价。

解： 套定额 6-2：

换算定额基价＝1401.73＋1×4500－4.24×13.79－0.339×11.21－763.38×0.05
＝5801.29(元/t)

（5）钢支座定额适用于单独成品支座安装。

（6）厂（库）房钢结构的柱间支撑、屋面支撑、系杆、撑杆、隅撑、墙梁、钢天窗架、通风器支架、钢天沟支架、钢板天沟等安装套用“钢支撑等其他构件”安装定额。钢墙架柱、钢墙架梁和配套连接杆件套用钢墙架（挡风架）安装定额。

（7）零星钢构件安装定额适用于本章未列项目且单件质量在50kg以内的小型构件。住宅钢结构的钢平台、钢走道及零星钢构件安装套用厂（库）房零星钢构件安装定额，同时定额中汽车式起重机消耗量乘以系数0.20。

（8）组合钢板剪力墙安装套用住宅钢结构3t以内钢柱安装定额，相应人工、机械及除预制钢柱外的材料用量乘以系数1.50。

【例6.41】 组合钢板剪力墙安装（钢板剪力墙市场价5000元/t），计算定额基价。

解： 套定额6－37：

换算定额基价＝739.52＋1×5000＋(449.19＋94.7＋195.63)×0.5＝6109.28(元/t)

（9）钢网架安装按平面网格网架安装考虑，如设计为筒壳、球壳及其他曲面结构时，安装人工、机械消耗乘以系数1.20。

【例6.42】 螺栓球节点钢网架，球壳曲面网络结构制作、安装，计算定额基价（螺栓球网架市场价4300元/t）。

解： 球壳曲面网格结构安装套定额6－2：

换算后定额基价＝1401.73＋1×4300＋(763.38＋294.17)×0.2＝5913.24(元/t)

（10）钢桁架安装按直线型桁架安装考虑，如设计为曲线、折线型或其他非直线型桁架，安装人工、机械消耗乘以系数1.20。

（11）型钢混凝土组合结构中钢构件安装套用相应定额，人工、机械消耗乘以系数1.15。

（12）螺旋形楼梯安装套用踏步式楼梯安装定额，人工、机械消耗乘以系数1.30。

（13）钢构件安装定额中已考虑现场拼装费用，但未考虑分块或整体吊装的钢网架、钢桁架等施工现场地面平台拼装摊销，如发生套用现场拼装平台摊销定额项目。

（14）厂（库）房钢结构安装机械按常规方案综合考虑，除另有规定或特殊要求者外，实际发生不同时均按定额执行，不做调整。

（15）住宅钢结构安装定额内的汽车式起重机台班用量为钢构件场内转运消耗量，垂直运输按“垂直运输工程”相应定额执行。

（16）基坑围护中的格构柱安装套用本章相应项目乘以系数0.50。同时考虑钢格构柱的拆除及回收残值等因素。

3. 围护体系安装

（1）钢楼（承）板上混凝土浇捣所需收边板的用量均已包含在定额消耗量中，不再单独计取工程量。

支承楼面混凝土的压制成型的钢板被称为压型钢板，又叫楼承板、钢承板，如图

图 6.100　压型钢板（YX60-263-790 型）

6.100 所示。

（2）屋面板、墙面板安装需要的包角、包边、窗台泛水等用量，均已包含在相应定额的消耗量中，不再单独计取工程量。

（3）墙面板安装按竖装考虑，如发生横向铺设，按相应定额子目人工、机械消耗乘以系数 1.20。

（4）屋面保温棉已考虑铺设需要的钢丝网费用，如不发生，扣除不锈钢丝含量，同时按 1 工日/100m^2 予以扣减人工费。

（5）屋面墙面保温棉铺设按厚 50mm 列入，实际铺设厚度不同时保温棉主材价调整，其他不变。

（6）硅酸钙板灌浆墙面板定额中施工需要的包角、包边、窗台泛水等硅酸钙板用量，均已包含在相应定额的消耗量中，不再单独计取工程量。

（7）硅酸钙板墙面板项目中双面隔墙定额墙体厚度按 180mm、镀锌钢龙骨按 15kg/m^2 编制，设计与定额不同时材料调整换算。

（8）蒸压砂加气保温块贴面按厚 60mm 考虑，如厚度发生变化，相应保温块用量应调整。

（9）钢楼（承）板如因天棚施工需要拆除，增加拆除用工 0.15 工日/m^2。

（10）钢楼（承）板安装需要增设的临时支撑消耗量定额中未考虑，如有发生另行计算。

（11）围护体系适用于金属结构屋面工程，如为其他屋面套用本定额“屋面及防水工程”相应定额。钢结构屋面配套的不锈钢天沟、彩钢板天沟安装套用“屋面及防水工程”相应定额。

（12）保温岩棉铺设仅限于硅酸钙板墙面板配套使用，蒸压砂加气保温块贴面子目仅用于组合钢板墙体配套使用，屋面墙面玻纤保温棉子目配合钢结构围护体系使用，如为其他形式保温，套用“保温、隔热、防腐工程”相应定额。硅酸钙板包梁包柱仅用于钢结构配套使用。

4. 钢结构现场制作

（1）适用于非工厂制作的构件，除钢柱、钢梁、钢屋架外的钢构件均套用其他构件定额。定额按直线型构件编制，如发生弧形、曲线型构件制作，人工、机械消耗乘以系数 1.30。

（2）现场制作的钢构件安装套用厂（库）房钢结构安装定额。

（3）现场制作钢构件的工程，其围护体系套用钢结构围护体系安装定额。

6.7.1.3　工程量计算规则

1. 预制钢构件安装

（1）构件安装工程量按设计图示尺寸以质量计算，不扣除单个 0.3m^2 以内的孔洞质量，焊缝、铆钉、螺栓等不另增加质量。

（2）钢网架安装工程量不扣除孔眼的质量，焊缝、铆钉等不另增加质量。

1）焊接空心球网架质量包括连接钢管杆件、连接球、支托和网架支座等零件的质量。

2）螺栓球节点网架质量包括连接钢管杆件（含高强螺栓、销子、套筒、锥头或封板）、螺栓球、支托和网架支座等零件的质量。

(3）依附在钢柱上的牛腿及悬臂梁的质量等并入钢柱的质量内，钢柱上的柱脚板、加劲板、柱顶板、隔板和肋板并入钢柱工程量内。

(4）钢管柱上的节点板、加强环、内衬板（管）、牛腿等并入钢管柱的质量内。

(5）钢平台的工程量包括钢平台的柱、梁、板、斜撑等的质量，依附于钢平台上的钢格栅、钢扶梯及平台栏杆并入钢平台工程量内。

(6）钢楼梯的工程量包括楼梯平台、楼梯梁、楼梯踏步等的重量，钢楼梯上的扶手、栏杆并入钢楼梯工程量内。钢平台、钢楼梯上不锈钢、铸铁或其他非钢材类栏杆、扶手套用装饰部分相应定额。

(7）钢构件现场拼装平台摊销工程量按现场在平台上实施拼装的构件工程量计算。

(8）高强螺栓、栓钉、花篮螺栓等安装配件工程量按设计图示节点工程量计算。

2. 围护体系安装

(1）钢楼（承）板、屋面板按设计图示尺寸以铺设面积计算，不扣除单个 0.3m² 以内柱、垛及孔洞所占面积，屋面玻纤保温棉面积同单层压型钢板屋面板面积。

(2）压型钢板、彩钢夹心板、采光板墙面板、墙面玻纤保温棉按设计图示尺寸以铺挂面积计算，不扣除单个 0.3m² 以内孔洞所占面积，墙面玻纤保温棉面积同单层压型钢板墙面板面积。

(3）硅酸钙板墙面板按设计图示尺寸的墙体面积计算，不扣除单个面积小于或等于 0.3m² 孔洞所占面积。保温岩棉铺设、EPS 混凝土浇灌按设计图示尺寸的铺设或浇灌体积以“m³”计算，不扣除单个 0.3m² 以内孔洞所占体积。

(4）硅酸钙板包柱、包梁及蒸压砂加气保温块贴面工程量按钢构件设计断面周长乘以构件长度，以“m²”计算。

3. 钢构件现场制作

工程量按设计图示尺寸以质量计算，不扣除单个 0.3m² 以内的孔洞质量，焊缝、铆钉、螺栓等不另增加质量。

【例 6.43】 计算如图 6.101 所示两块-8 钢板的制作工程量。

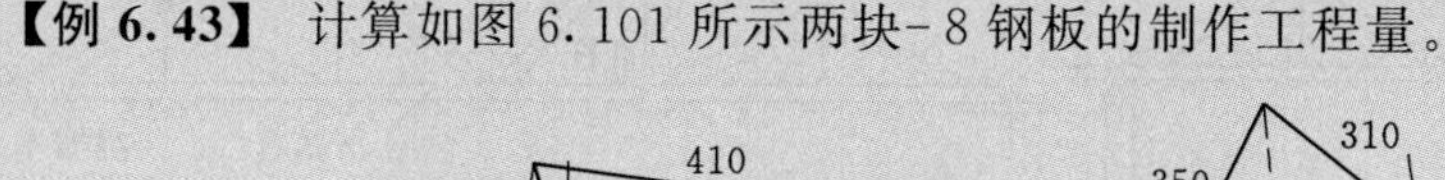

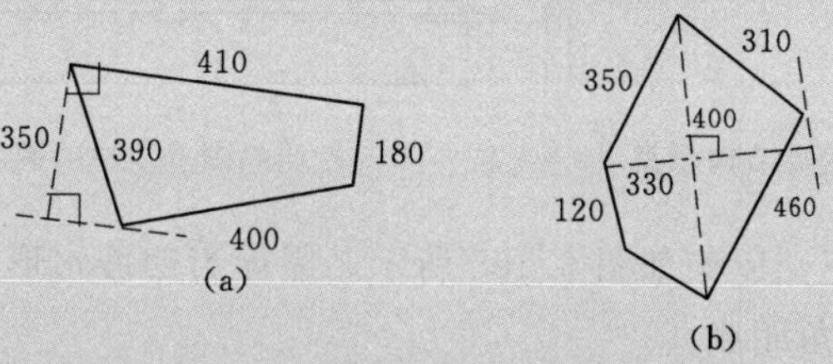

图 6.101 [例 6.43] 图

解：(a）中四边形钢板的质量＝0.41×0.35×7.85×8＝9.01(kg)

(b）中多边形钢板的质量＝0.33×0.46×7.85×8＝9.53(kg)

【例 6.44】 某车间操作平台栏杆如图 6.102 所示，其展开长度为 4.8m，扶手用∟ 50×4 角钢制作，横衬用—50×5 扁钢两道，竖杆用Φ16 钢筋每隔 250mm 一道，高度为 1m，试求：操作平台制作栏杆工程量。

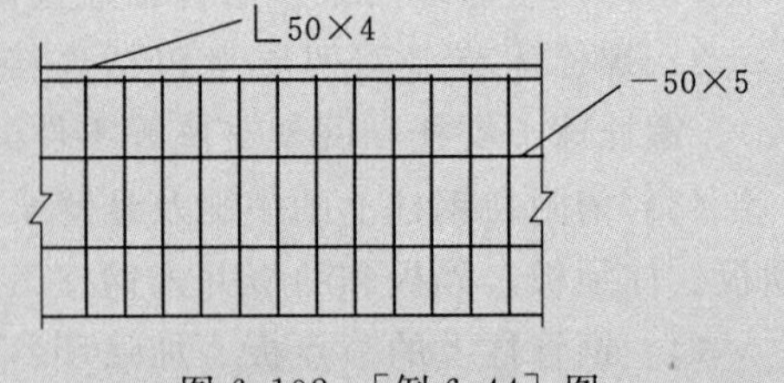

图 6.102 ［例 6.44］图

解： 查五金手册得∟ 50×4 角钢每米质量为 3.059kg，则

钢扶手的质量＝4.8×3.059＝14.68(kg)

钢筋竖杆质量＝1×20×0.00617×16^2＝31.59(kg)

扁钢横衬质量＝4.8×2×0.00785×50×5＝18.84(kg)

钢栏杆的制作工程量＝14.68＋31.59＋18.84＝65.11(kg)

6.7.2 木结构工程

6.7.2.1 木结构工程概述

木结构工程包括屋面木结构、木楼梯工程、木楼地楞等，不包括柱、梁等其他木结构构件，发生时按其他专业工程如仿古建筑定额执行。

1. 屋面木结构

屋面木结构一般由屋架和屋面木基层两部分组成。

（1）屋架常有木屋架，钢木屋架，马尾、折角、正交屋架几种。

1）木屋架是由木材制成的桁架式屋盖构件，指全部杆件均采用方木或原木等木材制作的屋架，一般分为三角形和梯形两种，三角形木屋架结构如图 6.103 所示。

2）钢木屋架是指受压杆件如上弦杆及斜杆均采用木材制作，受拉杆件如下弦杆及拉杆均采用钢材制作，拉杆一般用圆钢材料，下弦杆可以采用圆钢或型钢材料的屋架，其构造如图 6.104 所示。

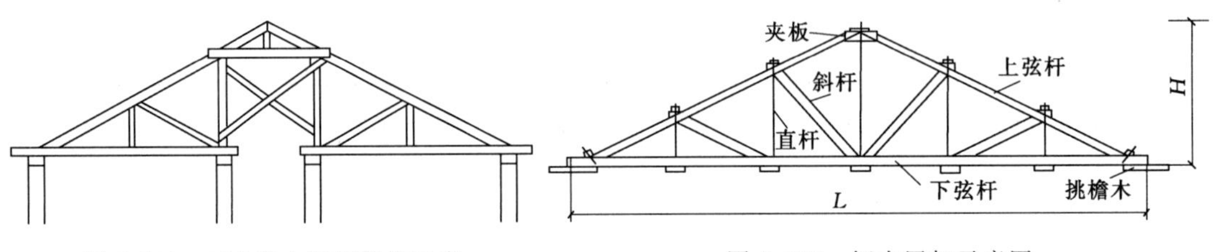

图 6.103　三角形木屋架结构示意

图 6.104　钢木屋架示意图

3）马尾、折角、正交屋架如图 6.105 所示。屋面为四坡水形式，两端坡水称为马尾，它由两个半屋架组成折角而成。

（2）屋面木基层是指屋架以上的全部构件，包括檩条、椽子（椽条）、挂瓦条、封檐板，前三种如图 6.106 所示。

1）檩条亦称桁条、檩子，指两端放置在屋架和山墙间的小梁，用以支承椽子和屋面板的简支构件。

2）椽子亦称椽条，它的两端搁置在檩条上，承受屋面荷载，与檩条成垂直方向。

3）挂瓦条是指钉在椽子或屋面板上的木条，与椽子方向垂直，用来挂瓦用。

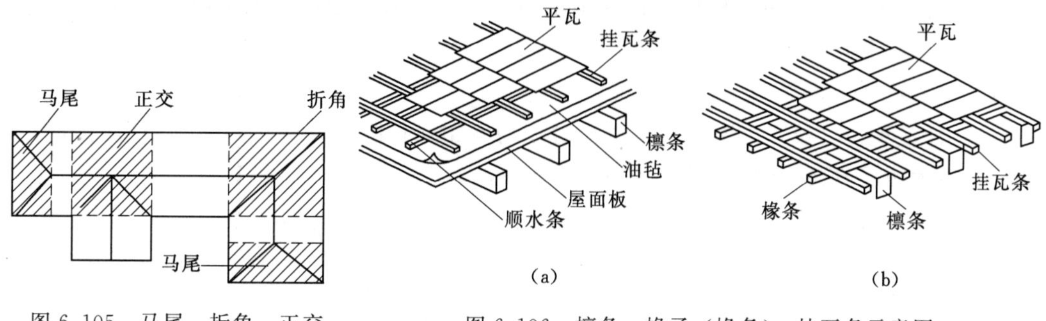

图 6.105　马尾、折角、正交屋架示意

图 6.106　檩条、椽子（椽条）、挂瓦条示意图

（a）檩条屋面板；（b）檩条支承椽子

4）封檐板是指在檐口或山墙顶部外侧的挑檐处钉置的木板，使檐条端部和望板免受雨水的侵袭，也增加建筑物的美感。一般在设置封檐板时，要比挂瓦条高 20～30mm，以保证檐口第一块瓦的平直，为了防风雪，屋顶两端伸出山墙之外用木条钉在檩条顶端，也起到遮挡桁（檩）头的作用，这就是博风板。屋顶端部如图 6.107 所示。

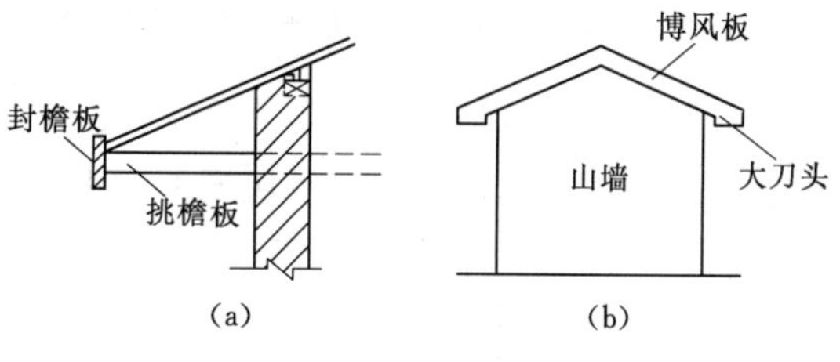

图 6.107　屋顶端部示意图

（a）封檐板、挑檐板；（b）博风板、大刀头

2. 木楼梯工程

木楼梯结构包括梯柱、斜梁、梯段踏面板、踢面板、楼梯扶手栏杆，均可采用模量制作。

3. 木楼地楞

木地板构造由木楞、面板组成。木地板可铺设在木楞、毛地板、细木工板、水泥楼地面上，木地板面层详见楼地面工程相关内容。

6.7.2.2 定额说明

（1）定额按机械和手工操作综合编制的，实际不同均按定额执行。按材质划分为木屋架（“人”字屋架和钢木屋架）、其他木构件（木柱、木梁、木楼地楞、木地板、木楼梯）、屋面木基层（檩条、椽子、屋面木基层、封檐板），共 3 小节 34 个子目。

（2）采用的木材木种，除另有注明外，均按一类、二类为准，如采用三类、四类木种时，木材单价调整，相应定额制作人工和机械乘系数 1.3。

（3）定额所注明的木材断面、厚度均以毛料为准，设计为净料时应另加刨光损耗，板枋材单面刨光加 3mm，双面刨光加 5mm，圆木直径加 5mm。屋面木基层中的椽子断面是按杉圆木Φ7 对开、松枋 40mm×60mm 确定的，如设计不同时，木材用量按比例计算，其余用量不变。屋面木基层中屋面板的厚度是按 15mm 确定的，实际厚度不同时单价换算。

1）毛料是指圆木经过加工而没有刨光的各种规格的锯材。

2）净料是指圆木经过加工刨光而符合设计尺寸要求的锯材。

3）断面是指材料的横截面，即按材料长度垂直方向剖切而得的截面。

4）屋架铁拉杆在 2 根以内套用木拉杆定额，2 根以上套用铁拉杆定额。

（4）定额中的金属件已包括刷一遍防锈漆的工料。

（5）设计木构件中的钢构件及铁件用量与定额不同时，按设计图示调整用量。

6.7.2.3　工程量计算规则

1. 木屋架

（1）计量单位“m^3”。计算木材材积时，均不扣除孔眼、开榫、切肢、切边的体积。

1）原木直径在 4～12cm 时：

$$V=0.7854L(D+0.45L+0.2)^2\div 10000$$

式中　V——材积，m^3；

L——检尺长度，m；

D——检尺直径，原木小头直径，cm。

2）原木直径在 14cm 以上时：

$$V=0.7854L[D+0.5L+0.005L^2+0.000125L(14-1)^2(D-10)]^2\div 10000$$

（2）屋架材积包括剪刀撑、挑檐木、上下弦之间的拉杆、夹木等，不包括中立人在下弦上的硬木垫块。气楼屋架、马尾屋架、半屋架均按正屋架计算。

1）木拉杆、木夹板屋架定额中包括下弦接头 1 副，铁拉杆、铁夹板屋架定额中包括上、下弦接头各 1 副。

2）钢木屋架定额中金属拉杆、铁件按施工图净用量（其中铁件另加损耗 1%）进行调整，其余工料不变。

3）悬臂圆檩条如使用铁件安装，每立方米用量增加铁件 3.4kg，其余工料不变。

4）屋架铁件拉杆在 2 根以内套用木拉杆定额，2 根以上套用铁拉杆定额。

（3）檩条垫木包括在檩木定额中，不另计算体积。单独挑檐木每根材积按 $0.018m^3$ 计算（指任何形式的木材体积，包括立木、原木、原条、板方材等），套用檩木定额。

2. 屋面木基层

按设计图示尺寸以斜面积计算，不扣除房上烟囱、风帽底座、风道、小气窗和斜沟等所占的面积。屋面小气窗的出檐部分面积另行增加。

3. 其他木结构

（1）木柱、木梁按设计图示尺寸以体积计算。

（2）木地板按设计图示尺寸以面积计算。龙骨断面为 30mm×40mm，间距为 400mm，设计不同时用量调整。

（3）木楼地楞材积按“m^3”计算，定额已包括平撑、剪刀撑、沿油木的材积。

（4）木楼梯按水平投影面积计算，不扣除宽度小于 300mm 的楼梯井，其踢面板、平台和伸入墙内部分不另计算；楼梯扶手、栏杆按“其他装饰工程”相应定额另行计算。

（5）檩木按设计图示尺寸以体积计算。檩条垫木包括在檩木定额中，不另计算体积。单独挑檐木每根木材体积按 $0.018m^3$ 计算，套用檩木定额。

（6）封檐板按延长米计算，山墙博风板按中心线斜长计算，带有大刀头时工程量增加0.5m。

6.7.3 门窗工程

6.7.3.1 概述

1. 门窗类别

（1）按工程内容划分为门窗（包括框扇）制作安装，门框制作安装，门扇制作安装，门窗套、门窗贴脸、门窗筒子板，窗帘盒、窗台板、窗帘轨道和门窗五金安装。

（2）按材质分为木门窗，金属门窗，彩板组角钢门窗，塑料门窗、钢门窗，不锈钢成品门窗，塑料门、玻璃门、复合材料门。

（3）按开启方式划分。

1）门分为平开门、推拉门、弹簧门、转门。

2）窗分为平开窗、推拉窗、中悬窗、固定窗、撑窗、内平开下（上）悬窗。

2. 常用的门

（1）木门：包括门框和门扇两部分。框有上框、边框和中框（带亮子的门），各框之间采用榫连接。门扇按结构形式分有贴板门、镶板门和拼板门。有亮、无亮指的是门上方有没有通常为500mm高的窗户。

1）镶板门：门扇由骨架和门芯板组成，门芯板一般采用实木板、纤维板、木屑板等，将面板嵌入门扇木框的凹槽内装配而成。门芯板为玻璃时则为玻璃门。门芯为纱或百页时则为纱门或百页门。如图6.108所示。

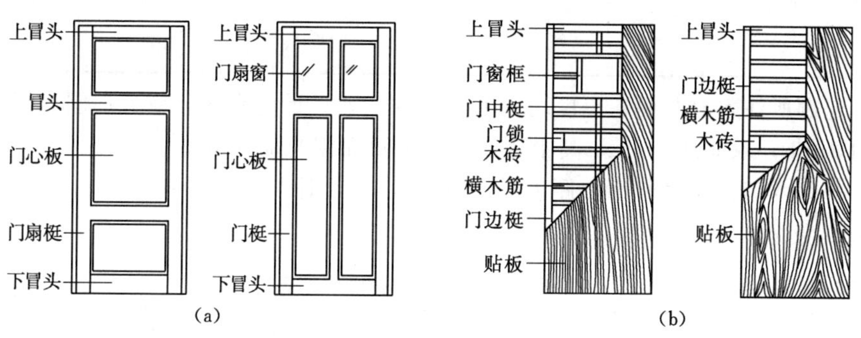

图6.108 木门扇的构造
（a）镶板门扇的构造；（b）贴板门扇的构造

2）贴（夹）板门：中间为轻型骨架，两面贴胶合板、纤维板、模压板等薄板，一般为室内门。将木料拼成门框，然后在框的两面满钉以胶合板。三夹板有榉木、白杨、桧木、水曲柳、柚木、橡木等，厚度4～6mm。三夹板可整张或拼花钉成。

3）拼板门：门扇采用拼板结构的木门，一般采用的是全木结构，具有强度高的特点。由于其正反两面构造不同，因而有明显的里外之分，一般作为建筑外门。

4）胶合板门：门扇的装板为胶合板的门。胶合板是由木段旋切成单板或由木方刨切成薄木，再用胶粘剂胶合而成的三层或多层的板状材料，通常用奇数层单板，并使相邻层单板的纤维方向互相垂直胶合而成。

（2）全玻璃门：在公共建筑中采用较多。全玻璃门是用厚 10mm 以上的平板玻璃或钢化玻璃直接加工成门扇，一般无门框。全玻璃门有手动和自动两种类型，开启方式有平开和推拉两种。

3. 板材和枋材的分类

板材宽厚比≥3，枋材宽厚比＜3。

6.7.3.2 定额使用说明

1. 一般规定

（1）门窗工程包括木门、金属门、金属卷帘门、厂库房大门、特种门、木窗、金属窗、门钢架、门窗套、窗台板、窗帘盒、窗帘轨、门窗五金等部分。其中特种门包括隔音门、保温门、人防门、冷藏库门、射线防护门等。

（2）普通木门、装饰门扇、木窗按现场制作安装综合编制；厂库房大门按制作、安装分别编制，其余门、窗均按成品安装编制。

（3）木门窗工程定额是采用一类、二类木材木种编制，如设计采用三类、四类木种时，除木材单价调整外，定额人工和机械乘系数 1.35。

【例 6.45】 某工程有亮镶板门，采用硬木制作，求定额基价。

解： 查定额 8-1，基价为 17149 元/100m^2，则

换算后基价＝17149＋(3276－1810)×(1.908＋1.632＋1.016＋0.461)

＋(6999.96＋103.1)×0.35＝26989.99(元/100m^2)

公式中 3276 为硬木框扇料预算取定价，6999.96 和 103.1 分别为定额的人工费和机械费。

（4）定额所注木材断面、厚度均以毛料为准，如设计为净料，应另加刨光损耗：板枋材单面加 3mm，双面加 5mm，其中普通门门板双面刨光加 3mm。

（5）普通木门窗木材断面、厚度见表 6.32，如设计与表不同时，木材用量按比例调整，其余不变。

表 6.32　木门窗木材断面、规格尺寸表　单位：cm

<table>
<tr><th colspan="2">门　窗　名　称</th><th>门窗框</th><th>门窗扇立梃</th><th>门板</th></tr>
<tr><td rowspan="3">普通门</td><td>镶板门</td><td rowspan="3">5.5×10</td><td>4.5×8</td><td>1.5</td></tr>
<tr><td>胶合板门</td><td>3.9×3.9</td><td></td></tr>
<tr><td>半玻门</td><td>4.5×10</td><td>1.5</td></tr>
<tr><td rowspan="2">自由门</td><td>全玻门</td><td>5.5×12</td><td>5×10.5</td><td></td></tr>
<tr><td>带玻胶合板门</td><td>5.5×10</td><td>4.5×6.5</td><td></td></tr>
<tr><td rowspan="3">厂库房木板大门</td><td>带框平开门</td><td>5.3×12</td><td>5.5×10.5</td><td rowspan="3">2.1</td></tr>
<tr><td>不带框平开门</td><td></td><td rowspan="2">5.5×12.5</td></tr>
<tr><td>不带框推拉门</td><td></td></tr>
<tr><td rowspan="2">普通窗</td><td>平开窗</td><td>5.5×8</td><td rowspan="2">4.5×6</td><td></td></tr>
<tr><td>翻窗</td><td>5.5×9.5</td><td></td></tr>
</table>

【例 6.46】 某工程杉木平开窗，设计断面尺寸（净料）窗框为 5.5cm×8cm，窗扇梃为 4.5cm×6cm，求定额基价。

解：（1）设计为净料尺寸，加刨光损耗后的尺寸为：

窗框：　　　　$(5.5+0.3)\times(8+0.5)\text{cm}=5.8\text{cm}\times8.5\text{cm}$

窗扇梃：　　　$(4.5+0.5)\times(6+0.5)\text{cm}=5\text{cm}\times6.5\text{cm}$

（2）设计木材用量按比例调整：

查定额 8－105，窗框、窗扇杉枋含量分别为 0.02015m^3、0.01887m^3，则

窗框：　　　　$5.8\times8.5/5.5\times8\times0.02015=0.02257(\text{m}^3)$

窗扇梃：　　　$5\times6.5/4.5\times6\times0.01887=0.02271(\text{m}^3)$

（3）基价换算：

$$\begin{aligned}\text{换算后基价}&=162.24+(0.02257-0.02015+0.02271-0.01887)\times1810\\&=173.57(\text{元/m}^2)\end{aligned}$$

（6）木门窗、金属门窗、塑钢门窗定额采用普通玻璃，如设计玻璃品种与定额不同时单价调整；厚度增加时，另按定额的玻璃面积每 10m^2 增加玻璃工 0.73 工日。

【例 6.47】 计算 5mm 平板玻璃硬木平开窗基价，求定额基价。

解： 依据该题意应套定额 8－105，5mm 平板玻璃与定额平板玻璃（3mm）不同，需对平板玻璃单价进行调整，另按定额的玻璃面积每 10m^2 增加玻璃工 0.73 工日。另硬木平开窗木材单价调整外，定额人工和机械乘系数 1.35。

$$\begin{aligned}\text{换算后定额基价}&=162.24+(24.14-15.52)\times0.74+0.74\times0.073\times155+(3276-1810)\\&\quad\times(0.02015+0.01887)+(67.2468+0.9505)\times(1.35-1)\\&=258.06(\text{元/m}^2)\end{aligned}$$

（7）定额中的金属件已包括刷一遍防锈漆的工料。

（8）一般小五金，如普通折页、蝴蝶折页、铁插销、风钩、铁拉手、木螺丝等已综合在五金材料费内，不另计算。地弹簧、门锁、门拉手、闭门器及铜合页另套相应定额计算。

2. 木门、窗

（1）木门的定额划分为普通木门制作安装、装饰木门制作安装、木门框制作安装、成品木门安装。

1）普通木门分有亮和无亮，按形式不同分镶板门、半截玻璃门、胶合板门、全玻门、带通风百叶门、浴厕隔断门。

a. 胶合板门纤维板门门扇上如做小玻璃口时，每 100m^2 洞口面积增加杉小枋 0.15m^2，增加玻璃 11m^2、油灰 3kg、铁钉 1.1kg、人工 7.2 工日。

b. 镶板门门扇系按全板编制，门扇上如做小玻璃口时，每 100m^2 洞口面积增加玻璃 16m^2、油灰 14kg、铁钉 0.1kg、人工 1.9 工日。

【例 6.48】 无亮镶板门带小玻璃口，求定额基价。

解： 依据该题意应套定额 8-4

换算后定额基价＝15505.16＋16×15.52＋0.14×1.19＋0.1×4.74＋1.9×155
＝11604.62(元/100m²)

2）装饰木门分实心门和空心门，按装饰材料不同分装饰夹板门和防火板门，按形式不同分平面门、凹凸门、木格子玻璃门、硬木全百叶门，按施工工艺不同装饰夹板门、拼花门、普通（不拼花）。

（2）木窗定额中分为平开窗、推拉窗、百叶窗、翻窗、半圆形玻璃窗。

（3）成品套装门安装包括门套（含门套线）和门扇的安装，纱门按成品安装考虑。

（4）成品套装木门、成品木移门的门规格不同时，调整套装木门、成品木移门的单价，其余不调整。

（5）浴厕隔断门只适用于隔断与门材质或做法不同时。

（6）装饰木门门窗与门框分别立项，发生时应分别套用。

（7）门窗木贴脸、装饰线套用本定额第十五章“其他装饰工程”中相应定额。

3. 金属门、窗

（1）铝合金成品门窗安装项目按隔热断桥铝合金型材考虑，如设计为普通铝合金型材时，按相应定额项目执行。采用单片玻璃时，除材料换算外，相应定额子目的人工乘以系数 0.80；采用中空玻璃时，除材料换算外，相应定额子目的人工乘以系数 0.90。

【例 6.49】 计算普通铝合金内平开下悬窗（单片玻璃）安装，计算定额基价（成品窗单价 400 元/m²）。

解： 普通铝合金套用断桥隔热铝合金内平开下悬，定额为 8-112，除材料单价换算外，相应定额子目的人工乘以系数 0.80。

换算后定额基价＝53252.84＋(400－431)×94.59＋2513.79×(0.8－1)
＝49817.79(元/100m²)

（2）铝合金百叶门、窗和格栅门按普通铝合金型材考虑。

（3）当设计为组合门、组合窗时，按设计明确的门窗图集类型套用相应定额。

（4）飘窗按窗材质类型分别套用相应定额。

（5）弧形门窗套用相应定额，人工乘以系数 1.15；型材弯弧形费用另行增加。

（6）铝合金地弹门安装定额按单扇考虑，如设计为双扇者，人工消耗量乘以系数 1.2。

4. 防火卷帘

防火卷帘按金属卷帘（闸）项目执行，定额材料中的金属卷帘替换为相应的防火卷帘，其余不变。

5. 厂库房大门、特种门

（1）厂库房大门的钢骨架制作以钢材质量表示，已包括在定额中，不再另列项计算。

（2）厂库房大门、特种门定额的门扇上所用铁件均已列入，除成品门附件以外，墙、柱、楼地面等部位的预埋铁件，按设计要求另行计算。

（3）厂库房大门、特种门定额取定的钢材品种、比例与设计不同时，可按设计比例调整；设计木门中的钢构件及铁件用量与定额不同时，按设计图示用量调整。

（4）人防门、防护密闭封堵板、密闭观察窗的规格、型号与定额不同时，只调整主材的材料费，其余不做调整。

（5）厂库房大门如实际为购入构件，则套用安装定额，材料费按实计入。

（6）全钢板大门定额中的金属件已包括刷一遍防锈漆的工料。

6. 其他门

（1）全玻璃门扇安装项目按地弹门考虑，其中地弹簧消耗量可按实际调整。

（2）全玻璃门门框、横梁、立柱钢架的制作安装及饰面装饰，按本章门钢架相应项目执行。

（3）全玻璃门有框亮子安装按全玻璃有框门扇安装项目执行，人工乘以系数 0.75；地弹簧换为膨胀螺栓，消耗量调整为 277.55 个/100m；无框亮子安装按固定玻璃安装项目执行。

（4）电子感应自动门传感装置、伸缩门电动装置安装已包括调试用工。

7. 门钢架、门窗套

（1）门窗套（筒子板）、门钢架基层、面层项目未包括封边线条，设计要求时，另按“其他装饰工程”中相应线条项目执行。

（2）门窗套、门窗筒子板均执行门窗套（筒子板）项目。

垂直门窗的，在洞口侧面的装饰叫筒子板；平行门窗，在墙面上盖住筒子板和墙面缝隙的叫贴脸，合起俗称“门套”，如图 6.109 所示。门窗套包括 A 面和 B 面；门窗贴脸指 A 面，筒子板指 B 面。

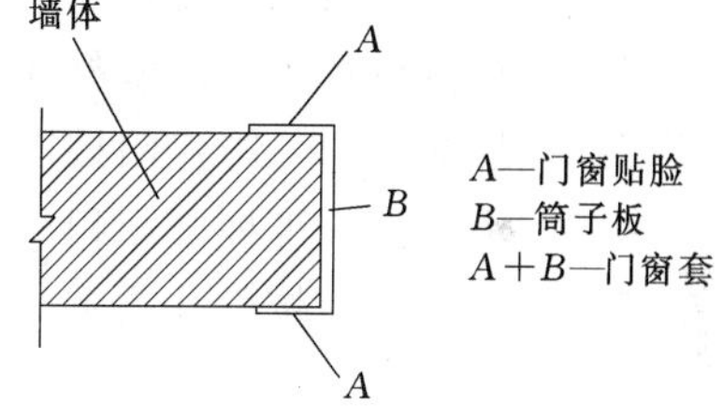

图 6.109 门套示意图

8. 窗台板

（1）窗台板与暖气罩相连时，窗台板并入暖气罩，按“其他装饰工程”中相应暖气罩项目执行。

（2）石材窗台板安装项目按成品窗台板考虑。

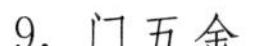

9. 门五金

（1）普通木门窗一般小五金，如普通折页、蝴蝶折页、铁插销、风钩、铁拉手、木螺丝等已综合在五金材料费内，不另计算。地弹簧、门锁、门拉手、闭门器及铜合页等特殊五金另套相应定额计算。

（2）成品木门（扇）、成品全玻璃门扇安装项目中五金配件的安装，仅包括门普通合页、地弹簧安装，其中合页材料费包括在成品门（扇）内，设计要求的其他五金另按“门五金”中门特殊五金相应项目执行。

（3）成品金属门窗、金属卷帘门、特种门、其他门安装项目包括五金安装人工，五金材料费包括在成品门窗价格中。

（4）防火门安装项目包括门体五金安装人工，门体五金材料费包括在防火门价格中，不包括防火闭门器、防火顺位器等特殊五金，设计有要求的另按“门五金”中门特殊五金相应项目执行。

（5）厂库房大门项目均包括五金铁件安装人工，五金铁件材料费另执行本章相应项目，当设计与定额取定不同时，按设计规定计算。

1）木板大门带小门的，每樘增 100mm 合页 2 个、125mm 拉手 2 个、木螺钉 30 个。

2）钢木大门带小门的，每樘增加铁件 5kg、100mm 合页 2 个、125mm 拉手 1 个、木螺钉 20 个。

6.7.3.3　工程量计算规则

1. 木门、窗

（1）普通木门窗工程量按设计门窗洞口面积计算。

（2）装饰木门扇工程量按门扇外围面积计算。

（3）成品木门框安装按设计图示框的外围尺寸以长度计算；成品木门扇安装按设计图示扇面积计算。

（4）成品套装木门安装按设计图示数量以樘计算。

（5）木质防火门安装按设计图示洞口面积计算。

（6）纱门扇安装按门扇外围面积计算。

（7）弧形门窗工程量按展开面积计算。

2. 金属门、窗（塑钢门窗）安装

（1）铝合金门窗塑钢门窗均按设计图示门、窗洞口面积计算（飘窗除外）。

（2）门连窗按设计图示洞口面积分别计算门、窗面积，设计明确时按设计明确尺寸分别计算，设计不明确时，门的宽度算至门框线的外边线。

（3）纱门、纱窗扇按设计图示扇外围面积计算。

（4）飘窗按设计图示框型材外边线尺寸以展开面积计算。

（5）钢质防火门、防盗门按设计图示门洞口面积计算。

（6）防盗窗按外围展开面积计算。

（7）彩钢板门窗按设计图示门、窗洞口面积计算。

3. 金属卷闸门

工程量按设计门洞面积计算（定额按高度 3m 以内和 3m 以上分别设置子目）。

电动装置按“套”计算，活动小门按“个”计算。

4. 厂库房大门、特种门

（1）厂库房大门、特种门按设计图示门洞口面积计算，无框门按扇外围面积计算。

（2）人防门、密闭观察窗的安装按设计图示数量以“樘”计算，防护密闭封堵板安装按框（扇）外围以展开面积计算。

5. 其他门

（1）全玻有框门扇按设计图示框外边线尺寸以面积计算，有框亮子按门扇与亮子分界线以面积计算。

（2）全玻无框（条夹）门扇按设计图示扇面积计算，高度算至条夹外边线，宽度算至玻璃外边线。

（3）全玻无框（点夹）门扇按设计图示玻璃外边线尺寸以面积计算。

（4）无框亮子（固定玻璃）按设计图示亮子与横梁或立柱内边缘尺寸以面积计算。

（5）电动伸缩门安装按设计图示尺寸以长度计算，电子感应门传感装置安装按设计图示数量以套计算。

（6）旋转门按设计图示数量以樘计算。

6. 门钢架、门窗套

（1）门钢架按设计图示尺寸以质量计算。

（2）门钢架基层、面层按设计图示饰面外围尺寸展开面积计算。

（3）门窗套（筒子板）龙骨、面层、基层均按设计图示饰面外围尺寸展开面积计算。

（4）成品门窗套按设计图示饰面外围尺寸展开面积计算。

7. 窗台板、窗帘盒、轨

（1）窗台板按设计图示长度乘宽度以面积计算。图纸未注明尺寸的，窗台板长度可按窗框的外围宽度两边共加 100mm 计算。窗台板凸出墙面的宽度按墙面外加 50mm 计算。

（2）窗帘盒基层工程量按单面展开面积计算，饰面板按实铺面积计算。

练 习 题

定额套用与换算（写出定额的编号、单位、单价及单价换算计算公式）

1. 有亮胶合板门带小玻璃口。

2. 白色铝合金 80 系列断桥隔热推拉窗，中空玻璃 6＋12＋6 安装（断桥隔热铝合金推拉窗单价 480 元/m^2）。

3. 双扇铝合金地弹门安装。

6.7.4 屋面及防水工程

6.7.4.1 屋面及防水工程概述

1. 屋面工程概述

（1）屋顶的功能：覆盖、承重、避免日晒、遮风挡雨、防水、排水、保温、隔热。

（2）屋顶设计要求：由结构层、找平层、保温隔热层、防水层、面层等构成。

（3）屋面的分类。

1）按坡度不同分为：平屋面（坡度较小，倾斜度一般为 2%～3%），适用于城市住宅、学校、办公楼和医院等；坡屋面；膜结构屋面。

2）按采用材料不同分为：刚性屋面、卷材屋面（柔性屋面）、瓦屋面、涂膜屋面、覆土屋面、膜屋面。

2. 防水、防潮工程

（1）根据所用防水材料不同可分为刚性防水、柔性防水。

1）刚性防水依靠结构构件自身的密实性或采用刚性材料做防水层以达到建筑物的防水目的。

2）柔性防水以沥青、油毡等柔性材料铺设和黏结而成，或将以高分子合成材料为主体涂布于防水面形成防水层。

a. 柔性防水层按材料不同分为卷材防水和涂膜防水。

b. 卷材防水材料常见的有石油沥青卷材、改性沥青卷材 SBS、APP、三元乙丙丁基橡胶卷材等；涂膜防水材料常见的有刷冷底子油、JS 涂料、水泥基晶等。

（2）按建筑物工程部位分类可划分为地下防水、屋面防水、室内厕浴间防水、外墙板缝防水以及特殊建筑物部位防水。

3. 屋面排水工程

（1）屋面排水工程一般由檐沟、天沟、泛水、落水管等组成。

（2）排水方式可分为自由落水、檐沟外排水、女儿墙外排水与内排水。如图 6.110 所示。

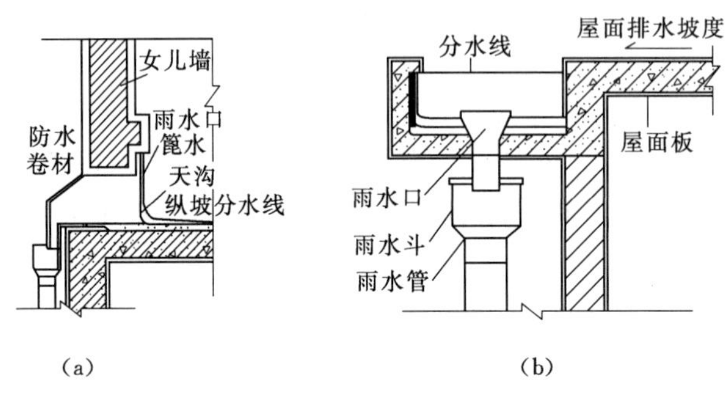

图 6.110　屋面排水方式示意图

（a）女儿墙外排水；（b）檐沟内排水

4. 变形缝

变形缝包括沉降缝和伸缩缝。

（1）沉降缝即将建筑物或构筑物从基础到顶部分隔成段的竖直缝，或是将建筑物或构筑物的地面或屋面分隔成段的水平缝，借以避免因各段荷载不匀引起下沉而产生裂缝。

（2）伸缩缝又称温度缝，即在长度较大的建筑物或构筑物中在基础以上设置的直缝，借以适应温度变化而引起的伸缩，以避免产生裂缝。

6.7.4.2　定额说明

屋面及防水工程按材质性质、施工阶段及部位等划分为屋面工程、防水及其他两小节共 138 个子目。

定额按标准或常用材料编制，设计与定额不同时，材料可以换算，人工、机械不变，屋面保温等项目执行本定额第十章“保温、隔热、防腐工程”相应项目，找平层等项目执行“楼地面工程”相应项目。

1. 屋面工程

（1）细石混凝土防水层定额已综合考虑了滴水线、泛水和伸缩缝翻边等各种加高的工料，但伸缩缝应另列项目计算。使用钢筋网时，执行“混凝土及钢筋混凝土工程”相关项目。

（2）细石混凝土防水层刚性屋面水泥砂浆保护层定额，已综合了预留伸缩缝的工料，掺防水剂时材料费另加。

1）细石混凝土面层基本厚度为 40mm，如设计厚度不同，套用每增减 10mm 定额。

2）砾石厚度以 4cm 为准，厚度不同时，材料按比例换算。

3）水泥砂浆保护层基本厚度为 20mm，如设计厚度不同，套用每增减 10mm 定额。

（3）细石混凝土防水层定额按非泵送商品混凝土编制，如使用泵送商品混凝土时，除材料换算外，相应项目人工乘以系数 0.95；水泥砂浆保护层定额已综合了预留伸缩缝的工料，掺防水剂时材料费另加。

（4）预制混凝土板保护层的安装不包括制作与运输，另按第四章混凝土及钢筋混凝土工程相应要求计算，其他不变。

（5）屋面上人孔的检查洞口盖油漆另行计算。

2. 瓦屋面

瓦屋面有模压平瓦、小青瓦、筒板瓦、平板瓦、石片瓦、石棉水泥波瓦、镀锌铁皮波瓦、钢丝网水泥大波瓦、木质纤维大波瓦、玻璃钢波瓦屋面等。水泥砂浆坐瓦、檩条挂瓦屋面在承重结构上布置木或钢结构檩条，挂瓦，如需要可在檩条下设置保温层。结构层、找平层、保温层、找平层、防水层（如果瓦防水可略）砂浆坐瓦。

（1）定额中瓦按材料不同分为：彩色水泥瓦、小青瓦、黏土平瓦、石棉水泥瓦、玻璃钢瓦、西班牙瓦、瓷质波形瓦及卡普隆板子目。

（2）瓦的规格按水泥瓦 420mm×330mm、水泥天沟瓦及脊瓦 420mm×220mm、小青瓦 180mm×(170～180)mm、黏土平瓦（380～400)mm×240mm、黏土脊瓦 460mm×200mm、西班牙瓦 310mm×310mm、西班牙脊瓦 285mm×180mm、西班牙 S 盾瓦 250mm×90mm、瓷质波形瓦 150mm×150mm、石棉水泥瓦及玻璃钢瓦 1800mm×720mm 计算，如设计规格不同，瓦的数量按比例调整，其余不变。

【例 6.50】 彩色水泥瓦屋面，杉木条基层。设计采用 450×380mm 的瓦，单价为 2500 元/千张，试计算基价。

解： 套用定额 7-11，换算比例为（420×330)/(450×380)=0.81，则

$$换算后瓦的定额含量=0.81\times1.113=0.902(千张/100m^2)$$

$$换算后的基价=3052-1.113\times2420+0.902\times2500=2614(元/100m^2)$$

（3）瓦的搭接按常规尺寸编制，除小青瓦按 2/3 长度搭接，搭接不同可调整瓦的数量，其余瓦的搭接尺寸均按常规工艺要求综合考虑。

（4）瓦屋面定额未包括木基层，木基层项目执行“木结构工程”相应项目。未包括抹瓦出线，发生时按实际延长米计算，套水泥砂浆泛水定额。

（5）黏土平瓦若穿铁丝钉圆钉，每 $100m^2$ 增加 11 工日，增加镀锌低碳钢丝（22＃）3.5kg、圆钉 2.5kg。

（6）瓦屋面以坡度≤25％为准，25％＜坡度≤45％时，相应项目的人工乘以系数 1.3；坡度＞45％时，人工乘以系数 1.430。

（7）水泥瓦屋面套定额注意问题。

1）屋面设有收口线时，每 100 延长米收口线另计收口瓦 0.342 千张，扣除水泥瓦 0.342 千张。

2）对于角钢条基层，角钢设计不同时用量换算，其余不变；刷防腐漆另按相应定额执行。

3）屋面斜沟设有沟瓦时，每 100 延长米增加沟瓦 0.32 千张，扣除脊瓦，其余不变。

4）水泥瓦屋脊的锥脊、封头等配件安装费已计入定额中，材料费应按实际块数加损耗另计。

5）小青瓦屋面每米斜沟另增加小青瓦 16.2 张，其余用量不变。

3. 其他屋面

（1）采光板屋面如设计为滑动式采光顶，可以按设计增加 U 形滑动盖帽等部件，调整材料，人工乘以系数 1.05。实际使用铝合金或钢龙骨与定额含量不一致的用量换算，其余不变。

（2）膜结构屋面的钢支柱、锚固支座混凝土基础等执行其他章节相关项目。膜结构屋面中膜材料可以调整含量。

4. 防水工程及其他

（1）防水。

1）平（屋）面以坡度≤15％为准，15％＜坡度≤25％的，相应项目的人工乘以系数 1.18；25％＜坡度≤45％屋面或平面，人工乘以系数 1.3；坡度＞45％的，人工乘以系数 1.43。

2）防水卷材、防水涂料及防水砂浆，定额以平面和立面列项，实际施工桩头、地沟时，相应项目的人工乘以系数 1.43。砖基防水砂浆防潮层人工已包括在墙基砌筑定额中。

3）胶黏法以满铺为依据编制，点、条铺黏者按其相应项目的人工乘以系数 0.91，黏合剂乘以系数 0.70。

4）防水卷材的接缝、收头（含收头处油膏）、冷底子油、胶粘剂等工料已计入定额内，不另行计算。设计有金属压条时，材料费另计。

5）卷材部分“每增一层”特指双层卷材叠合，中间无其他构造层。

6）卷材厚度大于 4mm 时，相应项目的人工乘以系数 1.1。

7）要求对混凝土基面进行抛丸处理的，套用基面抛丸处理定额，对应的卷材或涂料防水层扣除清理基层人工 0.912 工日/100m^2。

（2）变形缝与止水带。变形缝断面或展开尺寸与定额不同时，材料用量按比例换算。

1）金属板盖缝是按镀锌薄钢板编制的，实际使用材料或规格不同时材料换算，其余不变。

2）铝合金盖板、不锈钢盖板材料展开宽度平面按 590mm、立面按 500mm 编制，实际使用厚度或展开宽度不同时材料换算，其余不变。

3）橡胶风琴板实际规格型号不同时材料换算，其余不变。

6.7.4.3　工程量计算规则

1. 屋面工程工程量

（1）各种屋面和型材屋面（包括挑檐部分）均按设计图示尺寸以面积计算（斜屋面按斜面面积计算），不扣除房上烟囱、风帽底座、风道、小气窗、斜沟和脊瓦等所占面积，小气窗的出檐部分也不增加。瓦屋面挑出基层的尺寸，按设计规定计算，如设计无规定时，水泥瓦、黏土平瓦、西班牙瓦、瓷质波形瓦按水平尺寸加 70mm，小青瓦按水平尺寸加 50mm 计算。

(2) 西班牙瓦、瓷质波形瓦、水泥瓦屋面的正斜脊瓦、檐口线，按设计图示尺寸以长度计算。

(3) 采光板屋面和玻璃采光顶屋面按设计图示尺寸以面积计算；不扣除单个 $0.3m^2$ 以内的孔洞所占面积。

(4) 膜结构屋面按设计图示尺寸以需要覆盖的水平投影面积计算。

(5) 种植屋面按设计尺寸以铺设范围计算，不扣除房上烟囱、风帽底座、风道、屋面小气窗等所占面积，以及单个 $0.3m^2$ 以内的孔洞所占面积，屋面小气窗的出檐部分也不计入。

2. 防水及其他

(1) 防水。

1) 屋面防水按设计图示尺寸以面积计算（斜屋面按斜面面积计算），天沟、挑檐按展开面积计算并入相应防水工程量，不扣除房上烟囱、风帽底座、风道、屋面小气窗和斜沟等所占面积，上翻部分也不另计算；屋面的女儿墙、伸缩缝和天窗等处的弯起部分，按设计图示尺寸计算；设计无规定时，伸缩缝、女儿墙、天窗的弯起部分按 500mm 计算，计入屋面工程量内。

2) 楼地面防水、防潮层按设计图示尺寸以主墙间净空面积计算，扣除凸出地面的构筑物、设备基础等所占面积，不扣除间壁墙及单个 $0.3m^2$ 以内的柱、垛、烟囱和孔洞所占面积，平面与立面交接处，上翻高度小于 300mm 时，按展开面积并入平面工程量内计算，高度大于 300mm 时，上翻高度全部按立面防水层计算。

3) 墙基防水、防潮层按设计图示尺寸以面积计算。

4) 墙的立面防水、防潮层，不论内墙、外墙，均按设计图示尺寸以面积计算。

5) 基础底板的防水、防潮层按设计图示尺寸以面积计算，不扣除桩头所占面积。桩头处外包防水按桩头投影面积每侧外扩 300mm 以面积计算，地沟处防水按展开面积计算，均计入平面工程量，执行相应规定。

6) 屋面、楼地面及墙面、基础底板等，其防水搭接、拼缝、压边、留槎用量已综合考虑，不另行计算，卷材防水附加层、加强层按设计铺贴尺寸以面积计算。

(2) 金属板排水、泛水按延长米乘以展开宽度计算，其他泛水按延长米计算。

(3) 变形缝（嵌填缝与盖板）与止水带（条）按设计图示尺寸，以长度计算。

6.7.5 保温、隔热、防腐工程

6.7.5.1 概述

1. 保温、隔热工程分类

保温、隔热常用的材料有软木板、聚苯乙烯泡沫塑料板、加气混凝土块、膨胀珍珠岩板、沥青玻璃棉、沥青矿渣棉、微孔硅酸钙、蹈壳等，可用于屋面、墙体、柱子、楼地面、天棚等部位。屋面保温层中应设有排气管或排气孔。

(1) 施工方法分为湿抹式、填充式、绑扎式、包裹缠绕式等。

(2) 按材料划分，常用的保温隔热材料有石灰炉渣、水泥珍珠岩、加气混凝土和微孔

硅酸钙等，还有预制混凝土板架空隔热层。

(3) 平屋面保温隔热层可减弱室外气温对室内的影响，或保持因采暖、降温措施而形成的室内气温。常用的保温隔热材料有石灰炉渣、水泥珍珠岩、加气混凝土和微孔硅酸钙等。除此之外还有预制混凝土板架空隔热层。

2. 防腐工程分类

防腐工程分刷油防腐和耐酸防腐两类。

(1) 刷油防腐是一种经济而有效的防腐措施。它对于各种工程建设来说不仅施工方便，而且具有优良的物理性能和化学性能，因此应用范围很广。目前常用的防腐材料有沥青漆、酚树脂漆、酚醛树脂漆、氯磺化聚乙烯漆、聚氨酯漆等。

(2) 耐酸防腐是运用人工或机械将具有耐腐蚀性能的材料浇筑、涂刷、喷涂、粘贴或铺砌在应防腐的工程构件表面上，以达到防腐蚀的效果。常用的防腐材料有：水玻璃耐酸砂浆、混凝土；耐酸沥青砂浆、混凝土；环氧砂浆、混凝土及各类玻璃钢等。根据工程需要，可用防腐块料或防腐涂料做面层。

6.7.5.2　定额使用说明

1. 概述

定额包括保温、隔热和耐酸、防腐。

(1) 保温层定额中的保温材料的品种、型号、规格和厚度等与设计不同时，应按设计规定进行调整。

(2) 树脂珍珠岩板、天棚保温吸音层、超细玻璃棉、装袋矿棉、聚苯乙烯泡沫板厚度均按 50mm 编制，设计厚度不同时单价可换算，其余不变。

(3) 未包含基层界面剂涂刷、找平层、基层抹灰及装饰面层，发生时套用相应子目另行计算。

(4) 定额中采用石油沥青作为胶结材料的子目均指适用于有保温、隔热要求的工业建筑及构筑物工程。

2. 保温、隔热工程

(1) 墙体、柱面保温隔热。

1) 墙体保温砂浆子目按外墙外保温考虑，如实际为外墙内保温，人工乘系数 0.75，其余不变。

2) 弧形墙、柱、梁等保温砂浆抹灰、抗裂防护层抹灰、保温板铺贴按相应项目人工乘以系数 1.15，材料乘以系数 1.05。

3) 柱面保温根据墙面保温定额项目人工乘以系数 1.19，材料乘以系数 1.04。

4) 墙面保温板如使用钢骨架，钢骨架按“墙、柱面装饰及隔断、幕墙工程”相应项目执行。

5) 抗裂防护层中抗裂砂浆厚度设计与定额不同时，抗裂砂浆及搅拌机台班定额用量按比例调整，其余不变。增加一层网格布子目已综合了增加抗裂砂浆一遍粉刷的人工、材料及机械。

6) 抗裂防护层网格布（钢丝网）之间的搭接及门窗洞口周边加固定额中已综合考虑，不另行计算。

7）外墙保温设计要求增加塑料膨胀锚固螺栓固定时，每 100m² 增加塑料膨胀锚固螺栓 612 套、人工 3 工日、其他机械费 5 元。

8）水玻璃面层及结合层定额中，均已包括涂稀胶泥工料，树脂类及沥青均未包括树脂打底及冷底子油工料，发生时应另列项目计算。

（2）屋面保温隔热。

1）屋面泡沫混凝土按泵送 70m 以内考虑，泵送高度超过 70m 的，每增加 10m 人工增加 0.07 工日，搅拌机械增加 0.01 台班，水泥发泡机增加 0.012 台班。

2）保温层排气管按 Φ50UPVC 管及综合管件编制，排气孔：Φ50UPVC 管按 180°单出口考虑（2 只 90°弯头组成），双出口时应增加三通 1 只；Φ50 钢管、不锈钢管按 180°煨制弯考虑，当采用管件拼接时另增加弯头 2 只，管材用量乘以 0.7。管材、管件的规格、材质不同时单价换算，其余不变。

3）定额编号 10－45 按现场搅拌混凝土考虑，主材消耗量暂按 C20 级配，如实际采用其他级配的，材料按实调整，其余不变；如实际采用商品陶粒混凝土的，则应扣除定额编号 5－35 现场相应的人工材料机械消耗量搅拌混凝土调整费。

4）天棚聚苯乙烯泡沫板，混凝土板带木龙骨时，每 10m³ 增加杉板枋 0.75m³、铁件 45.45kg，扣除聚苯乙烯泡沫板 0.63m³。

3. 耐酸、防腐

（1）各种胶泥、砂浆、混凝土配合比以及各种整体面层的厚度，设计与定额不同时可以换算。定额已综合考虑了各种块料面层的结合层、胶结料厚度及灰缝宽度。

（2）耐酸防腐整体面层、隔离层不分平面、立面，均按材料做法套用同一定额；块料面层以平面铺贴为准，立面铺贴套用平面定额，人工乘以系数 1.38，踢脚板人工乘以系数 1.56，其余不变。池、沟、槽瓷砖面层定额不分平、立面，适用于小型池、槽、沟（划分标准依据“混凝土及钢筋混凝土工程”相关规定）。

（3）耐酸定额按自然养护考虑。如需要特殊养护，费用另计。

（4）块料防腐中面层材料的规格、材质与设计不同时可以换算。

（5）防腐卷材接缝、附加层、收头等人工材料已计入定额中，不再另行计算。

6.7.5.3 工程量计算规则

1. 保温、隔热工程量

保温、隔热层的厚度，按隔热材料净厚度（不包括胶结材料厚度）尺寸计算。

（1）墙、柱面保温隔热层。

1）保温砂浆、聚氨酯喷涂、保温板铺贴面积按设计图示尺寸的保温层中心线长度乘以高度计算，扣除门窗洞口及单个 0.3m² 以上梁、孔洞所占面积；门窗洞口侧壁以及与墙相连的柱，并入保温墙体工程量内，门窗洞口侧壁粉刷材料与墙面粉刷材料不同，按“墙、柱面装饰与隔断、幕墙工程”零星粉刷计算。墙体及混凝土板下铺贴隔热层不扣除木框架及木龙骨的体积。其中外墙按隔热层中心线长度计算，内墙按隔热层净长度计算。

2）柱、梁保温隔热层工程量按设计图示尺寸以面积计算。柱按设计图示柱断面保温层中心线展开长度乘以高度以面积计算，扣除单个断面 0.3m² 以上梁所占面积。梁按设计图示梁断面保温层中心线展开长度乘以保温层长度以面积计算。

3）按“m^3”计算的隔热层，外墙按围护结构的隔热层中心线、内墙按隔热层净长乘以图示尺寸的高度及厚度以“m^3”计算。应扣除门窗洞口、单个 $0.3m^2$ 以上孔洞所占体积。

单个大于 $0.3m^2$ 孔洞侧壁周围及梁头、连系梁等其他零星工程保温隔热工程量并入墙面的保温隔热工程量内。

（2）屋面保温隔热。

1）屋面保温砂浆、泡沫玻璃、聚氨酯喷涂、保温板铺贴按设计图示面积计算，不扣除屋面排烟道、通风孔、伸缩缝、屋面检查洞及 $0.3m^2$ 以内孔洞所占面积，洞口翻边也不增加。

2）屋面其他保温材料定额按设计图示面积乘以厚度，以“m^3”计算，找坡层按平均厚度计算，计算面积时应扣除单个 $0.3m^2$ 以上的孔洞所占面积。

（3）天棚保温隔热、吸音。

1）天棚保温隔热、隔音按设计图示尺寸以面积计算，扣除单个 $0.3m^2$ 以上柱、垛、孔洞所占面积，与天棚相连的梁按展开面积计算，其工程量并入天棚内。

2）柱帽保温隔热按设计图示尺寸并入天棚保温隔热工程量内。

（4）楼地面保温隔热、隔音。楼地面的保温隔热层面积按围护结构墙间净面积计算，不扣除柱、垛及每个面积 $0.3m^2$ 以内的孔洞所占面积。

（5）其他。

1）其他保温隔热层工程量按设计图示尺寸以展开面积计算，扣除单个 $0.3m^2$ 以上孔洞所占面积。

2）保温层排气管按设计图示尺寸以长度计算，不扣除管件所占长度，保温层排气孔以数量计算。

3）保温隔热层的厚度，按隔热材料净厚度（不包括胶结材料厚度）尺寸计算。

4）池槽的保温隔热，池壁并入墙面保温隔热工程量内，池底并入地面保温隔热工程量内。

2. 耐酸防腐工程量

（1）防腐工程面层、隔离层及防腐油漆工程量均按设计图示尺寸以面积计算。

（2）平面防腐工程量应扣除凸出地面的构筑物、设备基础等以及单个 $0.3m^2$ 以上孔洞、柱、垛等所占面积，门洞、空圈、暖气包槽、壁龛的开口部分不增加面积。

立面防腐工程量应扣除门、窗、洞口以及单个 $0.3m^2$ 以上孔洞、梁所占面积，门、窗、洞口侧壁、垛凸出部分按展开面积并入墙面内。

（3）池、槽块料防腐面层工程量按设计图示尺寸以展开面积计算。

（4）砌筑沥青浸渍砖工程量按设计图示尺寸以面积计算。

（5）踢脚板防腐工程量按设计图示长度乘高度以面积计算，扣除门洞所占面积，并相应增加侧壁展开面积。

（6）混凝土面及抹灰面防腐按设计图示尺寸以面积计算。

（7）平面砌双层耐酸块料时，按单层面积乘以系数 2 计算。

（8）硫黄胶泥二次灌缝按实体积计算。

(9) 花岗岩面层中的胶泥勾缝按设计图示尺寸延长米计算。

【例 6.51】 保温隔热墙面外墙外保温工程量为 720m²，设计要求：墙体基层清理墙面刷 2mm 厚专用干粉型界面剂、20mm 厚无机轻集料保温砂浆 B 型、5mm 厚增强型纤维聚合物抗裂防水砂浆（耐碱、抗拉玻璃纤维网格布满布）。当前市场信息价：三类人工 185 元/工日，水 5.95 元/m³，无机轻集料保温砂浆 B 型 900 元/m³，试计算外墙外保温工程费用。

解：(1) 墙体基层清理墙面刷 2mm 厚专用干粉型界面剂套定额 12-20：

定额换算基价=[2.445×158+130.16+2.5×(5.95−2.95)]/100=5.24(元/m²)

(2) 20mm 厚无机轻集料保温砂浆套定额 10-3、10-4：

定额换算基价=[(10.062−1.655)×185+(2.775−0.555)×900+0.7×5.95+7.3−1+40.76−8.21]/100=35.96(元/m²)

(3) 墙柱面耐碱玻纤网格布抗裂砂浆 5mm 厚套定额 10-22（注意：抗裂防护层中抗裂砂浆厚度设计与定额不同时，抗裂砂浆及搅拌机台班定额用量按比例调整，其余不变）：

定额换算基价=(7.732×185+550.8×5/4×1.6+117×1.27+3.96×5.95+4.8×5/4)/100=27.10(元/m²)

(4) 外墙外保温工程费用=(5.24+35.96+27.10)×720=49176(元)

6.8 装饰装修工程量计算的主要规则

6.8.1 楼地面工程

6.8.1.1 概述

1. 楼地面工程构造

(1) 楼地面工程构造划分。

1) 地面构造一般为面层、垫层和基层（素土夯实）。

2) 楼层地面构造一般为面层、填充层和楼板。

3) 当地面和楼层地面的基本构造不能满足使用或构造要求时，可增设结合层、隔离层、填充层、找平层等其他构造层次，如图 6.111 所示。

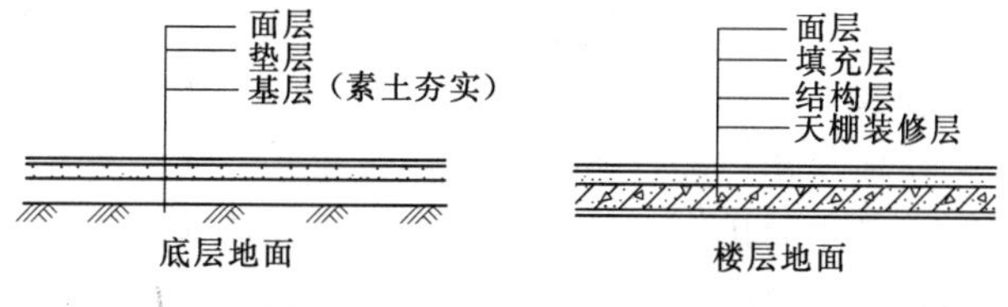

图 6.111 楼地面构造示意图

(2) 构造材料。

1) 地面垫层材料常用的有混凝土、砂、炉渣、碎（卵）石等。

2）结合层材料常用的有水泥砂浆、干硬性水泥砂浆、黏结剂等。

3）填充层材料有水泥炉渣、加气混凝土块、水泥膨胀珍珠岩块等。

4）找平层常用水泥砂浆和混凝土。

5）隔离层材料有防水涂膜、热沥青、油毡等。

6）面层材料常用的有混凝土、水泥砂浆、现浇（预制）水磨石、天然石材（大理石、花岗岩等）、陶瓷锦砖、地砖、木质板材、塑料、橡胶、地毯等。

（3）找平层一般使用在保温层或粗糙的结构层表面，填平孔眼、表面抹平，以使面层和基层很好地结合。

2. 楼地面工程面层

按使用材料和施工方法的不同，面层分为整体面层和块料面层、其他材料面层。

（1）整体面层指在现场用浇筑的方法做成的整片地面。

1）水泥砂浆面层。一般用 1∶2 或 1∶2.5 的水泥砂浆铺设，经拍实、提浆、压光而成。当用混凝土做垫层（或钢筋混凝土现浇楼板）又做面层时，亦可采用“随捣随抹”的办法，即在混凝土浇灌好后，经找平、捣实、提浆，随即撒上干水泥并抹光。

2）水磨石面层就是用水泥加石子做出来的表面，石子一般多用白色，也有用彩色石子称为彩色水磨石。

（2）块料面层指利用各种人造的或天然的预制块材、板材镶铺在基层上面的楼地面。常用的块料有地大理石、花岗石、预制水磨石、缸砖、马赛克、地砖、广场砖、钢化玻璃、凹凸假麻石块等。

（3）其他材料面层。其他材料面层主要有橡塑地面、地毯、木地板、防静电地板、金属复合地板等。

1）橡塑地板含有塑料和橡胶塑料成分，主要原料是 PVC（聚氯乙烯）是综合了塑胶地板和橡胶地板的优点，一般花色比较丰富，轻便。按橡塑地板材料的产品规格有块料和卷材两类，

2）地毯。

a. 楼地面地毯。分固定式和不固定式两种铺设方式。

固定式分带垫和不带垫铺设方式。固定式铺设是先将地毯截边，再拼缝。黏结成一块整片，然后用胶黏剂或倒刺板条固定在地面基层上的一种铺设方式。不固定式即活动式的铺设，即为一般摊铺，它是将地毯明摆浮搁在地面基层上，不作任何固定处理。

b. 楼梯地毯。铺设分满铺和不满铺两种情况。地毯铺设又分带胶垫和不带胶垫两种，有底衬（也有内衬、底垫）的地毯不用胶垫，无底村的地毯要铺设胶垫。

c. 地毯常用配件包括烫带、钉条、收口条：①地毯烫带是把两块地毯接在一起用的，用专业熨斗把胶化开来粘地毯用；②钉条也叫倒刺钉板条，就是有钉子的木板条，用于地毯与地面的固定；③收口条主要用来扣压外露地毯边沿，使地毯不被踢起，如门口、走廊边沿、楼梯口等与其他材料相接的地方。

3）木地板是面层由木板或硬质木胶合板铺钉或粘贴而成的楼地面，一般分为实木地板、强化木地板、实木复合地板和软木地板。

a. 木地板铺设。木地板铺设一般分为空铺式和实铺式，如图 6.110、图 6.111 所示。

空铺式木地板是在地面先砌地垄墙，然后安装木搁栅、毛地板、面层地板，将木地板直接固定在木基层上的一种铺设方法。是先在楼地面上安装木龙骨（木搁栅），然后把榫舌内侧预钻孔的地板用专用地板钉固于龙骨上。木龙骨的尺寸为 30mm×40mm 至 40mm×50mm，使用前应进行防腐处理。

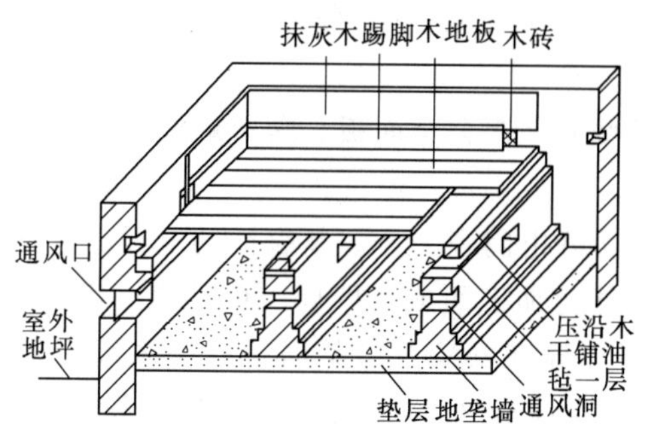

图 6.112　空铺式木地板

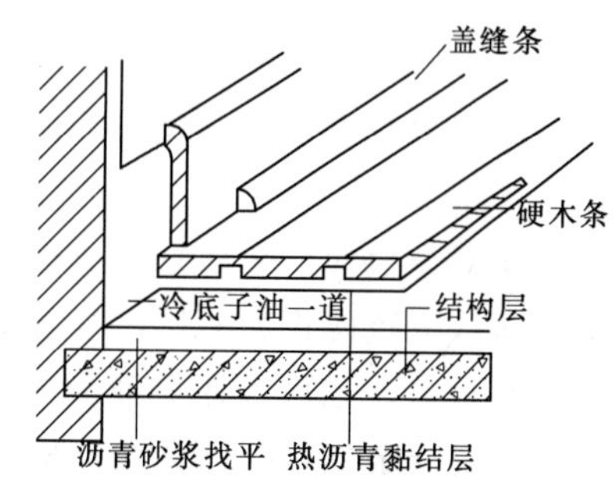

图 6.113　实铺式木地板

实铺式木地板是将木龙骨（木搁栅）固定在楼地面基层表面上，然后把干炉渣或其他保温材料塞满木搁栅之间，最后把木地板固定在木龙骨上的一种铺设方法。

b. 木地板的拼缝形式一般有四种，即企口拼缝、错口拼缝、裁口拼缝和平头拼缝，企口缝应用最为普遍，如图 6.114 所示。

c. 木地板面层主要有木板面层和拼花木板面层两种，木板面层又分单层和双层。

单层木板面层是在龙骨上直接钉面层板，其构造如图 6.115 所示。

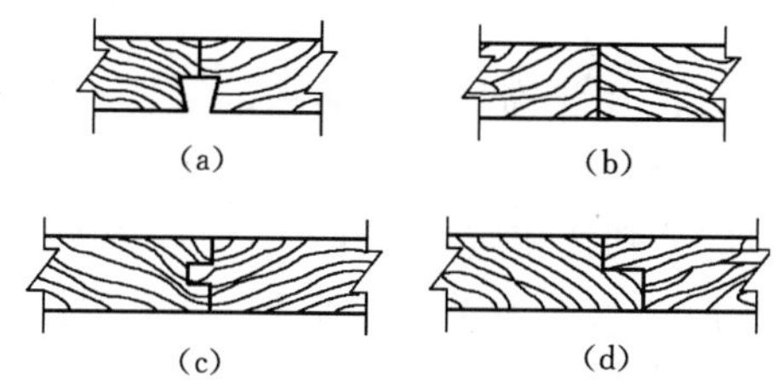

图 6.114　木地板的拼缝形式

（a）裁口缝；（b）平头缝；（c）企口缝；（d）错口缝

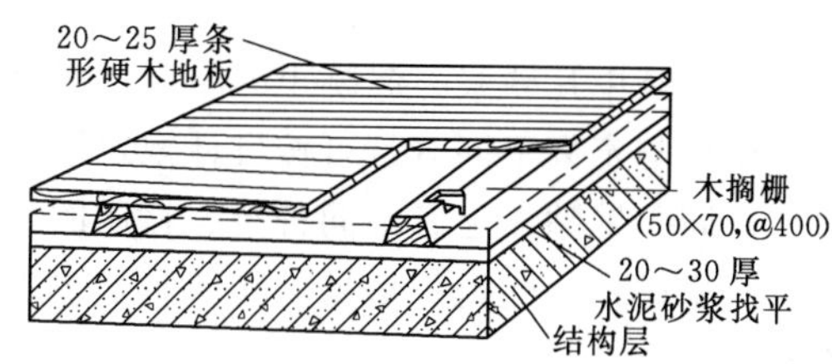

图 6.115　单层实铺式木楼地面装饰构造

双层木板面层是在木龙骨上先钉一层毛地板，再钉一层面层板，其构造如图 6.116 所示。

拼花木板面层是用加工好的拼花木板条铺钉在毛地板上或以沥青胶结料（或胶结剂）粘贴于水泥砂或混凝土的基层上，其构造如图 6.116 所示。

（4）防静电地板。防静电活动地板用于有防尘和防静电要求的专业用房的建筑

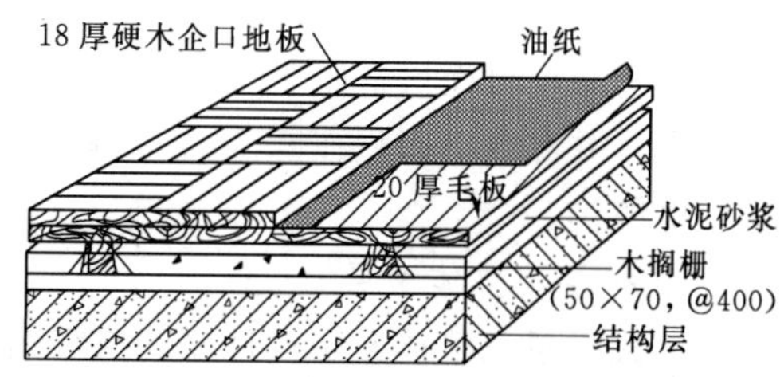

图 6.116　双层实铺式木楼地面装饰构造

楼地面工程，采用特制的刨花板为基材，表面饰以装饰板，底层用镀锌板经黏结胶合组成的活动地板块，配以横梁、橡胶垫条和可供调节高度的金属支架，组装成架空板铺设在水泥砂浆面层（或基层）上，活动地板包括标准地板、异形地板和地板附件（即支架和横梁组件）。活动地板所有的支座柱和横梁构成框架一体，并与基层连接牢固，支架抄平后高度应符合设计要求，架空部分可用于敷设电缆和各种管线。

防静电面板主要有铝合金复合石棉塑料贴板、铝合金面板、塑料地板、平压刨花板面板等。

（5）金属复合地板。金属复合地板是指防静电陶瓷一金属复合活动地板，是一种活动地板，是用防静电瓷砖作为面层、复合金属基材加工而成，四周一般都用厚度为 1mm 的导电胶条粘贴封边。也可不用胶条封边，但那样在安装和维护时一旦发生磕碰就容易掉瓷。防静电陶瓷一金属复合活动地板根据基材不同，可以分为钢基、复合基、硫酸钙基、铝基等。

6.8.1.2　定额说明

1. 概述

（1）楼地面工程分为找平层及整体面层（干混砂浆找平和楼地面、细石混凝土找平层、金刚砂耐磨地坪、菱苦土地面、剁假石楼地面、干混砂浆礓礤面层、水泥基自流平砂浆、环氧地坪涂料、环氧自流平涂料、现浇水磨石楼地面）；石材、块料面层；橡塑面层；其他材料面层（织物地毯、细木工板、复合地板）；踢脚线；楼梯装饰（石材、块料、木板、地毯楼梯饰面、楼梯嵌条）、台阶装饰；零星装饰项目和分格嵌条、防滑条 10 个定额小节。

（2）定额中凡砂浆、混凝土的厚度、种类、配合比及装饰材料的品种、型号、规格、间距等设计与定额不同时，可按设计规定调整。

（3）同一铺贴面上有不同种类、材质的材料，应分别按相应项目执行。

（4）采用地暖的地板垫层，按不同材料执行相应项目，人工乘以系数 1.30，材料乘以系数 0.95。

（5）除砂浆面层楼梯外，整体面层、块料面层及地板面层等楼地面和楼梯定额子目均不包括踢脚线。

（6）现浇水磨石项目已包括养护和酸洗打蜡等内容，其他块料项目如需做酸洗打蜡者，单独执行相 应酸洗打蜡项目。

（7）圆弧形等不规则楼地面镶贴面层、饰面面层按相应项目人工乘以系数 1.15，块料消耗量按实调整。

（8）零星项目面层适用于块料楼梯侧面、块料台阶的牵边，小便池、蹲台、池槽、检查（工作）井等内空面积在 0.5m^2 以内且未列项目的工程及断面内空面积 0.4m^2 以内的地沟、电缆沟。

2. 找平层及整体面层

（1）找平层及整体面层设计厚度与定额不同时，根据厚度每增减子目按比例调整。

【例 6.52】 计算钢筋混凝土楼面 27mm 厚 DS M20 干混地面砂浆找平层的定额基价。

解： 本题中砂浆厚度与定额不同，需根据定额 11－1 和定额 11－3 进行调整：

$$换算后定额基价=1746.27+62.85\times7=2186.22(元/100m^2)$$

（2）楼地面找平层上如单独找平扫毛，每平方米增加人工 0.04 工日、其他材料费 0.50 元。

（3）厚度 100mm 以内的细石混凝土按找平层项目执行，定额已综合找平层分块浇捣等支模费用，厚度 100mm 以上的按“混凝土及钢筋混凝土工程”垫层项目执行。

（4）细石混凝土找平层定额混凝土按非泵送商品混凝土编制，如使用泵送商品混凝土时除材料换算外相应定额人工乘以系数 0.95。

（5）水磨石嵌铜条另计，扣除定额玻璃条用量。

（6）水磨石如掺颜料，掺量按设计规定计算，如设计不明确时，按石子浆水泥用量的 8%计算。

【例 6.53】 计算 15mm 厚掺桃红色颜料彩色水磨石玻璃嵌条楼面的基价（桃红色颜料单价 12 元/kg）。

解： 本题中彩色水磨石厚度与定额不同，需根据 11－29 定额、11－30 进行调整，掺颜料掺量不明确，按石子水泥浆用量的 8%计算。从定额下册附录一 P569 定额编号 80 中查得白水泥彩色石子浆中水泥的含量为 636kg/m^3：

$$\begin{aligned}换算后定额基价&=10822.87-100.9\times3+[636\times8\%\times(2.04-0.102\times3)]\times12\\&=11578.88(元/100m^2)\end{aligned}$$

3. 石材、块料面层

（1）块料面层砂浆黏结层厚度设计与定额不同时，按找平层厚度每增减子目进行调整换算。

（2）块料面层黏结剂铺贴其黏结层厚度按规范要求综合测定，除有特殊要求外一般不做调整。

（3）块料面层结合砂浆如采用干硬性砂浆的，除材料单价换算外，人工乘以系数 0.85。

【例 6.54】 某卫生间防滑地砖：300mm×300mm 防滑砖，干水泥擦缝，20mm 厚 1∶3 干硬性水泥砂浆结合层，20mm 厚 DS M20 干混地面砂浆找坡找平，试计算定额基价。

解： 本题找坡找平砂浆厚度与定额不同，需根据定额 11－3 子目乘以 5 进行调整，找坡找平套定额 11－1 和 11－3×5：

$$定额基价=1746.27-62.85\times5=1432.02(元/100m^2)$$

采用干硬性砂浆铺贴防滑地砖套定额 11－44，砂浆单价换算成 1∶3 干硬水泥砂浆，从附录一 P565 定额编号 12 查得 1∶3 干硬水泥砂浆单价 244.35 元/m^3，人工乘系数 0.85：

换算后定额基价＝8882.48＋(244.35－443.08)×1.53＋3194.4×(0.85－1)
＝8099.26(元/100m²)

(4) 块料面层铺贴定额子目包括块料安装的切割，未包括块料磨边及弧形块的切割。如设计要求磨边的，套用磨边相应子目，如设计弧形块贴面时，弧形切割费另行计算。

(5) 块料面层铺贴，设计有特殊要求的，可根据设计图纸调整定额损耗率。

(6) 块料离缝铺贴灰缝宽度均按 8mm 计算，设计块料规格及灰缝大小与定额不同时，面砖及勾缝材料用量做相应调整。

计算地砖定额含量＝1/[(规格长＋缝宽)×(规格宽＋缝宽)]×(规格长×规格宽)
×(1＋地砖损耗率)

计算嵌缝砂浆定额含量＝[1－地砖含量/(1＋地砖损耗率)]×地砖厚度×(1＋砂浆损耗率)

【例 6.55】 DS M20 干混地面砂浆铺贴 250mm×300mm 地砖，离缝 8mm，地砖厚度 8mm，DS M20 干混地面砂浆嵌缝，地砖单价为 5 元/块，其他按定额取定价，确定该地砖定额基价。

解： 根据题意套用定额 11－52，但地砖规格与定额不一致，需对地砖含量进行计算调整：

地砖定额含量＝1/[(0.25＋0.008)×0.3＋0.008]×0.25×0.3×(1＋3%)＝0.9721(m²)

地砖单价＝1/(0.25×0.3)×6＝80(元/m²)

计算嵌缝砂浆定额含量＝(1－0.9721/1.03)×0.008×(1＋2%)＝0.00046(m³)

换算后基价＝8456.33－0.9677×44.83＋0.9721×80＋(0.00046－0.00042)×460.16
＝8490.73(元/100m²)

(7) 镶嵌规格在 100mm×100mm 以内的石材执行点缀项目。

(8) 石材楼地面拼花按成品考虑。

(9) 石材楼地面需做分格、分色的，按相应项目人工乘以系数 1.10。

(10) 广场砖铺贴定额所指拼图案，指铺贴不同颜色或规格的广场砖形成环形、菱形等图案。分色线性铺装按不拼图案定额套用。

(11) 镭射玻璃面层定额按成品考虑。

4. 其他材料面层

(1) 木地板铺贴基层如采用毛地板的，套用细木工板基层定额，除材料单价换算外，人工含量乘以系数 1.05。

(2) 木地板安装按成品企口考虑，若采用平口安装，其人工乘以系数 0.85。

(3) 木地板填充材料按“保温、隔热、防腐工程”相应项目执行。

(4) 防静电地板（含基层骨架）定额按成品考虑。防静电活动地板材料价格内含支架费用，材质不同可以换算，其他不变。

【例 6.56】 硬木长条平口地板铺在 40mm×50mm 木龙骨上，龙骨间距 300mm，沿长度方向单向铺设，地板铺设房间内净尺寸为 5250mm×3950mm，木地板价格 220 元/m^2，其他人、材、机按 2018 版定额计算，试求其基价。

解： 硬木长条企口地板铺在木龙骨上套用定额 11－90。

根据题意，地板龙骨长 5.25m，龙骨根数＝3.95/0.3＋1＝14(根)，查附录三建筑工程主要材料损耗率取定表第 76 项，可知龙骨（杉板枋一般装饰料）损耗率为 5%，则

木龙骨用量＝5.25×14×0.05×0.04＝0.147(m^3)

每平方米龙骨含量＝0.147/(5.25×3.95)×1.05＝0.00744(m^3)

换算基价＝203.8464＋(0.00744－0.00378)×1800＋17.8731×(0.85－1)
＋1.05×(220－155)＝276.00(元/m^3)

5. 踢脚线

（1）踢脚线高度超过 300mm 的，按墙、柱面工程相应定额执行。

（2）弧形踢脚线按相应项目人工、机械乘以系数 1.15。

（3）金属踢脚线折边、铢槽费另计。

（4）成品木踢脚线如材质为硬木，人工、机械乘以系数 1.10。踢脚线压条套用本定额“其他装饰工程”相应定额。

6. 楼梯、台阶

（1）楼梯面层定额不包括楼梯底板装饰，楼梯底板装饰套天棚工程。砂浆楼梯、台阶面层包括楼梯、台阶侧面抹灰。

（2）螺旋形楼梯的装饰套用相应定额子目，人工与机械乘以系数 1.10，块料面层材料用量乘以系数 1.15，其他材料用量乘以系数 1.05。

【例 6.57】 螺旋形楼梯 20mm 厚 DS M20 干混地面砂浆贴大理石面层，求定额基价（大理石信息价为 260 元/m^2）。

解： 根据题意套定额 11－114。人工与机械乘系数 1.1，块料面层材料用量乘以系数 1.15，其他材料乘以系数 1.05：

换算后基价＝(4866.23＋26.75)×1.10＋144.69×260×1.15
＋(24735.38－144.69×159)×1.05
＝50460.74(元/100m^2)

（3）石材螺旋形楼梯按弧形楼梯项目人工乘以系数 1.20。

（4）分格嵌条、防滑条。

1）楼梯、台阶嵌铜条定额按嵌入 2 条考虑，如设计要求嵌入数量不同时，除铜条数量按实调整外，其他工料如嵌入 3 条乘以系数 1.50，如嵌入 1 条乘以系数 0.50。

2）楼梯开防滑槽定额按 2 条考虑，如设计要求开 3 条则乘以系数 1.50，开 1 条乘以系数 0.50。

3）铜嵌条规格与定额取定不同时，材料单价可以换算。

6.8.1.3 工程量计算规则

1. 整体面层楼地面

（1）楼地面找平层及整体面层楼按设计图示尺寸面积计算，应扣除凸出地面的构筑物、设备基础、室内铁道、地沟等所占面积，不扣除间壁墙及 $0.3m^2$ 以内的柱、垛、附墙烟囱及孔洞所占面积，但门洞、空圈（暖气包槽、壁龛）的开口部分也不增加。

间壁墙指在地面面层做好后再进行施工的墙体。

（2）楼地面金属分隔条按设计图示长度以延长米计算。

（3）细石混凝土楼地面定额实际是细石混凝土找平层，用作地面时可按设计要求另行计算水泥砂浆随捣随抹面层。

（4）水泥砂浆礓磋面层工程量按设计图示尺寸以“m^2”计算。

2. 块料、橡塑及其他材料面层

（1）块料、橡塑及其他材料等面层楼地面按设计图示尺寸以“m^2”计算，门洞、空圈（暖气包槽、壁龛）的开口部分工程量并入相应的面层内计算。

（2）石材拼花按最大外围尺寸以矩形面积计算。有拼花的石材地面按设计图示尺寸扣除拼花的最 大外围矩形面积计算面积。

（3）点缀按“个”计算，计算主体铺贴地面面积时不扣除点缀所占面积。

（4）石材嵌边（波打线）、六面刷养护液、地面精磨、勾缝按设计图示尺寸以铺贴面积计算。

（5）石材打胶、弧形切割增加费按石材设计图示尺寸以“延长米”计算。

3. 踢脚线

踢脚线按设计图示长度乘高度以面积计算。楼梯靠墙踢脚线（含锯齿形部分）贴块料按设计图示面积计算。

（1）水泥砂浆、水磨石的踢脚线。按延长米乘高度计算，不扣除门洞、空圈的长度，门洞、空圈和垛的侧壁也不增加。

（2）块料面层、金属板、塑料板踢脚线按设计图示尺寸以“m^2”计算。

踢脚线面积=(内墙净长－门洞口＋洞口侧边＋铺贴砂浆与块料引起的厚度增减)×高度

（3）木基层踢脚线的基层按设计图示尺寸计算，面层按展开面积以“m^2”计算。

4. 楼梯面层

（1）楼梯装饰的工程量按设计图示尺寸以楼梯（包括踏步、休息平台以及 500mm 以内的楼梯井）水平投影面积计算；楼梯与楼地面相连时，算至梯口梁外侧边沿，无梯口梁者，算至最上一级踏步边沿加 300mm。

（2）地毯配件的压辐按设计图示尺寸以“套”计算、压板按设计图示尺寸以延长米计算。

（3）面层割缝、楼梯踏步嵌条、开防滑槽按设计图示长度以延长米计算。

5. 台阶面层

（1）整体面层台阶工程量按设计图示尺寸以台阶（包括最上层踏步边沿加 300mm）

水平投影面积计算。

（2）块料面层台阶工程量按设计图示尺寸以展开台阶面积计算。

（3）如与平台相连时，平台面积在 10m² 以内的按台阶计算，平台面积在 10m² 以上时，台阶算至最上层踏步边沿加 300mm，平台按楼地面工程计算套用相应定额。

6. 零星装饰项目

零星装饰项目按材料做法分石材、块料零星项目和水泥砂浆零星项目。

7. 分格嵌条、防滑条

分格嵌条、防滑条按设计图示尺寸以“延长米”计算。

8. 酸洗打蜡

工程量分别对应整体面层及块料面层工程量。

【例 6.58】 某工程楼面建筑平面如图示，设计楼面做法为 30mm 厚细石混凝土找平，20mm 厚 DS M15 干混砂浆铺贴 300mm×300mm×8mm 地砖面层密缝，15mm 厚 DS M15 干混砂浆踢脚 150mm 高地砖。求楼地面装饰的工程量（M1：900mm×2400mm，M2：900mm×2400mm，C1：1800mm×1800mm，均居中安装）。

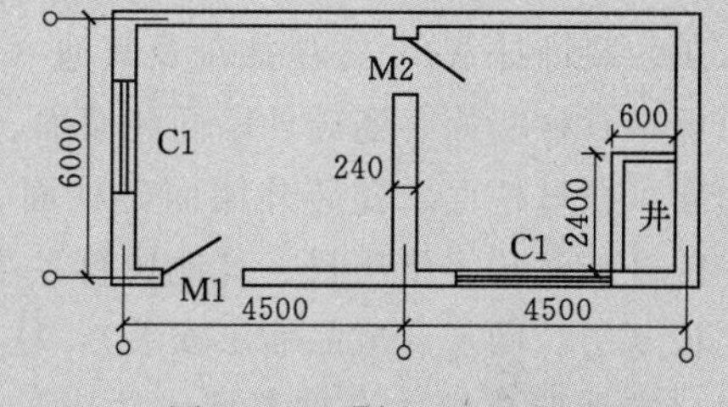

图 6.117 【例 6.58】图

解：（1）30 厚细石混凝土找平查定额 11-5，基价为 2467.82 元/100m²：

$$工程量=(4.5\times2-0.24\times2)\times(6-0.24)-0.6\times2.4=47.64(m^2)$$

$$找平层费用=47.64\times2467.82/100=1175.67(元)$$

（2）300mm×300mm 地砖面层查定额 11-44，基价为 8882.48 元/100m²：

$$工程量=(4.5\times2-0.24\times2)\times(6-0.24)-0.6\times2.4+0.9\times0.24\times2=48.07(m^2)$$

$$地砖费用=48.07\times8882.48/100=4269.81(元)$$

（3）地砖踢脚查定额 11-97，基价为 9985.65 元/100m²：

$$工程量=[(4.5-0.24+6-0.24)\times2\times2-0.9\times3+0.24\times4+0.023\times2(7-9)]\times0.15$$
$$=38.25\times0.15=5.74(m^2)$$

$$地砖踢脚线费用=5.74\times9985.65/100=573.18(元)$$

计算式中的 0.023 是指因阳角、阴角增减引起的铺贴砂浆与块料厚度调整，依据设计要求知水泥砂浆 15mm 厚，地砖 8mm 厚，故得每侧厚度调整＝0.015＋0.008＝0.023（m）。

练　习　题

定额套用与换算（写出定额的编号、单位、单价及单价换算计算公式）

1. 25mm 厚 C20 非泵送商品混凝土楼面，干混地面砂浆 DS M20 随捣随抹。

2. 钢筋混凝土楼面 25mm 厚 DS M20 干混地面砂浆地面。

3. 35mm×45mm 木楞上铺企口式复合地板。

4. 弧形楼梯 1：3 干硬水泥砂浆贴花岗石。

5. 1：2 干硬水泥砂浆铺贴大理石面（大理石信息价 220 元/m^2）。

6. 专用黏结剂粘贴陶瓷地面砖弧形踢脚线。

7. 3mm 厚金刚砂耐磨地坪。

8. 15mm 厚掺桃红色颜料彩色水磨石（带图案嵌铜条）楼面（桃红色颜料信息价 10 元/kg）。

6.8.2　墙柱面工程

6.8.2.1　定额使用说明

1. 一般规定

（1）墙柱面工程定额划分为墙面抹灰（一般抹灰、装饰抹灰），柱、梁面抹灰（一般抹灰、装饰抹灰），零星抹灰及其他（一般抹灰、装饰抹灰、特殊砂浆、其他），墙面块料面层（石材墙面、瓷砖外墙面砖墙面、其他块料墙面、块料饰面骨架），柱（梁）面块料面层（石材柱面、瓷砖外墙面砖柱面、其他块料柱面），零星块料面层（石材零星项目、瓷砖外墙面砖零星项目、其他块料零星项目、石材饰块及其他），墙饰面（附墙龙骨基层、夹板基层、面层、成品面层安装），柱（梁）饰面（龙骨基层、夹板基层、面层），幕墙工程（带骨架幕墙、全玻幕墙、防火隔离带），隔断、隔墙（隔断、隔墙龙骨）10 个小节 218 个子目。

（2）砂浆的厚度、种类、配合比及装饰材料的品种、型号、规格、间距等与设计不同时，可按设计规定调整。

（3）水泥砂浆抹底灰定额适用于镶贴块料面的基层抹灰，定额按 2 遍考虑。

（4）块料镶贴和装饰抹灰的“零星项目”适用于挑檐、天沟、腰线、窗台线、门套线、扶手、遮阳板、雨篷周边等。

（5）零星抹灰适用于各种壁柜、碗柜、飘窗板、空调搁板、暖气罩、池槽、花台、高度 250mm 以内的栏板、内空截面面积 0.4m^2 以内的地沟及 0.5m^2 以内的其他各种零星抹灰。

（6）弧形的墙、柱、梁等抹灰、块料面层按相应项目人工乘以系数 1.10，材料乘以系数 1.02。

【例 6.59】 求弧形砖墙抹 15mm 厚干混抹灰砂浆 DPM10 打底找平、干混抹灰砂浆 DPM20 贴文化石基价。

解： 打底找平套定额编号 12-16：

换算后定额基价＝1009.05×1.1＋716.86×1.02＋15.51＝1856.66(元/100m^2)

贴文化石套定额编号 12-60：

换算后定额基价＝4412.7×1.1＋7430.37×1.02＋6.01＝12438.96(元/100m^2)

（7）女儿墙和阳台栏板的内外侧抹灰套用外墙抹灰定额。女儿墙无泛水挑砖的，人工及机械乘以系数 1.10，女儿墙带泛水挑砖的，人工及机械乘以系数 1.30。

(8) 抹灰、块料面层及饰面的柱墩、柱帽（弧形石材除外），每个柱墩、柱帽另增加人工：抹灰 0.25 工日、块料 0.38 工日、饰面 0.5 工日。

(9) 块料面层的“零星项目”适用于天沟、窗台板、遮阳板、过人洞、暖气壁龛、池槽、花台、门窗套、挑 檐、腰线、竖横线条及 0.5m² 以内的其他各种零星项目。其中石材门窗套应按门窗工程相应定额子目执行。

(10) 预埋铁件按“混凝土及钢筋混凝土工程”铁件制作安装项目执行。后置埋件、化学螺栓另行计算，按相应定额子目执行。

【例 6.60】 计算弧形干挂开放式花岗岩幕墙（基层为型钢骨架）定额基价（弧形花岗岩单价为 200 元/m²）。

解：(1) 基层型钢骨架安装查定额 12－176 基价为 9281.93 元/t：

换算后基价＝9281.93＋4517.94×0.15＝9959.62(元/t)

型钢骨架安装弯弧费需另外计算。

(2) 面层干挂花岗岩查定额 12－189，基价为 25576.33 元/100m²：

换算后基价＝25576.33＋9481.66×0.15＋(200－138)×98＝33074.58(元/100m²)

2. 墙 柱、梁面装修

(1) 墙 柱、梁面抹灰。

1) 墙面一般抹灰定额子目，除定额另有说明外均按厚度 20mm、3 遍抹灰取定考虑。设计抹灰厚度、遍数与定额取定不同时按以下规则调整。

a. 抹灰厚度设计与定额不同时，按抹灰砂浆厚度每增减 1mm 定额进行调整；

b. 抹灰遍数设计与定额不同时，每 100m² 人工增加（或减少）4.89 工日。

【例 6.61】 计算 18mm 厚干混抹灰砂浆 DPM15 外墙面抹灰二遍的定额基价。

解：本题抹灰厚度（18mm）与定额（20mm）不同，需根据定额 12－3 子目乘以 2 进行调减：

换算后定额基价＝3216.87－52.99×2 －4.89×155＝2352.94(元/100m²)

2) 凸出柱、梁、墙、阳台、雨篷等的混凝土线条，按其凸出线条的棱线道数不同套用相应的定额，但 单独窗台板、栏板扶手、女儿墙压顶上的单阶凸出不计线条抹灰增加费。线条断面为外凸弧形的，1 个曲面按 1 道考虑。

3) 高度超过 250mm 的栏板套用墙面抹灰定额。

4) “打底找平”定额子目适用于墙面饰面需单独做找平的基层抹灰，定额按 2 遍考虑。

5) 随砌随抹套用“打底找平”定额子目，人工乘以系数 0.70，其余不变。

6) 抹灰定额不含成品滴水线的材料费用，如有发生材料费另计。

(2) 墙柱、梁面铺贴石材、块料。

1) 干粉黏结剂粘贴块料定额中黏结剂的厚度，除石材为 6mm 以外，其余均为 4mm。黏结剂厚度设计与定额不同时应按比例调整。

2）外墙面砖灰缝均按 8mm 计算，设计面砖规格及灰缝大小与定额不同时，面砖及勾缝材料做相应调整。

3）玻化砖、干挂玻化砖或波形面砖等按瓷砖、面砖相应项目执行。

4）设计要求的石材、瓷砖等块料的倒角、磨边、背胶费用另计。石材需要做表面防护处理的，费用可按相应定额计取。

5）“石材饰块”定额子目仅适用于内墙面的饰块饰面。

3. 墙、柱（梁）饰面及隔断、隔墙

（1）附墙龙骨基层定额中的木龙骨按双向考虑，如设计采用单向时，人工乘以系数 0.55，木龙骨用量做相应调整；设计断面面积与定额不同时，木龙骨用量做相应调整。

（2）墙、柱（梁）饰面及隔断、隔墙定额子目中的龙骨间距、规格如与设计不同时，龙骨用量按设计要求调整，其他不变。

（3）弧形墙饰面按墙面相应定额子目人工乘以系数 1.15，材料乘以系数 1.05。非现场加工的饰面仅人工乘以系数 1.15。

（4）柱（梁）饰面面层无定额子目的，套用墙面相应子目执行，人工乘以系数 1.05。

（5）饰面、隔断定额内，除注明者外均未包括压条、收边、装饰线（条），如设计有要求时，应按相应定 额执行。

（6）隔墙夹板基层及面层套用墙饰面相应定额子目。

（7）成品浴厕隔断已综合了隔断门所增加的工料。镜面玻璃若有边框时，边框另行套用线条相关定额。

（8）如设计要求做防腐或防火处理者，应按本定额的相应定额子目执行。

4. 幕墙工程

（1）幕墙定额按骨架基层、面层分别编列子目。

（2）玻璃幕墙中的玻璃按成品玻璃考虑；幕墙需设置的避雷装置其工料机定额已综合；幕墙的封边、封顶、防火隔离层的费用另行计算。

1）吊挂式全玻幕墙，定额按人工就位考虑，如需采用吊车就位，每 100m^2 全玻幕墙增加汽车式起重机 5t 3.56 台班，减少人工 8.4 工日。

2）钢架另计，套用幕墙骨架定额。

（3）型材、挂件如设计材质、用量与定额取定不同时可以调整。

（4）幕墙饰面中的结构胶与耐候胶设计用量与定额取定用量不同时可以调整。

（5）玻璃幕墙设计带有门窗的，窗并入幕墙面积计算，门单独计算并套用本定额门窗工程相应定额子目。

（6）曲面、异形或斜面（倾斜角度超过 30°时）的幕墙按相应定额子目的人工乘以系数 1.15，面板单价调整，骨架弯弧费另计。

（7）单元板块面层可以是玻璃、石材、金属板等不同材料组合，面层材料不同可以调整主材单价，安装费不做调整。

（8）防火隔离带按缝宽 100mm、高 240mm 考虑，镀锌钢板规格、含量与定额取定用量不同时可以调整。

6.8.2.2 工程量计算规则

1. 抹灰

(1) 内墙面、墙裙抹灰面积按设计图示主墙间净长乘高度以面积计算，应扣除墙裙、门窗洞口及单个 $0.3m^2$ 以外的孔洞所占面积，不扣除踢脚线、装饰线以及墙与构件交接处的面积，且门窗洞口和孔洞的侧壁面积亦不增加，附墙柱、梁、垛的侧面并入相应的墙面面积内。

(2) 抹灰高度按室内楼地面至天棚底面净高计算。墙面抹灰面积应扣除墙裙抹灰面积，如墙面和墙裙抹灰种类相同的，工程量合并计算。

(3) 外墙抹灰面积按设计图示尺寸以面积计算，应扣除门窗洞口、外墙裙（墙面和墙裙抹灰种类相同的应合并计算）和单个 $0.3m^2$ 以外的孔洞所占面积，不扣除装饰线以及墙与构件交接处的面积。且门 窗洞口和孔洞侧壁面积亦不增加。附墙柱、梁、垛侧面抹灰面积应并入外墙面抹灰工程量内计算。

(4) 凸出的线条抹灰增加费以凸出棱线的道数不同分别按延长米计算。2 条及多条线条相互之间净距 100mm 以内的，每 2 条线条按 1 条计算工程量。

(5) 柱面抹灰按设计图示尺寸柱断面周长乘抹灰高度以面积计算。牛腿、柱帽、柱墩工程量并入相应柱工程量内。梁面抹灰按设计图示梁断面周长乘长度以面积计算。

(6) 墙面勾缝按设计图示尺寸以面积计算，扣除墙裙、门窗洞口及单个 $0.3m^2$ 以外的孔洞所占面积。附墙柱、梁、垛侧面勾缝面积应并入墙面勾缝工程量内计算。

(7) 女儿墙（包括泛水、挑砖）内侧与外侧、阳台栏板（不扣除花格所占孔洞面积）内侧与外侧抹灰工 程量按设计图示尺寸以面积计算。

(8) 阳台、雨篷、檐沟等抹灰按工作内容分别套用相应章节定额子目。外墙抹灰与天棚抹灰以梁下滴水线为分界，滴水线计入墙面抹灰内。

2. 块料面层

(1) 墙、柱（梁）面镶贴块料按设计图示饰面面积计算。柱面带牛腿者，牛腿工程量展开并入柱工程量内。

1) 梁面镶贴块料套用柱面相应定额。

2) 干挂骨架套用石材饰面骨架定额，人工乘以系数 1.15。

(2) 女儿墙与阳台栏板的镶贴块料工程量以展开面积计算。

(3) 镶贴块料柱墩、柱帽（弧形石材除外）其工程量并入相应柱内计算。圆弧形成品石材柱帽、柱墩，按其圆弧的最大外径以周长计算。

3. 墙、柱饰面及隔断

(1) 墙饰面的龙骨、基层、面层均按设计图示饰面尺寸以面积计算，扣除门窗洞及单个 $0.3m^2$ 以外的孔洞所占的面积，不扣除单个 $0.3m^2$ 以内的孔洞所占面积。

(2) 柱（梁）饰面的龙骨、基层、面层按设计图示饰面尺寸以面积计算。

(3) 隔断龙骨、基层、面层均按设计图示尺寸以外围（或框外围）面积计算，扣除门窗洞口及单个 $0.3m^2$ 以外的孔洞所占面积。

(4) 成品卫生间隔断门的材质与隔断相同时，门的面积并入隔断面积内计算。

4. 幕墙

(1) 玻璃幕墙、铝板幕墙按设计图示尺寸以外围（或框外围）面积计算。玻璃幕墙与幕墙同种材质窗的工程量并入相应幕墙内。全玻璃幕墙带肋部分并入幕墙面积内计算。

(2) 石材幕墙按设计图示饰面面积计算，开放式石材幕墙的离缝面积不扣除。

(3) 幕墙龙骨分铝材和钢材按设计图示以质量计算，螺栓、焊条不计质量。

(4) 幕墙内衬板、遮梁（墙）板按设计图示展开面积计算，不扣除 $0.3m^2$ 以内的孔洞面积，折边亦不增加。

(5) 防火隔离带按设计图示尺寸以“m”计算。

【例 6.62】 某房屋工程平面图、剖面图、墙身大样如图 6.118 所示，设计室内外高差 0.3m，门居墙体内侧平齐安装，窗安装居墙中，门、窗框厚均为 90mm；外墙面 15mm 厚干混抹灰砂浆 DPM20 打底，50mm×230mm×8mm 外墙砖干粉型黏结剂厚 5mm，试按定额取定价计算面砖铺贴直接工程费。

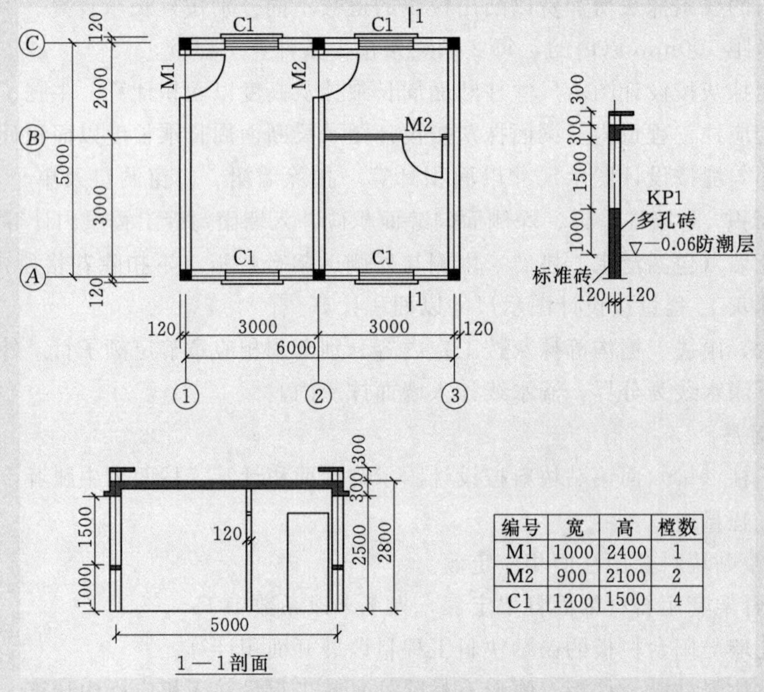

编号	宽	高	樘数
M1	1000	2400	1
M2	900	2100	2
C1	1200	1500	4

图 6.118 ［例 6.62］图

解： 贴面砖查定额 12-57，打底查定额底灰 12-16。

(1) 干混抹灰砂浆打底工程量计算：

$$外墙长=[(6+0.24)+(5+0.24)]\times2=22.96(m)$$

$$块料面层高度=2.8+0.3+0.3=3.4(m)$$

$$扣除门面积\ M1=1.0\times2.4\times1=2.4(m^2)$$

$$窗面积\ C1=(1.2\times1.5)\times4=7.2(m^2)$$

$$外墙面积=22.96\times3.4-(2.4+7.2)=68.46(m^2)$$

（2）粉刷层及面砖引起厚度增减：

$$外墙面积=0.028\times2\times3.4\times4=0.76(m^2)$$

门窗洞面积：$C1=[1.2\times1.5-(1.2-0.028\times2)\times(1.5-0.028\times2)]\times4=0.59(m^2)$

$M1=[1.0\times2.4-(1.0-0.028\times2)\times(2.4-0.028)]\times1=0.16(m^2)$

门窗洞侧面积：

窗$=[(0.24-0.09)/2+0.028]\times(1.2-0.028\times2+1.5-0.028\times2)\times2\times4=2.13(m^2)$

门$=(0.24-0.09+0.028)\times[1.0-0.028\times2+(2.4-0.028)\times2]\times1=1.01(m^2)$

（3）外墙面砖工程量$=68.46+0.76+0.59+0.16+2.13+1.01=73.11(m^2)$

（4）直接工程费$=73.11\times(94.8487+6.12\times2.24\times5/4)+68.46\times17.41=9379.09$（元）

式中的0.028是因外墙阳角引起的铺贴砂浆与块料厚度调整，依据设计要求知外墙面干混抹灰砂浆打底厚15mm，外墙砖8mm厚，粉型黏结剂厚5mm粘贴，故得每侧厚度调整量$=0.015+0.008+0.005=0.028$(m)。

练　习　题

定额套用与换算（写出定额的编号、单位、单价及单价换算计算公式）

1. 砖内墙面22mm厚DPM15干混抹灰砂浆抹灰。
2. 外墙面22mm厚DPM20干混抹灰砂浆4遍。
3. 20mm厚DPM20干混抹灰砂浆空调隔板抹灰。
4. 柱面干粉型黏结剂镶贴外墙面砖200mm×200mm。
5. 墙饰面木龙骨（龙骨30mm×40mm，间距350mm×350mm）五夹板基层，普通装饰夹板面层。
6. 弧形混凝土内墙面20mm厚DPM15干混抹灰砂浆抹面。
7. 吊挂式全玻璃幕墙安装，采用吊车就位。

6.8.3 天棚工程

6.8.3.1 概述

天棚亦称顶棚，在室内是占有人们较大视域的一个空间界面，是室内装饰工程中的一个重要组成部分。它不仅具有保温、隔热、隔声或吸声作用，也是电气、暖卫、通风空调等管线的隐蔽层。其装饰处理对于整个室内装饰效果有相当大的影响，同时对于改善室内物理环境也有显著作用。

1. 天棚的分类

根据饰面与基层的关系，天棚可分为直接式天棚和悬挂式天棚。

（1）直接式顶棚按施工方法可分为直接式抹灰顶棚、直接喷刷式顶棚、直接粘贴式顶棚、直接固定装饰板顶棚及结构顶棚。

（2）悬挂式顶棚。

1）从外观上可分为平滑式顶棚、井格式顶棚、叠落式顶棚、悬浮式顶棚，如图 6.119 所示。

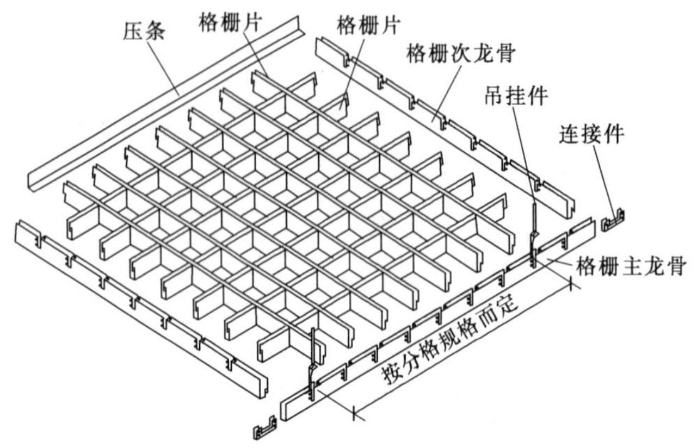

图 6.119　格栅吊顶示意图

2）按龙骨的材料划分为木龙骨天棚、轻钢龙骨天棚、铝合金龙骨天棚。

3）按饰面层和龙骨的关系可分为活动装配式悬吊式天棚、固定式悬吊式天棚。

4）按顶棚结构层的显露状况可分为开敞式悬吊式天棚、封闭式悬吊式天棚。

5）按顶棚面层材料划分可分为木质悬吊式天棚、石棉板悬吊式天棚、矿棉板悬吊式天棚、金属板悬吊式天棚、玻璃发光悬吊式天棚、软质悬吊式天棚。

6）按顶棚受力大小可分为上人悬吊式天棚、不上人悬吊式天棚。

7）按施工工艺不同可分为暗龙骨悬吊式天棚、明龙骨悬吊式天棚。

2. 吊顶天棚

基本构造包括吊杆或吊筋、龙骨或格栅、面层三部分，如图 6.120 所示。

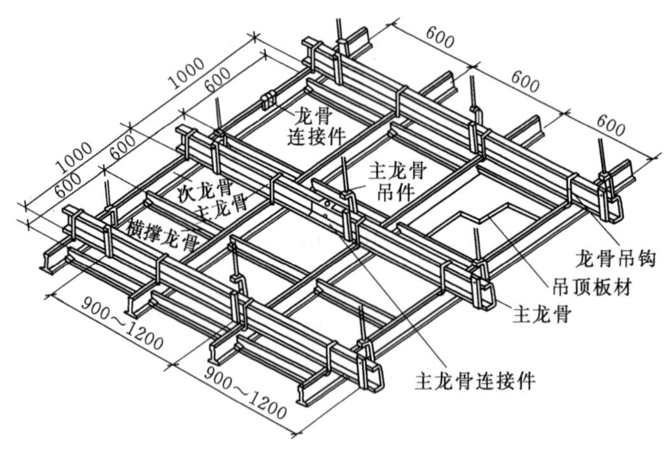

图 6.120　吊顶龙骨示意图

（1）吊杆或吊筋通常用圆钢制作，一般采用打眼安装吊杆或预埋铁件，见图 6.121 所示。

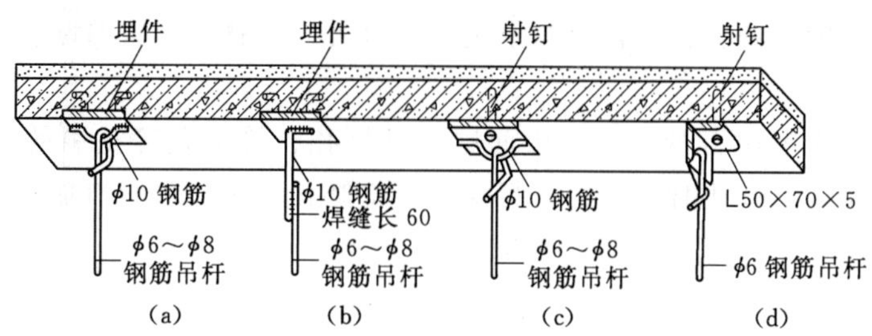

图 6.121 吊杆与现浇板的连接示意图

(2) 天棚吊顶龙骨以材质不同分为木龙骨和金属龙骨两大类。

1) 木龙骨由大、中龙骨和吊木等组成，按构造分成单层和双层两种。

2) 金属龙骨常用的金属龙骨有轻钢龙骨和铝合金龙骨。

(3) 吊顶面层（基层）。

1) 一般吊顶面层材料有胶合板、硬质纤维板、石膏板、塑料板等。

2) 有特殊要求的吊顶面层材料有矿棉板、吸音板、防火板等。

3) 装饰性要求较高的吊顶面层材料有铝塑板、玻璃灯。

饰面板与龙骨连接构造如图 6.122 所示。

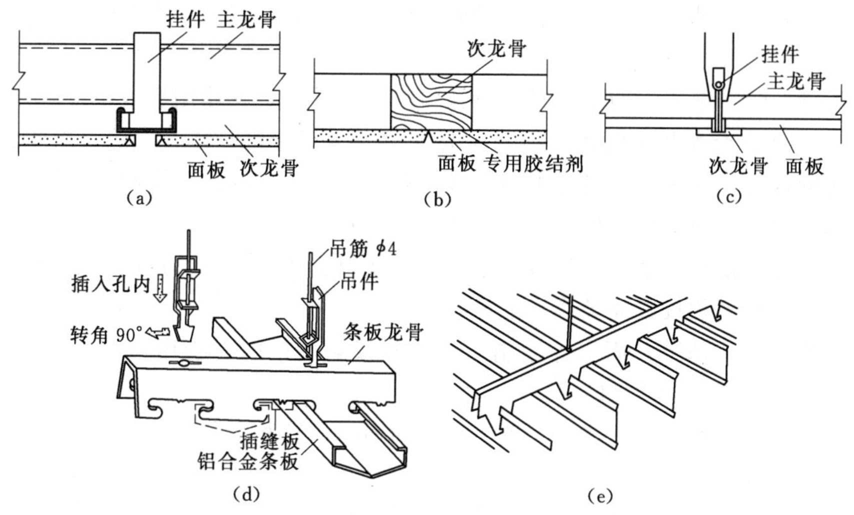

图 6.122 饰面板与龙骨的连接示意图

(a) 钉接；(b) 黏结；(c) 搁置；(d) 卡接；(e) 吊挂

天棚的造型是多种多样的，除平面造型外有多种起伏型。起伏型吊顶即上凸或下凹的形式，它可有两个或更多的高低层次，其剖面有梯形、圆拱形、折线形等。水平面上有方形、圆形、菱形、三角形、多边形等几何形状。

6.8.3.2 定额说明

1. 定额项目划分

(1) 天棚工程划分为混凝土面天棚抹灰、天棚吊顶、装配式成品天棚安装、天棚其他装饰四个小节。

(2) 设计抹灰砂浆种类、配合比与定额不同时可以调整，砂浆厚度、抹灰遍数不同定额不调整。

(3) 定额已综合考虑石膏板、木板面层上开灯孔、检修孔等孔洞的费用，如在金属板、玻璃、石材面板上开孔时，费用另行计算。检修孔、风口等洞口加固的费用已包含在天棚定额中。

2. 混凝土面天棚抹灰

(1) 设计基层需涂刷水泥浆或界面剂的，按“墙、柱面装饰及隔断、幕墙工程”相应定额执行，人工乘以系数 1.10。

(2) 楼梯底面单独抹灰，套天棚抹灰定额，其中楼梯底面为锯齿形时相应定额子目人工乘以系数 1.35。

(3) 阳台、雨篷、水平遮阳板、沿沟底面抹灰，套用天棚抹灰定额；阳台、雨篷台口梁抹灰按展开面积并入板底面积；沿沟及面积 $1m^2$ 以内板的底面抹灰人工乘以系数 1.20。

(4) 梁与天棚板底抹灰材料不同时应分别计算，梁抹灰另套用本定额第十二章“墙、柱面装饰及隔断、幕墙工程”中的柱（梁）面抹灰定额。

(5) 天棚混凝土板底批腻子套用“油漆、涂料、裱糊工程”相应定额子目。

3. 天棚吊顶

(1) 天棚龙骨、基层、面层除装配式成品天棚安装外，其余均按龙骨、基层、面层分别列项套用相应定额子目。

(2) 天棚龙骨、基层、面层材料如设计与定额不同时，材料用量或单价可以调整。石膏板安在 T 形铝合金龙骨上时，套用安在 U 形轻钢龙骨上的定额，扣除自攻螺钉用量。

(3) 天棚面层在同一标高者为平面天棚，存在一个以上标高者为跌级天棚。跌级天棚按平面、侧面分别列项套用相应定额子目。

(4) 天棚不锈钢板等金属板嵌条、镶块等小块料套用零星、异形贴面定额。

(5) 定额中玻璃均按成品玻璃考虑。

(6) 木质龙骨、基层、面层等涂刷防火涂料或防腐油时，套用本定额第十四章“油漆、涂料、裱糊工程”相应定额子目。

(7) 天棚基层及面层如为拱形、圆弧形等曲面时，按相应定额人工乘以系数 1.15。

4. 装配式成品天棚

装配式成品天棚安装定额包括了龙骨、面层安装。

5. 吊筋

定额中吊筋均按后施工打膨胀螺栓考虑，如设计为预埋铁件时，扣除定额中的合金钢钻头、金属 膨胀螺栓用量，每 $100m^2$ 扣除人工 1.0 工日，预埋铁件另套用“混凝土及钢筋混凝土工程”相关定额子目计算。

吊筋高度按 1.5m 以内综合考虑，如设计需做二次支撑时，应另按“金属结构工程”相关子目计算。

6. 灯槽、灯带及其他

(1) 灯槽内侧板板高度在 15cm 以内的套用灯槽子目，高度大于 15cm 的套用天棚侧板子目。宽度 500mm 以上或面积 $1m^2$ 以上的嵌入式灯槽按跌级天棚计算。

（2）送风口和回风口按成品安装考虑。

（3）灯槽伸入轻钢龙骨内的木龙骨已考虑在定额中。

6.8.3.3　工程量计算规则

1. 天棚抹灰工程量计算

（1）抹灰工程量按设计结构尺寸以展开面积计算。

（2）不扣除间壁墙、垛、柱、附墙烟囱、检查口和管道所占的面积。

（3）带梁天棚梁两侧抹灰面积并入天棚面积内。

1）带梁天棚如抹灰品种与天棚不一致，套用单独梁柱面单独抹灰定额，投影面积扣除梁部分面积；

2）带梁天棚当梁下有墙时，梁宽与墙平齐、梁突出墙面等部分的抹灰，抹灰品种与墙面抹灰不一致的并入墙面抹灰。

（4）板式楼梯底面抹灰面积按水平投影面积乘以系数 1.15 计算，锯齿形楼梯底板抹灰面积按水平投影面积乘以系数 1.37 计算。楼梯底面积包括梯段、休息平台、平台梁、楼梯与楼面板连接梁（无梁连接 时算至最上一级踏步边沿加 300mm）、宽度 500mm 以内的楼梯井、单跑楼梯上下平台与楼梯段等宽 部分。

2. 天棚吊顶工程量计算

（1）平面天棚及跌级天棚的平面部分，龙骨、基层和饰面板工程量均按设计图示尺寸以面积计算，不扣除间壁墙、垛、柱、附墙烟囱、检查口和管道所占的面积，扣除单个 0.3m^2 以外的独立柱、孔洞（灯孔、检查孔面积不扣除）及与天棚相连的窗帘盒所占的面积。

（2）跌级天棚的侧面部分龙骨、基层、面层工程量按跌级高度乘以相应长度以面积计算。

（3）拱形及弧形天棚在起拱或下弧起止范围，按展开面积计算。

（4）不锈钢板等金属板零星、异形贴面面积按外接矩形面积计算。

3. 灯槽

灯槽按展开面积计算。

【例 6.63】 某工程天棚平面如图 6.123 所示，设计为 U38 不上人型轻钢龙骨石膏板吊顶，龙骨网格 350mm×350mm，计算天棚装饰费用。

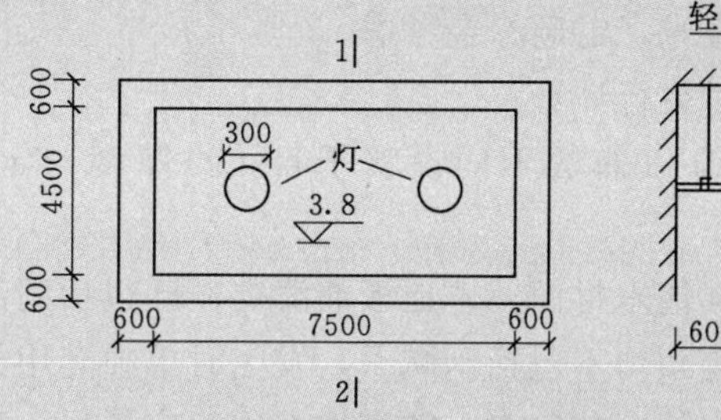

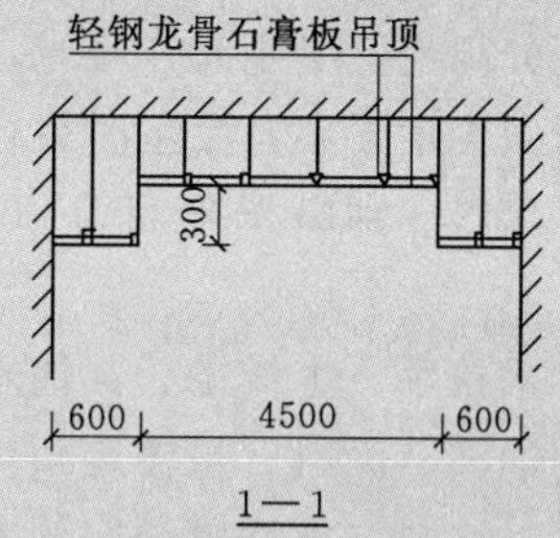

图 6.123 ［例 6.63］图

解：（1）天棚骨架，平面查定额 13－8，基价为 28.68 元/m^2；侧面查定额 13－9，基价为 28.92 元/m^2，则工程量为

$$侧面\ S=0.3\times(4.5+7.5)\times2=7.2(m^2)$$

$$平面\ S=(4.5+0.6\times2)\times(7.5+0.6\times2)=49.59(m^2)$$

$$天棚骨架费用=49.59\times28.68+7.2\times28.92=1630.47(元)$$

（2）石膏板饰面，平面查定额 13－22，基价为 21.26 元/m^2；侧面查定额 13 - 33，基价为 23.65 元/m^2，则工程量为

$$平面\ S=35.19(m^2)$$

$$侧面\ S=0.6\times(4.5+7.5)\times2+0.3\times(4.5+7.5)\times2=14.4+7.2=21.6(m^2)$$

$$天棚饰面费用=35.19\times21.26+21.6\times23.65=1258.98(元)$$

$$天棚装饰费用合计=1630.47+1258.98=2889.45(元)$$

6.8.4　油漆、涂料、裱糊工程

6.8.4.1　概述

1. 油漆

涂敷于物体表面能与基体材料很好地黏结并形成完整而坚韧保护膜的物料称为涂料。而涂料最早是以天然植物油脂、天然树脂如亚麻子油、桐油、松香、生漆等为主要原料，故称油漆。根据科学技术发展的实际情况，合成树脂在很大范围内已经或正在取代天然树脂，所以我国已正式命名为涂料，而油漆仅仅是涂料中的油性涂料。

（1）建筑用涂料按涂料使用的部位常分为外墙涂料、内墙涂料、地面涂料、顶棚涂料和屋面涂料。

（2）建筑用涂料按照主要成膜物质的性质可分为有机涂料（如丙烯酸酯外墙涂料）、无机高分子涂料（如硅溶胶外墙涂料）、有机无机复合涂料（如硅溶胶一苯丙外墙涂料）。

2. 裱糊

裱糊是指将壁纸或墙布粘贴在室内的墙面、柱面、天棚面的装饰工程，装饰性好，图案花纹丰富多彩，材料质感自然，功能多样。除了装饰功能外，还具有吸声、隔热、防潮、防霉、防水、防火等功能。

6.8.4.2　定额说明

（1）油漆不分高光、半哑光、哑光，定额综合考虑。

（2）未考虑做美术图案，发生时另行计算。

（3）油漆、涂料、刮腻子项目是以遍数不同设置子目，当厚度与定额不同时不做调整。

（4）木门、木扶手、木线条、其他木材面、木地板油漆定额已包括满刮腻子。

（5）抹灰面油漆、涂料、裱糊定额均不包括刮腻子，发生时单独套用相应定额。

（6）乳胶漆、涂料、批刮腻子定额不分防水、防霉均套用相应子目，材料不同时进行换算，人工不变。

（7）定额油漆遍数规定：调和漆按 2 遍考虑；聚酯清漆、聚酯混漆按 3 遍考虑，磨退按 5 遍考虑；硝基清漆、硝基混漆按 5 遍考虑；磨退按 10 遍考虑。设计遍数与定额取定不同时，按每增减一遍定额调整计算。

(8) 裂纹漆做法为腻子 2 遍、硝基色漆 3 遍、喷裂纹漆 1 遍、喷硝基清漆 3 遍。

(9) 开放漆是指不需要批刮腻子直接在木材面刷油漆，定额按刷硝基清漆 4 遍考虑，实际遍数与定额不同时定额按换算比例。

(10) 隔墙、护壁、柱、天棚面层及木地板刷防火涂料，执行其他木材面刷防火涂料相应子目。

(11) 金属镀锌定额是按热镀锌考虑。

(12) 定额中的氟碳漆子目仅适用于现场涂刷。

(13) 质量在 500kg 以内的（钢栅栏门、栏杆、窗栅、钢爬梯、踏步式钢扶梯、轻型屋架、零星铁件）单个小型金属构件，套用相应金属面油漆子目定额，人工乘以系数 1.15。

6.8.4.3 工程量计算规则

(1) 楼地面、墙柱面、天棚的喷（刷）涂料、抹灰面油漆、刮腻子、板缝贴胶带点锈其工程量的计算，除另有规定外，按设计图示尺寸以面积计算。

(2) 混凝土栏杆、花格窗多面涂刷按单面垂直投影面积计算乘以系数 2.5 计算。

(3) 木材面油漆、涂料的工程量按下列各表计算方法计算。

1) 套用单层木门、木窗定额，其工程量乘以表 6.33 系数。

表 6.33 不同类型木门工程量计算系数表

定额项目	项目名称	系数	工程量计算规则
单层木门	单层木门、厂库大门、带框装饰门（凹凸、带线条）	1.10	按门洞口面积
	双层（一板一纱）木门	1.36	
	全玻自由门	0.83	
	半玻自由门	0.92	
	半百页门	1.30	
	无框装饰门、成品门	1.10	按门扇面积
单层木窗	木平开窗、木推拉窗、木翻窗	0.7	按窗洞口面积
	木百叶窗	1.05	
	半圆形玻璃窗	0.75	

【例 6.64】 某工程设计单层木门 M0921 2 扇，采用聚酯清漆 2 遍，计算油漆定额费用。

解： 木门油漆工程量：

$$S=0.9\times2.1\times1.10\times2=4.16(\mathrm{m}^2)$$

其中 1.10 为单层木门油漆工程量系数，查表 6.33 得。

根据题意套定额 14-1、14-2：

$$定额基价=44.17-9.82=34.35(元/\mathrm{m}^2)$$

$$油漆费用=4.158\times34.35=142.90(元)$$

2) 套用木扶手、木线条、木板条定额，其工程量乘以表 6.34 中系数。

表 6.34　　木扶手、木线条、木板条工程量计算系数表

定额项目	项 目 名 称	系数	工程量计算规则
木扶手	木扶手	1.00	按延长米计算
	木扶手（带托板）	2.60	
	封沿板、顺水板	1.74	
	挂衣板、黑板框	0.52	
木线条 木板条	宽度 60mm 以内	1.00	按延长米计算
	宽度 100mm 以内	1.30	

3）套用其他木材面定额，其工程量乘以表 6.35 中系数。

表 6.35　　其他木材工程量计算系数表

定额项目	项 目 名 称	系数	工程量计算规则
其他木材面	木板、纤维板、胶合板、吸音板、天棚	1.00	按相应装饰面积工程量计算
	带木线的板饰面，墙裙、柱面	1.07	
	窗台板、窗帘箱、门窗套、踢脚板	1.10	
	木方格吊顶天棚	1.30	
	清水板条天棚、檐口	1.20	
	木间壁、木隔断	1.90	
	玻璃间壁露明墙筋	1.65	
	木栅栏、木栏杆（带扶手）	1.82	按单面外围面积计算
	衣柜、壁柜	1.05	按展开面积计算
	屋面板（带檩条）	1.11	斜长×宽
	木屋架	1.79	跨度(长)×中高×1/2

4）套用木地板定额，其工程量乘以表 6.36 中系数。

表 6.36　　木地板工程量计算系数表

定额项目	项 目 名 称	系数	工程量计算规则
木地板	木地板	1.00	按地板工程量
	木地板打蜡	1.00	
	木楼梯（不包括底面）	2.30	按水平投影面积计算

(4) 金属面油漆、涂料应按其展开面积以“m^2”为计量单位套用金属面油漆相应定额，其余构件按表 6.37 计算方法计算。

1）套用单层钢门窗定额，其工程量乘以表 6.37 系数。

2）属面油漆、涂料项目，其工程量按设计图示尺寸以展开面积计算，以下构件可参考表 6.38 中相应的系数，将质量折算为面积。

(5) 木材面防火涂料、防腐涂料。

1）木龙骨刷防火、防腐涂料按相应木龙骨定额的工程量计算规则计算。

2）基层板刷防火、防腐涂料按实际涂刷面积计算。

表 6.37　　不同类型钢门窗工程量计算系数表

定额项目	项 目 名 称	系数	工程量计算规则
钢门窗	单层钢门窗、半玻钢板门或有亮钢板门	1.00	按门窗洞口面积
	双层（一玻一纱）钢门窗	1.48	
	钢百叶门	2.74	
	半截钢百叶门	2.22	
	满钢门或包铁皮门	1.63	
	钢折门	2.30	
	半玻璃门或有亮玻璃门	1.00	
	单层钢门窗带铁栅	1.94	
	钢栅栏门	1.10	
	射线防护门	2.96	按水平投影面积计算
	厂库平开、推拉门	1.70	
	铁丝网大门	0.81	
	间壁	1.85	按面积计算
	平板屋面	0.74	斜长×宽
	瓦垄板屋面	0.89	
	排水、伸缩缝盖板	0.78	展开面积
	窗栅	1.00	

表 6.38　　质量折算面积参考系数表

序号	项　　目	系数	序号	项　　目	系 数
1	栏杆	64.98	4	踏步式钢楼梯	39.90
2	钢平台、钢走道	35.60	5	现场制作钢构件	56.60
3	钢楼梯、钢爬梯	44.84	6	零星铁件	58.00

6.8.5　其他装饰工程

6.8.5.1　定额说明

1. 定额小节划分

定额包括柜台、货架，压条、装饰线，扶手、栏杆、栏板装饰，浴厕配件，雨篷、旗杆，招牌、灯箱，美术字，石材，瓷砖加工，共 8 小节 199 个子目。

2. 柜类、货架类

（1）柜类、货架一现场加工为主，按常用规格编制。设计与定额不同时，应按实进行调整换算。

（2）柜台、货架项目包括五金配件（设计有特殊要求者除外），未考虑压板拼花及饰面板上贴其他材料的花饰、造型艺术品。

（3）木质柜台、货架中板材按胶合板考虑，如设计为生态板（三聚氮胺板）等其他板材时，可以换算材料。

3. 压条、装饰线

（1）各种装饰线条定额均按成品安装考虑。

（2）装饰线条（顶角装饰线除外）按直线形在墙面安装考虑。墙面安装圆弧形装饰线条、天棚面安装直线形、圆弧形装饰线条，按相应项目乘以系数执行：

1）墙面安装圆弧形装饰线条，人工乘以系数 1.20，材料乘以系数 1.10；

2）天棚面安装直线形装饰线条，人工乘以系数 1.34；

3）天棚面安装圆弧形装饰线条，人工乘以系数 1.60、材料乘以系数 1.10；

4）装饰线条直接安装在金属龙骨上，人工乘以系数 1.68。

4. 扶手、栏杆、栏板装饰

（1）扶手、栏杆、栏板项目（护窗栏杆除外）适用于楼梯、走廊、回廊及其他装饰性扶手、栏杆、栏板。

（2）扶手、栏杆、栏板项目已综合考虑扶手弯头（非整体弯头）的费用。如遇木扶手、大理石扶手为整体弯头，弯头另按本章相应项目执行。

（3）扶手、栏杆、栏板均按成品安装考虑。

5. 浴厕配件

（1）大理石洗漱台项目不包括石材磨边、倒角及开面盆洞口，另按本章相应项目执行。

（2）浴厕配件项目按成品安装考虑。

6. 雨篷、旗杆

（1）点支式、托架式雨篷的型钢、爪件的规格、数量是按常用做法考虑的，当设计要求与定额不同时，材料消耗量可以调整，人工、机械不变。托架式雨篷的斜拉杆费用另计。

（2）旗杆项目按常用做法考虑，未包括旗杆基础、旗杆台座及其饰面。

7. 招牌、灯箱

（1）招牌、灯箱项目，当设计与定额考虑的材料品种、规格不同时，材料可以换算。

（2）一般平面广告牌是指正立面平整无凹凸面，复杂平面广告牌是指正立面有凹凸面造型的，箱（竖）式广告牌是指具有多面体的广告牌。

（3）广告牌基层以附墙方式考虑，当设计为独立式的，按相应项目执行，人工乘以系数 1.10。

（4）招牌、灯箱项目均不包括广告牌喷绘、灯饰、灯光、店徽、其他艺术装饰及配套机械。

8. 美术字

美术字不分字体，定额均以成品安装为准，并按单个独立安装的最大外接矩形面积区分规格，执行 相应项目。

9. 石材、瓷砖加工

石材瓷砖倒角、磨制圆边、开槽、开孔等项目均按现场加工考虑。

6.8.5.2 工程量计算规则

1. 柜、台类

柜类工程量按各项目计量单位计算。其中以“m^2”为计量单位的项目，其工程量按正立面的高度（包括脚的高度在内）乘以宽度计算。

2. 压条、装饰线

(1) 压条、装饰线条按线条中心线长度计算。

(2) 石膏角花、灯盘按设计图示数量计算。

3. 扶手、栏杆、栏板装饰

(1) 扶手、栏杆、栏板、成品栏杆（带扶手）均按其中心线长度计算，不扣除弯头长度。如遇木扶手、大 理石扶手为整体弯头时，扶手消耗量需扣除整体弯头的长度，设计不明确的，每只整体弯头按 400mm 扣除。

(2) 单独弯头按设计图示数量计算。

4. 浴厕配件

(1) 大理石洗漱台按设计图示尺寸以展开面积计算，挡板、吊沿板面积并入其中，不扣除孔洞、挖弯、削角所占面积。

(2) 大理石台面面盆开孔按设计图示数量计算。

(3) 盥洗室台镜（带框）、盥洗室木镜箱按边框外围面积计算。

(4) 盥洗室塑料镜箱、毛巾杆、毛巾环、浴帘杆、浴缸拉手、肥皂盒、卫生纸盒、晒衣架、晾衣绳等按设计图示数量计算。

5. 雨篷、旗杆

(1) 雨篷按设计图示尺寸水平投影面积计算。

(2) 不锈钢旗杆按设计图示数量计算。

(3) 电动升降系统和风动系统按套数计算。

6. 招牌、灯箱

(1) 柱面、墙面灯箱基层按设计图示尺寸以展开面积计算。

(2) 一般平面广告牌基层，按设计图示尺寸以正立面边框外围面积计算。复杂平面广告牌基层，按设计图示尺寸以展开面积计算。

(3) 箱（竖）式广告牌基层，按设计图示尺寸以基层外围体积计算。

(4) 广告牌面层，按设计图示尺寸以展开面积计算。

7. 美术字

美术字按设计图示数量计算。

8. 石材、瓷砖加工

(1) 石材、瓷砖倒角按块料设计倒角长度计算。

(2) 石材磨边按成型磨边长度计算。

(3) 石材开槽按块料成型开槽长度计算。

(4) 石材、瓷砖开孔按成型孔洞数量计算。

6.9 拆 除 工 程

6.9.1 定额说明

(1) 定额包括砖石、混凝土、钢筋混凝土基础拆除、结构拆除以及饰面拆除等。

(2) 仅适用于建筑工程施工过程以及二次装修前的拆除工程。采用控制爆破拆除、机械整体性拆除及拆除材料重新利用的保护性拆除不适用本定额。

(3) 定额子目未考虑钢筋、铁件等拆除材料残值利用。

(4) 定额除说明有标注外，拆除人工、机械操作综合考虑，执行同一定额。

(5) 现浇混凝土构件拆除机械按手持式风动凿岩机考虑，如采用切割机械无损拆除局部混凝土构件，另按无损切割子目执行。

(6) 墙体凿门窗洞口套用相应墙体拆除子目，洞口面积在 $0.5m^2$ 以内，相应定额的人工乘以系数 3.00，洞口面积在 $1.0m^2$ 以内，相应定额的人工乘以系数 2.40。

(7) 地面抹灰层与块料面层铲除不包括找平层，如需铲除找平层，每 $10m^2$ 增加人工 0.20 工日。带支架防静电地板按带龙骨木地板项目人工乘以系数 1.30。

(8) 抹灰层铲除定额已包含了抹灰层表面腻子和涂料（涂漆）的一并铲除，不再另套定额。

(9) 腻子铲除已包含了涂料（油漆）的一并铲除，不再另套定额。

(10) 门窗套拆除包括与其相连的木线条拆除。

(11) 拆除建筑垃圾装袋费用未考虑，建筑垃圾外运及处置费按各地有关规定执行。

6.9.2　工程量计算规则

(1) 基础拆除：按实拆基础体积以"m^3"计算。

(2) 砌体拆除：按实拆墙体体积以"m^3"计算，不扣除 $0.30m^2$ 以内孔洞和构件所占的体积。轻质隔墙及隔断拆除按实际拆除面积以"m^2"计算。

(3) 预制和现浇混凝土及钢筋混凝土拆除：按实际拆除体积以"m^3"计算，楼梯拆除按水平投影面积 以"m^2"计算。无损切割按切割构件断面以"m^2"计算，钻芯按实钻孔数以孔计算。

(4) 地面面层拆除：抹灰层、块料面层、龙骨及饰面拆除均按实拆面积以"m^2"计算；踢脚线铲除并入墙面不另计算。

(5) 墙、柱面面层拆除：抹灰层、块料面层、龙骨及饰面拆除均按实拆面积以"m^2"计算；干挂石材骨 架拆除按拆除构件质量以"t"计算。如饰面与墙体整体拆除，饰面工程量并入墙体按体积计算，饰面拆 除不再单独计算费用。

(6) 天棚面层拆除：抹灰层铲除按实铲面积以"m^2"计算，龙骨及饰面拆除按水平投影面积"m^2"计算。

(7) 门窗拆除：门窗拆除按门窗洞口面积以"m^2"计算，门窗扇拆除以"扇"计。

(8) 栏杆扶手拆除：均按实拆长度以"m"计算。

(9) 油漆涂料裱糊面层铲除：均按实际铲除面积以"m^2"计算。

6.10　构筑物、附属工程

6.10.1　定额使用说明

附属工程划分为构筑物砌筑，构筑物混凝土，构筑物模板，室外地坪、围墙，室外排水，墙脚护坡、明沟、翼墙、台阶，盖板安装，共 7 小节 196 个子目。

1. 构筑物砌筑

构筑物砌筑包括砖砌烟囱、烟道、储水池、储仓等。

2. 构筑物混凝土及模板

（1）滑升钢模板定额内已包括提升支撑杆用量，并按不拔出考虑，如需拔出，收回率及拔杆费另行计算；设计利用提升支撑杆作结构钢筋时，不得重复计算。

（2）用滑升钢模施工的构筑物按无井架施工考虑，并已综合了操作平台，不另计算脚手架及竖井架。

（3）倒锥形水塔塔身滑升钢模定额，也适用于一般水塔塔身滑升钢模工程。

（4）烟囱滑升钢模定额均已包括筒身、牛腿、烟道口；水塔滑升钢模已包括直筒、门窗洞口等模板用量。

（5）构筑物基础套用建筑物基础相应定额；外形尺寸体积 $1m^3$ 以上的独立池槽套用定额。

（6）钢筋混凝土地沟断面内空面积大于 $0.4m^2$ 套用本章地沟定额。

（7）列有滑模定额的构筑物子目，采用翻模施工时，可按“混凝土及钢筋混凝土工程”相近构件模板定额执行。

（8）构筑物混凝土按泵送混凝土编制，实际采用非泵送混凝土的每立方米混凝土增加 0.11 工日。

（9）构筑物砌筑。

1）设计要求用楔形砖的套用砖加工定额。

2）设计需要填充隔热材料的，每 $10m^3$ 填料用量为：矿渣 $15m^3$、石棉灰 5000kg、硅藻土 7300kg。

3）耐火砖砌体定额如用于暖气工程的锅炉体砌砖，其人工乘以系数 1.15。

4）砖烟道拱顶如需支模，每 $10m^3$ 砌体增加人工 9.10 工日、木模 0.223 m^3、50mm 镀锌铁钉 2.50kg、螺栓 2.30kg、ϕ500mm 以内木工圆锯机 0.60 台班、4t 以内载货汽车 0.03 台班；拱顶如为钢筋混凝土预制板的，预制板按相应定额另行计算。

3. 室外地坪铺设、室外排水、墙脚护坡、明沟、翼墙、台阶、盖板安装

（1）适用于一般工业与民用建筑的厂区、小区及房屋附属工程；超出定额范围的项目套用市政工程定额相应子目。

（2）定额所列排水管、窨井等室外排水定额仅为化粪池配套设施用，不包括土方及排水管垫层，如发生应按有关章节定额另列项目计算。

（3）砖砌窨井按 2004 浙 SI、S2 标准图集编制，如设计不同，可参照相应定额执行。

（4）砖砌窨井按内径周长套用定额，井深按 1m 编制，实际深度不同时套用“每增减 20cm”定额按比例进行调整。

1）窨井深以混凝土底板面至窨井盖面为准。

2）井壁除内径周长 1m 以内为 1/2 砖厚外，其余均为 1 砖厚。

3）使用铸铁或复合井盖时，定额扣除人工 0.1 工日、C20 非泵送商品混凝土 $0.032m^3$ 及其他材料费 2.9 元，铸铁、复合井盖按相应定额另行计算。

【例 6.65】 用水泥砂浆砌筑混凝土实心砖雨水检查井，使用的水泥砂浆为干混砂浆 DM M5，井的内径尺寸为 600mm×600mm，井深 1.4m，10cm 厚碎石垫层，15cm 厚 C25 混凝土底板，重型复合井盖（市场价 320 元/只），试计算检查井费用。

解： 根据检查井的内径尺寸 600mm×600mm，计算其周长为 2.4m，应套定额 17－140。因定额 17－140 是按井深 1m 编制的，本题井深为 1.4m，剩下的 0.4m 还应套二次定额 17－144：

砖砌窨井费用＝1349.30＋214.37×2－0.1×135－0.032×412－2.9＝1748.46(元/只)

复合井盖费用为 320 元/只。

（5）化粪池按 2004 浙 S1、S2 标准图集编制，如设计采用的标准图不同，可参照容积套用相应定额。隔油池按 93S217 图集编制，隔油池池顶按不覆土考虑。

（6）成品塑料检查井、成品塑料池（隔油池、化粪池等）按无防护盖座编制，防护盖座按相应定额子目执行，发生土方、基础垫层等按有关章节定额另列项目计算。

（7）小便槽不包括端部侧墙，侧墙砌筑及面层按设计内容另列项目计算，套用有关章节相应定额。

（8）台阶、坡道定额均未包括面层，如发生应按设计面层做法，另行套用“楼地面装饰工程”相应定额。明沟适用于与墙脚护坡相连的排水沟。

（9）室外排水及墙脚护坡、明沟、翼墙、台阶中混凝土按非泵送商品混凝土考虑，如采用泵送商品混凝土，立方混凝土扣除人工 0.11 工日。

1）墙脚护坡是外墙勒脚垂直交接倾斜的室外地面部分，用于排除雨水，保护墙基免受雨水侵蚀。

2）勒脚是结构设计中对窗台以下一定高度范围内进行外墙加厚，这段加厚部分称为勒脚。一般来说，勒脚的高度不应低于 700mm。勒脚应与散水、墙身水平防潮层形成闭合的防潮系统。

3）翼墙就是在台阶两边砌的墙，是指台阶两侧的挡板，是室外台阶的两侧不放台阶的时候两侧类似楼梯的扶手的构件，一般比扶手较低矮，用砖砌成，如图 6.124 所示。

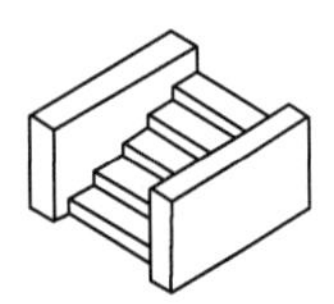

图 6.124　翼墙示意图

4）明沟是在地面开挖沟道以排除地表积水、土壤中多余水分和过高的地下水的排水技术措施。

6.10.2　工程量计算规则

1. 砖砌构筑物

（1）砖烟囱、烟道。

1）砖基础与砖筒身以设计室外地坪为分界，以下为基础，以上为筒身。

2）砖烟囱筒身、烟囱内衬、烟道及烟道内衬均以实体积计算。

3）砖烟囱筒身原浆勾缝和烟囱帽抹灰已包括在定额内，不另计算。如设计规定加浆勾缝，按抹灰工程相应定额计算，不扣除原浆勾缝的工料。

4）如设计采用楔形砖时，其加工数量按设计规定的数量另列项目计算，套砖加工定额。

5）烟囱内衬深入筒身的防沉带（连接横砖）、在内衬上抹水泥排水坡的工料及填充隔热材料所需人工均已包括在内衬定额内，不另计算，设计不同时不做调整。填充隔热材料按烟囱筒身（或烟道）与内衬之间的体积另行计算，应扣除每个面积在 0.3m^2 以上的孔洞所占的体积，不扣除防沉带所占的体积。

6）烟囱、烟道内表面涂抹隔绝层，按内壁面积计算，应扣除每个面积在 0.3m^2 以上的孔洞面积。

7）烟道与炉体的划分以第一道闸门为界，在炉体内的烟道应并入炉体工程量内，炉体执行安装工程炉窑砌筑相应定额。

（2）砖（石）储水池。

1）砖（石）池底、池壁均以实体积计算。

2）砖（石）池的砖（石）独立柱，套用本章相应定额。如砖（石）独立柱带有混凝土或钢筋混凝土结构，其体积分别并入池底及池盖中，不另列项目计算。

（3）砖砌圆形仓筒壁高度自基础板顶面算至顶板底面，以实体积计算。

2. 钢筋混凝土构筑物及模板

（1）除定额另有规定以外，构筑物工程量均同建筑物计算规则。

（2）采用滑模施工的构筑物，模板工程量按构件体积计算。

（3）水塔。

1）塔身与槽底以与槽底相连的圈梁为分界，圈梁底以上为槽底，以下为塔身。

2）依附于水箱壁上的柱、梁等构件并入相应水箱壁计算。

3）水箱槽底、塔顶分别计算，工程量包括所依附的圈梁及挑檐、挑斜壁等。

4）倒锥形水塔水箱模板按水箱混凝土体积计算，提升按容积以“座”计算。

（4）水（油）池、地沟。

1）池、沟的底、壁、盖分别计算工程量。

2）依附于池壁上的柱、梁等附件并入池壁计算；依附于池壁上的沉淀池槽另行列项计算。

3）肋形盖梁与板工程量合并计算；无梁池盖柱的柱高自池底表面算至池盖的下表面，工程量包括柱墩、柱帽的体积。

（5）储仓：储仓立壁、斜壁混凝土浇捣合并计算，基础、底板、顶板、柱浇捣套用建筑物现浇混凝土相应定额。圆形仓模板按基础、底板、顶板、仓壁分别计算；隔层板、顶板梁与板合并计算。

（6）沉井。

1）依附于井壁上的柱、垛、止沉板等均并入井壁计算。

2）挖土按刃脚底外围面积乘以自然地面至刃脚底平均深度计算。

3）铺抽枕木、回填砂石按井壁周长中心线长度计算。

4）沉井封底按井内壁（或刃脚内壁）面积乘以封井厚度计算。

5）铁刃脚安装已包括刃脚制作，工程量按图示净用量计算。

6）井壁防水层按设计要求，套相应章节定额，工程量按相关规定计算。

3. 室外地坪铺设、室外排水、墙角护坡、明沟、翼墙、台阶、盖板安装

（1）地坪铺设按图示尺寸以“m^2”计算，不扣除 0.5m^2 以内各类检查井所占面积。

（2）铸铁花饰围墙按图示长度乘以高度计算。

（3）排水管道工程量按图示尺寸以延长米计算，管道铺设方向窨井内空尺寸小于 500mm 时不扣窨井所占长度，大于 500mm 时，按井壁内空尺寸扣除窨井所占长度。

（4）成品塑料检查井按座计算安装工程量，成品塑料池按不同容积（单个池体积）以座计算安装工程量。

（5）墙脚护坡边明沟长度按外墙中心线计算，墙脚护坡按外墙中心线乘以宽度计算，不扣除每个长度在 5m 以内的踏步或斜坡。

（6）台阶及防滑坡道按水平投影面积计算，如台阶与平台相连时，平台面积在 10m^2 以内时按台阶计算，平台面积在 10m^2 以上时，平台按楼地面工程计算套用相应定额，工程量以最上一级 300mm 处为分界。

（7）砖砌翼墙，单侧为 1 座，双侧按 2 座计算。

6.11　施工技术措施项目主要计算规则

6.11.1　概述

施工技术措施项目包括施工排水、降水费，大型机械设备进出场、安拆费，现浇混凝土及预制构件模板使用费，脚手架使用费，垂直运输费，现浇混凝土泵送费，分别按本分部相应的子目计算。

（1）施工排水、降水费是指为确保工程在正常条件下施工，采取各种排水、降水措施所发生的各种费用。

（2）大型机械设备进出场及安拆费是指机械整体或分体自停放场地运至施工现场或由一个施工地点运至另一个施工地点，所发生的机械进出场运输及转移费用及机械在施工现场进行安装、拆卸所需的人工费、材料费、机械费、试运转费和安装所需的辅助设施的费用。

（3）混凝土、钢筋混凝土模板及支架费是指混凝土施工过程中需要的各种钢模板、木模板、支架等的支、拆、运输费用及模板、支架的摊销（或租赁）费用。

（4）脚手架费是指施工需要的各种脚手架搭、拆、运输费用及脚手架的摊销（或租赁）费用。

主要介绍脚手架工程、垂直运输、工程超高增加费、大型机械设备进出场及安拆费。

6.11.2　脚手架

6.11.2.1　概述

1. 脚手架

脚手架是建筑安装工程施工中不可缺少的临时设施，供工人操作、堆置建筑材料及建筑材料的运输通道等之用。

（1）脚手架按使用材料可分为竹脚手架、木脚手架、钢管脚手架等。

（2）脚手架按使用部位可分为外脚手架、里脚手架。

（3）脚手架按使用功能可分为结构脚手架、装修脚手架。

（4）脚手架按搭设方式可分为单排脚手架、双排脚手架、挑脚手架、满堂脚手架、上料平台、架子斜道、悬空脚手架。

（5）脚手架按定额列项可分建筑物脚手架、外墙脚手架、内墙脚手架、满堂脚手架、电梯井脚手架、砖柱脚手架、网架安装脚手架、斜道、进料平台、防护脚手架、烟囱、水塔脚手架。

现浇钢筋混凝土构件脚手架费用包含在混凝土模板基价内。

2. 阻燃密目安全网

阻燃密目安全网是指在高空进行施工作业时，在其下面或侧面设置的以预防工人和杂物落下伤人而搭设的有阻燃功能的网具。安全网一般由网体、边绳、系绳等构件组成。

3. 斜道

斜道也称盘道、马道，主要供人员上下之用，有时也兼作少量的材料运输通道，搭于脚手架旁形状有“一”字和“之”字形两种，高度在 3 步以下时搭“一”字形，高度在 4 步以上时搭“之”字形。

6.11.2.2 定额使用说明

适用于房屋工程、构筑物及附属工程，包括脚手架搭、拆、运输及脚手架材料摊销。脚手架工程划分为综合脚手架（分混凝土结构、钢结构和地下室）、单项脚手架（包括内、外脚手架；满堂、电梯安装井道、砖柱、网架安装、防护脚手架；斜道、起重平台、进料平台；防护脚手架）烟囱和水塔脚手架三部分。

（1）脚手架工程定额适用于房屋工程、构筑物及附属工程，包括脚手架搭、拆、运输及脚手架材料摊销。定额包括单位工程在合理工期内完成定额规定工作内容所需的施工脚手架，定额按常规方案及方式综合考虑编制，如果实际搭设方案或方式不同时，除另有规定或特殊要求外，均按定额执行。

（2）综合脚手架适用于房屋工程及其地下室，不适用于房屋加层、构筑物及附属工程脚手架，以上可套用单项脚手架相应定额。

1）综合脚手架定额根据相应结构类型以不同檐高划分，遇下列情况时分别计价：

a. 同一建筑物檐高不同时，应根据不同高度的垂直分界面分别计算建筑面积，套用相应定额；

b. 同一建筑物结构类型不同时，应分别计算建筑面积套用相应定额，上下层结构类型不同的应根据水平分界面分别计算建筑面积，套用同一檐高的相应定额。

2）综合脚手架定额除另有说明外层高以 6m 以内为准，层高超过 6m，另按每增加 1m 以内定额计算；檐高 30m 以上的房屋，层高超过 6m 时，按檐高 30m 以内每增加 1m 定额执行。

某建筑由裙房和主楼两部分组成，如图 6.125 所示，设计室外地坪为－0.350m。应套定额檐高 70m、50m、30m 以内定额。

3）综合脚手架定额已综合内、外墙砌筑脚手架，外墙饰面脚手架，斜道和上料平台，高度在 3.6m 以内的内墙及天棚装饰脚手架、基础深度（自设计室外地坪起）2m 以内的

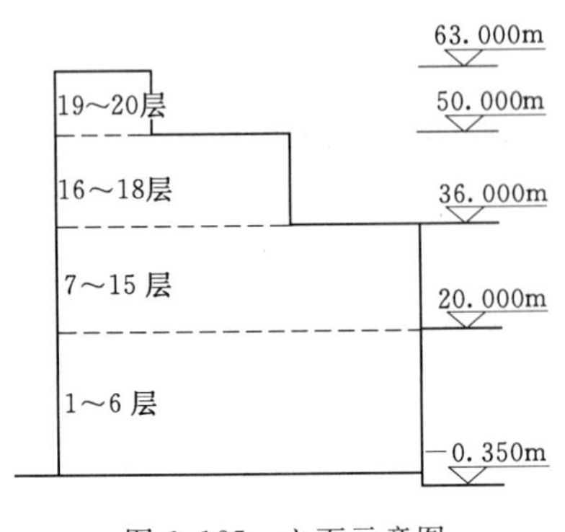

图 6.125　立面示意图

脚手架。地下室脚手架定额已综合了基础脚手架。

4）综合脚手架未包括以下项目，发生时按单项脚手架规定另列项目计算。

a. 高度在 3.6m 以上的内墙和天棚抹灰或吊顶安装脚手架；

b. 建筑物屋顶上或楼层外围的混凝土构架高度在 3.6m 以上的装饰脚手架；

c. 深度超过 2m（自交付施工场地标高或设计室外地面标高起）的无地下室基础采用非泵送混凝土时脚手架；

d. 电梯安装井道脚手架；

e. 人行过道防护脚手架；

f. 网架安装脚手架。

5）装配整体式混凝土结构执行混凝土结构综合脚手架定额。当装配式混凝土结构预制率（以下简称预制率）＜30％时，按相应混凝土结构综合脚手架定额执行；当 30％ ≤预制率＜40％时，按相应混凝土结构综合脚手架定额乘以系数 0.95；当 40％ ≤预制率＜50％时，按相应混凝土结构综合脚手架定额乘以系数 0.9；当预制率≥50％时，按相应混凝土结构综合脚手架定额乘以系数 0.85。装配式结构预制率计算标准根据浙江省现行规定。

6）厂（库）房钢结构综合脚手架定额：单层按檐高 7m 以内编制，多层按檐高 20m 以内编制，若檐高超过编制标准，应按相应每增加 1m 定额计算，层高不同不做调整。单层厂（库）房檐高超过 16m，多层厂（库）房檐高超过 30m 时，应根据施工方案计算。厂（库）房钢结构综合脚手架定额按外墙为装配式钢结构墙面板考虑，实际采用砖砌围护体系并需要搭设外墙脚手架时，综合脚手架按相应定额乘以系数 1.80。厂（库）房钢结构脚手架按综合定额计算的不再另行计算单项脚手架。

7）住宅钢结构综合脚手架定额适用于结构体系为钢结构、钢-混凝土混合结构的工程，层高以 6m 以内为准，层高超过 6m 另按混凝土结构每增加 1m 以内定额计算。

8）大卖场、物流中心等钢结构工程的综合脚手架可按厂（库）房钢结构相应定额执行；高层商务楼、商住楼、医院、教学楼等钢结构工程综合脚手架可按住宅钢结构相应定额执行。

9）装配式木结构的脚手架按相应混凝土结构定额乘以系数 0.85 计算。

10）砖混结构执行混凝土结构定额。

（3）单项脚手架。不适用综合脚手架及综合脚手架有说明可另行计算的情形，执行单项脚手架。

1）墙脚手架。

a. 外墙脚手架定额未包括斜道和上料平台，发生时另列项目计算。外墙外侧饰面应利用外墙脚手架，如不能利用须另行搭设时，按外墙脚手架定额，人工乘以系数 0.80，材料乘以系数 0.30；如仅勾缝、刷浆、刷腻子或刷油漆时，人工乘以系数 0.40，材料乘以系数 0.10。

b. 砖墙厚度在一砖半以上，石墙厚度在 40cm 以上，应计算双面脚手架，外侧套用外墙脚手架，内侧套用内墙脚手架定额。

c. 砌筑围墙高度在 2m 以上者，脚手架套用内墙脚手架定额，如另一面需装饰时，脚手架另套用内墙 脚手架定额，并对人工乘以系数 0.80、材料乘以系数 0.30。

d. 砖（石）挡墙的砌筑脚手架发生时按不同高度分别套用内墙脚手架定额。

e. 砖柱脚手架适用于高度大于 2m 的独立砖柱，房上烟囱高度超出屋面 2m 的套用砖柱脚手架定额。

f. 吊篮定额适用于外立面装饰用脚手架。吊篮安装、拆除以“套”为单位，使用以“套·天”计算，挪移费按吊篮安拆定额扣除载重汽车台班后乘以系数 0.70 计算。

2）满堂脚手架。

a. 深度超过 2m（自交付施工场地标高或设计室外地面标高起）的无地下室基础采用非泵送混凝土时，应计算混凝土运输脚手架，按满堂脚手架基本层定额乘以系数 0.60；深度超过 3.6m 时另按增加层定额乘以系数 0.60。

【例 6.66】 计算深度 3.9m 无地下室基础非泵送混凝土运输脚手架定额基价。

解： 基础深度 3.9m 超过 3.6m，另按每增加 1.2m 定额乘以系数 0.6 计算，基本层套定额 18－47，增加层套定额 18－48：

定额换算基价＝(987.36＋198)×0.6＝711.22(元/100m²)

b. 高度在 3.6m 以上的墙、柱饰面或相应油漆涂料脚手架，如不能利用满堂脚手架须另行搭设时，按内墙脚手架定额，人工乘以系数 0.60，材料乘以系数 0.30；如仅勾缝、刷浆时，人工乘以系数 0.40，材料乘以系数 0.10。

【例 6.67】 计算单独装饰内墙脚手架（高度 3.8m）定额基价。

解： 套定额 18－45，计量单位 100m²：

定额基价＝453.87×0.6＋126.54×0.3＋19.2＝329.48(元)

c. 高度超过 3.6～5.2m 以内的天棚饰面或相应油漆涂料脚手架，按满堂脚手架基本层计算。高度超过 5.2m 另按增加层定额计算；如仅勾缝、刷浆时，按满堂脚手架定额，人工乘以系数 0.40，材料乘以系数 0.10。满堂脚手架在同一操作地点进行多种操作时（不另行搭设），只可计算 1 次脚手架费用。

【例 6.68】 用于天棚刷涂料的满堂脚手架，天棚高度 6.5m，计算定额基价。

解： 6.5m 超过 5.2m，6.5－5.2＝1.3（m）

基本层套定额 18－47、增加层套定额 18－48：

定额换算基价＝987.36＋198×2＝1383.36(元/100m²)

d. 钢结构网架高空散拼时安装脚手架套用满堂脚手架定额。

e. 满堂脚手架的搭设高度大于 8m 时，参照“混凝土及钢筋混凝土工程”超危支撑架相应定额乘以系数 0.20 计算。

f. 用于钢结构安装等支撑体系符合"超过一定规模的危险性较大的分部分项工程范围"标准时，根据专项施工方案，参照"混凝土及钢筋混凝土工程"超危支撑架相应定额计算。

3）构筑物脚手架。

a. 构筑物钢筋混凝土储仓（非滑模的）、漏斗、风道、支架、通廊、水（油）池等，构筑物高度（自构筑物基础顶面起算）在 2m 以上者，每 $10m^3$ 混凝土（不论有无饰面）的脚手架费按 210 元（其中人工费 1.2 工日）计算。

b. 钢筋混凝土倒锥形水塔的脚手架，按水塔脚手架的相应定额乘以系数 1.30。

烟囱如采用抱箍施工时，按外脚手架定额乘以系数 0.50。

烟囱、水塔外脚手架高度在 10m 以内时，定额乘以系数 0.4。

【例 6.69】 计算一座 10m 高钢筋混凝土倒锥形水塔脚手架定额基价。

解： 倒锥形水塔脚手架按水塔脚手架相应定额乘系数 1.3，高度在 10m 以内定额乘以系数 0.4。套定额 18－67：

定额换算基价＝5079.47×0.4×1.3＝2641.32(元/座)

c. 构筑物及其他施工作业需要搭设脚手架的参照单项脚手架定额计算。

4）整体式附着升降脚手架定额适用于高层建筑的施工。

5）电梯井高度按井坑底面至井道顶板底的净空高度再减去 1.5m 计算。

6）防护脚手架定额按双层考虑，基本使用期为 6 个月，不足或超过 6 个月按相应定额调整，不足 1 个月按 1 个月计。

7）专业发包的内、外装饰工程如不能利用总包单位的脚手架时，应根据施工方案，按相应单项脚手架定额计算。

（4）注意事项。

1）综合脚手架定额所含"外墙饰面脚手架"，不分外墙饰面种类，相应耗量已综合考虑不同饰面的搭设周期。

2）建筑物檐高在 50m 以上的综合脚手架定额，已综合了"悬挑式外墙脚手架"因素（注：相应定额包含圆钢、工字钢等用量），但未考虑"吊篮"。招标时以综合脚手架定额计价的工程，若实际施工采用挑架、爬架作为外墙架，以及在外墙饰面阶段改用吊篮的，除合同另有约定外，仍按综合脚手架定额执行，"悬挑式外墙脚手架""吊篮"亦不另行计算。"吊篮"的安、拆及使用定额，一般适用于以单项脚手架定额计价的外墙饰面改造工程。

3）装饰工程或外饰面幕墙单独发包时，如果招标文件要求总承包单位负责本合同工程所有脚手架搭拆的，总承包单位可在报价时计算脚手架工程的全部费用，并在施工组织设计网络计划期限内为分包单位提供脚手架无偿使用，分包单位报价时不能重复计算相应费用。

4）装饰工程施工，如需单独搭设脚手架的，则按施工组织设计内容计算单项脚手架费用。

5）装饰工程或外饰面幕墙单独发包时，如果招标文件要求总承包单位负责本合同工程所有垂直运输设施的，总承包单位可在报价时计算垂直运输的全部费用，并在施工组织设计网络计划期限内为分包单位提供垂直运输的配合服务，分包单位报价时不能重复计算相应费用。

装饰工程施工，如需单独计取垂直运输费用的，则应按施工组织设计内容计算垂直运输费用（可按工程垂直运输费用乘比例系数计算，或以实际垂直运输费用计算）。

6.11.2.3 工程量计算规则

1. 综合脚手架

综合脚手架工程量按建筑面积加上增加面积计算。

（1）建筑面积工程量按房屋建筑面积《建筑工程建筑面积计算规范》（GB/T 50353—2013）计算，有地下室时，地下室与上部建筑面积分别计算，套用相应定额。半地下室并入上部建筑物计算。

（2）增加面积。

1）骑楼、过街楼底层的开放公共空间和建筑物通道，层高在 2.2m 及以上的按墙（柱）外围水平面积计算；层高不足 2.2m 的计算 1/2 面积。

2）建筑物屋顶上或楼层外围的混凝土构架，高度在 2.2m 及以上的按构架外围水平投影面积的 1/2 计算。

3）凸（飘）窗按其围护结构外围水平面积计算，扣除已计入《建筑工程建筑面积计算规范》（GB/T 50353—2013）第 3.0.13 条的面积。

4）建筑物门廊按其混凝土结构顶板水平投影面积计算，扣除已计入《建筑工程建筑面积计算规范》（GB/T 50353—2013）第 3.0.16 条的面积。

5）建筑物阳台均按其结构底板水平投影面积计算，扣除已计入《建筑工程建筑面积计算规范》（GB/T 50353—2013）第 3.0.21 条的面积。

6）建筑物外与阳台相连有围护设施的设备平台，按结构底板水平投影面积计算。

以上涉及面积计算的内容，仅适用于计取综合脚手架、垂直运输费和建筑物超高加压水泵台班及其他费用。

2. 单项脚手架

（1）砌筑脚手架工程量按内、外墙面积计算（不扣除门窗洞口、空洞等面积）。外墙乘以系数 1.15，内墙乘以系数 1.10。计算公式如下：

$$\text{外墙脚手架工程量}=\text{外墙面积}\times 1.15$$

$$\text{内墙脚手架工程量}=\text{内墙面积}\times 1.1$$

（2）围墙脚手架高度自设计室外地坪算至围墙顶，长度按围墙中心线计算，洞口面积不扣，砖垛（柱）也不折加长度。

（3）整体式附着升降脚手架按提升范围的外墙外边线长度乘以外墙高度以面积计算，不扣除门窗、洞口所占的面积。按单项脚手架计算时可结合实际，根据施工组织设计规定以租赁计价。

（4）吊篮工程量按相应施工组织设计计算。

（5）满堂脚手架工程量按天棚水平投影面积计算，工作面高度为房屋层高；斜天棚

(屋面)按平均高度计算;局部高度超过 3.6m 的天棚,按超过部分面积计算。

屋顶上或楼层外围等无天棚建筑构造的脚手架,构架起始标高到构架底的高度超过 3.6m 时,另按 3.6m 以上部分构架外围水平投影面积计算满堂脚手架。

(6)电梯安装井道脚手架,按单孔(1 座电梯)以“座”计算。

(7)人行过道防护脚手架按水平投影面积计算。

(8)砖(石)柱脚手架按柱高以“m”计算。

(9)深度超过 2m 的无地下室基础采用非泵送混凝土时的满堂脚手架工程量,按底层外围面积计算;局部加深时,按加深部分基础宽度每边各增加 50cm 计算。

(10)烟囱、水塔脚手架分高度,按“座”计算。

(11)采用钢滑模施工的钢筋混凝土烟囱筒身、水塔筒式塔身、储仓筒壁是按无井架施工考虑的,除设计采用涂料等工艺外不得再计算脚手架或竖井架。

练 习 题

定额套用与换算(写出定额的编号、单位、单价及单价换算计算公式)

1. 混凝土结构房屋综合脚手架,檐高 55m,层高 6.5m。
2. 高度 4.5m 的天棚抹灰脚手架。
3. 深度 3.6m 无地下室基础采用非泵送混凝土运输脚手架。
4. 单独用于天棚油漆的满堂脚手架,天棚高度 6.0m。
5. 装配式木结构脚手架,檐高 8.5m。
6. 钢筋混凝土倒锥形水塔外脚手架,高度 24m。
7. 50m 电梯井道脚手架。
8. 单层钢结构厂房综合脚手架(檐高 16.8m,层高 15.45m)。
9. 装配式混凝土结构预制率 35%综合脚手架,檐高 30m,层高 3m。

6.11.3 垂直运输工程

6.11.3.1 概述

1. 垂直运输工具

建筑工程中垂直运输工具常为卷扬机和自升式塔式起重机。地下室施工按塔吊配置;檐高 30m 以内按单筒慢速 1t 内卷扬机及塔吊配置;檐高 120m 以内按单筒快速 1t 内卷扬机及塔吊和施工电梯配;檐高超过 120m 按塔吊和施工电梯配置。

2. 垂直运输费用的适用范围

(1)适用于房屋工程、构筑物工程的垂直运输,不适用于专业发包工程。分为建筑物垂直运输(地下室、混凝土结构、钢结构、建筑物层高超过 3.6m 每增加 1m 垂直运输)、构筑物垂直运输、(滑升钢模)构筑物垂直运输及相应设备三部分。

(2)住宅钢结构垂直运输定额自檐高 50m 起设子目适用于结构体系为钢结构的工程。大卖场、物流中心等钢结构工程,其构件安装套用“金属结构工程”厂(库)房钢结构时,垂直运输套用厂(库)房相应定额。当住宅钢结构建筑为钢-混凝土混合结构时,垂直运输套用混凝土结构相应定额。

（3）滑模施工的储仓定额只适用于圆形仓壁，其底板及顶板套用普通储仓定额。

（4）砖混结构执行混凝土结构定额。

3. 垂直运输费用内容

垂直运输费包括单位工程在合理工期内完成全部工作所需的垂直运输机械台班，但不包括大型机械的场外运输、安装拆卸及轨道铺拆和基础等费用，发生时另按相应定额计算。

4. 建筑物的垂直运输机械

定额按常规方案以不同机械综合考虑，除另有规定或特殊要求者外，均按定额执行。

5. 垂直运输檐高、层高

（1）檐高 3.6m 以内的单层建筑，不计算垂直运输费用。

（2）檐高 30m 以下建筑物垂直运输机械不采用塔吊时，应扣除相应定额子目中的塔吊机械台班消耗量，卷扬机井架和电动卷扬机台班消耗量分别乘以系数 1.50。

（3）建筑物层高超过 3.6m 时，按每增加 1m 相应定额计算，超高不足 1m 的，每增加 1m 相应定额按比例调整。钢结构厂（库）房、地下室层高定额已综合考虑。

【例 6.70】 某房屋建筑檐口底标高 19.8m，设计室外地坪标高－0.3m，层高 5 m，垂直运输不采用塔吊，求定额基价。

解： 垂直运输机械不采用塔吊时，定额中塔吊台班单价换算，数量按塔吊台班数量乘以系数 1.5。套定额 19－5：

定额基价换算＝2437.22－2.936×596.43＋(4.038×157.6＋4.038×12.31)×(1.5－1)

＝1029.12(元/100m^2)

建筑物层高超过 3.6m 时，按每增加 1m 相应定额计算，超高不足 1m 的每增加 1m 相应定额按比例调整。套定额 19－29：

定额基价换算＝(382.66－0.456×596.43＋)×(5－3.6)/1＝159.97(元/100m^2)

（4）垂直运输定额按不同檐高划分，同一建筑物檐高不同时，应根据不同高度的垂直分界面分别计算建筑面积，套用相应定额；同一建筑物结构类型不同时，应分别计算建筑面积套用相应定额，同一檐高下的不同结构类型应根据水平分界面分别计算建筑面积，套用同一檐高的相应定额。

1）地下室垂直运输定额按层数划分子目；地上建筑物垂直运输定额按建筑物檐高划分子目，檐高超高 200m 时，应编制补充定额。

2）建筑物檐高超过 120m，层高超过 3.6m 按建筑物檐高 120m 以上每增加 1m 定额子目计算。

6. 构筑物垂直运输

（1）构筑物高度指设计室外地坪至结构最高点为准。

（2）钢筋混凝土水（油）池套用储仓定额乘以系数 0.35 计算。储仓或水（油）池池壁高度小于 4.5m 时，不计算垂直运输费用。

7. 其他

（1）主体结构混凝土泵送考虑，如采用非泵送时，垂直运输费按相应定额乘以系数 1.05。

（2）装配整体式混凝土结构垂直运输费套用相应混凝土结构相应定额乘以系数 1.40。

（3）装配式木结构工程的垂直运输按混凝土结构相应定额乘以系数 0.60 计算。

6.11.3.2　工程量计算规则

（1）地下室垂直运输。以首层室内地坪以下全部地下室的建筑面积计算，半地下室并入上部建筑物 计算。

（2）上部建筑物的垂直运输。以首层室内地坪以上全部面积计算，面积计算规则按“脚手架工程”综合脚手架工程量的计算规则。

（3）烟囱、水塔垂直运输。

1）非滑模施工的烟囱、水塔，根据高度按座计算；钢筋混凝土水（油）池及储仓按基础底板以上实体积以“m^3”计算。

2）滑模施工的烟囱、筒仓，按筒座或基础底板上表面以上的筒身实体积以“m^3”计算；水塔根据高度按“座”计算，定额已包括水箱及所有依附构件。

练　习　题

1. 高层商住楼垂直运输，檐高 45m，层高 3.2m。

2. 多层混凝土结构住宅采用非泵送混凝土，檐高 9m，层高 4m。

3. 建筑物檐高 25m，层高 6m 时，超高加压水泵台班增加费用。

4. 钢筋混凝土水塔高度 30m 垂直运输。

5. 某别墅檐口底标高 10.8m，设计室外地坪标高－0.3m，层高 5 m，垂直运输机械不采用塔吊。

6.11.4　建筑物超高施工增加费

1. 超高施工增加费概述

建筑物的檐口至设计室外标高之差超过 20m 时，施工过程中的人工、机械的效率降低、消耗量增加，还需要增加加压水泵以及增加其他上下联系的工作，以上都会引发生建筑物超高增加费用。

2. 超高施工增加费包含的内容

包括垂直运输机械降效、上人电梯费用、人工降效、自来水加压及附属设施、上下通信器材的摊销、白天施工照明和夜间高空安全信号增加费、临时卫生设施及其他。

3. 定额使用说明

（1）适用于建筑物檐高 20m 以上的工程。

（2）同一建筑物檐高不同时，应分别计算套用相应定额。

（3）建筑物超高加压水泵台班及其他费用按钢筋混凝土结构编制，装配整体式混凝土结构、钢-混凝土混合结构工程仍执行相应定额；遇层高超过 3.6m 时，按每增加 1 m 相应定额计算，超高不足 1m 的，每增加 1m 相应定额按比例调整。如为钢结构工程时相应定额乘以系数 0.8。

（4）建筑物超高人工及机械降效增加费包括的内容指建筑物首层室内地坪以上的全部

工程项目，不包括大型机械的基础、运输、安拆费、垂直运输、各类构件单独水平运输、各项脚手架、现场预制混凝土构件和钢构件的制作项目。

【例6.71】 建筑物檐高25m，层高3.9m时，计算定额超高加压水泵台班增加费用。

解： 檐高25m套定额20－21，当有层高超过3.6m时套定额20－31：

超高加压水泵台班增加费用＝192.32＋10.58×(3.9－3.6)＝195.49(元/100m²)

4. 工程量计算规则

(1) 建筑物超高人工降效增加费的计算基数为规定内容中的全部人工费。

(2) 建筑物超高机械降效增加费的计算基数为规定内容中的全部机械台班费。

建筑物超高施工增加费中人工降效和机械降效的计算基数为规定内容中的全部定额人工费和定额机械台班费。如按动态管理办法的要求采用造价管理机构发布的市场信息价计价的，发生价差时其差价应纳入计算基数。

(3) 同一建筑物有高低层时，应按首层室内地坪以上不同檐高建筑面积的比例分别计算超高人工降 效费和超高机械降效费。

(4) 建筑物超高加压水泵台班及其他费用，工程量同首层室内地坪以上综合脚手架工程量。

6.11.5 机械台班单独计算的费用

6.11.5.1 概述

机械台班单独计算的费用是指在工程施工中投入的特、大型机械如塔式起重机、施工电梯、打桩机、挖掘机等在使用过程中发生的场外运输、安装、拆除、需固定的基础费用。机械台班使用费包含在相应定额基价里的机械费。

(1) 塔式起重机简称塔机亦称塔吊，动臂装在高耸塔身上部的旋转起重机。作业空间大，主要用于房屋建筑施工中物料的垂直和水平输送及建筑构件的安装。由金属结构、工作机构和电气系统三部分组成。金属结构包括塔身、动臂和底座等。工作机构有起升、变幅、回转和行走四部分。电气系统包括电动机、控制器、配电柜、连接线路、信号及照明装置等。

1) 固定式塔式起重机是指通过连接件将塔身基础固定在地基基础或结构物上进行起重作业的，可分为塔身高度不变式和自升式。

2) 自升式塔式起重机是固定式塔式起重机的一种。依靠自身的专门装置，增、减塔身标准节（即附着式塔式起重机）或自行整体爬升的塔式起重机（即内爬式塔式起重机）。

(2) 施工电梯

施工电梯通常称为施工升降机，也可以成为室外电梯，工地提升吊笼。是建筑中经常使用的载人载货的垂直运输施工机械。

6.11.5.2 机械台班单独计算定额说明

1. 自升塔式起重机、施工电梯基础费用

(1) 固定式基础未考虑打桩，发生时可另行计算。

（2）高速卷扬机组合井架固定基础，按固定式基础乘以系数 0.20 计算。

（3）不带配重的自升塔式起重机固定式基础、混凝土搅拌站的基础按实际计算。

2. 特、大型机械安装拆卸费用

（1）安装、拆卸费中已包括机械安装后的试运转费用。

（2）自升式塔式起重机安装、拆卸费定额是按塔高 60m 确定的，如塔高超过 60m，每增高 15m 安装、拆卸费用（扣除试车台班后）增加 10%。

（3）打桩机。

1）柴油打桩机安装、拆卸费中的试车台班是按 1.8t 轨道式柴油打桩机考虑的，实际打桩机规格不同时试车台班费按实进行调整。

2）步履式柴油打桩机按相应规格柴油打桩机计算。

3）多功能压桩机按相应规格静力压桩机计算。

4）双头搅拌机按 1.8t 轨道式柴油打桩机乘以系数 0.7，单头搅拌机按 1.8t 轨道式柴油打桩机乘以系数 0.4，振动沉拔桩机、静压振拔桩机、转盘式钻孔桩机、旋喷桩机按 1.8t 轨道式柴油打桩机计算。

3. 特、大型机械场外运输费用

（1）场外运输费用中已包括机械的回程费用。场外运输费用为运距 25km 以内的机械进出场费用。

（2）凡利用自身行走装置转移的特、大型机械场外运输费用，按实际发生台班计算，不足 0.5 台班的按 0.5 台班计算，超过 0.5 台班不足 1 台班的按 1 台班计算。

（3）特、大型机械在同一施工点内、不同单位工程之间的转移，定额按 100m 以内综合考虑。

1）如转移距离超过 100m：转移距离在 300m 以内的，按相应场外运输费用乘以系数 0.3；转移距离在 500m 以内的，按相应场外运输费用乘以系数 0.6。

2）如机械为自行移运的，按“利用自身行走装置转移的特、大型机械场外运输费用”的有关规定进行计算。需解体或铺设轨道转移的，其费用另行计算。

（4）步履式柴油打桩机按相应规格柴油打桩机计算。

1）多功能压桩机按相应规格静力压桩机计算。

2）双头搅拌机按 5t 以内轨道式柴油打桩机乘以系数 0.7，单头搅拌机按 5t 以内轨道式柴油打桩机乘以系数 0.4，振动沉拔桩机、静压振拔桩机、旋喷桩机按 5t 以内轨道式柴油打桩机计算。

【例 6.72】 某民用建筑楼层如图 6.126 所示，已知该搂由裙房和主楼两部分组成，设计室外地坪为 −0.35m。主楼每层建筑面积 1000m^2，天棚水平投影面积为 900m^2；裙房每层建筑面积 800m^2，天棚水平投影面积为 750m^2，设备层层高 2.1m，结构板厚 150mm，裙房和主楼计算数据详见表 6.39。楼板厚度均为 100mm。钢筋混凝土基础深度 H＝4.1m，非泵送混凝土，施工采用 60kN·m 自升式塔式起重机（固定式）。计算：

（1）脚手架费用（综合脚手架费用、1～2 层天棚抹灰脚手架）。

(2) 基础混凝土运输脚手架费用。

(3) 建筑物垂直运输费用。

(4) 超高施工增加费（假设地面人工费为 1200 万元，机械费为 400 万元）。

(5) 塔式起重机基础费用。

(6) 塔式起重机安装拆除、场外运输费用。

解：(1) 脚手架费用。

1) 地下室工程量 = 1200 + 1000 = 2200 (m^2)，套定额 18-31：

地下室综合脚手架费用=2200×13.65=30030(元)

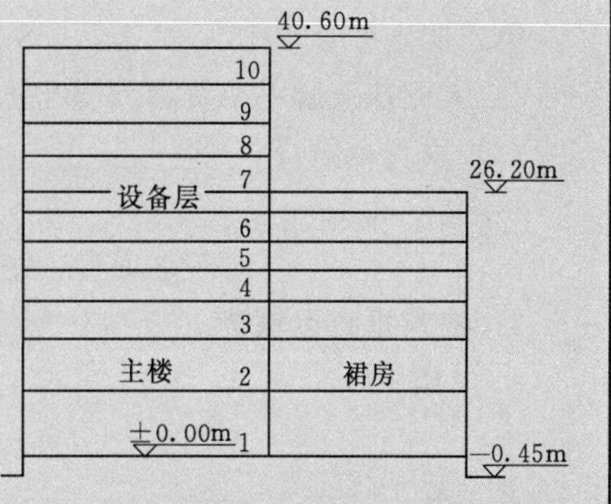

图 6.126 [例 6.72] 图

表 6.39　裙房和主楼计算数据

楼层	层高/m	每层建筑面积/m^2		每层天棚水平投影面积/m^2	
		主楼	群楼	主楼	群楼
地下室	3	1200	1000	1100	950
1	6.1	1000	800	900	750
2	5.1	1000	800	900	750
3	3.6	1000	800	900	750
4～6	3	1000	800	900	750
7～10	3.6	1000		900	

2) 主楼檐高=40.60+0.45=41.05(m)>40(m)，50m 以内套定额 18-9；底层层高 H=6.1(m)>6(m)，工程量=1000(m^2)；2～10 层层高 H<6m，中间有一技术层，层高 2.2m，全算建筑面积，所以脚手架工程量=1000×9+1000/2=9500(m^2)；底层套定额 18-9、18-8：

底层脚手架费用=1000×(34.76+2.53)=37290(元)

2～10 层综合脚手架费用=9500×34.76=330220(元)

3) 裙楼檐高=26.2+0.45=26.65(m)>20(m)，30m 以内套定额 18-7：

工程量=800×10+800/2=8400(m^2)

脚手架费用=8400×28.41=238644(元)

底层层高 H=6.1m>6m，每增加 1m 套定额 18-8：

脚手架费用=800×2.53=2024(元)

(2) 天棚抹灰脚手架费用。

1) 工作面高度（为房屋层高）：底层为 6.1m，第二层为 5.1m，有两层层高大于 3.6m，其中底层 6.1m>5.2m (6.1-5.2=0.9)，第二层 3.6m<5.1m<5.2m。

底层定额套用 18-47+18-48：

9.87+1.98=11.85(元/m^2)

第二层定额套用 18 - 47 为：9.87(元/m^2)

2）天棚抹灰脚手架费用＝(900＋750)×(11.858＋9.87)＝35851(元)

(3) 垂直运输费。

1）套定额 19 - 1：

地下室垂直运输费 2200×39.74＝87428(元)

2）建筑垂直运输费。

a. 主楼：

檐高＝40.60＋0.45＝41.05(m)＞40(m)

套定额 19 - 6：

工程量＝1000×10＋1000/2＝10500(m^2)

垂直运输费＝10500×35.31＝370755(元)

b. 裙楼：

檐高＝26.2＋0.45＝26.65(m)＞20(m)

套 30m 以内定额 19 - 5：

工程量＝800×10＋800/2＝8400(m^2)

垂直运输费＝8400×24.37＝204708(元)

c. 层高超过 3.6m 每增加 1m 费用，主楼、裙楼檐高在 50m 内套定额 19 - 29：

垂直运输费＝(1000＋800)×3.8286×[(6.1－3.6)＋(5.1－3.6)]＝27566(元)

(4) 超高施工增加费。

主楼、裙楼檐高不同，应分别计算，主楼建筑面积比例为 10500/(10500＋5200)≈0.67，裙房为 1－0.67＝0.33，则主楼面以上部分人工费为 1200×0.67＝804(万元)，机械费为 400×0.67＝268(万元)，裙房人工费为 1200－804＝396(万元)，机械费为 400－268＝132(万元)。超高面积占总面积的比例＝4000/5000＝0.8。

1）主楼套定额 20 - 2：人工降效费 804×570＝458280(元)

裙房定额 20 - 1：人工降效费 396×200＝79200(元)

2）主楼套定额 20 - 12：机械降效费 268×570＝152760(元)

裙房套定额 20 - 11：机械降效费 132×200＝26400(元)

3）主楼套定额 20 - 22：超高加压水泵台班及其他费用＝10500×5.7853＝60746(元)

裙房套定额 20 - 21：超高加压水泵台班及其他费用＝8400×1.9232＝16155(元)

4）层高超过 3.6m 增加压水泵台班，主楼、裙楼檐高均在 50m 以内，套定额 20 - 31，底层为 6.1m，第二层为 5.1m：

增加压水泵台班费用＝(1000＋800)×[(6.1－3.6)/1＋(5.1－3.6)/1]＝7200(元)

(5) 塔式起重机基础费用套定额 1001 为 24832.47 元/座。

(6) 塔式起重机安装拆除、场外运输费用：安装、拆除费用套定额 2001 为 25938.52 元/台；场外运输费用套定额 3018 为 16593.97 元/台。

练习题（判断对错）

1. 大型机械场外运输费用中已包括机械的回程费用。

2. 施工电梯固定式基础费用未考虑打桩，发生时可另行计算。

3. 大型机械安装拆卸费用已包括机械安装后的试运转费用。

4. 自升式塔式起重机安装、拆卸费定额是按塔高 50m 确定的。

5. 定额场外运输费用为运距 25km 以内的机械进出场费用。

6. 20kN·m 塔式起重机轨道基础，按塔式起重机固定式基础乘以系数 0.8。

7. 大型机械在同一施工点内、不同单位工程之间的转移，定额按 100m 综合考虑。

8. 40kN·m 自升式塔式起重机安装、拆除费按 60kN·m 塔式起重机乘以系数 0.4 计算。

第7章　建筑及装饰工程工程量清单及计价

7.1　建设工程工程量清单计价规范

1. 概述

《建设工程工程量清单计价规范》(GB 50500—2013) 于2013年7月1日开始实施，是在《建设工程工程量清单计价规范》(GB 50500—2008) 正文部分的基础上修订而成，以下简称《计价规范》。

2.《计价规范》主要内容

《计价规范》主要包括正文、附录（共11个）和用词说明及条文说明4部分，其中条文说明部分是对应于总则中每个条款的具体说明，详细解释及法律依据。正文共有16章，330条。

3.《计价规范》专业划分

新《计价规范》分为9个专业，9个专业工程单独成册。均包括总则、术语、一般规定，分部分项工程、措施项目和附录等，具体是《房屋建筑与装饰工程工程量计算规范》(GB 50854—2013)、《仿古建筑工程工程量计算规范》(GB 50855—2013)、《通用安装工程工程量计算规范》(GB 50856—2013)、《市政工程工程量计算规范》(GB 50857—2013)、《园林绿化工程工程量计算规范》(GB 50858—2013)、《矿山工程工程量计算规范》(GB 50859—2013)、《构筑物工程工程量计算规范》(GB 50860—2013)、《城市轨道交通工程工程量计算规范》(GB 50861—2013)、《爆破工程工程量计算规范》(GB 50862—2013)。

4.《计价规范》的作用

(1)《计价规范》有关工程造价管理机构作用的规定。

1) 编制工程量清单出现附录中未包括的项目，编制人应作补充，并报省级或行业工程造价管理机构备案，省级或行业工程造价管理机构应汇总报建设部标准定额研究所。

2) 招标控制价应在招标文件中公布，不应上调或下浮，招标人应将招标控制价及有关资料报送工程所在地工程造价管理机构备查。

3) 投标人经复核认为招标人公布的招标控制价未按照本规范的规定进行编制的，应在开标前5日向招投标监督机构或工程造价管理机构投诉。

4) 招标工程以投标截止日前28天，非招标工程以合同签订前28天为基准日，其后国家的法律、法规、规章和政策发生变化影响工程造价的，应按省级或行业建设主管部门或其授权的工程造价管理机构发布的规定调整合同价款。

5) 施工期内，当物价波动超出一定幅度时，应按合同约定调整工程价款；合同没有约定或约定不明确的，应按省级或行业建设主管部门或其授权的工程造价管理机构的规定调整。

（2）《计价规范》中有关工程造价咨询人的规定。

1）工程量清单应由具有编制能力的招标人或受其委托，具有相应资质的工程造价咨询人编制。

2）招标控制价应由具有编制能力的招标人或受其委托，具有相应资质的工程造价咨询人编制。

3）投标价应由投标人或受其委托，具有相应资质的工程造价咨询人编制。

4）工程竣工结算由承包人或受其委托具有相应资质的工程造价咨询人编制，由发包人或受其委托具有相应资质的工程造价咨询人核对。

5）在合同纠纷案件处理中，需作工程造价鉴定的，应委托具有相应资质的工程造价咨询人进行。

7.2 工程量清单编制

7.2.1 工程量清单概述

工程量清单是载明建设工程分部分项工程项目、措施项目、其他项目的名称和相应数量以及规费、税金项目等内容的明细清单。

（1）分部分项工程是单项或单位工程的组成部分，是按结构部位、路段长度及施工特点或施工任务将单项或单位工程划分为若干分部的工程；分项工程是分部工程的组成部分，是按不同施工方法、材料、工序及路段长度等将分部工程划分为若干个分项或项目的工程。

（2）措施项目是为完成工程项目施工，发生于该工程施工准备和施工过程中的技术、生活、安全、环境保护等方面的项目。

7.2.2 工程量清单分类

（1）招标工程量清单是招标人依据国家标准、招标文件、设计文件以及施工现场实际情况编制的，随招标文件发布供投标报价的工程量清单，包括其说明和表格。

（2）已标价工程量清单是构成合同文件组成部分的投标文件中已标明价格，经算术性错误修正（如有）且承包人已确认的工程量清单，包括其说明和表格。

7.2.3 工程量清单作用

工程量清单是工程量清单计价的基础，应作为编制招标控制价、投标报价、计算工程量、支付工程款、调整合同价款、办理竣工结算以及工程索赔等的依据之一。

7.2.4 工程量清单编制依据

（1）《建设工程工程量清单计价规范》和相关工程的国家计量规范。

（2）国家或省级、行业建设主管部门颁发的计价定额和办法。

（3）建设工程设计文件及相关资料。

（4）与建设工程项目有关的标准、规范、技术资料。

（5）拟定的招标文件。

（6）施工现场情况、地勘水文资料、工程特点及常规施工方案。

7.2.5　工程量清单编制内容

包括分部分项工程量清单、措施项目清单、其他项目清单、规费、税金项目清单四部分，其中分部分项工程量清单是工程清单的核心。

1. 分部分项工程项目清单

分部分项工程项目清单必须载明项目编码、项目名称、项目特征、计量单位和工程量。见表 7.1。

表 7.1　　分部分项工程量清单

序号	项目编码	项目名称	项 目 特 征	计量单位	工程量
		0101 土石方工程			
1	010101003001	挖沟槽土方	机械挖二类土，1－1 有梁式钢筋混凝土墙基，基底垫层宽度 1.6m，开挖深度 1.3m，湿土深度 0.5m，基槽长 7.98m，土方含水率 30%，余土弃运 10km	m^3	27.27
		0104 砌筑工程			
2	010401003001	实心砖墙	M5.0 混合砂浆砌 MU10 多孔黏土砖，砖墙厚 240	m^3	93.42

（1）项目编码。是指分部分项工程和措施项目清单名称的数字标识，以 12 位阿拉伯数字表示，1～9 位为全国统一编码，按《计价规范》附录的规定设置相应编码设置，不得变动。

1～2 位为工程分类顺序码，如 01 表示建筑与装饰工程、02 表示仿古建筑工程、03 表示通用安装工程、04 表示市政工程、05 表示园林绿化工程、06 表示矿山工程、07 表示构筑物工程、08 表示城市轨道交通工程、09 表示爆破工程。3～4 位为专业工程顺序码；5～6 位为分部工程顺序码；7～9 位为分项工程项目名称顺序码；10～12 位为清单项目名称顺序码。由清单编制人根据设计图纸的要求编制清单项目，同一招标工程的项目编码不得有重码。

如一个标段（或合同段）的工程量清单中含有三个单位工程，每一个单位工程中都有项目特征相同的实心砖墙砌体，在工程量清单中又需反映三个不同单位工程的实心砖墙砌体工程量时，则第一个单位工程的实心砖墙的项目编码应为 010302001001，第二个单位工程的实心砖墙的项目编码应为 010302001002，第三个单位工程的实心砖墙的项目编码应为 010302001003，并分别列出各单位工程实心砖墙的工程量。

编制工程量清单出现《计价规范》附录中未包括的项目，编制人应作补充，并报省级或行业工程造价管理机构备案，省级或行业工程造价管理机构应汇总报住房和城乡建设部标准定额研究所。补充项目的编码由本规范的代码 01 与 B 和 3 位阿拉伯数字组成，并应从 01B001 起顺序编制，同一招标工程的项目不得重码。见表 7.2。

表 7.2　　隔　　墙

项目名称	项目名称	项目特征	计量单位	工程量计算规则	工作内容
01B001	成品 GRC 隔墙	1. 隔墙材料品种、规格； 2. 隔墙厚度； 3. 嵌缝、塞口材料品种	m^2	按设计图示尺寸以面积计算，扣除门窗洞口及单个≥$0.3m^2$ 的孔洞所占面积	1. 骨架及边框安装； 2. 隔板安装； 3. 嵌缝、塞口

(2) 项目名称。分部分项工程量清单项目应按《计价规范》附录的项目名称结合拟建工程的实际确定。主要依据有关的工程设计文件、施工规范与工程验收规范和拟采用的施工组织设计、施工方案等。

(3) 项目特征。项目特征是构成分部分项工程量清单项目、措施项目自身价值的本质特征。在编制工程量清单时，必须对项目特征进行准确和全面的描述，但有些项目特征用文字往往又难以准确和全面的描述清楚。因此为达到规范、简捷、准确、全面描述项目特征的要求，在描述工程量清单项目特征时应按以下原则进行。

1) 项目特征描述的内容应按附录中的规定，结合拟建工程的实际，能满足确定综合单价的需要。

2) 若采用标准图集或施工图纸能够全部或部分满足项目特征描述的要求，项目特征描述可直接采用详见××图集或××图号的方式。对不能满足项目特征描述要求的部分，仍应用文字描述。

(4) 计量单位。分部分项工程量清单应按各专业工程量计算规范附录中规定的计量单位确定。工程数量的有效位数应遵守下列规定：

1) 以“t”为单位，应保留小数点后3位数字，第四位四舍五入。

2) 以“m^3”“m^2”“m”为单位，应保留小数点后两位数字，第三位四舍五入。

3) 以“个”“项”等为单位，应取整数。

(5) 工程量。指建设工程项目以工程设计图纸、施工组织设计或施工方案及有关技术经济文件为依据，按照相关工程国家标准的计算规则、计量单位等规定，进行工程数量的计算活动，在工程建设中简称工程计量。

2. 措施项目清单

措施项目中可以计算工程量的项目清单宜采用分部分项工程量清单的方式编制，列出项目编码、项目名称、项目特征、计量单位和工程量计算规则，如混凝土浇筑的模板工程、脚手架工程、施工排水等；不能计算工程量的项目清单，以“项”为计量单位。

措施项目清单的设置：

(1) 需要参考拟建工程的常规施工组织设计，以确定环境保护、文明施工、安全施工、临时设施、夜间施工、材料二次搬运等项目。

(2) 参考拟建工程的常规施工技术方案，以确定大型机械设备进出场及安拆、混凝土及钢筋混凝土模板、支架脚手架、施工排水降水、垂直运输机械、组装平台等项目。

(3) 参阅有关的工程施工规范及工程验收规范，可以确定施工方案没有表述的但是在实际施工规范及工程验收规范要求而必须发生的技术措施；设计文件中不足以写进施工方案但要通过一定的技术措施才能实现的内容；招标文件中提出的通过一定技术措施才能实现的要求。

（4）若出现本规范未列的项目，可根据工程实际情况补充。

可按《计价规范》附录中规定的项目选择列项。

3. 其他项目清单

其他项目清单是指招标人提出的一些与拟建工程有关的特殊要求的项目清单，《计价规范》中主要列有：暂列金额、暂估价（包括材料暂估单价、专业工程暂估价）、计日工、总承包服务费等。

其他项目清单内容：

（1）暂列金额。应根据工程特点，按有关计价规定估算，招标人在工程量清单中暂定并包括在合同价款中的一笔款项。用于施工合同签订时尚未确定或者不可预见的所需材料、设备、服务的采购，施工中可能发生的工程变更、合同约定调整因素出现时的工程价款调整以及发生的索赔、现场签证确认等的费用。

暂列金额因不可避免的价格调整而设立，但并不是列入合同价格的暂列金额都属于中标人所有。只有按合同约定程序实际发生后，才能成为中标人的应得金额，纳入合同结算价款，剩余余额仍属于招标人所有。

（2）暂估价。包括材料暂估单价、工程设备暂估单价、专业工程暂估价。

材料、工程设备暂估单价应根据工程造价信息或参照市场价格估算。

专业工程暂估价应分不同专业，以“项”为计量单位，一般为综合暂估价，包括除规费、税金以外的管理费、利润等。按有关计价规定估算，列出明细表。

（3）计日工。以完成零星工作所消耗的人工工时、材料数量、机械台班进行计量，并按照计日工表中填报的适用项目的单价进行计价支付。应列出项目名称、计量单位和暂估数量。是为了解决现场发生的零星工作的计价而设立的。在施工过程中，完成发包人提出的施工图纸以外的零星项目或工作，按合同中约定的综合单价计价。

计日工适用的零星工作一般是指合同约定之外的或因变更而产生的、工程量清单中没有相应项目的额外工作。计日工表中一定要给出暂定数量，并且需要根据经验，尽可能估算一个比较贴近实际的数量。

（4）总承包服务费。应列出服务项目及其内容等，是为了解决招标人在法律、法规允许的条件下进行专业工程发包，以及自行供应材料、设备、并需要总承包人对发包的专业工程提供协调和配合服务，对供应的材料、设备提供收、发和保管服务以及进行施工现场管理、竣工资料汇总整理等服务所需的费用，并向总承包人支付的费用。

招标人应预计该项费用并按投标人的投标报价向投标人支付该项费用。

4. 规费、税金项目清单

规费是政府和有关权力部门规定必须缴纳的费用，建设部、财政部“关于印发《建筑安装工程费用项目组成》的通知”（建标〔2013〕206号）的规定包括的规费项目，在编制规费项目清单时应根据省级政府或省级有关权力部门的规定列项。

营改增后，税金项目主要编制内容为增值税，与规费项目一起编入“规费、税金项目清单与计价表”。

7.3 工程量清单计价

1. 一般规定

（1）工程量清单计价是指按照《计价规范》招标人编制招标控制价，投标人编制投标报价的行为。

（2）工程量清单计价组成。应包括按招标文件规定，完成工程量清单所列项目的全部金额，由分部分项工程费、措施项目费、其他项目费、规费和税金组成。

（3）工程量清单计价方法。应采用综合单价计价。综合单价是指完成一个规定计量单位的分部分项工程量清单项目或措施清单项目所需的人工费、材料费、施工机械使用费和企业管理费与利润，以及一定范围内的风险费用。

2. 招标控制价计价

（1）招标文件中的工程量清单标明的工程量是投标人投标报价的共同基础，竣工结算的工程量按发、承包双方在合同中约定应予计量且按实际完成的工程量确定。

（2）措施项目清单计价应根据拟建工程的施工组织设计，可以计算工程量的措施项目，应按分部分项工程量清单的方式采用综合单价计价；其余的措施项目可以"项"为单位的方式计价，应包括除规费、税金外的全部费用。措施项目清单中的安全文明施工费应按照国家或省级、行业建设主管部门的规定计价，不得作为竞争性费用。

（3）招标人在工程量清单中提供了暂估价的材料和专业工程属于依法必须招标的，由承包人和招标人共同通过招标确定材料单价与专业工程分包价。

若材料不属于依法必须招标的，经发包、承包双方协商确认单价后计价。

若专业工程不属于依法必须招标的，由发包人、总承包人与分包人按有关计价依据进计价。

（4）采用工程量清单计价的工程，应在招标文件或合同中明确风险内容及其范围（幅度），不得采用无限风险、所有风险或类似语句规定风险内容及其范围（幅度）。

7.4 房屋建筑与装饰工程工程量清单项目及其计算规则

《房屋建筑与装饰工程工程量计算规范》（GB 50854—2013）是由《建设工程工程量清单计价规范》（GB 50500—2008）附录A建筑部分、附录B装饰装修工程进行修订增加新项目而成。包括总则、术语、工程计量、工程量清单编制四个部分以及17个附录和规范用词说明、引用标准名录、规范条文说明。

7.4.1 附录A：土（石）方工程

7.4.1.1 土方工程项目划分

土方工程项目包括平整场地、挖一般土方、挖沟槽土方、挖基坑土方、冻土开挖、挖淤泥及流沙、管沟土方7个项目，分别按010101001～010101007编号。详见表7.3。

1. 平整场地

平整场地适用于建筑场地厚度在±0.3m以内的挖、填、找平及其运输项目，它与一

表 7.3　土方工程（编码：010101）

项目编码	项目名称	项目特征	计量单位	工程量计算规则	工程内容
010101001	平整场地	1. 土壤类别； 2. 弃土运距； 3. 取土运距	m^2	按设计图示尺寸以建筑物首层面积计算	1. 土方挖填； 2. 场地找平； 3. 运输
010101002	挖一般土方	1. 土壤类别； 2. 挖土平均厚度； 3. 弃土运距	m^3	按设计图示尺寸以体积计算	1. 排地表水； 2. 土方开挖； 3. 挡土板支拆； 4. 截桩头； 5. 基底钎探； 6. 运输
010101003	挖沟槽土方	1. 土壤类别； 2. 基础类型； 3. 垫层底宽、底面积； 4. 挖土深度； 5. 弃土运距		按设计图示尺寸以基础垫层底面积乘以挖土深度计算	
010101004	挖基坑土方				
010101005	冻土开挖	1. 冻土厚度； 2. 弃土运距		按设计图示尺寸开挖面积乘以厚度以体积计算	1. 打眼、装药、爆破； 2. 开挖； 3. 清理、运输
010101006	挖淤泥、流沙	1. 挖掘深度； 2. 弃淤泥、流沙距离		按设计图示位置、界限以体积计算	1. 开挖； 2. 运输
010101007	管沟土方	1. 土壤类别； 2. 管外径； 3. 挖沟深度； 4. 回填要求	m； m^3	1. 以“m”计量，按设计图示以管道中心线长度计算； 2. 以“m^3”计量，按设计图示管底垫层面积乘以挖土深度计算；无管底垫层按管外径的水平投影面积乘以挖土深度计算	1. 排地表水； 2. 土方开挖； 3. 挡土板支拆； 4. 运输； 5. 回填

般所指开工前的三通一平中的平不同。

（1）项目特征。在项目列项时，应描述场地现有及平整以后需达到的要求特征，挖填范围、土壤类别、弃土或取土的运输距离（或地点）。现场土方平整时，可能会遇到±0.3m以内全部是挖方或填方的情况，这时就应在清单项目中描述弃土或取土的内容和特征。

（2）工程量计算规则：按设计图示尺寸以建筑物首层面积“m^2”计算。

（3）说明：“建筑物首层面积”应按建筑物外墙勒脚以上结构外围水平面积计算。落地阳台计算全面积；悬挑阳台不计算面积。设地下室和半地下室的采光井等不计算建筑面积的部位也应计入平整场地的工程量内。地上无建筑物的地下停车场按地下停车场外墙外边线外围面积计算，包括出入口，通风竖井和采光井。

2. 挖一般土方

适用于建筑场地在±0.3m 以上的竖向布置的场地挖土或山坡切土或超出沟槽、基坑土方开挖规定范围以外的挖土。

（1）挖土方工程内容一般包括：土方开挖、地表水排放、土方运输等。在项目列项时，应明确描述土方开挖时涉及的有关特征，如土壤类别、挖土平均厚度、弃土运距。

（2）工程量计算规则：按设计图示尺寸以体积“m^3”计算。

（3）“图示尺寸”即施工现场勘察设计图，常采用“方格网法”计算工程量。招标人在地形起伏变化较大、不能明确提供平均挖土厚度时需要提供方格网或土方平面、断面图。

（4）挖土方平均厚度应按自然地面测量标高至设计地坪标高间的平均厚度确定。场地设计标高以下的回填土应按“土石方回填”项目编码列项。

3. 挖沟槽土方、挖基坑土方

适用于建筑物、构筑物工程的基础基槽、基坑的土方开挖项目列项，也适用于人工单独挖孔桩土方。

（1）挖沟槽土方是指带形基础，挖基坑土方包括独立基础、满堂基础（包括地下室基础）及设备基础、人工单独挖孔桩等土方开挖工程。其工程内容包括：排地表水、土方开挖、挡土板支拆（设计或招标人对现有具体要求时）、基底钎探、土方运输（场内或场外）等。

（2）项目特征。

1）土壤类别、基础类型、垫层底尺寸、挖土深度、弃土运距等，且应包括土方含水率、地下水情况等。

2）土壤的分类应按表7.4确定，如土壤类别不能准确划分时，招标人可注明为综合，由投标人根据地勘报告决定。

表7.4　　土壤分类表

土壤分类	土壤名称	开挖方法
一类、二类	粉土、砂土（粉砂、细砂、中砂、粗砂、砾砂）、粉质黏土、弱中盐渍土、软土（淤泥质土、泥炭、泥炭质土）、软塑红黏土、冲填土	用锹，少许用镐、条锄开挖。机械能全部直接铲挖满载
三类	黏土、碎石土（圆砾、角砾）混合土、可塑红黏土、硬塑红黏土、强盐渍土、素填土、压实填土	主要用镐、条锄，少许用锹开挖。机械需部分刨松方能铲挖满载或可直接铲挖但不能满载
四类	碎石土（卵石、碎石、漂石、块石）、坚硬红黏土、超盐渍土、杂填土	全部用镐、条锄挖掘，少许用撬棍挖掘。机械须普遍刨松方能铲挖满载

（3）土方开挖的干湿土划分，应按地质资料提供的地下常水位为界，地下常水位以下为湿土。

（4）工程量计算规则：按设计图示尺寸以基础垫层底面积乘以挖土深度以体积“m^3”计算。基础土方开挖深度应按基础垫层底表面标高至交付施工场地标高确定，无交付施工场地标高时，应按自然地面标高确定。

1）挖沟槽、基坑、一般土方因工作面和放坡增加的工程量（管沟工作面增加的工程量）并入各土方工程量中，办理工程结算时，按经发包人认可的施工组织设计规定计算。

编制工程量清单时，设计图有标注的按设计图计算，设计图纸没有标注的可按表 7.5～表 7.7 规定计算。浙建站〔2013〕63 号文规定：土石方工作面与放坡增加的工程量并入各土石方工程量中。

表 7.5　　放坡系数表

土类别	放坡起点/m	人工挖土	机械挖土		
			在坑内作业	在坑上作业	顺沟槽在坑上作业
一、二类	1.20	1∶0.5	1∶0.33	1∶0.75	1∶0.50
三类	1.50	1∶0.33	1∶0.25	1∶0.67	1∶0.33
四类	2.00	1∶0.25	1∶0.10	1∶0.33	1∶0.25

注　1. 沟槽、基坑中土类别不同时，分别按其放坡起点、放坡系数，依不同土类别厚度加权平均计算。
2. 计算放坡时，在交接处的重复工程量不予扣除，原槽、坑作基础垫层时，放坡自垫层上表面开始计算。

表 7.6　　基础施工所需工作面宽度计算表

基础材料	每边各增加工作面宽度/mm
砖基础	200
浆砌毛石、条石基础	150
混凝土基础垫层支模板	300
混凝土基础支模板	300
基础垂直面做防水层	1000（防水层面）

表 7.7　　管沟施工每侧所需工作面宽度计算表　　单位：mm

管沟材料	管道结构宽			
	≤500	≤1000	≤2500	>2500
混凝土及钢筋混凝土管道	400	500	600	700
其他材质管道	300	400	500	600

注　管道结构宽：有管座的按基础外缘计算，无管座的按管道外径计算。

2）土方体积按挖掘前天然密实体积（自然方）计算，非天然密实土方按表 7.8 折算。

表 7.8　　土方体积折算系数

天然密实度土方	虚方土方	夯实后土方	松填土方
0.77	1.00	0.67	0.83
1.00	1.30	1.30	1.08
1.15	1.50	1.00	1.25
0.92	1.20	0.80	1.00

4. 冻土开挖

“冻土开挖”项目是指永久性的冻土和季节性冻土的开挖，工程勘探有一定的冻土开挖，应予以单独列项。

(1) 项目包括冻土厚度、弃土运距。

（2）工程量计算规则：按设计图示尺寸开挖面积乘以厚度以体积计算。

5. 挖淤泥、流沙

（1）在工程地质资料中标有淤泥、流沙时，应将淤泥、流沙单独列项。现场挖方出现淤泥、流沙时，可根据实际情况由发包人与承包人双方现场确认。

（2）工程内容包括挖、运淤泥、流沙。如按地质资料预先列项的，应在清单中描述挖掘深度和弃运淤泥、流沙的距离。在淤泥、流沙开挖过程中发生的相应措施，应在措施项目清单列项。

（3）工程量计算规则：应依据地质资料，按设计图示位置，界限的范围以体积“m^3”计算。如为挖方过程中出现的，应由承包人与发包人双方现场计量确认，作为工程计价依据资料。

6. 管沟土方

（1）管沟土方项目适用于管道（给排水、工业、电力、通信）、光（电）缆沟［包括人（手）孔、接口坑］及连接井（检查井）等。

（2）管沟土方工程内容一般包括：排地表水、土方开挖、挡土板支拆（设计或招标人对现场有具体要求时）、土方运输、管沟土方回填。

（3）项目特征：土壤类别；管外径；挖沟平均深度；弃土运距；沟内回填要求及非直埋管道的基础（或垫层）的类型、宽度、厚度等予以描述。

（4）采用多管同一管沟埋设时，管间距离必须符合有关规范的要求，并在清单中予以描述。

（5）有管沟设计时，平均深度以沟垫层底表面标高至交付施工场地标高计算；无管沟设计时，直埋管深度应按管底外表面标高至交付施工场地标高的平均高度计算。如有变坡时，应分段列项或加权平均计算管沟深度。

7. 编制注意事项

（1）挖土应按自然地面测量标高至设计地坪标高的平均厚度确定。竖向土方、山坡切土开挖深度应按基础垫层底表面标高至交付施工现场地标高确定，无交付施工场地标高时，应按自然地面标高确定。

（2）建筑物场地厚度≤±300mm 的挖、填、运、找平，应按表 7.3 中平整场地项目编码列项。厚度＞±300mm 的竖向布置挖土或山坡切土应按表 7.3 中挖一般土方项目编码列项。

（3）沟槽、基坑、一般土方的划分为：底宽≤7m、底长＞3 倍底宽为沟槽；底长≤3 倍底宽、底面积≤150m^2 为基坑；超出上述范围则为一般土方。

（4）挖土方如需截桩头时，应按桩基工程相关项目编码列项。

（5）弃、取土运距可以不描述，但应注明由投标人根据施工现场实际情况自行考虑，决定报价。

（6）桩间挖土方工程量不扣除桩所占体积。在项目特征中予以描述。

（7）“土方工程”和“石方工程”中除“挖淤泥、流沙”清单项目（编码：010101006）的“运输”包括场内、外运输外，其余清单项目均为场内运输。

【例 7.1】 如图 7.1 所示某房屋工程基础平面及断面，已知：基底土质均衡，为二类土，地下水位标高为－1.1m，土方含水率 30%；室外地坪设计标高－0.15m，交付施工的地坪标高－0.3m，基础土方采用机械开挖，基坑回填后余土弃运 10km。试编制基础土方工程分部分项工程量清单。

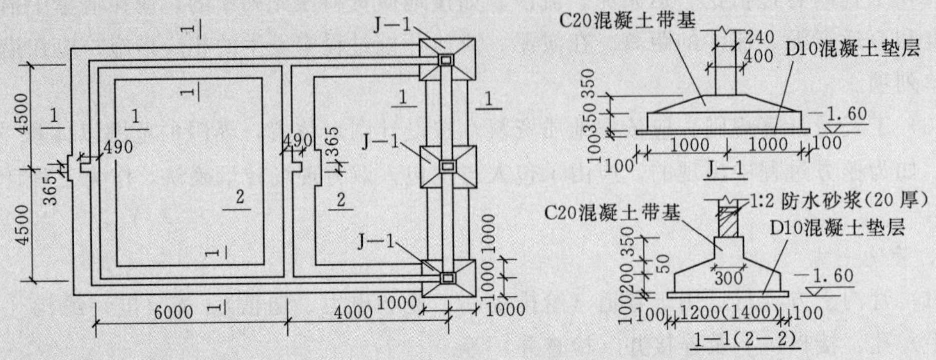

图 7.1 ［例 7.1］图（尺寸单位：mm；高程单位：m）

解： 本工程基础槽坑开挖的基础类型有 1—1、2—2 和 J—1 三种，应分别列项。

工程量计算：未明确放坡系数及工作面。根据规范规定，挖土深度 $H=1.6-0.3=1.3$（m），其中湿土挖土深度为 $H=1.6-1.1=0.5(\mathrm{m})$。

二类土挖土深大于 1.2m，机械坑内作业放坡系数 $K=0.33$，混凝土垫层工作面 $C=0.3\mathrm{m}$。

（1）1—1 断面挖土施工工程量：

$$L=(10+9)\times2-1.1\times6+0.38=31.78(\mathrm{m})$$

其中 0.38 是砖垛折加长度。

$$V=31.78\times(1.4+0.3\times2+1.3\times0.33)\times1.3=100.35(\mathrm{m}^3)$$

其中 湿土 $V=31.78\times(1.4+0.3\times2+0.5\times0.33)\times0.5=34.40(\mathrm{m}^3)$

干土 $V=100.35-34.40=65.95(\mathrm{m}^3)$

（2）2—2 断面挖土施工工程量：

$$L=9-0.7\times2+0.38=7.98(\mathrm{m})$$

$$V=7.98\times(1.6+0.3\times2+1.3\times0.33)\times1.3=27.27(\mathrm{m}^3)$$

其中 湿土 $V=7.98\times(1.6+0.3\times2+0.5\times0.33)\times0.5=9.44(\mathrm{m}^3)$

（3）J—1 挖土施工工程量：

$V=[(2.2+0.6+1.3\times0.33)\times(2.2+0.6+1.3\times0.33)\times1.3+0.33^2\times1.3^3]\times3$
$=40.90(\mathrm{m}^3)$

湿土 $V=[(2.2+0.6+0.5\times0.33)^2\times0.5+0.0045]\times3=13.20(\mathrm{m}^3)$

干土 $V=40.90-13.20=27.7(\mathrm{m}^3)$

余土外运：弃土外运工程量为基槽坑内埋入体积数量（按机械挖土、汽车运土考虑，回填后余土不考虑湿土因素）。

假设：1—1 断面 $V=26.6\text{m}^3$、2—2 断面 $V=6.2\text{m}^3$；J—1 基础 $V=8.3\text{m}^3$。

则 1—1 断面：　$V_{填}=100.35-26.6=73.75(\text{m}^3)$

$V_{余}=100.35-73.75\times1.15=15.54(\text{m}^3)$

2—2 断面：　$V_{填}=27.27-6.2=21.07(\text{m}^3)$

$V_{余}=27.27-21.07\times1.15=3.04(\text{m}^3)$

J—1 断面：　$V_{填}=40.90-8.3=32.60(\text{m}^3)$

$V_{余}=40.90-32.60\times1.15=3.41(\text{m}^3)$

根据工程量清单格式，编制该基础土方开挖工程量清单见表 7.9。

表 7.9　**分部分项工程量清单**

序号	项目编号	项目名称	项　目　特　征	计量单位	工程数量
1	010101003001	挖沟槽土方	机械挖二类土，1—1 有梁式钢筋混凝土墙基，基底垫层宽度 1.4m，开挖深度 1.3m，湿土深度 0.5m，基槽长 31.78m，土方含水率 30%	m^3	100.35
2	010101003002	挖沟槽土方	机械挖二类土，2—2 有梁式钢筋混凝土墙基，基底垫层宽度 1.6m，开挖深度 1.3m，湿土深度 0.5m，基槽长 7.98m，土方含水率 30%	m^3	27.27
3	010101004001	挖基坑土方	机械挖二类土，J—1 钢筋混凝土柱基，基底垫层面积 2.2m×2.2m，开挖深度 1.3m，湿土深度 0.5m，土方含水率 30%	m^3	40.90
4	010103001001	回填方	就地回填，夯实机夯实	m^3	127.42
5	010103002001	余方弃置	土方外运按陆域运输 10km，土方处置费按陆域	m^3	21.99

【例 7.2】 根据提供工程条件和例 7.1 清单及拟定的机械挖土施工方案，按照 2018 版浙江省预算定额计算工程挖 1—1 断面基槽土方、余方弃置综合单价。假设当地当时一类人工市场价 160 元/工日，机械价格指数为 19%；企业管理费为人工费及机械费之和的 15%，利润为人工费及机械费之和的 10%，计算挖土综合单价（机械价格指数纳入企业管理费、利润的取费基数）。

解： 挖深大于 1.3m，机械坑内挖二类土，放坡系数 $K=0.33$，混凝土垫层工作面 $C=0.3\text{m}$，其中湿土 $H=0.5\text{m}$。

（1）1—1 断面挖土施工工程量：

$$L=31.78(\text{m})$$

$$V=31.78\times(1.4+0.3\times2+1.3\times0.33)\times1.3=100.35(\text{m}^3)$$

其中：湿土 $V=31.78\times(1.4+0.3\times2+0.5\times0.33)\times0.5=34.40(\text{m}^3)$

干土 $V=100.35-34.40=65.95(m^3)$

(2) 套用定额，计算 1—1 断面挖沟槽土方综合单价。

1) 机械挖地槽坑二类干土套定额 1-23：

人工费=1.348×160=215.68×65.95=142.24(元)

机械费=264.54×(1+19%)=314.8×65.95=207.61(元)

2) 机械挖地槽坑二类湿土套定额 1-23 换：

人工费=215.68×1.15=248.03×34.4=85.32(元)

机械费=314.8×1.15=362.02×34.4=124.53(元)

3) 企管费+利润=(人工费+机械费)×费率

=(142.24+85.32+207.61+124.53)×(15+10)%

=559.7×25%=139.93(元)

4) 合计：人工费+机械费+材料费+企管费+利润=559.7+139.93=699.63(元)

综合单价=699.63/100.35=6.97(元/m³)

(3) 列表格计算挖 1—1 断面基槽综合单价，见表 7.10。

表 7.10　分部分项工程量清单综合单价计算表

项目编码（定额编码）	清单（定额）项目名称	计量单位	数量	综合单价/元					
				人工费	材料（设备）费	机械费	管理费	利润	小计
	0101 土石方工程								
010101003001	挖沟槽土方	m³	100.35	2.27		3.31	0.84	0.56	6.98
1-23	挖掘机挖槽坑土方装车一类、二类土	100m³	0.6595	215.68		314.80	79.57	53.05	663.10
1-23 换	挖掘机挖槽坑土方装车一类、二类土含水率超过 25%	100m³	0.344	248.03		362.02	91.51	61.01	762.57

(4) 列表格计算挖 1—1 断面基槽土方综合单价工料机分析，见表 7.11。

表 7.11　1—1 断面基槽土方综合单价工料机分析表

项目编号	010101003001		项目名称		计量单位	m³
清单综合单价组成明细						
序号	名称及规格		单位	数量	单价/元	合价/元
1	人工	一类人工	工日	0.0142	160.00	2.27
	人工费小计					2.27
2	材料					
	材料（工程设备）费小计					
3	机械	履带式单斗液压挖掘机 1m³	台班	0.0034	914.79	3.07
		履带式推土机 90kW	台班	0.0003	717.68	0.24
	机械费小计					3.31

续表

序号	名称及规格	单位	数量	单价/元	合价/元
4	工料机费用合计（1+2+3）				5.58
5	管理费（计费基数×费率）				0.84
6	利润（计费基数×费率）				0.56
7	综合单价（4+5+6）				6.98

【例 7.3】 假设当地当时一类人工市场价为 160 元/工日，机械价格指数为 19%；企业管理费为定额人工费及定额机械费之和的 15%，利润为定额人工费及定额机械费之和 10%。招标人按照 2018 版浙江省预算定额计算 1—1 断面挖沟槽土方综合单价。

解：套用定额，计算 1—1 断面挖沟槽土方综合单价。

（1）机械挖地槽坑二类干土套定额 1-23：

$$人工费=1.348\times160=215.68(元/100m^3)$$

$$定额人工费=168.50(元/100m^3)$$

$$机械费=264.54\times(1+19\%)=314.8(元/100m^3)$$

$$定额机械费=264.54(元/100m^3)$$

（2）机械挖地槽坑二类湿土套定额 1-23 换：

$$人工费=215.68\times1.15=248.03(元/100m^3)$$

$$定额人工费=168.50\times1.15=193.78(元/100m^3)$$

$$机械费=314.8\times1.15=362.02(元/100m^3)$$

$$定额机械费=264.54\times1.15=304.22(元/100m^3)$$

（3）列表格计算挖 1—1 断面基槽综合单价，见表 7.12。

表 7.12　分部分项工程量清单综合单价计算表

项目编码（定额编码）	清单（定额）项目名称	计量单位	数量	综合单价/元					
				人工费	材料（设备）费	机械费	管理费	利润	小计
010101003001	挖沟槽土方	m^3	100.35	2.27		3.31	0.63	0.42	6.63
1-23	挖掘机挖槽坑土方装车一类、二类土	$100m^3$	0.6595	215.68		314.80	64.96	43.30	421.25
1-23 换	挖掘机挖槽坑土方装车一类、二类土含水率超过 25%	$100m^3$	0.344	248.03		362.02	59.70	39.80	224.09

注　1. 管理费、利润=(定额人工费+ 定额机械费)×费率；
2. 套定额 1-23，管理费=(168.5+264.54)×15%=64.96(元)，利润=(168.5+264.54)×10%=43.30(元)；
3. 套定额 1-29H，管理费=(193.78+204.22)×15%=59.70(元)，利润=(193.78+204.22)×10%=39.8(元)。

7.4.1.2　土石方回填

1. 工程量清单项目及工程量计算规则（表 7.13）

土石方回填包括就地回填、场内土方回填、场外借土回填以及场内余土弃置，清单编制时，应结合工程现场情况，考虑适当内容予以列项。不适用于管沟土石方开挖、回填。

2. 编制注意事项

（1）填方密实度，在无特殊要求情况下，项目特征可描述为满足设计和规范的要求。

表 7.13　　　　土石方回填（编码：010103）

项目编码	项目名称	项目	计量单位	工程量计算规则	工程内容
010103001	回填方	1. 密实度要求； 2. 填方材料品种； 3. 填方粒径要求； 4. 填方来源、运距	m^3	按设计图示尺寸以体积计算： 1. 场地回填：回填面积乘以平均回填厚度； 2. 室内回填：主墙间净面积乘以回填厚度，不扣除间隔墙； 3. 基础回填：按挖方清单项目工程量减去自然地坪以下埋设的基础体积（包括基础垫层及其他构筑物）	1. 运输； 2. 回填； 3. 压实
010103002	余方弃置	1. 废弃料品种； 2. 运距	m^3	按挖方清单项目工程量减利用回填方体积（正数）计算	余方点装料运输至弃置点

（2）填方材料品种可以不描述，但应注明由投标人根据设计要求验方后方可填入，并符合相关工程的质量规范要求。

（3）填方粒径要求，在无特殊要求情况下，项目特征可以不描述。

（4）如需买土回填应在项目特征填方来源中描述，并注明买土方数量。

（5）其他。

1）土石方回填，适用于场地回填、室内回填和基槽、坑回填，并包括指定范围内的运输、借土回填的土石方开挖。

2）“指定范围内的运输”是指由招标人指定的弃土或取土地点的距离，如招标文件规定由投标人自行确定弃土或取土地点时，此条件不必在清单中描述。

3）因地质情况变化或设计变更引起的土石方工程量的变更，由业主与承包人双方现场确认，依据合同条件进行调整。

4）招标人在编制土石方开挖工程量清单时一般不列施工方法（有特殊要求的除外），招标人确定工程数量即可。如招标文件对土石方开挖有特殊要求的，在编制工程量清单时，可规定施工方法。

5）对于同类但不同规格基底尺寸，不同开挖深度的基槽坑土（石）方工程，虽然计价人可能套用同一个定额子目进行计价，但由于规格尺寸不同，其放坡、工作面增加开挖的含量也就不同，因而应将不同规格尺寸的基槽坑分别予以编码列项。

6）挡土板支拆如非设计或招标人根据现场具体情况要求而属于投标人自行采用的施

工方案，则清单项目特征中即不予描述。

7）深基础土石方开挖，设计文件中可能提示或要求采用支护结构，但到底用什么支护结构，是打预制混凝土桩、钢板桩、人工挖孔桩、地下连续墙，是否作水平支撑等，招标人应在措施项目清单中予以列项明示。

8）“回填方”清单项目中的“运输”包括场内、外运输，具体是场内运输还是场外运输应根据施工组织设计确定，并计入相应综合单价。

7.4.2 附录 B：地基处理与边坡支护工程

地基处理与边坡支护工程包括 B.1 地基处理、B.2 基坑与边坡支护 2 部分共 28 个项目。工程量清单编制应该按照设计图纸、工程地质资料、工程现场施工条件等为依据进行列项编制。

1. 地基处理

（1）工程量清单项目设置、项目调特征描述、计量单位，工程量计算规则见表 7.14。

表 7.14　　地基处理 B.1（编号：010201）

项目编码	项目名称	项目特征	计量单位	工程量计算规则	工作内容
010201001	换填垫层	1. 材料种类及配比； 2. 压实系数； 3. 掺加剂品种	m^3	按设计图示尺寸以体积计算	1. 分层铺填； 2. 碾压、振密或夯实； 3. 材料运输
010201002	铺设土工合成材料	1. 部位； 2. 品种； 3. 规格	m^2	按设计图示尺寸以面积计算	1. 挖填锚固沟； 2. 铺设； 3. 固定； 4. 运输
010201003	预压地基	1. 排水竖井种类、断面尺寸、排列方式、间距、深度； 2. 预压方法； 3. 预压荷载、时间； 4. 砂垫层厚度	m^3	按设计图示处理范围以面积计算	1. 设置排水竖井、盲沟、滤水管； 2. 铺设砂垫层、密封膜； 3. 堆载、卸载或抽气设备安拆、抽真空； 4. 材料运输
010201004	强夯地基	1. 夯击能量； 2. 夯击遍数； 3. 夯击点布置形式、间距； 4. 地耐力要求； 5. 夯填材料种类			1. 铺设夯填材料； 2. 强夯； 3. 夯填材料运输
010201005	振冲密实（不填料）	1. 地层情况； 2. 振密深度； 3. 孔距			1. 振冲加密； 2. 泥浆运输

续表

项目编码	项目名称	项目特征	计量单位	工程量计算规则	工作内容
010201006	振冲桩（填料）	1. 地层情况； 2. 空桩长度、桩长； 3. 桩径； 4. 填充材料种类	m； m^3	1. 以“m”计量，按设计图示尺寸以桩长计算； 2. 以“m^3”计量，按设计桩截面乘以桩长以体积计算	1. 振冲成孔、填料、振实； 2. 材料运输； 3. 泥浆运输
010201007	砂石桩	1. 地层情况； 2. 空桩长度、桩长； 3. 桩径； 4. 成孔方法； 5. 材料种类、级配		1. 以“m”计量，按设计图示尺寸以桩长（包括桩尖）计算； 2. 以“m^3”计量，按设计桩截面乘以桩长（包括桩尖）以体积计算	1. 成孔； 2. 填充、振实； 3. 材料运输
010201008	水泥粉煤灰碎石桩	1. 地层情况； 2. 空桩长度、桩长； 3. 桩径； 4. 成孔方法； 5. 混合材料强度等级	m	按设计图示尺寸以桩长（包括桩尖）计算	1. 成孔； 2. 混合料制作、灌注、养护； 3. 材料运输
010201009	深层搅拌桩	1. 地层情况； 2. 空桩长度、桩长； 3. 桩截面尺寸； 4. 水泥强度等级、掺量		按设计图示尺寸以桩长计算	1. 预搅下钻、水泥浆制作、喷浆搅拌提升成桩； 2. 材料运输
010201010	粉喷桩	1. 地层情况； 2. 空桩长度、桩长； 3. 桩径； 4. 粉体种类、掺量； 5. 水泥强度等级、石灰粉要求			1. 预搅下钻、喷粉搅拌提升成桩； 2. 材料运输
010201011	夯实水泥土桩	1. 地层情况； 2. 空桩长度、桩长； 3. 桩径； 4. 成孔方法； 5. 水泥强度等级； 6. 混合料配比		按设计图示尺寸以桩长（包括桩尖）计算	1. 成孔； 2. 水泥土拌和、填料、夯实； 3. 材料运输

续表

<table>
<tr><th>项目编码</th><th>项目名称</th><th>项目特征</th><th>计量单位</th><th>工程量计算规则</th><th>工作内容</th></tr>
<tr><td>010201012</td><td>高压喷射注浆桩</td><td>1. 地层情况；
2. 空桩长度、桩长；
3. 桩截面；
4. 注浆类型、方法；
5. 水泥强度等级</td><td rowspan="4">m</td><td>按设计图示尺寸以桩长计算</td><td>1. 成孔；
2. 水泥浆制作、高压喷射注浆；
3. 材料运输</td></tr>
<tr><td>010201013</td><td>石灰桩</td><td>1. 地层情况；
2. 空桩长度、桩长；
3. 桩径；
4. 成孔方法；
5. 参和料种类、配合比</td><td rowspan="2">按设计图示尺寸以桩长（包括桩尖）计算</td><td>1. 成孔；
2. 混合料制作、运输、夯实</td></tr>
<tr><td>010201014</td><td>灰土（土）挤密桩</td><td>1. 地层情况；
2. 空桩长度、桩长；
3. 桩径；
4. 成孔方法；
5. 灰土级配</td><td>1. 成孔；
2. 灰土拌和、运输、填充、夯实</td></tr>
<tr><td>010201015</td><td>柱锤冲扩桩</td><td>1. 地层情况；
2. 空桩长度、桩长、桩径；
4. 成孔方法；
5. 桩体材料种类、配比</td><td>按设计图示尺寸以桩长计算</td><td>1. 按拔套管；
2. 冲孔、填料、夯实；
3. 桩体材料制作、运输</td></tr>
<tr><td>010201016</td><td>注浆地基</td><td>1. 地层情况；
2. 空钻深度、注浆深度；
3. 注浆间距；
4. 浆液种类及配比；
5. 注浆方法；
6. 水泥强度等级</td><td>m；
m^3</td><td>1. 以“m”计量，按设计图示尺寸以钻孔深度计算；
2. 按设计图示尺寸以加固体积计算</td><td>1. 成孔；
2. 注浆导管制作、安装；
3. 浆液制作、压浆；
4. 材料运输</td></tr>
<tr><td>010201017</td><td>褥垫层</td><td>1. 厚度；
2. 材料品种及比例</td><td>m^2</td><td>以“m^2”计量，按设计图示尺寸以铺设面积计算</td><td>材料拌和、运输、铺设、压实</td></tr>
</table>

（2）计算说明。

1）地层情况按《房屋建筑与装饰工程工程量计算规范》（GB 50854—2013）中的表A.1－1和表A.2－1的规定，并根据岩土工程勘察报告按单位工程各地层所占比例（包括范围值）进行描述。对无法准确描述的地层情况，可注明由投标人根据岩土工程勘察报告自行决定报价。

2）项目特征中的桩长应包括桩尖，空桩长度＝孔深－桩长，孔深为自然地面至设计桩底的深度。

3）高压喷射注浆类型包括旋喷、摆喷，高压喷射注浆方法包括单管法、双重管法、三重管法。

4）如采用泥浆护壁成孔，工作内容包括土方、废泥浆外运，如采用沉管灌注成孔，工作内容包括桩尖制作、安装。

【例 7.4】 某地下室基坑围护工程分部分项工程量清单见表 7.15，假设当地当时信息价为：二类人工 177 元/工日，R42.5 标号水泥 0.40 元/kg，水 5.95 元/m^3，企业管理费为人工费及机械费之和的 13.49%、利润为人工费及机械费之和的 7.63%；投标时人、材、机按 5.37%下浮。按照本定额计算该清单项目投标报价。

表 7.15　工程分部分项工程量清单

项目编码	项目名称	项 目 特 征	计量单位	工程量
10201009001	深层搅拌桩	1. 地层情况：由投标人根据岩土工程勘测报告自行决定，原地坪相对标高按−0.8m； 2. 空桩长度：1.8m、桩长 6m（包含加灌长度）； 3. 桩截面尺寸：双轴 700@500，桩间搭接 200mm； 4. 喷射材料：喷浆； 5. 水泥强度等级：普通 42.5R 级水泥、掺量：水泥掺入量为土重 15%	m	192

解：（1）工程量计算。

1）双头喷浆深层水泥搅拌桩工程量＝0.7×0.7×3.14÷4×192×2＝147.78(m^3)

2）空搅部分工程量＝0.7×0.7×3.14÷4×1.8×32×2＝44.31(m^3)

（2）综合单价计算。

1）双头喷浆水泥掺入量为土重的 15%，套定额 2-31：

人工费＝1.414×177×(1−5.37%)＝23.68(元/m^3)

材料费＝(236.3×0.40×15%/13%＋0.32×5.95＋1.5)×(1−5.37%)
＝106.43(元/m^3)

机械费＝(591.04×0.0228＋914.79×0.0115＋154.97×0.0466
＋55.46×0.0228＋29.31×0.0228)×(1−5.37%)＝31.37(元/m^3)

企业管理费＝(人工费＋机械费)×13.49%
＝(23.68＋31.37)×13.49%＝7.43(元/m^3)

利润＝(人工费＋机械费)×7.63%＝(23.68＋31.37)×7.63%＝4.20(元/m^3)

2）双头喷浆空搅部分套定额 2-31：

3）人工费＝1.414×177×(1−5.37%)×0.5＝11.84(元/m^3)

机械费＝591.04×0.0228×(1−5.37%)×0.5＝6.38(元/m^3)

企业管理费＝(11.84＋6.38)×13.49%＝2.46(元/m^3)

利润＝(11.84＋6.38)×7.63%＝1.39(元/m^3)

（3）综合单价计算见表 7.16，综合单价为 138.32 元/m。

表 7.16　　深层水泥搅拌桩综合单价计算表

编码	名称	计量单位	数量	综合单价/元						
				人工费	材料费	机械费	管理费	利润	风险费用	小计
010201009001	深层搅拌桩	m	192	20.96	81.91	25.62	6.28	3.55		138.32
2-31换	双头喷浆深层水泥搅拌桩水泥掺量15%	m^3	147.78	23.68	106.43	31.374	7.43	4.20		1731.08
2-31换	双头喷浆深层水泥搅拌桩深层水泥搅拌桩空搅部分	m^3	44.31	11.84		6.38	2.46	1.39		220.66

2. 基坑与边坡支护

(1) 工程量清单项目设置、项目调特征描述、计量单位，工程量计算规则见表 7.17。

表 7.17　　基坑与边坡支护（编码：010202）

项目编码	项目名称	项目特征	计量单位	工程量计算规则	工作内容
010202001	地下连续墙	1. 地层情况； 2. 导墙类型、截面； 3. 墙体厚度； 4. 成槽深度； 5. 混凝土种类、强度等级； 6. 接头形式	m^3	按设计图示墙中心线长乘以厚度乘以槽深以体积计算	1. 导墙挖填、制作、安装、拆除； 2. 挖土成槽、固壁、清底置换； 3. 混凝土制作、运输、灌注、养护；接头处理； 4. 土方、废泥浆外运； 5. 打桩场地硬化及泥浆池、泥浆沟
010202002	咬合灌注桩	1. 地层情况； 2. 桩长； 3. 桩径； 4. 混凝土种类、强度等级； 5. 部位	m；根	1. 以“m”计量，按设计图示尺寸以桩长计算； 2. 以“根”计量，按设计图示数量计算	1. 成孔、固壁； 2. 混凝土制作、运输、灌注、养护； 3. 套管压拔； 4. 土方、废泥浆外运； 5. 打桩场地硬化及泥浆池、泥浆沟
010202003	圆木桩	1. 地层情况； 2. 桩长； 3. 材质； 4. 尾径； 5. 桩倾斜度		1. 以“m”计量，按设计图示尺寸以桩长（包括桩尖）计算 2. 以“根”计量，按设计图示数量计算	1. 工作平台搭拆； 2. 桩机移位； 3. 桩靴安装； 4. 沉桩
010202004	预制钢筋混凝土板桩	1. 地层情况； 2. 送桩深度、桩长； 3. 桩截面积； 4. 成孔方法； 5. 连接方式； 6. 混凝土强度等级			1. 工作平台搭拆； 2. 桩机移位； 3. 沉桩； 4. 板桩连接

续表

项目编码	项目名称	项目特征	计量单位	工程量计算规则	工作内容
010202005	型钢桩	1. 地层情况或部位； 2. 送桩深度、桩长； 3. 规格型号； 4. 桩倾斜度； 5. 防护材料种类； 6. 是否拔出	t； 根	1. 以"t"计量，按设计图示尺寸以质量计算； 2. 以"根"计量，按设计图示数量计算	1. 工作平台搭拆； 2. 桩机移位； 3. 打（拔）桩； 4. 接桩； 5. 刷防护材料
010202006	钢板桩	1. 地层情况； 2. 桩长； 3. 板桩厚度	t； m^2	1. 以"t"计量，以设计图示尺寸以质量计算； 2. 以"m^2"计量，按设计图示墙中心线×桩长	1. 工作平台搭拆； 2. 桩机移位； 3. 打拔钢板桩
010202007	锚杆（锚索）	1. 地层情况； 2. 锚杆(索)类型、部位； 3. 钻孔深度； 4. 钻孔直径； 5. 杆体材料品种、规格、数量； 6. 预应力； 7. 浆液种类、强度	m； 根	1. 以"m"计量，按设计图示尺寸以钻孔深度计算； 2. 以"根"计量，按设计图示数量计算	1. 钻孔、浆液制作、运输、压浆； 2. 锚杆（锚索）制作、安装； 3. 张拉锚固； 4. 锚杆（锚索）施工平台搭设、拆除
010202008	土钉	1. 地层情况； 2. 钻孔深度； 3. 钻孔直径； 4. 置入方法； 5. 杆体材料品种、规格、数量； 6. 浆液种类、强度等级	m； 根	1. 以"m"计量，按设计图示尺寸以钻孔深度计算； 2. 以"根"计量，按设计图示数量计算	1. 钻孔、浆液制作、运输、压浆； 2. 土钉制作、安装； 3. 土钉施工平台搭设、拆除
010202009	喷射混凝土、水泥砂浆	1. 部位； 2. 厚度； 3. 材料种类； 4. 混凝土（砂浆）类别、强度等级	m^2	按设计图示尺寸以面积计算	1. 修整边坡混凝土（砂浆）制作、运输、喷射、养护； 2. 钻排水孔、安装排水管； 3. 喷射施工平台搭设、拆除
010202010	钢筋混凝土支撑	1. 部位； 2. 混凝土种类； 3. 混凝土强度等级	m^3	按设计图示尺寸以体积计算	1. 支架或支撑制作、安装、拆除、堆放、运输及清理模内杂物、刷隔离剂等； 2. 混凝土制作、运输、浇筑、振捣、养护
010202011	钢支撑	1. 部位； 2. 钢材品种、规格； 3. 探伤要求	t	按设计图示尺寸以质量计算。不扣除孔眼质量，焊条、铆钉、螺栓等不另增加质量	1. 支撑、铁件制作（摊销、租赁）； 2. 支撑、铁件安装； 3. 探伤、刷漆、拆除； 4. 运输

(2) 编制注意事项。

1) 地层情况按《房屋建筑与装饰工程工程量计算规范》(GB 50854—2013) 中的表A.1-1和表A.2-1的规定，并根据岩土工程勘察报告按单位工程各地层所占比例（包括范围值）进行描述。对无法准确描述的地层情况，可注明由投标人根据岩土工程勘察报告自行决定报价。

2) 土钉置入方法包括钻孔置入、打入或射入等。

3) 混凝土种类：指清水混凝土等，如在同一地区既使用预拌（商品）混凝土，又允许现场搅拌混凝土时，也应注明。

4) 地下连续墙和喷射混凝土（砂浆）的钢筋网、咬合灌注桩的钢筋笼及钢筋混凝土支撑的钢筋制作、安装，按附录E中相关项目列项。本分部未列的基坑与边坡支护的排桩按附录C中相关项目列项。水泥土墙、坑内加固按表B.1中相关项目列项。砖、石挡土墙、护坡按附录D中相关项目列项。混凝土挡土墙按附录E中相关项目列项。

【例7.5】 某地下室工程采用地下连续墙作基坑挡土和地下室外墙。设计墙身长度纵轴线80m两道、横轴线60m两道围成封闭状态，墙底标高−12m，墙顶标高−3.6m，自然地坪标高−0.6m，墙厚1000mm，C35混凝土浇捣；设计要求导墙采用C30混凝土浇筑，具体施工方案由施工方自行制定（根据地质资料已知导沟范围为三类土）；现场余土及泥浆必须外运5km处弃置。试计算该连续墙清单工程量及编制工程量清单。

解： (1) 计算清单工程数量。

$$连续墙长度=(80+60)\times 2=280(m)$$

$$成槽深度=12-0.6=11.4(m)$$

$$墙高=12-3.6=8.4(m)$$

$$V=280\times 11.4\times 1=3192.00(m^3)$$

(2) 所编列的清单见表7.18。

表7.18 **分部分项工程量清单**

序号	项目编号	项目名称	项 目 特 征	计量单位	工程数量
1	010202001001	地下连续墙	C35钢筋混凝土墙，成槽长度280m，深度11.4m，墙厚1m，墙底标高−12m，墙顶标高−3.6m，自然地坪标高−0.6m；C30素混凝土导墙浇捣；余土及泥浆外运5km	m^3	3192.00

7.4.3 附录C 桩基工程

桩基工程包括C.1打桩、C.2灌注桩2个部分共11个项目。

7.4.3.1 打桩

1. 打桩清单项目

包括预制钢筋混凝土方桩、预制钢筋混凝土管桩、钢管桩、截（凿）桩头4个项目，工程量清单项目及工程量计算规则按表7.19。

表 7.19　　　　打桩（编号：010301）

<table>
<tr><th>项目编码</th><th>项目名称</th><th>项目特征</th><th>计量单位</th><th>工程量计算规则</th><th>工作内容</th></tr>
<tr><td>010301001</td><td>预制钢筋混凝土方桩</td><td>1. 地层情况；
2. 送桩深度、设计桩长；
3. 桩截面；
4. 桩倾斜度；
5. 沉桩方法；
6. 接桩方式；
7. 混凝土强度等级；
8. 空孔长度</td><td rowspan="2">m；
根；
m^3</td><td rowspan="2">1. 以“m”计量，按设计图示尺寸以桩长（包括桩尖）计算；
2. 以“m^3”计量，按设计桩截面乘以桩长（包括桩尖）以体积计算；
3. 以“根”计算，按设计图示数量计算</td><td>1. 桩制作、运输；
2. 打桩、试验桩、斜桩；
3. 送桩；
4. 管桩填充材料、刷防护材料；
5. 清理、运输</td></tr>
<tr><td>010301002</td><td>预制钢筋混凝土管桩</td><td>1. 地层情况；
2. 送桩深度、桩长；
3. 桩外径、壁厚；
4. 桩倾斜度；
5. 沉桩方法；
6. 桩尖类型；
7. 混凝土强度等级；
8. 填充材料种类；
9. 防护材料种类</td><td>1. 工作平台搭拆；
2. 桩机竖拆、移位；
3. 沉桩；
4. 接桩；
5. 送桩；
6. 桩尖制作安装；
7. 填充材料、刷防护材料</td></tr>
<tr><td>010301003</td><td>钢管桩</td><td>1. 地层情况；
2. 送桩深度、桩长；
3. 材质；
4. 管径、壁厚；
5. 桩倾斜度；
6. 沉桩方法；
7. 填充材料种类；
8. 防护材料种类；
9. 空孔回填材料</td><td>t；
根</td><td>1. 以“t”计量，按设计图示尺寸以质量计算；
2. 以“根”计算，按设计图示数量计算</td><td>1. 工作平台搭拆；
2. 桩机竖拆、移位；
3. 沉桩；
4. 接桩；
5. 送桩；
6. 切割钢管、精割盖帽；
7. 管内取土；
8. 填充材料、刷防护材料</td></tr>
<tr><td>010301004</td><td>截（凿）桩头</td><td>1. 桩类型；
2. 桩头截面、高度；
3. 混凝土强度等级；
4. 有无钢筋</td><td>m^3；
根</td><td>1. 以“m^3”计量，按设计桩截面乘以桩头长度以体积计算；
2. 以“根”计量，按设计图示数量计算</td><td>1. 截（切割）桩头；
2. 凿平；
3. 废料外运</td></tr>
</table>

2. 工程量清单编制注意事项

(1) 地层情况按表 7.5 规定，并根据岩土工程勘察报告按单位工程各地层所占比例（包括范围值）进行描述。对无法准确描述的地层情况，可注明由投标人根据岩土工程勘察报告自行决定报价。

(2) 项目特征中的桩截面、混凝土强度等级、桩类型等可直接用标准图代号或设计桩型进行描述。

1）预制钢筋混凝土桩的特征应按不同桩类工程内容并考虑涉及的计价因素进行描述。预制桩规格（断面、单节长度、总长度等）不同时，设计要求的试桩应按相应桩基础项目编码单独列项。

2）同一截面规格的桩长、桩顶标高不同的，以及现场自然地坪标高不一致的，应分别编码列项。

（3）打桩项目包括成品桩购置费，如果用现场预制桩，应包括现场预制的所有费用。

（4）打试验桩和打斜桩应按相应项目编码单独列项，并应在项目特征中注明试验桩或斜桩（斜率）。

（5）桩基础的承载力检测、桩身完整性检测等费用按国家相关取费标准单独计算，不在本清单项目中。

（6）预制钢筋混凝土管桩与承台连接构造按混凝土及钢筋混凝土有关项目编码列项。

（7）预制钢筋混凝土管桩以“m”计量，按设计图示尺寸以桩长（不包括桩尖）计算。

【例 7.6】 某工程 110 根 C60 预应力钢筋混凝土管桩，桩型 PC600（110）B，每根桩设计长 25m；桩顶灌注非泵送商品 C30 混凝土 1.5m；设计桩顶标高－3.5m，打桩前交付地坪标高为－0.45m，现场条件允许可以不发生场内运桩。按规范编制该工程管桩工程量清单及投标报价（设定施工方案：采用锤击方式，管桩市场价 240 元/m。除管桩外其他工料机价格按定额取定价考虑，市场价格增加幅度为人工费 10%、材料费 2%、机械费 5%；企业管理费、利润分别按为市场人工费、机械费之和的 12%、8%计算。其他风险不考虑）。

解：（1）本例桩基需要描述的工程内容和项目特征有：混凝土强度（C60）、桩制作工艺（预应力管桩）、截面尺寸（外径 $\phi 600$、内径 $\phi 400$）、数量（110 根）、单桩长度（25m），桩顶标高（－3.5m）、打桩前交付地坪标高（－0.45m）、桩顶构造（钢件及灌注 C30 混凝土高度）。

工程量计算：C60 预应力钢筋混凝土管桩　$L=110\times25=2750.00(\text{m})$

（2）所编列的清单见表 7.20。

表 7.20　　分部分项工程量清单

序号	项目编号	项目名称	项 目 特 征	计量单位	工程数量
1	010301002001	预制钢筋混凝土管桩	桩型 PC600（110）B 管桩，每根桩总长 25m，桩外径 $\phi 600$、壁厚 100mm；设计桩顶标高－3.5m，现场自然地坪标高为－0.45m，桩顶灌 C30 混凝土 1.5m	m	2750.00

（3）计算分部分项工程综合单价，根据 2018 定额规则计算工程量见表 7.21。

（4）预应力钢筋混凝土管桩投标报价计算。

1）锤击沉桩套定额 3－14：

$$人工费=6.7203\times1.1\times2750=20322.50(元)$$

$$材料费=(240\times1.01+2.710\times1.02)\times2750=674201.55(元)$$

表7.21　分部分项工程工程量计算表

序号	项目名称	工程量计算式	单位	工程量
1	打压管桩	110×25	m	2750
2	送桩	110×(3.5－0.45＋0.5)	m	390.5
3	桩顶灌芯	$110\times(0.6-0.2)^2\times3.14/4\times1.5$	m^3	20.73

机械费＝23.2624×1.05＝24.43×2750＝67170.18（元）

2）送桩套定额3－14：

人工费＝390.5×6.7203×(1＋10％)×1.37＝3951.86(元)

机械费＝390.5×0.01064×1689.46×1.05×1.376＝10098.33(元)

4）桩顶灌芯（现拌）套定额3－37：

人工费＝20.73×65.246×(1＋10％)＝148.78(元)

材料费＝20.73×443.794×(1＋2％)＝9383.58(元)

机械费＝20.73×0.204×(1＋5％)＝4.35(元)

5）投标报价：

∑(人工费＋机械费)＝20322.50＋67170.18＋3951.86＋10098.33＋148.78＋4.35
＝101696(元)

∑(材料费)＝674201.55＋ 9383.58＝683585.13(元)

企业管理费＋利润＝(人工费＋机械费)×(12％＋8％)＝101696×0.2
＝20339.20(元)

综合价＝∑(人工费＋机械费＋材料费＋企业管理费＋利润管理费)＝805620.33(元)

综合单价＝805620.33÷2750＝292.95(元/m)

【例7.7】 某工程预应力钢筋混凝土方桩，PS－AB400（220）－15，13，12a；46根；送桩深度为1.05m，沉桩方式采用静压，桩身混凝土强度等级C60混凝土、桩顶灌芯C30非泵送商品混凝土；桩接头及与承台连接大样详见2013浙G35图集。按规范编制该工程管桩工程量清单及按假定投标方案的综合单价［假定投标方案：二类人工177元/工日，PS－AB400（220）市场价158元/m，电焊条E43系列5.9元/kg，螺纹钢筋综合价3631元/t，圆钢、型钢综合价均为3850元/t，中厚钢板3800元/t，A型桩尖6800元/t；其他材料、机械单价按预算定额计取；企业管理费、利润按人工费与机械费之和为基数，费率分别为13.49％、7.63％计算；风险不考虑］。

解：（1）工程量计算根据规则可以以“m”计量，按设计图示尺寸以桩长计算：

预应力钢筋混凝土方桩　L＝(15＋13＋12)×46＝1840(m)

所编列的清单见表7.22。

（2）计算预应力钢筋混凝土方桩综合单价。

根据定额规则打、压预应力空心方桩套用打、压预应力管桩相应定额，计算工程量见表7.23。

表 7.22 分部分项工程量清单

编码	项目名称	项 目 特 征	计量单位	数量
010301001001	预制钢筋混凝土方桩	1. 单桩长度 40m、46 根； 2. PS-AB400 (220) -15，13，12a； 3. 送桩深度：1.05m 4. 沉桩方式：静压； 5. 桩尖类型：A 型桩尖； 6. 预应力钢筋混凝土方桩桩身 C60 混凝土、桩顶灌芯 C30 商品混凝土； 7. 桩接头及与承台连接大样详见 2013 浙 G35 图集	m	1840

表 7.23 预应力钢筋混凝土方桩按定额规则工程量计算表

序号	项目名称	工程量计算式	单位	工程量
1	预应力方桩	46×40	m	1840
2	送桩	46×1.05	m	48.3
3	桩顶灌芯	$46\times(0.22^2\times3.14/4)\times1.5$	m^3	4.63
4	预埋铁件	$46\times(0.22^2\times3.14/4)\times0.004\times7.85$	t	0.055
5	A 型桩尖	46×0.02	t	0.920

A 型桩尖工程量，依据 2013 浙 G35 图集第 23 页相关数据计算：

$$V=\left[\frac{\pi(0.3+2\times0.01)^2}{4}-\frac{\pi\times0.3^2}{4}\right]\times0.2+(0.03+0.045)\times0.1/2\times0.01\times8$$
$$=0.00255(m^3)$$

$$M=7.85\times0.00255=0.02(t)$$

1）静压沉桩套定额 3-17：

人工费＝2.828×177＝500.56(元/100m)

材料费＝201.78＋1.01×158＋(5.9－4.74)×12.4＝16174.16(元/100m)

机械费＝1435.06(元/100m)

2）静压送桩套定额 3-17：

人工费＝2.828×177×1.2＝600.67(元/100m)

机械费＝0.608×1873.85×1.2＝1367.16(元/100m)

3）桩顶灌芯套定额 3-37：

人工费＝4.833×177＝855.44(元/$10m^3$)

材料费＝4437.94＋(5.94－4.27)×3＝4442.98(元/$10m^3$)

机械费＝2.04(元/$10m^3$)

4）钢托板套定额 5-95：

人工费＝18.901×177＝3345.48(元/t)

材料费＝64×5.9＋0.555×3800＋0.101×38501＋0.152×3850＋0.202×3631＋110.17
＝4373.52(元/t)

机械费＝1742.26(元/t)

5）综合单价计算：

Σ(定额人工费＋定额机械费)＝(500.56＋1435.06)/100×1840＋(600.67＋1367.16)/100×48.3
＋(855.44＋2.04)/10×4.63＋(3345.48＋1742.26)×0.055
＝37242.71(元)

企业管理费＋利润＝(人工费＋机械费)×(13.49％＋7.63％)＝7865.66(元)

综合价＝Σ人工费＋机械费＋材料费＋企管＋利润
＝37242.71＋16174.16/100×1840＋4442.98/10×4.63
＋4373.52×0.055＋7865.66＋0.92×6800＝3515266.56(元)

综合单价＝3515266.56÷1840＝190.91(元/m)

6）列表计算预应力钢筋混凝土方桩综合单价计算表见表 7.24。

表 7.24　　分部分项工程综合单价计算表

项目编码（定额编码）	清单（定额）项目名称	计量单位	数量	综合单价/元					
				人工费	材料（设备）费	机械费	管理费	利润	小计
010301001001	预制钢筋混凝土方桩	m	1840	5.48	166.42	14.76	2.73	1.54	190.93
3-17	静压沉桩桩断面周长 1.6m 以内	100m	18.4	500.56	16174.16	1435.06	261.12	147.69	18518.59
3-17 换	静压沉桩桩断面周长 1.6m 以内送桩	100m	0.483	600.67		1367.16	265.46	150.15	2383.44
5-95	预埋铁件 25kg/块以内	t	0.055	3345.48	4373.52	1742.32	686.34	388.20	10535.86
3-37	填芯填混凝土非泵送商品混凝土 C30	$10m^3$	0.463	855.44	4442.98	2.04	115.67	65.43	5481.56
主材	A 型桩尖	t	0.92		6850.00				6850.00

7.4.3.2　灌注桩

1. 灌注桩清单项目

工程量清单分为泥浆护壁成孔灌注桩、沉管灌注桩、干作业成孔灌注桩、挖孔桩土（石）方、人工挖孔灌注桩、钻孔压浆桩、灌注桩后压浆 7 个项目。工程量清单项目设置、项目特征描述的内容、计量单位及工程量计算规则，详见表 7.25。

2. 清单编制注意事项

（1）地层情况按表 7.5 规定，并根据岩土工程勘察报告按单位工程各地层所占比例（包括范围值）进行描述。对无法准确描述的地层情况，可注明由投标人根据岩土工程勘察报告自行决定报价。

（2）项目特征中的桩长应包括桩尖，空桩长度＝孔深－桩长，孔深为自然地面至设计桩底的深度。

（3）项目特征中的桩截面（桩径）、混凝土强度等级、桩类型等可直接用标准图代号或设计桩型进行描述。

表 7.25　　　　灌注桩（编号：010302）

项目编码	项目名称	项目特征	计量单位	工程量计算规则	工作内容
010302001	泥浆护壁成孔灌注桩	1. 地层情况； 2. 空桩长度、桩长； 3. 桩径； 4. 成孔方法； 5. 护筒类型、长度； 6. 混凝土类别、强度等级	m； m^3； 根	1. 以“m”计量，按设计图示尺寸以桩长（包括桩尖）计算； 2. 以“m^3”计量，按不同截面在桩上范围内以体积计算； 3. 以“根”计量，按设计图示数量计算	1. 护筒埋设； 2. 成孔、固壁； 3. 混凝土制作、运输、灌注、养护； 4. 土方、废泥浆外运； 5. 打桩场地硬化及泥浆池、泥浆沟
010302002	沉管灌注桩后压浆	1. 地层情况； 2. 空桩长度、桩长； 3. 复打长度； 4. 桩径； 5. 沉管方法； 6. 桩尖类型； 7. 混凝土类别、强度等级			1. 打（沉）拔钢管； 2. 桩尖制作、安装； 3. 混凝土制作、运输、灌注、养护
010302003	干作业成孔灌注桩	1. 地层情况； 2. 空桩长度、桩长； 3. 桩径； 4. 扩孔直径、高度； 5. 成孔方法； 6. 混凝土类别、强度等级			1. 成孔、扩孔； 2. 混凝土制作、运输、灌注、振捣、养护
010302004	挖孔桩土（石）方	1. 土（石）类别； 2. 挖孔深度； 3. 弃土（石）运距	m^3	按设计图示尺寸截面积×挖孔深度，以“m^3”计算	1. 排地表水； 2. 挖土、凿石； 3. 基底钎探； 4. 运输
010302005	人工挖孔灌注桩	1. 桩芯长度； 2. 桩芯直径、扩底直径、扩底高度； 3. 护壁厚度、高度； 4. 护壁混凝土类别、强度； 5. 桩芯混凝土类别、强度	m^3； 根	1. 以“m^3”计量，按桩芯混凝土体积计算； 2. 以“根”计量，按设计图示数量计算	1. 护壁制作； 2. 混凝土制作、运输、灌注、振捣、养护
010302006	钻孔压浆桩	1. 地层情况； 2. 空钻长度、桩长； 3. 钻孔直径； 4. 水泥强度等级	m； 根	1. 以“m”计量，按设计图示尺寸以桩长计算； 2. 以“根”计量，按设计图示数量计算	钻孔、下注浆管、投放骨料、浆液制作、运输、压浆

续表

项目编码	项目名称	项目特征	计量单位	工程量计算规则	工作内容
010302007	灌注桩后压浆	1. 注浆导管材料、规格； 2. 注浆导管长度； 3. 单孔注浆量； 4. 水泥强度等级	孔	按设计图示以注浆孔数计算	1. 注浆导管制作、安装； 2. 浆液制作、运输、压浆

(4) 泥浆护壁成孔灌注桩是指在泥浆护壁条件下成孔，采用水下灌注混凝土的桩。其成孔方法包括冲击钻、冲抓锥、回旋钻、潜水钻、泥浆护壁的旋挖成孔等。

(5) 沉管灌注桩的沉管方法包括捶击、振动沉、振动冲击、内夯沉管法等。

(6) 干作业成孔灌注桩是指不用泥浆护壁和套管护壁的情况下，用钻机成孔后，下钢筋笼，灌注混凝土的桩，适用于地下水位以上的土层。其成孔方法包括螺旋钻成孔、螺旋钻成孔扩底、干作业的旋挖成孔等。

(7) 桩基础的承载力检测、桩身完整性检测等费用按国家相关取费标准单独计算，不在本清单项目中。

(8) 混凝土灌注桩的钢筋笼制作、安装，按混凝土及钢筋混凝土有关项目编码列项。

(9) 其他。

1) 各类沉管灌注桩使用预制钢筋混凝土桩尖时，应在项目清单中予以注明。

2) 灌注桩的加灌长度不计算在清单工程量中，设计有要求的，清单项目特征中予以描述，设计无要求的，由计价人自行确定。

3) 设计如对人工挖孔桩的护壁有具体设计内容的，应在清单中明确描述其相应内容及其特征。如需桩孔土方运出现场时，清单中应予明确。

4) 同一截面规格的桩长、桩顶标高不同的，以及现场自然地坪标高不一致的，应分别编码列项。

5) 各种桩（除预制钢筋混凝土桩）的充盈量，应包括在报价内。爆扩桩扩大头的混凝土量，应包括在报价内及灌注桩的预制桩头钢筋等。

6) 现场灌注桩如要求采用商品混凝土浇灌的，可以在工程清单编制说明中统一明示，不需要在清单项目中一一描述。

【例 7.8】 某工程采用 C30 钻孔灌注桩 80 根，设计桩径 1200mm，桩底标高 −49.8m，桩顶设计标高 −4.8m，现场自然地坪标高为 −0.45m，设计规定加灌长度 1.5m；桩孔回填按人工就地回填土松填考虑；废弃泥浆要求外运 5km 处。

(1) 试计算该桩基清单工程量，编制项目清单。

(2) 经计价人确定商品水下非泵送混凝土按 485 元/m^3，二类人工单价按 180 元/工日，其余按照定额取定工料机价格计算，企业管理费、利润以人工费与机械费之和，费率分别按 16.57%、8.1%计取计算，不再考虑市场风险。

解： (1) 清单工程量＝80×(49.8—4.8)＝3600.00(m)

其中入岩工程量＝80×1.7＝136(m)

所编列的清单见表 7.26。

表 7.26 分部分项工程量清单

序号	项目编号	项目名称	项目特征	计量单位	工程数量
1	010302001001	泥浆护壁成孔灌注桩	C30 钻孔灌注桩 80 根，桩长 45m，桩径 1200mm，桩底进入强度为 280kg/cm^2 的中等风化岩层，桩底标高－49.8m，桩顶标高－4.8m，现场自然地坪标高为－0.45m，要求加灌长度 1.5m；废弃泥浆外运 5km 处；空钻部分人工就地回填土松填	m	3600.00

（2）计算工程量（按 1 根桩工程量计算）。

1）钻孔桩成孔：

$$V=0.6^2\times3.14\times(49.8-0.45)=55.785(m^3)$$

$$成孔工程量\ V_{孔}=55.785(m^3)$$

2）商品水下混凝土灌注：

$$空钻部分\ V_{空}=0.6^2\times3.14\times(4.8-1.5-0.45)=3.222(m^3)$$

$$成桩工程量\ V_{桩}=55.785-3.222=52.563(m^3)$$

3）泥浆池建造和拆除、泥浆外运：$V_{泥浆}=55.785(m^3)$

（3）套用计价定额，计算综合单价（转盘式成孔）：

1）钻孔桩成孔套用定额 3－43，计量单位 10m^3：

人工费＝4.268×180＝768.24(元)

材料费＝219.40(元)

机械费＝713.18(元)

2）C30 非泵送水下商品混凝土灌注套用定额 3－101，计量单位 10m^3：

人工费＝1.167×180＝210.06(元)

材料费＝5561.71＋(485－462)×12＝5837.71(元)

3）泥浆池建造和拆除套用定额 3－121，计量单位 10m^3：

人工费＝0.2×180＝36(元)

材料费＝27.67(元)

机械费＝0.19(元)

泥浆外运套用定额 3－123，计量单位 10m^3：

人工费＝2.478×180＝446.04(元)

材料费＝0(元)

机械费＝564.11(元)

4）空钻部分人工就地回填土松填套用定额 2－3，计量单位 10m^3：

人工费＝4.223×180×0.7＝532.10(元)

材料费＝1908×0.7＝1335.6(元)

机械费＝7.2×0.7＝5.04(元)

（4）列表格计算1根桩综合单价，见表7.27。

表7.27　综合单价计算表

项目编码（定额编码）	清单（定额）项目名称	计量单位	数量	综合单价/元					
				人工费	材料（设备）费	机械费	管理费	利润	小计
010302001001	预制钢筋混凝土方桩	m	45	183.34	722.07	158.40	49.03	23.97	1136.81
3-43	转盘式钻孔桩机成孔桩径1200mm以内	10m³	5.5785	768.24	219.40	713.18	213.65	104.44	2018.91
3-101	灌注混凝土钻孔桩～非泵送水下商品混凝土C30	10m³	5.2563	210.06	5837.71		26.11	12.76	6086.64
3-121	泥浆池建造和拆除～干混砌筑砂浆DM M7.5	10m³	5.5785	36.00	27.67	0.19	4.51	2.20	70.57
3-123	泥浆运输运距5000m	10m³	5.5785	446.04		564.11	148.90	72.79	1231.84
2-3换	换填加固 填铺碎石～桩孔回填碎石	10m³	0.3222	532.10	1335.60	5.04	66.96	32.73	1972.43

7.4.4　附录D：砌筑工程

砌筑工程包括砖砌体、砌块砌体、石砌体、垫层工程，共4节27个项目。适用于建筑物的砌筑工程。

7.4.4.1　*砖砌体*

1. 工程量清单项目设置

工程量清单包括砖基础、砖砌挖孔桩护壁、实心砖墙、多孔砖墙、空心砖墙、空斗墙、空花墙、填充墙、实心砖柱、多孔砖柱、砖检查井、零星砌砖、砖散水（砖地坪）、砖地沟（明沟）14个子目。

2. 工程量清单编制

项目编码、项目特征描述的内容、计量单位及工程量计算规则按表7.28。

3. 清单项目编制注意事项

（1）“砖基础”项目适用于各种类型砖基础：柱基础、墙基础、管道基础等。

（2）基础与墙（柱）身使用同一种材料时，以设计室内地面为界（有地下室者，以地下室室内设计地面为界），以下为基础，以上为墙（柱）身。基础与墙身使用不同材料时，位于设计室内地面高度≤±300mm时，以不同材料为分界线，高度>±300mm时，以设计室内地面为分界线。

（3）砖围墙以设计室外地坪为界，以下为基础，以上为墙身。

（4）框架外表面的镶贴砖部分，按零星项目编码列项。

（5）附墙烟囱、通风道、垃圾道、应按设计图示尺寸以体积（扣除孔洞所占体积）计算并入所依附的墙体体积内。当设计规定孔洞内需抹灰时，应按附录L中零星抹灰项目编码列项。

表 7.28　　　　　　　　　　砖基础（编码：010401）

项目编码	项目名称	项目特征	计量单位	工程量计算规则	工作内容
010401001	砖基础	1. 砖品种、规格、强度等级； 2. 基础类型； 3. 砂浆强度等级； 4. 防潮层材料种类	m^3	按设计图示尺寸以体积计算；包括附墙垛基础宽出部分体积，扣除地梁（圈梁）、构造柱所占体积，不扣除基础大放脚T形接头处的重叠部分及嵌入基础内的钢筋、铁件、管道、基础砂浆防潮层和单个面积≤0.3m^2的孔洞所占体积，靠墙暖气沟的挑檐不增加；基础长度：外墙按外墙中心线，内墙按内墙净长线计算	1. 砂浆制作、运输； 2. 砌砖； 3. 防潮层铺设； 4. 材料运输
010401002	砖砌挖孔桩护壁	1. 砖品种、规格、强度等级； 2. 砂浆强度等级		按设计图示尺寸以“m^3”计算	1. 砂浆制运输； 2. 砌砖； 3. 材料运输
010401003	实心砖墙	1. 砖品种、规格、强度等级； 2. 墙体类型； 3. 砂浆强度等级、配合比		按设计图示尺寸以体积计算。扣除门窗洞口、过人洞、空圈、嵌入墙内的钢筋混凝土柱、梁、圈梁、挑梁、过梁及凹进墙内的壁龛、管槽、暖气槽、消火栓箱所占体积，不扣除梁头、板头、檩头、垫木、木楞头、沿缘木、木砖、门窗走头、砖墙内加固钢筋、木筋、铁件、钢管及单个面积≤0.3m^2的孔洞所占的体积。凸出墙面的腰线、挑檐、压顶、窗台线、虎头砖、门窗套的体积亦不增加。凸出墙面的砖垛并入墙体体积内计算。 1. 墙长度：外墙按中心线、内墙按净长计算； 2. 墙高度： (1) 外墙：斜（坡）屋面无檐口天棚者算至屋面板底；有屋架且室内外均有天棚者算至屋架下弦底另加200mm；无天棚者算至屋架下弦底另加300mm，出檐宽度超过600mm时按实砌高度计算；与钢筋混凝土楼板隔层者算至板顶。平屋顶算至钢筋混凝土板底。 (2) 内墙：位于屋架下弦者算至屋架下弦底；无屋架者算至天棚底另加100mm；有钢筋混凝土楼板隔层者算至楼板顶；有框架梁时算至梁底。 (3) 女儿墙：从屋面板上表面算至女儿墙顶面（如有混凝土压顶时算至压顶下表面）。 (4) 内、外山墙：按其平均高度计算。 3. 框架间墙：不分内外墙按墙体净尺寸以体积计算； 4. 围墙：高度算至压顶上表面（如有混凝土压顶时算至压顶下表面），围墙柱并入围墙体积内	1. 砂浆制作、运输； 2. 砌砖； 3. 刮缝； 4. 砖压顶砌筑； 5. 材料运输
010401004	多孔砖墙				
010401005	空心砖墙				

续表

项目编码	项目名称	项目特征	计量单位	工程量计算规则	工作内容
010401006	空斗墙	1. 砖品种、规格、强度等级； 2. 墙体类型； 3. 砂浆强度等级、配合比	m^3	按设计图示尺寸以空斗墙外形体积计算。墙角、内外墙交接处、门窗洞口立边、窗台砖、屋檐处的实砌部分体积并入空斗墙体积内	1. 砂浆制作、运输； 2. 砌砖； 3. 装填材料； 4. 刮缝； 5. 材料运输
010401007	空花墙			按设计图示尺寸以空花部分外形体积计算，不扣除空洞部分体积	
010404008	填充墙	1. 砖品种、规格、强度等级； 2. 墙体类型； 3. 填充材料种类及厚度； 4. 砂浆强度等级、配合比		按设计图示尺寸以填充墙外形体积计算	
010401009	实心砖柱	1. 砖品种、规格、强度等级； 2. 柱类型； 3. 砂浆强度等级、配合比		按设计图示尺寸以体积计算。扣除混凝土及钢筋混凝土梁垫、梁头、板头所占体积。	1. 砂浆制作、运输； 2. 砌砖； 3. 刮缝； 4. 材料运输
010404010	多孔砖柱				
010404011	砖检查井	1. 井截面、深度； 2. 砖品种、规格、强度等级； 3. 垫层材料种类、厚度； 4. 底板厚度； 5. 井盖安装； 6. 混凝土强度等级； 7. 砂浆强度等级； 8. 防潮层材料种类； 9. 防潮层材料种类	座	按设计图示数量计算	1. 砂浆制作、运输； 2. 铺设垫层； 3. 底板混凝土制作、运输、浇筑、振捣、养护； 4. 砌砖、刮缝； 5. 井池底、壁抹灰； 6. 抹防潮层； 7. 材料运输
010404012	零星砌砖	1. 零星砌砖名称、部位； 2. 砖品种、规格、强度等级； 3. 砂浆强度等级、配合比	m^3； m^2； m； 个	1. 以“m^3”计量，按设计图示尺寸截面积×长度计算； 2. 以“m^2”计量，按设计图示尺寸水平投影面积计算； 3. 以“m”计量，按设计图示尺寸长度计算； 4. 以“个”计量，按设计图示数量计算	1. 砂浆制作、运输； 2. 砌砖； 3. 刮缝； 4. 材料运输
010404013	砖散水、地坪	1. 砖品种、规格、强度等级； 2. 垫层材料种类、厚度； 3. 散水、地坪厚度； 4. 面层种类、厚度； 5. 砂浆强度等级	m^2	按设计图示尺寸以面积计算	1. 土方挖、运； 2. 地基找平、夯实； 3. 铺设垫层； 4. 砌砖散水、地坪； 5. 抹砂浆面层

续表

项目编码	项目名称	项目特征	计量单位	工程量计算规则	工作内容
010404014	砖地沟、明沟	1. 砖品种、规格、强度等级； 2. 沟截面尺寸； 3. 垫层材料种类、厚度； 4. 混凝土强度等级； 5. 砂浆强度等级	m	以“m”计量，按设计图示以中心线长度计算	1. 土方挖、运； 2. 铺设垫层； 3. 底板混凝土制作、运输、浇筑、振捣、养护； 4. 砌砖； 5. 刮缝、抹灰； 6. 材料运输

(6) 空斗墙的窗间墙、窗台下、楼板下、梁头下等的实砌部分，按零星砌砖项目编码列项。空斗墙砌筑的工程内容、项目特征与空心砖墙体基本一致，但项目特征描述应明确具体的组砌方式，如设计要求空斗灌肚时，应对灌肚材料要求予以明确描述。

(7)“空花墙”项目适用于各种类型的空花墙，使用混凝土花格砌筑的空花墙，实砌墙体与混凝土花格应分别计算，混凝土花格按混凝土及钢筋混凝土中预制构件相关项目编码列项。

(8) 台阶、台阶挡墙、梯带、锅台、炉灶、蹲台、池槽、池槽腿、砖胎模、花台、花池、楼梯栏板、阳台栏板、地垄墙、$\leqslant 0.3m^2$ 的孔洞填塞等，应按零星砌砖项目编码列项。砖砌锅台与炉灶可按外形尺寸以个计算，砖砌台阶可按水平投影面积以“m^2”计算，小便槽、地垄墙可按长度计算、其他工程按“m^3”计算。

(9) 砖砌体内钢筋的制作、安装，应按混凝土及钢筋混凝土工程相关项目列项。

(10) 砖砌体勾缝按楼地面装饰工程中相关项目编码列项。

(11) 检查井内的爬梯按混凝土及钢筋混凝土工程中相关项目编码列项；井、池内的混凝土构件按附录E中混凝土及钢筋混凝土预制构件编码列项。

(12) 零星砌砖项目清单除同类砌体基本构造内容和特征以外，应将砌砖的部位、名称、相关构造（如垫层、基层、埋深、基础等）予以明确描述，按具体工程内容不同，可以在“m^3、m^2、m、个”中选择适当的、利于计价组合的分析的计量单位。如：

1) 台阶工程量可按水平投影面积计算，(不包括梯带或台阶挡墙) 挡墙可按“m”或“m^3”计算另行列项。

2) 小型池槽，锅台、炉灶可按个计算，以长×宽×高顺序标明外形尺寸。

3) 小便槽、地垄墙可按长度计算，其他工程量按“m^3”计算。

4) 按照清单规范规定编制可以分别列项的项目如由于工程量不大，也可以在列项时予以合并。

【例 7.9】 如图 6.28 所示某工程砌筑 MU15 混凝土实心砖墙基（砖规格 240mm×115mm×53mm)。

(1) 试编制该砖基础砌筑项目清单（假设砖砌体内无混凝土构件)。

(2) 计算Ⅰ—Ⅰ截面砖基础的综合单价（按照计价确定的报价方案：二类人工单价

按 180 元/工日，混凝土实心砖单价 380 元/千块，DM M7.5 干混砌筑砂浆单价 414 元/m^3，C10 非泵送商品混凝土单价 495 元/m^3，其余材料假设市场信息价格同 2018 版浙江省房屋建筑与装饰工程预算定额取定价；干混砂浆罐式搅拌机按 238.83 元/台班计算；管理费费率、利润分别以市场人工、机械费为基数按 16.57%、8.10%计取；经市场调查，考虑风险费用幅度为人工、机械之和的 3%)。

解：(1) 该工程砖基础有两种截面规格，应分别列项。

1) Ⅰ—Ⅰ截面。

砖基础高度：$H=1.2(\text{m})$

砖基础长度：$L=7\times3-0.24+2\times(0.365-0.24)\times0.365\div0.24=21.14(\text{m})$

其中：$(0.365-0.24)\times0.365\div0.24=0.19(\text{m})$为砖垛折加长度。

大放脚截面：$S=n(n+1)ab=4\times(4+1)\times0.126\times0.0625=0.1575(\text{m}^2)$

砖基础工程量：$V=L(Hd+s)-V_0=21.14\times(1.2\times0.24+0.1575)=9.42(\text{m}^3)$

垫层长度：$L=7\times3-0.8+2\times0.19=20.58(\text{m})$（内墙按垫层净长计算）

2) Ⅱ—Ⅱ截面。

基础高度：$H=1.2(\text{m})$

砖基础长度：$L=(3.6+3.3)\times2=13.8(\text{m})$

大放脚截面：$S=2\times(2+1)\times0.126\times0.0625=0.0473(\text{m}^2)$

砖基础工程量：$V=13.8\times(1.2\times0.24+0.0473)=4.63(\text{m}^3)$

(2) 外墙基础垫层、防潮层工程量在项目特征中予以描述。工程量清单见表 7.29。

(3) 计算 1—1 截面砖基础的综合单价。

1) 工程量计算。

砖基础工程量：$V=9.42(\text{m}^3)$

防潮层工程量：$S=21.14\times0.24=5.07(\text{m}^2)$

C10 混凝土垫层工程量：$V=20.58\times1.05\times0.15=3.24(\text{m}^3)$

表 7.29　　分部分项工程量清单

序号	项目编号	项目名称	项　目　特　征	计量单位	工程数量
1	010401001001	砖基础	Ⅰ—Ⅰ截面，DM M7.5 干混砌筑砂浆砌筑（240mm×115mm×53mm）MU15 混凝土实心砖 1 砖厚墙条形基础，四层等高式大放脚；－0.06 m 处 1∶2 防水砂浆 20mm 厚防潮层，15mm 厚 C10 混凝土垫层	m^3	9.42
2	010401001002	砖基础	Ⅱ—Ⅱ截面，DM M7.5 干混砌筑砂浆砌筑（240mm×115mm×53mm）MU15 水泥实心砖 1 砖厚条形基础，二层等高式大放脚；－0.06 处 1∶2 防水砂浆 20mm 厚防潮层，15mm 厚 C10 混凝土垫层	m^3	4.63

2) 分部分项工程人工费、材料费、机械费计算。

a. 砖基础（混凝土实心砖）套定额 4-1：

$$人工费=7.79\times180=1402.2(元/10\text{m}^3)$$

材料费＝3004.1＋(380－388)×5.29＋(414－413.73)×2.3＝2962.4(元/10m³)

机械费＝0.115×238.83＝27.47(元/10m³)

管理费＝(1402.2＋27.47)×16.57%＝236.9(元/10m³)

利润＝(1402.2＋27.47)×8.10%＝115.80(元/10m³)

风险费＝(1402.2＋27.47)×3%＝42.89(元/10m³)

b. C10 混凝土垫层（按非泵送商品混凝土考虑）套定额 5－1：

人工费＝3.028×180＝545.04(元/10m³)

材料费＝4087.85＋(495－399)×10.1＝5057.45(元/10m³)

机械费＝6.77(元/10m³)

管理费＝(545.04＋6.77)×16.57%＝91.43(元/10m³)

利润＝(545.04＋6.77)×8.10%＝44.7(元/10m³)

风险费＝(545.04＋6.77)×3%＝16.55(元/10m³)

c. 防潮层 1∶2 水泥砂浆套定额 9－44：

人工费＝0(元)材料费＝1162.82＋(268.85－443.08)×2.11＝795.19(元/100m²)

机械费＝0.106×238.83＝25.32(元/100m²)

管理费＝25.3×16.57%＝4.19(元/100m²)

利润＝25.3×8.10%＝2.05(元/100m²)

风险费＝25.3×3%＝0.76(元/100m²)

3）综合单价计算列表计算见表 7.30。

表 7.30　　综合单价计算表

项目编码（定额编码）	清单（定额）项目名称	计量单位	数量	综合单价/元						
				人工费	材料（设备）费	机械费	管理费	利润	风险费	小计
010401001001	砖基础	m³	9.42	158.97	474.47	3.12	26.86	13.13	4.68	681.41
4－1换	混凝土实心砖基础墙厚1砖干混砌筑砂浆 DM M7.5	10m³	0.942	1402.20	2962.40	27.47	236.90	115.80	42.89	4787.66
5－1	垫层非泵送商品混凝土 C15	10m³	0.324	545.04	5057.45	6.77	91.43	44.70	16.55	5761.94
9－44换	防水砂浆砖基础上水泥砂浆 1∶2	100m³	0.0507		795.19	25.32	4.19	2.05	0.76	827.53

7.4.4.2　砌块砌体

1. 清单项目设置

砌块砌体工程量清单项目按砌块墙、砌块柱两个项目计算。

2. 工程量清单项目编制

(1) 工作内容：砂浆制作、运输；铺设垫层；砌块；勾缝；材料运输。

（2）项目特征：砌块品种、规格；强度等级；墙体类型；砂浆强度等级。

（3）工程量计算规则，砌块墙工程量计算同实心砖墙计算规则；砌块柱按设计图示尺寸以体积计算。扣除混凝土及钢筋混凝土梁垫、梁头、板头所占体积。

3. 清单项目编制注意事项

（1）砌体内加筋、墙体拉结的制作、安装，应按混凝土及钢筋混凝土中相关项目编码列项。

（2）砌块排列应上、下错缝搭砌，如果搭错缝长度满足不了规定的压搭要求，应采取压砌钢筋网片的措施，具体构造要求按设计规定。若设计无规定时，应注明由投标人根据工程实际情况自行考虑。

（3）砌体垂直灰缝宽＞30mm 时，采用 C20 细石混凝土灌实。灌注的混凝土应按附录 E 混凝土及钢筋混凝土相关项目编码列项。

（4）设计有突出墙面的腰线、挑檐、附墙烟囱、通风道等构造内容的，清单应该考虑有关计价要求，如砖挑沿外挑出沿数、附墙烟囱、通风道的内空尺寸等加以明确描述。

7.4.4.3 垫层

1. 工程量清单

项目设置、项目特征描述的内容、计量单位及工程量计算规则，按表 7.31 的规定执行。适用于块石、碎石、砂石、塘渣、灰土、三合土等混凝土以外的材料垫层。

2. 清单编制注意事项

除混凝土垫层应按附录 E 中相关项目编码列项外，没有包括垫层要求的清单项目应按本表垫层项目编码列项。例如灰土垫层、楼地面等（非混凝土）垫层按本附录编码列项。

表 7.31　　　　垫层（编号：010404）

项目编码	项目名称	项目特征	计量单位	工程量计算规则	工作内容
010404001	垫层	垫层材料种类、配合比、厚度	m^3	按设计图示尺寸以“m^3”计算	1. 垫层材料的拌制； 2. 垫层铺设； 3. 材料运输

7.4.5 附录 E：混凝土及钢筋混凝土工程

混凝土及钢筋混凝土工程包括现浇混凝土基础、现浇混凝土柱、现浇混凝土梁、现浇混凝土墙、现浇混凝土板、现浇混凝土楼梯、现浇混凝土其他构件、后浇带、预制混凝土柱、预制混凝土梁、预制混凝土屋架、预制混凝土板、预制混凝土楼梯、预制混凝土其他构件、混凝土构筑物，钢筋工程，螺栓铁件等。共 17 节 76 个项目。适用于建筑物、构筑物的混凝土工程列项。

7.4.5.1 现浇混凝土基础

1. 工程量清单项目设置

按基础形体和作用划分设置，共有 6 个清单项目，项目特征描述的内容、计量单位及工程量计算规则，应按表 7.32 的规定执行。

2. 工程量清单项目编制注意事项

（1）“带形基础”项目适用于各种带形基础（有肋带形基础、无肋带形基础，应注明肋高）包括浇注在一字排桩上面的带形基础。

表 7.32　　　　现浇混凝土基础（编码：010501）

<table>
<tr><th>项目编码</th><th>项目名称</th><th>项目特征</th><th>计量单位</th><th>工程量计算规则</th><th>工作内容</th></tr>
<tr><td>010501001</td><td>垫层</td><td rowspan="5">1. 混凝土类别；
2. 混凝土强度等级</td><td rowspan="6">m³</td><td rowspan="6">按设计图示尺寸以体积计算。不扣除构件内钢筋、预埋铁件和伸入承台基础的桩头所占体积</td><td rowspan="6">1. 模板及支撑制作、安装、拆除、堆放、运输及清理模内杂物、刷隔离剂等；
2. 混凝土制作、运输、浇筑、振捣、养护</td></tr>
<tr><td>010501002</td><td>带形基础</td></tr>
<tr><td>010501003</td><td>独立基础</td></tr>
<tr><td>010501004</td><td>满堂基础</td></tr>
<tr><td>010501005</td><td>桩承台基础</td></tr>
<tr><td>010501006</td><td>设备基础</td><td>1. 混凝土类别；
2. 混凝土强度等级；
3. 灌浆材料、灌浆材料强度等级；
4. 设备螺栓孔数量及三维尺寸</td></tr>
</table>

（2）“独立基础”项目适用于块体柱基础、杯基础、柱下的板式基础、无筋倒圆台基础、壳体基础、电梯井基础等。

（3）“满堂基础”项目包括有梁、无梁的，适用于地下室底板及箱式满堂基础底板等。

（4）“设备基础”项目适用于设备的块体基础、框架式设备基础等，框架式设备基础中柱、梁、墙、板分别按相关项目编码列项。设备基础应按块体外形尺寸不同分别列项，项目特征应对基础的单体体积，设置螺栓孔尺寸和数量，二次灌浆要求及其尺寸予以描述；二次灌浆不单独列项。

（5）“桩承台基础”项目适用于浇注在群柱、单桩上的基墙、柱基等承台。工程量不扣除浇入承台体积内的桩头所占体积。

（6）如为毛石混凝土基础，项目特征应描述毛石所占比例。

3. 清单项目工程量计算规则说明

（1）基础工程清单工程量以计算规则：按设计图示尺寸以体积“m^3”计算。不扣除构件内钢筋、预埋铁件和伸入承台基础的桩头所占体积。

1）带形基础长度：外墙按中心线，内墙按基底净长线计算。

2）独立柱基础间带形基础按基底净长线计算，附墙垛折加并入计算；垫层不扣除重叠部分的体积。

3）有梁带基梁面以下凸出的钢筋混凝土柱并入相应基础内计算。

（2）满堂基础的柱墩并入满堂基础内计算。满堂基础设有后浇带时，后浇带应分别列项计算。

（3）设备基础中的设备螺栓孔体积不予扣除。

（4）基础搭接体积按图示尺寸计算。

【例 7.10】 某工程基础如图 7.2 所示，计算混凝土基础清单工程量，并列项编制该部分工程工程量清单。

解：根据该工程基础类型和断面规格，应分别按 1—1、2—2 和 J—1 应分别列项。

(1) 基础带形基础工程量计算。

1) 断面 1—1。

$L=(10+9)\times2-1.0\times6+0.38=32.38$(m)　(0.38 为垛折加长度)

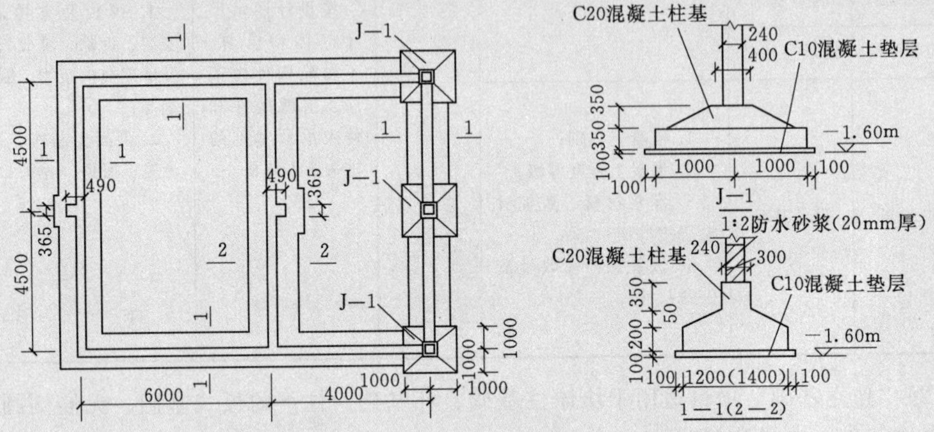

图 7.2 [例 7.10] 图（单位：mm）

基础体积 $V=32.28\times[1.2\times0.2+(1.2+0.3)\times0.05\div2+0.3\times0.35]=12.39$ (m^3)

根据基础的高度，可知墙基上部 250mm 高度的梁与 J—1 搭接。

其搭接长度：$0.8\div0.35\times0.25=0.571$(m)，共有 6 个搭接部位。

搭接体积 $V=0.571\times0.3\times0.25\div2\times6=0.13$($m^3$)

1—1 断面墙基工程量小计：$V=12.39+0.13=12.52$(m^3)

2) 断面 2—2。

$$L=9-0.6\times2+0.38=8.18\text{(m)}$$

墙基体积 $V=8.18\times[1.4\times0.2+(1.4+0.3)\times0.05\div2+0.3\times0.35]=3.50$ (m^3)

与 1—1 断面搭接长度 $=(1.2-0.3)\div2=0.45$(m) 共有两个搭接部位

搭接体积 $V=0.45\times[(1.4-0.3)\times0.05\div3+0.3\times0.35]\times2=0.11$($m^3$)

2—2 断面墙基工程量小计：$V=3.50+0.11=3.61$(m^3)

3) J—1 柱基。

为四棱台独立柱基：

$V=[2\times2\times0.35+(2\times2+2\times0.4+0.4\times0.4)\times0.35\div3]\times3=5.94$($m^3$)

(2) 根据工程量清单格式，编制该工程基础工程量清单见表 7.33。

表 7.33　分部分项工程量清单

序号	项目编码	项目名称	项　目　特　征	计量单位	工程数量
1	010501002001	带形基础	1—1 断面： C20 钢筋混凝土有梁式，底宽 1.2m，厚 200，锥高 0.05m，梁高 350mm，宽 300mm	m^3	12.52
2	010501002002	带形基础	2—2 断面： C20 钢筋混凝土有梁式底宽 1.4m，厚 200，锥高 0.05m，梁高 350mm，宽 300mm，基底长 8.18m	m^3	3.61
3	010501003001	独立柱基	J—1 柱基： C20 钢筋混凝土（共 3 只），基底 2m×2m，顶面 0.4m×0.4m	m^3	5.94

7.4.5.2　现浇混凝土柱

1. 工程量清单项目设置

工程量清单按柱的断面形状及构造要求设置“矩形柱”“构造柱”和“异形柱”为 3 个子目，项目编码分别为 010502001、010502002、010502003。适用于各种类型的柱，包括框架柱、独立柱、有梁板柱和无梁板柱。

2. 项目特征及工作内容

主要描述柱形状、混凝土类别、混凝土强度等级；工作内容，模板及支架（撑）制作、安装、拆除、堆放、运输及清理模内杂物、刷隔离剂等；混凝土制作、运输、浇筑、振捣、养护。

3. 工程量清单的编制

同一类型的柱，按以下情况分别编码列项：

（1）按柱所处部位层高 3.6m 以内和 3.6m 以上区别，超过 3.6m 的按每增加 1m 步距分别列项。

（2）矩形柱断面按周长 1.2m 以内、1.8m 以内和 1.8m 以上分别列项。

（3）圆形柱以异形柱编码为项，按断面直径 500mm 以内和 500mm 以上划分项目。

（4）单独的薄壁柱根据其截面形状，确定以异形柱或矩形柱编码列项；与墙连接的薄壁柱按墙项目编码列项。

4. 清单项目工程量的计算规则

（1）现浇混凝土柱的工程量按设计图示尺寸以体积“m^3”计算。不扣除构件内钢筋、预埋铁件所占体积。

（2）柱高的确定。

1）有梁板的柱高，应自柱基上表面（或楼板上表面）至上一层楼板上表面之间的高度计算。

2）无梁板的柱高，应自柱基上表面（或楼板上表面）至柱帽下表面之间的高度计算，柱帽的工程量并入无梁板体积内计算。

3）框架柱的柱高，应自柱基上表面至柱顶高度计算。

（3）构造柱按全高计算，嵌接墙体部分（马牙槎）并入柱身体积。

（4）依附柱上的牛腿和升板的柱帽，并入柱身体积计算。

（5）注意事项。

1）混凝土柱上的钢牛腿按清单规范零星钢构件编码列项。

2）构造柱与墙咬接的马牙槎按柱宽每侧 3cm 合并计算。

3）“一”字形 L 形、T 形柱，当 a/b 大于 4 时，按混凝土墙项目列项。

【例 7.11】 表 7.34 为某工程设计平法柱标注框架柱表，试计算 KZ1、KZ2 清单工程量并编列项目清单。

表 7.34　　KZ1、KZ2 柱表

柱号	标高/m	断面尺寸	备　注
KZ1	−1.5～8.07	500mm×500mm	一层层高 4.5m，二～五层层高 3.6m，六层、七层层高 3m；各层平面外围尺寸相同，檐高 25m； KZ1 共 24 根，KZ2 共 10 根混凝土强度等级均为 C30，圆钢 HPB300 为 9.24t，Ⅲ级螺纹钢 HRB400 为 24.56t
	8.07～15.27	450mm×400mm	
	15.27～24.87	300mm×300mm	
KZ2	−1.5～4.47	ϕ500mm	
	4.47～8.07	500mm×500mm	
	8.07～15.27	450mm×400mm	
	15.27～24.87	300mm×300mm	

解： 根据题意，该工程框架柱列项应按断面形式分为矩形柱和圆形柱，矩形柱按断面周长应分 1.8m 以上、1.8m 以内和 1.2m 以内 3 种，而 1.8m 以上在底层部分因层高超过 3.6m，也应分别列项。

1. 工程量计算

（1）±0.00 以下工程量。

1）矩形柱（断面周长 1.8m 以上）。

KZ1：$V=0.5\times0.5\times1.5\times24=9(\text{m}^3)$

2）圆形柱（断面 ϕ500mm）。

KZ2：$V=0.25\times0.25\times3.1416\times0.15\times10=2.95(\text{m}^3)$

（2）矩形柱（断面周长 1.8m 以上，层高在 3.6m 以内）。

KZ1：$V=0.5\times0.5\times(8.07-4.47)\times24=21.6(\text{m}^3)$

KZ2：$V=0.5\times0.5\times(8.07-4.47)\times10=9(\text{m}^3)$

小计：$V=30.6\text{m}^3$

（3）矩形柱（断面周长 1.8m 以上，层高在 4.5m）。

KZ1：$V=0.5\times0.5\times4.47\times24=26.82(\text{m}^3)$

(4) 矩形柱（断面周长 1.8m 以上，层高在 3.6m 以内）。

KZ1：$V=0.45\times0.4\times(15.27-8.07)\times24=31.1(m^3)$

KZ2：$V=0.45\times0.4\times(15.27-8.07)\times10=12.96(m^3)$

小计：$V=44.06m^3$

(5) 矩形柱（断面周长 1.2m 以上，层高在 3.6m 以内）。

KZ1：$V=0.3\times0.3\times(24.87-15.27)\times24=20.74(m^3)$

KZ2：$V=0.3\times0.3\times(24.87-15.27)\times10=8.64(m^3)$

小计：$V=29.38m^3$

(6) 圆形柱（断面 ϕ500mm，层高 4.5m）。

KZ2：$V=0.25\times0.25\times3.1416\times4.47\times10=8.78(m^3)$

2. 清单项目

工程量清单列表见表 7.35。

表 7.35　　分部分项工程量清单

序号	项目编码	项目名称	项　目　特　征	计量单位	工程数量
1	010502001001	矩形柱	C30 钢筋混凝土现浇矩形柱，断面周长 1.8m 以上，±0.00 以下，深 1.5m	m^3	9.00
2	010502001002	矩形柱	C30 钢筋混凝土现浇矩形柱，断面周长 1.8m 以上，层高 3.6m 以内，柱高 24.87m	m^3	30.60
3	010502001003	矩形柱	C30 钢筋混凝土现浇矩形柱，断面周长 1.8m 以上，层高 4.5m，柱高 24.87m	m^3	26.82
4	010502001004	矩形柱	C30 钢筋混凝土现浇矩形柱，断面周长 1.8m 以内，层高 3.6m 以内，柱高 24.87m	m^3	44.06
5	010502001005	矩形柱	C30 钢筋混凝土现浇矩形柱，断面周长 1.2m 以内，层高 3.6m 以内，柱高 24.87m	m^3	29.38
6	010502003001	异形柱	C30 钢筋混凝土现圆形柱，断面直径 500mm，±0.00 以下，深 1.5m	m^3	2.95
7	010502003002	异形柱	C30 钢筋混凝土现浇圆形柱，断面直径 500mm，层高 4.5m，柱高 24.87m	m^3	8.78
8	010515001001	现浇构件钢筋	圆钢 HPB300	t	9.24
9	010515001002	现浇构件钢筋	Ⅲ级螺纹钢 HRB400	t	24.56

7.4.5.3 现浇混凝土梁、墙、板

1. 工程量清单项目设置

(1) 现浇混凝土梁，按梁的作用，截面及形状等划分列项，包括“基础梁”“矩形梁”“异形梁”“圈梁”“过梁”“弧形、拱形梁”6个分项。工程量清单项目设置及工程量计算规则，按表7.36的规定执行。

表 7.36　　现浇混凝土梁（编码：010503）

项目编码	项目名称	项目特征	计量单位	工程量计算规则	工作内容
010503001	基础梁	1. 混凝土类别； 2. 混凝土强度等级	m^3	按设计图示尺寸以体积计算。不扣除构件内钢筋、预埋铁件所占体积，伸入墙内的梁头、梁垫并入梁体积内。型钢混凝土梁扣除构件内型钢所占体积。 梁长： 1. 梁与柱连接时，梁长算至柱侧面； 2. 主梁与次梁连接时，次梁长算至主梁侧面	1. 模板及支架(撑)制作、安装、拆除、堆放、运输及清理模内杂物、刷隔离剂等； 2. 混凝土制作、运输、浇筑、振捣、养护
010503002	矩形梁				
010503003	异形梁				
010503004	圈梁				
010503005	过梁				
010503006	弧形、拱形梁				

(2) 现浇混凝土墙，按“直形墙”“弧形墙”“短肢剪力墙”“挡土墙”划分，也适应于地下室墙、电梯井壁的列项。工程量清单项目设置及工程量计算规则，按表7.37的规定执行。

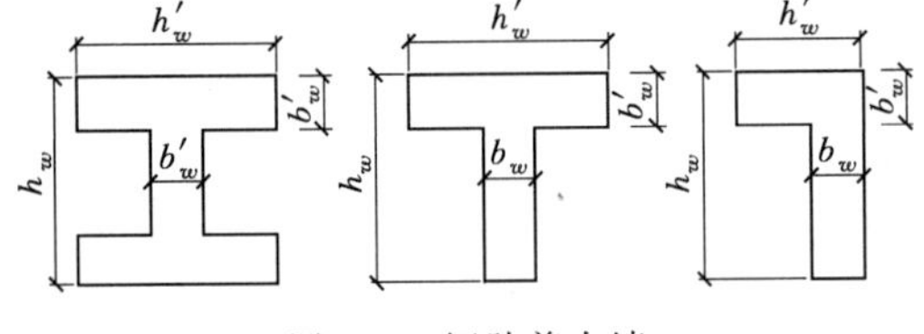

图 7.3 短肢剪力墙

1) 短肢剪力墙，是指截面厚度不大于300mm、各肢截面的最大长度与厚度之比小于或等于6倍的剪力墙。如图7.3所示。

表 7.37　　现浇混凝土墙（编号：010504）

项目编码	项目名称	项目特征	计量单位	工程量计算规则	工作内容
010504001	直形墙	1. 混凝土类别； 2. 混凝土强度等级	m^3	按设计图示尺寸以体积计算。不扣除构件内钢筋、预埋铁件所占体积，扣除门窗洞口及单个面积>$0.3m^2$的孔洞所占体积，墙垛及突出墙面部分并入墙体体积内计算	1. 模板及支架（撑）制作、安装、拆除、堆放、运输及清理模内杂物、刷隔离剂等； 2. 混凝土制作、运输、浇筑、振捣、养护
010504002	弧形墙				
010504003	短肢剪力墙				
010504004	挡土墙				

2) L、Y、T、“十”字形、Z形、“一”字形等短肢剪力墙的单肢中心线长≤0.4m，按柱项目列项。

（3）现浇混凝土板，包括各种类型的水平构件，按结构、形体和作用划分，工程量清单项目设置及工程量计算规则，按表7.38的规定执行。

表7.38　　现浇混凝土板（编号：010505）

项目编码	项目名称	项目特征	计量单位	工程量计算规则	工作内容
010505001	有梁板	1. 混凝土类别； 2. 混凝土强度等级	m^3	按设计图示尺寸以体积计算，不扣除构件内钢筋、预埋铁件及单个面积≤0.3m^2的柱、垛以及孔洞所占体积。压形钢板混凝土楼板扣除构件内压形钢板所占体积。有梁板（包括主、次梁与板）按梁、板体积之和计算，无梁板按板和柱帽体积之和计算，各类板伸入墙内的板头并入板体积内，薄壳板的肋、基梁并入薄壳体积内计算	1. 模板及支架（撑）制作、安装、拆除、堆放、运输及清理模内杂物、刷隔离剂等； 2. 混凝土制作、运输、浇筑、振捣、养护
010505002	无梁板				
010505003	平板				
010505004	拱板				
010505005	薄壳板				
010505006	栏板				
010505007	天沟（檐沟）、挑檐板			按设计图示尺寸以体积计算	
010505008	雨篷、悬挑板、阳台板			按设计图示尺寸以墙外部分体积计算。包括伸出墙外的牛腿和雨篷反挑檐的体积	
010505009	其他板			按设计图示尺寸以体积计算	

2. 工程量清单项目的编制注意事项

梁、墙、板清单项目特征描述，应考虑不同计价因素，分别编码列项。

（1）同一类型的梁，应按不同的层高、层次、梁断面高度、性质等分别编码列项。

如：层高3.6m以内和3.6m以上的梁（圈、过梁除外）应分别列项，3.6m以上的按每增1m为步距分别列项："矩形梁"按断面高度0.3m内、0.6m以内、0.6m以上分别列项。"异形梁"应按不同性质（如薄腹梁、吊车梁等）分别列项；弧形、拱形梁分别列项。单独过梁与和圈梁连接的过梁应分别列项，地圈梁与楼层圈梁应分别列项。

（2）现浇混凝土墙除按直形、弧形区分外，也应按不同层高、墙厚、部位、性质等分别编码列项。

如：一般的墙按厚度10cm内、20cm内和20cm以上分别列项；地下室内墙与外墙，高度小于1.2m和大于1.2m的女儿墙，电梯井壁，无筋混凝土或毛石混凝土挡土墙等应分别列项。

（3）现浇混凝土板除按层高区分以外，对于密肋板和井字板以外的一般有梁板应将梁板分别编码列项，梁按现浇梁项目的划分办法列项，板按平板（板厚10cm以内和10cm以上）项目分别列项。

（4）薄壳板应按外形形状，如筒式、球形、双曲形分别列项。

（5）栏板应按形式（直形、弧形）、高度（1.2m以内、以上）、扶手尺寸等不同分别列项，项目特征中应注明栏板计算长度。

（6）内、外檐沟按“天沟”列项，整体现浇梁板组成的跨中排水沟，按梁板规则列项；挑檐板应按外挑尺寸、平挑是否带翻沿的予以区别。

（7）现浇挑檐、天沟板、雨篷、阳台与板（包括屋面板、楼板）连接时，以外墙外边线为分界线；与圈梁（包括其他梁）连接时，以梁外边线为分界线。外边线以外为挑檐、天沟、雨篷或阳台。

（8）其他板适用于以上项目不能涵盖的现浇板，如砖砌或小型地沟的单独现浇盖板等。

3. 清单项目工程量计算规则说明

（1）板的工程量按梁、钢筋混凝土墙间净距尺寸计算；板垫及板翻沿（净高 250mm 以内的）并入板内计算；现浇板上翻梁并入板内计算。

（2）当柱断面大于 $1m^2$ 以上时，板应扣与柱重叠部位体积。

（3）弧形板并入板内计算，梁板结构的弧形板应包括梁板交接部位的弧线长度。栏板柱、扶手、整体现浇的花饰等并入栏板内计算。

（4）天沟、挑檐板：按设计图示尺寸以体积“m^3”计算。

檐沟、挑檐工程量包括底板，侧板及板上、下所整浇的挑梁。

（5）雨篷、阳台：按设计图示尺寸以墙外部分体积“m^3”计算。包括伸出墙外的牛腿和雨篷反挑檐的体积。

（6）其他板：按设计图示尺寸以体积“m^3”计算。

【例 7.12】 如图 7.4 所示雨篷，共 10 个，混凝土强度 C25，已知雨篷下平台标高为 0.30m，试编制该雨篷混凝土浇筑、模板措施项目清单。

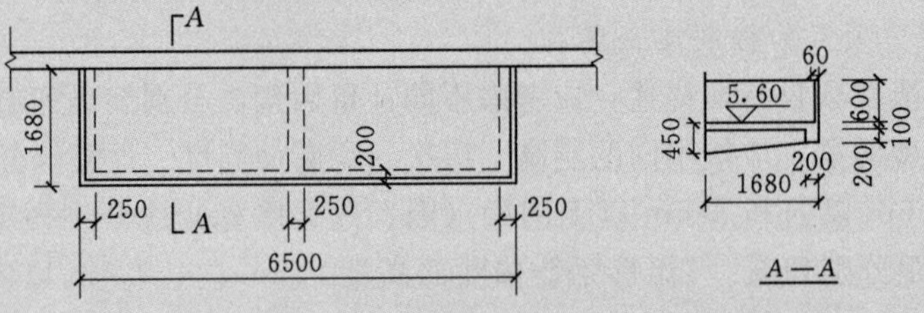

图 7.4 ［例 7.12］图（尺寸单位：mm；高程单位：m）

解：（1）计算雨篷浇捣清单工程量：雨篷工程量包括雨篷板、台口梁及挑梁体积之和，因翻沿高度超过 250mm，故翻沿体积计入时，必须在项目特征内予以描述，否则应单独计算另行列项。

雨篷浇捣工程量（包括雨篷板、台口梁、挑梁）为

$$V=6.5\times1.68\times0.1+6.5\times0.2\times0.2+(1.68-0.2)\times(0.45-0.1+0.2)/2\times0.25\times3$$
$$=1.092+0.26+0.305=1.66(m^3)$$

雨篷翻沿浇捣工程量 $V=(6.5+1.68\times2-0.06\times2)\times0.6\times0.06=0.35(m^3)$

$$清单工程量=(1.66+0.35)\times10=20.1(m^3)$$

（2）计算雨篷模板清单工程量。

雨篷水平投影面积 $S=6.5\times1.68\times10=109.2(m^2)$

按定额附注说明雨篷支模超 3.6m 应计算增加费，高度＝5.6－0.35＝5.25(m)，按梁、板合并以模板接触面计算规则，计算增加费计价组合工程量。

挑梁侧模工程量 $S=(1.68-0.2)\times[(0.45+0.3)/2\times2+(0.35+0.2)/2\times4]=2.74(m^2)$

挑梁底模工程量 $S=\sqrt{(1.68-0.2)^2+(0.45-0.3)^2}\times0.25\times3=1.4876\times0.25\times3=1.12(m^2)$

台口梁侧模工程量 $S=(6.5-0.25\times3)\times0.2+6.5\times0.3+0.3\times0.2\times2=3.23(m^2)$

台口梁底模工程量 $S=6.5\times0.2=1.3(m^2)$

雨篷板底模工程量 $S=(6.5-0.25\times3)\times1.48=8.51(m^2)$

支模超高合计 $S=(2.74+1.12+3.23+1.3+8.51)\times10=168.80(m^2)$

雨篷翻沿 600mm 模板 $S=(1.68\times2+6.5-0.06\times2)\times2\times0.6\times10=116.88(m^2)$

雨篷翻沿超过 250mm 模板 $S=(1.68\times2+6.5-0.06\times2)\times2\times0.35\times10=68.18(m^2)$

(3) 分部分项工程及模板措施项目工程量清单见表 7.39、表 7.40。

表 7.39　　分部分项工程量清单

序号	项目编码	项目名称	项目特征	计量单位	工程数量
1	010505008001	雨篷、悬挑板、阳台板	C25 混凝土浇捣雨篷，梁、板体积 16.6m^3，翻沿体积 3.5m^3	m^3	20.1

表 7.40　　措施项目工程量清单

序号	项目编码	项目名称	项目特征	计量单位	工程数量
1	011702023001	雨篷、悬挑板、阳台板	悬挑雨篷模板，支模高度 5.25m；梁、板模板接触面积 168.80m^2；超 250mm 翻沿模板接触面积 68.18m^2	m^2	109.2

【例 7.13】 根据例 7.12 提供的雨篷混凝土浇捣及模板项目清单计价工程量，按照以下条件，计算该雨篷混凝土浇捣，模板制安的综合单价。

采用浙江省房屋建筑与装饰工程预算定额（2018）版计价，假设混凝土单价按市场信息价确定 C25 商品泵送混凝土为 455 元/m^3，人工、机械及其余材料价格与定额取定价相同，以人工费、机械费之和为计算基数，企业管理费率 16.57%，利润率 8.10%；不考虑计价风险因素。

解：(1) 计算工程量清单的定额工程量。

1) 雨篷混凝土 $V=[1.66+(6.5+1.68\times2-0.06\times2)\times0.25\times0.06]\times10=18.06(m^3)$

2）雨篷翻沿混凝土 $V=(6.5+1.68\times2-0.06\times2)\times0.35\times0.06\times10=2.04(m^3)$

3）雨篷模板 $S=168.80(m^2)$

4）雨篷翻沿模板 $S=116.88(m^2)$

5）支模翻沿超高增加模板工程量 $S=168.80(m^2)$

（2）雨篷浇捣综合单价。

1）C25 现浇泵商品混凝土雨篷套用定额 5－22：

$$人工费=707.94(元/10m^3)$$

$$材料费=4769.53+(455-461)\times10.1=4708.93(元/10m^3)$$

$$机械费=6.14(元/10m^3)$$

2）C25 现浇泵送商品混凝土雨篷翻沿套用定额 5－20：

$$人工费=1314.5(元/10m^3)$$

$$材料费=4677.38+(455-461)\times10.1=4616.78(元/10m^3)$$

$$机械费=6.32(元/10m^3)$$

3）雨篷混凝土综合单价计算表见表 7.41。

表 7.41　分部分项工程量清单综合单价计算表

项目编码（定额编码）	清单（定额）项目名称	计量单位	数量	综合单价/元					
				人工费	材料（设备）费	机械费	管理费	利润	小计
010505008001	雨篷	m^3	20.1	76.95	469.96	0.62	12.85	6.28	566.66
5－22	雨篷泵送商品混凝土 C25	$10m^3$	1.806	707.94	4708.93	6.14	118.32	57.84	5599.17
5－20	栏板泵送商品混凝土 C25	$10m^3$	0.204	1314.5	4616.78	6.32	218.86	106.99	6263.45

（3）计算模板工程量清单综合单价。

1）雨篷模板套用定额 5－174：

$$人工费=659.88(元/10m^2)$$

$$材料费=331.88(元/10m^2)$$

$$机械费=48.74(元/10m^2)$$

2）雨篷支模超高增加 $5.25-3.6=1.65(m)$，套用定额 5－151：

$$人工费=234.9\times2=469.8(元/100m^2)$$

$$材料费=134.64\times2=269.28(元/100m^2)$$

$$机械费=23.73\times2=47.46(元/100m^2)$$

3）雨篷翻沿模板套用定额 5－176：

$$人工费=2583.90(元/100m^2)$$

$$材料费=2157.73(元/100m^2)$$

$$机械费=127.41(元/100m^2)$$

4）模板技术措施项目清单综合单价计算表见表 7.42。

表 7.42　　技术措施项目综合单价计算表

项目编码（定额编码）	清单（定额）项目名称	计量单位	数量	综合单价/元					
				人工费	材料（设备）费	机械费	管理费	利润	小计
011702023001	雨篷、悬挑板、阳台板	m^2	109.2	136.92	78.56	9.63	24.28	11.87	261.26
5-174	雨篷模板	$10m^2$	16.88	659.88	331.89	48.74	117.42	57.40	1215.33
5-176	雨篷翻沿高度 600mm 模板	$100m^2$	1.1688	2583.90	2157.74	127.41	449.26	219.62	5537.93
5-151	雨篷板支模高度 5.25m 超高增加费	$100m^2$	1.688	469.80	269.29	47.46	85.71	41.90	914.16

【例 7.14】 某工程二层楼面结构如图 7.5 所示，已知楼层标高为 4.5m，柱 450mm×450mm 混凝土强度等级 C30，采用泵送商品混凝土，①～③轴楼板厚 120mm，③～④轴线楼板厚 90mm。试计算该楼面梁、板清单工程量并编列清单。

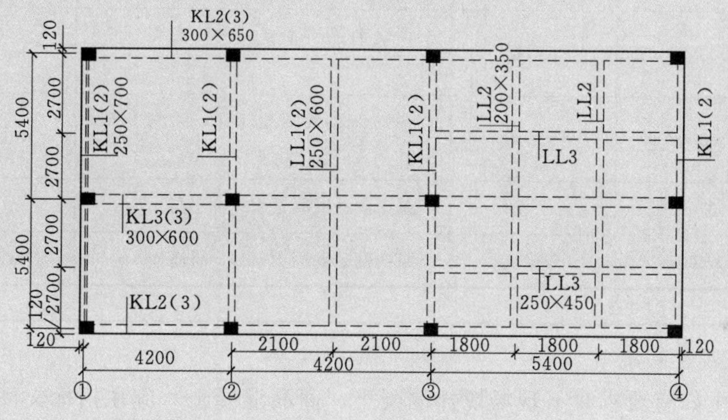

图 7.5　[例 7.14] 图（单位：mm）

解：该楼面③～④轴间井字格面积为 $4.86m^2 \leqslant 5m^2$，梁、板合并计算，②～③轴间 $>5m^2$，为一般梁、板分别列项计算。

(1) 按照构件特征不同，该楼面梁、板按以下 4 个项目列项。

1) 矩形梁（梁高 0.6m 以上）$V=6.78+4.77=11.55(m^3)$。

2) 矩形梁（梁高 0.6m 以内）$V=2.2+1.52=3.72(m^3)$。

3) 井字有梁板 $V=1.35+1.16+4.12=6.63(m^3)$。

4) 平板（板厚 100mm）$V=9.30m^3$。

(2) 工程量计算见表 7.43。

表 7.43　梁、板工程量计算表

构件号		计 算 式	单位	数量	备注
梁	KL1	(11.04－0.45×3)×0.7×0.25×4	m^3	6.78	梁 0.6m 上
	KL2	(14.04－0.45×4)×0.65×0.3×2	m^3	4.77	梁 0.6m 上
	KL3	(14.04－0.45×4)×0.6×0.3	m^3	2.20	梁 0.6m 内
	LL1	(11.04－0.3×3)×0.6×0.25	m^3	1.52	梁 0.6m 内
	LL2	(11.04－0.3×3－0.25×2)×0.35×0.2×2	m^3	1.35	有梁板
	LL3	(5.4－0.125－0.13)×0.45×0.25×2	m^3	1.16	有梁板
板	①～③	(8.4－0.13－0.25×2－0.125)×(11.04－0.3×3)×0.12	m^3	9.30	平板
	③～④	(5.4－0.125－0.2×2－0.13)×(11.04－0.3×3－0.25×2)×0.09	m^3	4.12	井字板

(3) 清单项目见表 7.44。

表 7.44　分部分项工程量清单

序号	项目编码	项目名称	项 目 特 征	计量单位	工程数量
1	010503002001	矩形梁	泵送商品混凝土 C30，梁高 0.6m 以上	m^3	11.55
2	010503002002	矩形梁	泵送商品混凝土 C30，梁高 0.6m 以内	m^3	3.72
3	010505003001	平板	泵送商品混凝土 C30，层高 4.5m	m^3	9.30
4	010505001001	有梁板	泵送商品混凝土 C30，层高 4.5m	m^3	6.63

4. 清单编制注意事项

(1) 混凝土如有要求时（现场搅拌混凝土、商品混凝土）应在招标文件中明确，在清单项目特征中可不予一一描述。

(2) 凸出混凝土构件表面的装饰线、装饰块并入所依附的构件内计算。

(3) 钢筋混凝土墙上的梁其体积并入墙内计算。

(4) 预制框架柱、梁的现浇接头按实捣体积以“m^3”计算，分别列项。

(5) 水平遮阳板、空调板按雨篷项目列项；非悬挑式阳台、雨篷及外挑大于 1.8m 的外挑梁板式阳台，雨篷单独列项，按梁、板有关规则计算。阳台、雨篷梁按过梁相应规则计算，伸入墙内的拖梁按圈梁计算列项。

(6) 弧形板按相应板列项后，应在项目特征中增加弧形边长度的描述。

(7) 当现浇钢筋混凝土板坡度大于 10°时，应按 30°以内、60°以内及 60°以上的应分别列项计算。

(8) 现浇挑檐、天沟板、雨篷、阳台与板（包括屋面板、楼板）连接时，以外墙外边线为分界线；与圈梁（包括其他梁）连接时，以梁外边线为分界线。外边线以外为挑檐、天沟、雨篷或阳台。

楼板及屋面平挑檐外挑小于50cm与大于50cm的应分别列项。

（9）梁、板、墙设后浇带时，后浇带体积单独计算列项。

（10）设计要求在混凝土板等构件浇捣中，采用复合高强薄型空心管时，其工程量应扣除管所占体积，项目特征应描述复合高强薄型空心管规格、数量。

（11）项目特征内的构件标高（如梁底标高、板底标高等）不需要对每个构件都注上标高和高度，只需选择关键部件注明，以便投标人选择垂直运输机械。

7.4.5.4 现浇混凝土楼梯

1. 工程量清单项目设置

现浇混凝土楼梯按直形、弧形两个项目设置，工程量清单项目设置及工程量计算规则，按表7.45执行。

表7.45　　现浇混凝土楼梯（编号：010506）

项目编码	项目名称	项目特征	计量单位	工程量计算规则	工程内容
010506001	直形楼梯	1. 混凝土强度等级； 2. 混凝土拌和料要求； 3. 底板厚度	m^2； m^3	1. 按设计图示尺寸以水平投影面积计算。不扣除宽度小于500mm的楼梯井，伸入墙内部分不计算； 2. 以“m^3”计量，按设计图示尺寸以体积计算	1. 模板及支架（撑）制作、安装、拆除、堆放、运输及清理模内杂物、刷隔离剂等； 2. 混凝土制作、运输、浇筑、振捣、养护
010506002	弧形楼梯				

2. 工程量清单项目的编制注意事项

（1）清单项目应明确楼梯的结构类型，楼梯底板厚度，梁式楼梯斜梁的断面应在项目特征中予以描述。

（2）直形楼梯与弧形楼梯相连者，直形、弧形应分别列项计算，如梯段直形仅平台处弧形的，按直形楼梯列项，清单应列出平台弧形板边长。

（3）整体楼梯（包括直形楼梯、弧形楼梯）按水平投影面积以“m^2”计算，应包括休息平台、平台梁、斜梁和楼梯与楼面的连接梁。当整体楼梯与现浇楼板无梯梁连接时，以楼梯的最后一个踏步边缘加300mm为界。

（4）楼梯工程量应扣除宽度大于50cm的楼梯井；梯段、平台板、梁伸入墙内部分不另计算，楼梯基础、梯柱、栏板、扶手另行编码列项。

（5）计算清单工程量时扶手、压顶长度应包括伸入墙内的长度。

7.4.5.5 现浇混凝土其他构件

1. 工程量清单编制

项目设置、项目特征描述的内容、计量单位及工程量计算规则应按表7.46的规定执行。

表 7.46　　现浇混凝土其他构件（编号：010507）

项目编码	项目名称	项目特征	计量单位	工程量计算规则	工作内容
010507001	散水、坡道	1. 垫层材料种类、厚度； 2. 面层厚度； 3. 混凝土种类； 4. 混凝土强度等级； 5. 变形缝填塞材料种类	m^2	按设计图示尺寸以水平投影面积计算。不扣除单个≤0.3m^2 的孔洞所占面积	1. 地基夯实； 2. 铺设垫层； 3. 混凝土制作、运输、浇筑、振捣、养护； 4. 变形缝填塞
010507002	室外地坪	1. 地坪厚度； 2. 混凝土强度等级			
010507003	电缆沟地沟	1. 土壤类别； 2. 沟截面净空尺寸； 3. 垫层材料种类、厚度； 4. 混凝土种类； 5. 混凝土强度等级； 6. 防护材料种类	m	按设计图示以中心线长度计算	1. 挖填、运土石方； 2. 铺设垫层； 3. 混凝土制作、运输、浇筑、振捣、养护； 4. 刷防护材料
010507004	台阶	1. 踏步高、宽； 2. 混凝土种类； 3. 混凝土强度等级	m^2； m^3	1. 以“m^2”计量，按设计图示尺寸水平投影面积计算； 2. 以“m^3”计量，按设计图示尺寸以体积计算	1. 模板及支撑制作、安装、拆除、堆放、运输及清理模内杂物、刷隔离剂等； 2. 混凝土制作、运输、浇筑、振捣、养护
010507005	扶手、压顶	1. 断面尺寸； 2. 混凝土种类； 3. 混凝土强度等级	m； m^3	1. 以“m”计量，按设计图示的中心线延长米计算； 2. 以“m^3”计量，按设计图示尺寸以体积计算	
010507006	钢筋混凝土化粪池	1. 土壤类别； 2. 型号及有效容积； 3. 垫层材料种类、厚度； 4. 盖板安装； 5. 防潮层材料种类； 6. 面层厚度、砂浆配合比； 7. 混凝土强度等级； 8. 防水、抗渗要求	m^3； 座	1. 以“m^3”计量，按设计图示尺寸以体积计算； 2. 以“座”计量，按设计图示数量计算	1. 土方挖运填； 2. 铺设垫层； 3. 混凝土制作、运输、浇筑、振捣、养护； 4. 模板及支撑制作、安装、拆除、堆放、运输及清理模内杂物、刷隔离剂等； 5. 池底、壁抹灰； 6. 抹防潮层； 7. 盖板制作安装； 8. 钢筋制作安装； 9. 材料运输

续表

项目编码	项目名称	项目特征	计量单位	工程量计算规则	工作内容
010507007	其他构件	1. 构件的类型； 2. 构件规格； 3. 部位； 4. 混凝土种类； 5. 混凝土强度等级	m^3	按设计图示尺寸以体积计算	混凝土制作、运输、浇筑、振捣、养护

2. 编制注意事项

（1）现浇混凝土小型池槽、垫块、门框等，应按其他构件项目编码列项。

（2）架空式混凝土台阶，按现浇楼梯计算。

（3）现浇混凝土小型池槽、压顶、扶手、垫块、台阶、门框等应按“其他构件”项目编码列项。

（4）台阶工程量按水平投影面积以“m^2”计算，台阶的垫层应包括在台阶项目内。

（5）标准设计的洗涤槽可以按延长米计算，双面洗涤槽工程量以单面长度乘以2计算。

（6）混凝土散水面积按外墙中心线长度乘宽度计算，不扣除每个长度在5m以内的踏步或斜坡；散水边混凝土明沟长度按外墙中心线计算。

（7）地沟、电缆沟内空断面大于$0.4m^2$时，应对沟底、沟壁、沟顶的尺寸予以描述，也可以以第五级编码为另列项。

（8）电缆沟、地沟需抹灰时，应包括在报价内。

【例7.15】 如图7.6所示，计算现拌现浇混凝土C25台阶的工程量及工程量清单编制。

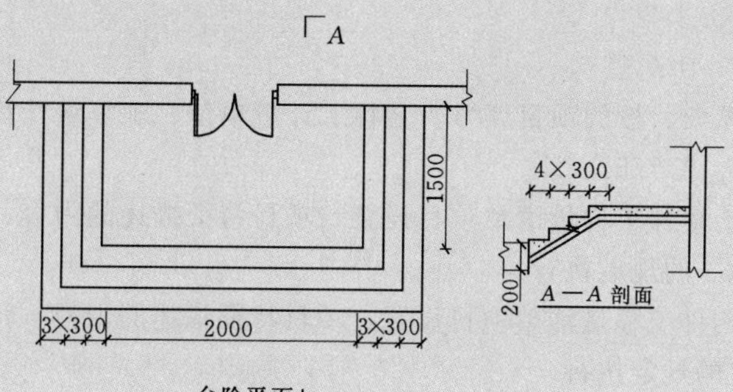

图7.6 ［例7.15］图（单位：mm）

解： 按照工程量计算规则，台阶工程量可按水平投影面积计算：

$$S_1=2\times1.5\times3\times0.3+(2.0+2\times3\times0.3)\times3\times0.3=6.12(m^2)$$

$$S_2=2\times0.3\times1.5+(2.0-2\times0.3)\times0.3=1.32(m^2)$$

$$S=S_1+S_2=6.12+1.32=7.44(m^2)$$

计算式中S_1为台阶的踏步水平投影面积，S_2为最上层踏步外沿300mm水平投影面积。

工程量清单列表见表 7.47。

表 7.47　　分部分项工程量清单

项目编号	项目名称	项　目　特　征	计量单位	工程数量
010507004001	台阶	现拌现浇混凝土 C25，踏步高 200mm、宽 300mm	m^2	7.44

7.4.5.6　混凝土后浇带

(1)“后浇滞”项目适用于梁、墙、板的后浇带。

(2) 工程量计算规则、清单项目特征、工程量计算规则见表 7.48。

表 7.48　　后浇带（编码：010508）

项目编码	项目名称	项目特征	计量单位	工程量计算规则	工作内容
010508001001	后浇带	1. 混凝土种类； 2. 混凝土强度等级	m^3	按设计图示尺寸以体积计算	混凝土制作、运输、浇筑、振捣、养护及混凝土交接面、钢筋等的清理

(3) 编制注意事项。

1) 梁、板（厚度分 20cm 以内，以上)、墙的后浇带分别列项计算。

2) 地下室及基础底板后浇带按相应基础项目编码列项计算。

3) 设计对后浇带的有关构造要求（如接缝处的处理，止水带的埋设等)，应在清单项目特征中描述。编制清单时，应在项目特征中增加“部位”的描述内容。

7.4.5.7　预制混凝土工程

1. 工程量清单项目设置

(1) 柱、梁、屋架、板的项目编号、名称、计量单位、工程量计算规则及项目特征和工程内容见表 7.49～表 7.52。

(2) 预制混凝土楼梯工程量清单项目设置、项目特征描述的内容、计量单位及工程量计算规则应按表 7.53 的规定执行。

(3) 其他预制构件工程量清单项目设置、项目特征描述的内容、计量单位及工程量计算规则应按表 7.54 的规定执行。

表 7.49　　预制混凝土柱（编号：010509）

项目编码	项目名称	项目特征	计量单位	工程量计算规则	工作内容
010509001	矩形柱	1. 图代号； 2. 单件体积； 3. 安装高度； 4. 混凝土强度等级； 5. 砂浆（细石混凝土）强度等级、配合比	m^3； 根	1. 以“m^3”计量，按设计图示尺寸以体积计算； 2. 以“根”计量，按设计图示尺寸以数量计算	1. 模板制作、安装、拆除、堆放、运输及清理模内杂物、刷隔离剂等； 2. 混凝土制作、运输、浇筑、振捣、养护； 3. 构件运输、安装； 4. 砂浆制作、运输； 5. 接头灌缝、养护
010509002	异形柱				

表 7.50 预制混凝土梁（编号：010510）

项目编码	项目名称	项目特征	计量单位	工程量计算规则	工作内容
010510001	矩形梁	1. 图代号； 2. 单件体积； 3. 安装高度； 4. 混凝土强度等级； 5. 砂浆（细石混凝土）强度等级、配合比	m^3； 根	1. 以“m^3”计量，按设计图示尺寸以体积计算； 2. 以“根”计量，按设计图示尺寸以数量计算	1. 模板制作、安装、拆除、堆放、运输及清理模内杂物、刷隔离剂等； 2. 混凝土制作、运输、浇筑、振捣、养护； 3. 构件运输、安装； 4. 砂浆制作、运输； 5. 接头灌缝、养护
010510002	异形梁				
010510003	过梁				
010510004	拱形梁				
010510005	鱼腹式吊车梁				
010510006	其他梁				

表 7.51 预制混凝土屋架（编号：010511）

项目编码	项目名称	项目特征	计量单位	工程量计算规则	工作内容
010511001	折线型	1. 图代号； 2. 单件体积； 3. 安装高度； 4. 混凝土强度等级； 5. 砂浆（细石混凝土）强度等级、配合比	m^3； 榀	1. 以“m^3”计量，按设计图示尺寸以体积计算； 2. 以榀计量，按设计图示尺寸以数量计算	1. 模板制作、安装、拆除、堆放、运输及清理模内杂物、刷隔离剂等； 2. 混凝土制作、运输、浇筑、振捣、养护
010511002	组合				
010511003	薄腹				
010511004	门式刚架				
010511005	天窗架				

表 7.52 预制混凝土板（编号：010512）

项目编码	项目名称	项目特征	计量单位	工程量计算规则	工作内容
010512001	平板	1. 图代号； 2. 单件体积； 3. 安装高度； 4. 混凝土强度等级； 5. 砂浆（细石混凝土）强度等级、配合比	m^3； 块	1. 以“m^3”计量，按设计图示尺寸以体积计算。不扣除单个面积≤300mm×300mm的孔洞所占体积，扣除空心板空洞体积； 2. 以“块”计量，按设计图示尺寸以数量计算	1. 模板制作、安装、拆除、堆放、运输及清理模内杂物、刷隔离剂等； 2. 混凝土制作、运输、浇筑、振捣、养护； 3. 构件运输、安装； 4. 砂浆制作、运输； 5. 接头灌缝、养护
010512002	空心板				
010512003	槽形板				
010512004	网架板				
010512005	折线板				
010512006	带肋板				
010512007	大型板				

续表

项目编码	项目名称	项目特征	计量单位	工程量计算规则	工作内容
010512008	沟盖板、井盖板、井圈	1. 单件体积； 2. 安装高度； 3. 混凝土强度等级； 4. 砂浆强度等级、配合比	m^3； 块（套）	1. 以“m^3”计量，按设计图示尺寸以体积计算； 2. 以“块”计量，按设计图示尺寸以数量计算	1. 模板制作、安装、拆除、堆放、运输及清理模内杂物、刷隔离剂等； 2. 混凝土制作、运输、浇筑、振捣、养护； 3. 构件运输、安装； 4. 砂浆制作、运输； 5. 接头灌缝、养护

表 7.53　预制混凝土楼梯（编号：010513）

项目编码	项目名称	项目特征	计量单位	工程量计算规则	工作内容
010513001	楼梯	1. 楼梯类型； 2. 单件体积； 3. 混凝土强度等级； 4. 砂浆（细石混凝土）强度等级	m^3； 段	1. 以“m^3”计量，按设计图示尺寸以体积计算。扣除空心踏步板空洞体积； 2. 以“段”计量，按设计图示数量计算	1. 模板制作、安装、拆除、堆放、运输及清理模内杂物、刷隔离剂等； 2. 凝土制作、运输、浇筑、振捣、养护； 3. 构件运输、安装； 4. 砂浆制作、运输； 5. 接头灌缝、养护

表 7.54　其他预制构件（编号：010514）

项目编码	项目名称	项目特征	计量单位	工程量计算规则	工作内容
010514001	垃圾道、通风道、烟道	1. 单件体积； 2. 混凝土强度等级； 3. 砂浆强度等级	m^3； m^2； 段（块、套）； m	1. 以“m^3”计量，按设计图示尺寸以体积计算。不扣除单个面积 ≤ 300mm × 300mm 的孔洞所占体积，扣除烟道、垃圾道、通风道的孔洞所占体积； 2. 以“m^2”计量，按设计图示尺寸以面积计算。不扣除单个面积 ≤ 300mm × 300mm 的孔洞所占面积； 3. 以“根”计量，按设计图示尺寸以数量计算； 4. 以“m”计量，按设计图示尺寸以长度计算	1. 模板制作、安装、拆除、堆放、运输及清理模内杂物、刷隔离剂等； 2. 凝土制作、运输、浇筑、振捣、养护； 3. 构件运输、安装； 4. 砂浆制作、运输； 5. 接头灌缝、养护
010514002	其他构件	1. 单件体积； 2. 构件的类型； 3. 混凝土强度等级； 4. 砂浆强度等级			
Z010514003	排烟帽、排气帽	1. 构件材质； 2. 安装要求	只	按设计图示数量计算	1. 构件制作、运输； 2. 构件安装； 3. 接头灌缝、养护

2. 编制注意事项

(1) 预制构件清单项目设置没有区别构件制作工艺，如设计为预应力构件，项目清单特征应予以注明。

(2) 以“根、榀、块、套”计量，必须描述单件体积。

(3) 不带肋的预制遮阳板、雨逢板、挑檐板、拦板等，应按本表平板项目编码列项。

(4) 预制F形板、双T形板、单肋板和带反挑檐的雨逢板、挑檐板、遮阳板等，应按本表带肋板项目编码列项。

(5) 预制大型墙板、大型楼板、大型屋面板等，按本表中大型板项目编码列项。

(6) 预制柱的类型应按矩形柱、工形柱、空腹双肢柱、空心柱等分别予以描述。

(7) 预制梁除按形状类型划分以外，还应按照作用予以区别，如：基础梁、吊车梁（一般T形）、托架梁、圈过梁等，应按第五级编码予以分别列项。

(8) 屋架中的钢栏杆制作应按《房屋建筑与装饰工程工程量计算规范》(GB 50854—2013) 附录F金属结构工程的支撑项目编码列项，但钢栏杆的运输、安装包括在混凝土构件中。

(9) 预制钢筋混凝土小型池槽、压顶、扶手、垫块、隔热板、花格等，按本表中其他构件项目编码列项。

(10) 项目特征内的构件安装高度，不需要每个构件都予以描述，只需选择关键部件注明，以便投标人选择吊装机械。但如檐高在20m以内，而安装高度超过20m的构件，必须在项目清单中描述。

(11) 施工现场对构件吊装机械回转半径、构件就位距离有限制条件的，在清单中或编制说明中应有一定措施和提示。

(12) 预制构件清单工程量不体现构件的制作、运输、安装损耗，应在计价中考虑。

(13) 清单项目中不体现预制构件的吊装机械，需发生的机械（如履带式起重机、轮胎式起重机、塔式起重机等）进退场和安拆费不包括在分部分项项目工程清单内，应列入措施项目清单。

(14) 有相同截面、长度的预制混凝土柱、梁的工程量可按根数计算；同类型、相同跨度的预制混凝土屋架的工程量可按榀数计算；同类型、相同构件尺寸的预制混凝土板、沟盖板等工程量可按块数计算，混凝土井圈、井盖板的工程量可按套数计算。

(15) 预制混凝土构件或预制钢筋混凝土构件，如施工图设计标注做法见标准图集时，项目特征注明标准图集的编码、页号及节点大样即可。

(16) 预制混凝土及钢筋混凝土构件，本规范按现场制作编制项目，工作内容中包括模板制作、安装、拆除，不再单列，钢筋按预制构件钢筋项目编码列项。若是成品构件，钢筋和模板工程均不再单列，综合单价中包括钢筋和模板的费用。

【例 7.16】 某房建工程中的PC叠合楼板工程量清单见表7.55。

按照计价确定的报价方案：二类人工按139元/工日，三类人工按159元/工日，电焊条4.83元/kg，钢支撑4.05元/kg，零星卡具6.0元/kg，C30PC叠合楼板2978元/m^3，交流弧焊机74.757元/台班，其余材料、机械台班市场信息价格同浙江省2018房

表 7.55　　PC叠合楼板工程量清单

编码	项目名称	项目特征	计量单位	数量
Z010518006002	PC叠合楼板	1. 混凝土强度等级：C30； 2. 钢筋种类：HRB400级 三级钢； 3. 钢筋规格：6～32mm（其中箍筋为6～16mm）； 4. 钢筋含量：暂定150kg/m³； 5. 含镀锌预埋件及桁架筋； 6. 支模高度3.6m以内； 7. PC叠合板含制作（混凝土、钢筋、模板等）、运输、安装、加固灌浆等一切费用	m³	487.65

屋建筑与装饰工程预算定额取定价；管理费费率、利润分别以定额人工、定额机械费之和为基数按18.23%、8.91%计取。计算PC叠合楼板投标报价的综合单价。

解：（1）PC叠合楼板套定额5－196：

人工费＝2.042×159＝324.68(元/m³)　（定额人工费＝316.51元/m³）

材料费＝115.947＋(4.83－4.74)×0.61＋(4.05－3.97)×3.985＋(6.0－5.88)×3.731＋1.005×2978＝3109.66(元/m³)

机械费＝0.0581×74.757＝4.34(元/m³)　（定额机械费＝5.394元/m³）

企管费＝(定额人工费＋定额机械费)×费率＝(316.51＋5.394)×18.23%＝58.68(元/m³)

利润＝(定额人工费＋定额机械费)×费率＝(316.51＋5.394)×8.91%＝28.68(元/m³)

（2）投标报价综合单价计算详见表7.56。

表 7.56　　综合单价计算表

编号	名称	计量单位	数量	综合单价/元					
				人工费	材料费	机械费	管理费	利润	小计
Z010518006001	PC叠合楼板	m³	559.05	324.68	3109.66	4.34	58.68	28.68	3526.04
5－196	装配式混凝土叠合板	m³	559.05	324.68	3109.66	4.34	58.68	28.68	3526.04

7.4.5.8　钢筋工程和预埋螺栓、铁件

1. 工程量清单

（1）钢筋工程量清单项目按构件性质、钢种及工艺等划分列项，工程量清单项目设置及工程量计算规则见表7.57。

（2）现浇、预制构件普通钢筋制作安装应区别：冷拔钢丝绑扎，点焊网片，圆钢、螺纹钢、冷轧带肋钢筋，桩基础钢筋笼圆钢、螺纹钢；地下连续墙钢筋网片制作、安装。

（3）先张法预应力钢应区别：冷拔钢丝、粗钢筋。

（4）后张法预应力钢应区别：粗钢筋、钢丝束（钢绞线），有黏结钢丝束，无黏结钢绞线。

（5）钢筋连接方向按竖向连接、水平连接等不同分别编码列项。

表 7.57 钢筋工程（编号：010515）

项目编码	项目名称	项目特征	计量单位	工程量计算规则	工作内容
010515001	现浇构件钢筋	钢筋种类、规格	t	按设计图示钢筋（网）长度（面积）乘单位理论质量计算	1. 钢筋笼制作、运输； 2. 钢筋笼安装； 3. 焊接（绑扎）
010515002	预制构件钢筋				
010515003	钢筋网片				
010515004	钢筋笼				
010515005	先张法预应力钢筋	1. 钢筋种类、规格； 2. 锚具种类		按设计图示钢筋长度乘单位理论质量计算	1. 钢筋制作、运输； 2. 钢筋张拉
010515006	后张法预应力钢筋	1. 钢筋种类、规格； 2. 钢丝种类、规格； 3. 钢绞线种类、规格； 4. 锚具种类； 5. 砂浆强度等级		按设计图示钢筋（丝束、绞线）长度乘单位理论质量计算： 1. 低合金钢筋两端均采用螺杆锚具时，钢筋长度按孔道长度减 0.35m 计算，螺杆另行计算； 2. 低合金钢筋一端采用镦头插片、另一端采用螺杆锚具时，钢筋长度按孔道长度计算，螺杆另行计算； 3. 低合金钢筋一端采用镦头插片、另一端采用帮条锚具时，钢筋增加 0.15m 计算；两端均采用帮条锚具时，钢筋长度按孔道长度增加 0.3m 计算； 4. 低合金钢筋采用后张混凝土自锚时，钢筋长度按孔道长度增加 0.35m 计算； 5. 低合金钢筋（钢绞线）采用 JM、XM、QM 型锚具，孔道长度≤20m 时，钢钢筋长度增加 1m 计算，孔道长度>20m 时，钢筋长度增加 1.8m 计算； 6. 碳素钢丝采用用锥形锚具，孔道长度≤20m 时，钢丝束长度按孔道长度增加 1m 计算，孔道长度>20m 时，钢筋束长度增加 1.8m 计算； 7. 碳素钢丝采用镦头锚具时，钢丝束长度按孔道长度增加 0.35m 计算	1. 钢筋、钢丝、钢绞线制作、运输； 2. 钢筋、钢丝、钢绞线安装； 3. 预埋管孔道铺设； 4. 锚具安装； 5. 砂浆制作、运输； 6. 孔道压浆、养护
010515007	预应力钢丝				
010515008	预应力钢绞线				
010515009	支撑钢筋（铁马）	1. 钢筋种类； 2. 规格		按钢筋长度乘单位理论质量计算	钢筋制作、焊接、安装
010515010	声测管	1. 材质； 2. 规格型号		按设计图示尺寸以质量计算	1. 检测管截断、封头； 2. 套管制作、焊接； 3. 定位、固定
Z010515011	钢筋连接	1. 钢筋类型、规格； 2. 连接方向	个	按数量计算	1. 接头清理； 2. 挤压、焊接； 3. 套丝、套筒连接

2. 预埋铁件和预埋螺栓

工程量清单项目设置及工程量计算规则按表 7.58 的规定执行。

表 7.58　　螺栓、铁件（编号：010516）

项目编码	项目名称	项目特征	计量单位	工程量计算规则	工作内容
010516001	螺栓	螺栓种类、规格	t	按设计图示尺寸以质量计算	1. 螺栓、铁件制作、运输； 2. 螺栓、铁件安装
010516002	预埋铁件	1. 钢材种类、规格； 2. 铁件尺寸			
010516003	机械连接	1. 连接方式； 2. 螺纹套筒种类； 3. 规格	个	按数量计算	1. 钢筋套丝； 2. 套筒连接
Z010516004	化学螺栓	1. 规格、型号； 2. 埋设深度； 3. 锚固胶品种、型号	个（套）	按设计图示数量计算	1. 钻孔、清孔； 2. 注胶； 3. 安放螺栓

3. 编制注意事项

（1）现浇或预制混凝土和钢筋混凝土构件，不扣除构件内钢筋、螺栓、预埋铁件、张拉孔道所占体积，但应扣除劲性骨架的型钢所占体积。

（2）清单规范规定了现浇构件中的钢筋除设计（包括规范规定）标明的搭接外，其他施工搭接不计算工程量，在综合单价中综合考虑。对于现浇构件中因定尺长度引起的钢筋连接，应按以下原则处理：

1）如设计图纸注明的按设计有关规定计算；设计图纸未注明的，钢筋直径大于 18mm 的按焊接或机械连接考虑，其余均按绑扎考虑，钢筋搭接工程量并入清单钢筋工程量。

2）按焊接或机械连接考虑时，应计算接头数量，并按“钢筋接头（省补）”项目编制清单。

3）设计要求螺纹钢作为箍筋时，应对该部分钢筋单独编码列项并计算工程量。

（3）砌体内的加筋、屋面（或楼面）细石混凝土找平层内的钢筋制作、安装，按现浇混凝土钢筋或钢筋网片编码列项。

7.4.6　附录 F：金属结构工程

金属结构工程项目按，包括“钢网架”“钢屋架、钢托架、钢桁架、钢桥架”“钢柱”“钢梁”“钢板楼板、墙板”“钢构件”“金属制品”，共 7 节 31 个项目。

7.4.6.1　钢网架、钢屋架、钢托架、钢桁架、钢桥架

1. 适用范围

（1）“钢屋架”项目适用于一般钢屋架和轻钢屋架、冷弯薄壁型钢屋架。

（2）“钢网架”项目适用于一般钢网架和不锈钢网架。

（3）“实腹柱”项目适用于实腹钢柱和实腹式型钢混凝土柱。

（4）“空腹柱”项目适用于空腹钢柱和空腹型钢混凝土柱。

（5）“钢管柱”项目适用于钢管柱和钢管混凝土柱。

(6)“钢梁”项目适用于钢梁和实腹式型钢混凝土梁、空腹式型钢混凝土梁。

(7)“钢吊车梁”项目适用于钢吊车梁及吊车梁的制动梁、制动板、制动桁架。

2. 工程量清单

项目设置、项目特征描述、计量单位及工程量计算规则详见表7.59、表7.60。

表7.59 钢网架(编码:010601)

项目编码	项目名称	项目特征	计量单位	工程量计算规则	工作内容
010601001	钢网架	1. 钢材品种、规格; 2. 网架节点形式、连接方式; 3. 网架跨度、安装高度; 4. 探伤要求; 5. 防火要求	t	按设计图示尺寸以质量计算。不扣除孔眼的质量,焊条、铆钉、螺栓等不另增加质量	1. 拼装; 2. 安装; 3. 探伤; 4. 补刷油漆

表7.60 钢屋架、钢托架、钢桁架、钢桥架(编码:010602)

项目编码	项目名称	项目特征	计量单位	工程量计算规则	工作内容
010602001	钢屋架	1. 钢材品种、规格 2. 单榀质量; 3. 屋架跨度、安装高度; 4. 螺栓种类; 5. 探伤要求; 6. 防火要求	榀; t	1. 以“榀”计量,按设计图示数量计算; 2. 以“t”计量,按设计图示尺寸以质量计算。不扣除孔眼的质量,焊条、铆钉、螺栓等不另增加质量	1. 拼装; 2. 安装; 3. 探伤; 4. 补刷油漆
010602002	钢托架	1. 钢材品种、规格 2. 单榀质量 3. 安装高度 4. 螺栓种类 5. 探伤要求 6. 防火要求	t	按设计图示尺寸以质量计算。不扣除孔眼的质量,焊条、铆钉、螺栓等不另增加质量	
010602003	钢桁架				
010602004	钢桥架	1. 桥架类型; 2. 钢材品种、规格; 3. 单榀质量; 4. 安装高度; 5. 螺栓种类; 6. 探伤要求			

3. 编制注意事项

(1)钢网架不论节点形式(球形节点、板式节点等)和节点连接方式(焊接、丝接)等均使用该项目。

(2)螺栓种类指普通或高强。

(3)以榀计量,按标准图设计的应注明标准图代号,按非标准图设计的项目特征必须描述单榀屋架的质量。

(4)钢构件除了极少数外均按工厂成品化生产编制项目,对于刷油漆按两种方式处理:①若购置成品价不含油漆,单独按《房屋建筑与装饰工程工程量计算规范》(GB 50854—2013)附录P油漆、涂料、裱糊工程相关项目编码列项;②若购置成品价含油漆，“补刷油漆”适用于运输、安装过程造成油漆剐蹭。余同。

【例 7.17】 某图书馆项目中金属结构工程的钢网架工程量清单见表 7.61。

表 7.61 分部分项工程量清单

编码	项目名称	项 目 特 征	计量单位	数量
		0106 金属结构工程		
010601001001	钢网架	螺栓球钢网架安装，喷砂除锈；防腐防火：底漆二遍，红丹底漆，涂层厚度 60 微米，醇酸磁漆三遍，涂层厚度 120 微米，超薄型防火涂料，耐火极限 1.5 小时，运距由投标单位自行考虑报价（螺栓球钢网金属面 1866m^2）	t	31.102

按照计价确定的报价方案：运距按 5km 考虑，螺栓球钢网架市场信息价 4851 元/t，其余人工、材料、机械市场信息价格按浙江省 2018 房屋建筑与装饰工程预算定额取定价；管理费费率、利润分别以定额人工、定额机械费之和为基数按 13.49%、7.63% 计取。计算该清单项目钢网架工程的综合单价。

解： 1）螺栓球节点网架安装套定额 6－2：

$$人工费=763.38(元/t)$$

$$材料费=344.18+4851=5195.18(元/t)$$

$$机械费=294.17(元/t)$$

2）螺栓球节点网架喷砂除锈套定额 6－75：

$$人工费=124(元/t)$$

$$材料费=100.96(元/t)$$

$$机械费=10.91(元/t)$$

3）抛丸除锈套定额 6－119：

$$人工费=20(元/t)$$

$$材料费=77.07(元/t)$$

$$机械费=152.41(元/t)$$

4）红丹底漆套定额 14－111：

$$人工费=606.98(元/t)$$

$$材料费=115.75(元/t)$$

$$机械费=0(元/t)$$

5）醇酸磁漆 3 遍，套定额 14－112、14－113：

$$人工费=1167.46+606.98=1774.44(元/t)$$

$$材料费=319.06+159.47=478.53(元/t)$$

6）防火涂料套定额 14－119、14－120：

$$人工费=1249.46+468.72\times2=2186.9(元/t)$$

$$材料费=2565.06+883.88\times2=4332.82(元/t)$$

7）综合单价计算见表 7.62。

表 7.62　　钢网架工程综合单价计算表

项目编码（定额编码）	清单（定额）项目名称	计量单位	数量	综合单价/元					
				人工费	材料（设备）费	机械费	管理费	利润	小计
010601001001	钢网架	t	31.102	3628.20	8252.21	305.07	530.59	300.10	13016.17
6-2	螺栓球节点网架	t	31.102	763.38	5195.18	294.17	142.66	80.69	6476.08
6-75	喷砂除锈	t	31.102	124.00	100.96	10.90	18.20	10.29	264.35
14-111	金属面防锈漆一遍	100m²	18.66	606.98	115.75		81.88	46.31	850.92
14-112 换	金属面，醇酸漆，遍数 3 遍	100m²	18.66	1774.44	478.53		239.37	135.39	2627.73
14-119 换	防火涂料，耐火极限 2m 小时	100m²	18.66	2186.90	4332.82		295.01	166.86	6981.59

7.4.6.2　钢柱、钢梁、钢板楼板、墙板

1. 工程量清单

项目设置、项目特征描述、计量单位及工程量计算规则应按表 7.63～表 7.65 的规定执行。

表 7.63　　钢柱（编码：010603）

项目编码	项目名称	项目特征	计量单位	工程量计算规则	工作内容
010603001	实腹钢柱	1. 柱类型； 2. 钢材品种、规格； 3. 单根柱质量； 4. 螺栓种类； 5. 探伤要求； 6. 防火要求	t	按设计图示尺寸以质量计算。不扣除孔眼的质量，焊条、铆钉、螺栓等不另增加质量，依附在钢柱上的牛腿及悬臂梁等并入钢柱工程量内	1. 拼装； 2. 安装； 3. 探伤； 4. 补刷油漆
010603002	空腹钢柱				
010603003	钢管柱	1. 钢材品种、规格； 2. 单根柱质量； 3. 螺栓种类； 4. 探伤要求； 5. 防火要求		按设计图示尺寸以质量计算。不扣除孔眼的质量，焊条、铆钉、螺栓等不另增加质量，钢管柱上的节点板、加强环、内衬管、牛腿等并入钢管柱工程量内	1. 拼装； 2. 安装； 3. 探伤； 4. 补刷油漆

表 7.64　　钢梁（编码：010604）

项目编码	项目名称	项目特征	计量单位	工程量计算规则	工作内容
010604001	钢梁	1. 梁类型； 2. 钢材品种、规格； 3. 单根质量； 4. 螺栓种类； 5. 安装高度； 6. 探伤要求； 7. 防火要求	t	按设计图示尺寸以质量计算。不扣除孔眼的质量，焊条、铆钉、螺栓等不另增加质量，制动梁、制动板、制动桁架、车挡并入钢吊车梁工程量内	1. 拼装； 2. 安装； 3. 探伤； 4. 补刷油漆

续表

项目编码	项目名称	项目特征	计量单位	工程量计算规则	工作内容
010604002	钢吊车梁	1. 钢材品种、规格； 2. 单根质量； 3. 螺栓种类； 4. 安装高度； 5. 探伤要求； 6. 防火要求	t	按设计图示尺寸以质量计算。不扣除孔眼的质量，焊条、铆钉、螺栓等不另增加质量，制动梁、制动板、制动桁架、车挡并入钢吊车梁工程量内	1. 拼装； 2. 安装； 3. 探伤； 4. 补刷油漆

表 7.65　　钢板楼板、墙板（编码：010605）

项目编码	项目名称	项目特征	计量单位	工程量计算规则	工作内容
010605001	钢板楼板	1. 钢材品种、规格； 2. 钢板厚度； 3. 螺栓种类； 4. 防火要求	m^2	按设计图示尺寸以铺设水平投影面积计算。不扣除单个面积≤0.3m^2 柱、垛及孔洞所占面积	1. 拼装； 2. 安装； 3. 探伤； 4. 补刷油漆
010605002	钢板墙板	1. 钢材品种、规格； 2. 钢板厚度、复合板厚度； 3. 螺栓种类； 4. 复合板夹芯材料种类、层数、型号、规格； 5. 防火要求		按设计图示尺寸以铺挂展开面积计算。不扣除单个面积≤0.3m^2 的梁、孔洞所占面积，包角、包边、窗台泛水等不另加面积	

2. 编制注意事项

（1）螺栓种类指普通或高强。

（2）实腹钢柱类型指十字形、T 形、L 形、H 形等。

1）依附在实腹柱、空腹柱上的牛腿及悬臂梁等并入钢柱工程量内。

2）钢管柱上的节点板、加强环、内衬管、牛腿等并入钢管柱工程量内。

3）钢管混凝土柱的盖板、底板、穿心板、横隔板、加强环、明牛腿、暗牛腿应包括在报价内。

（3）空腹钢柱类型指箱形、格构等。

（4）型钢混凝土柱、梁、钢板楼板浇筑钢筋混凝土，其混凝土和钢筋应按规范附录 E 混凝土及钢筋混凝土工程中相关项目编码列项。

（5）梁类型指 H 形、L 形、T 形、箱形、格构式等。制动梁、制动板、制动桁架、车挡并入钢吊车梁工程量内。

（6）压型钢楼板按钢楼板项目编码列项。

（7）钢墙板项目包括墙架柱、墙架梁和连接铁件。

1）钢扶梯的重量应包括梯梁、踏步及依附于楼梯的扶手栏杆重量。

2）加工铁件等小型构件，应按表 7.66 中零星钢构件项目编码列项。

7.4.6.3　钢构件

《计价规范》中钢构件包括 13 个项目：钢支撑（钢拉条）、钢檩条、钢天窗架、钢挡风架、钢墙架、钢平台、钢走道、钢梯、钢护栏、钢漏斗、钢板天沟、钢支架、零星钢构件。浙江省补充“Z010606014 高强螺栓”项目。

表 7.66　　钢构件（编码：010606）

项目编码	项目名称	项目特征	计量单位	工程量计算规则	工作内容
010606001	钢支撑、钢拉条	1. 钢材品种、规格； 2. 构件类型； 3. 安装高度； 4. 螺栓种类； 5. 探伤要求； 6. 防火要求	t	按设计图示尺寸以质量计算，不扣除孔眼的质量，焊条、铆钉、螺栓等不另增加质量	1. 拼装； 2. 安装； 3. 探伤； 4. 补刷油漆
010606002	钢檩条	1. 钢材品种、规格； 2. 构件类型； 3. 单根质量； 4. 安装高度； 5. 螺栓种类； 6. 探伤要求； 7. 防火要求			
010606003	钢天窗架	1. 钢材品种、规格； 2. 单榀质量； 3. 安装高度； 4. 螺栓种类； 5. 探伤要求； 6. 防火要求			
010606004	钢挡风架	1. 钢材品种、规格； 2. 单榀质量； 3. 螺栓种类； 4. 探伤要求； 5. 防火要求			
010606005	钢墙架				
010606006	钢平台	1. 钢材品种、规格； 2. 螺栓种类； 3. 防火要求			
010606007	钢走道				
010606008	钢梯	1. 钢材品种、规格； 2. 钢梯形式； 3. 螺栓种类； 4. 防火要求			
010606009	钢护栏	1. 钢材品种、规格； 2. 防火要求			
010606010	钢漏斗	1. 钢材品种、规格； 2. 漏斗、天沟形式； 3. 安装高度； 4. 探伤要求		按设计图示尺寸以质量计算，不扣除孔眼的质量，焊条、铆钉、螺栓等不另增加质量，依附漏斗或天沟的型钢并入漏斗或天沟工程量内	
010606011	钢板天沟				
010606012	钢支架	1. 钢材品种、规格； 2. 单付重量； 3. 防火要求		按设计图示尺寸以质量计算，不扣除孔眼的质量，焊条、铆钉、螺栓等不另增加质量	
010606013	零星钢构件	1. 构件名称； 2. 钢材品种规格			
Z010606014	高强螺栓	1. 规格、型号； 2. 强度性能等级	个（套）	按设计图示数量计算	1. 定位； 2. 安装

1. 工程量清单

项目设置、项目特征描述、计量单位及工程量计算规则应按表 7.66 的规定执行。

2. 编制注意事项

（1）螺栓种类指普通或高强。

（2）钢墙架项目包括墙架柱、墙架梁和连接杆件。

（3）钢支撑、钢拉条类型指单式、复式；钢檩条类型指型钢式、格构式；钢漏斗形式指方形、圆形；天沟形式指矩形沟或半圆形沟。

（4）加工铁件等小型构件，应按零星钢构件项目编码列项。

（5）金属构件的切边，不规则及多边形钢板发生的损耗在综合单价中考虑。

（6）防火要求指耐火极限。

（7）钢构件需探伤（包括：射线探伤、超声波探伤、磁粉探伤、金相探伤、着色探伤、荧光探伤等）应包括在报价内。

（8）型钢混凝土柱、梁浇筑混凝土和压型钢板楼板上浇筑钢筋混凝土，混凝土和钢筋应按附录 E 中相关项目编码列项。

（9）钢构件的拼装台的搭拆和材料摊销应列入措施项目费。

（10）工程量清单编制时，应描述钢材品种、规格和不同钢种的比例。

7.4.6.4 金属制品

1. 工程量清单

清单项目设置、项目特征描述、计量单位及工程量计算规则按表 7.67 的规定执行。

表 7.67　金属制品（编码：010607）

项目编码	项目名称	项目特征	计量单位	工程量计算规则	工作内容
010607001	成品空调金属百页护栏	1. 材料品种、规格； 2. 边框材质	m^2	按设计图示尺寸以框外围展开面积计算	1. 安装； 2. 校正； 3. 预埋铁件及安螺栓
010607002	成品栅栏	1. 材料品种、规格； 2. 边框及立柱型钢品种、规格			1. 安装； 2. 校正； 3. 预埋铁件； 4. 安螺栓及金属立柱
010607003	成品雨篷	1. 材料品种、规格； 2. 雨篷宽度； 3. 晾衣杆品种、规格	m； m^2	1. 以“m”计量，按设计图示接触边以“m”计算； 2. 以“m^2”计量，按设计图示尺寸以展开面积计算	1. 安装； 2. 校正； 3. 预埋铁件及安螺栓
010607004	金属网栏	1. 材料品种、规格； 2. 边框及立柱型钢品种、规格	m^2	按设计图示尺寸以框外围展开面积计算	1. 安装； 2. 校正； 3. 安螺栓及金属立柱
010607005	砌块墙钢丝网加固	1. 材料品种、规格 2. 加固方式		按设计图示尺寸以面积计算	1. 铺贴； 2. 铆固
010607006	后浇带金属网				

2. 编制注意事项

(1) 抹灰钢丝网加固按本表中砌块墙钢丝加固项目编码列项。

(2) 钢构件的除锈刷漆应包括在报价内。

7.4.7　附录 G：木结构工程

木结构工程项目划分为木屋架、木构件、屋面木基层 3 节共 8 个项目。

1. 适用范围

(1)"木屋架"项目适用于各种方木、圆木屋架、圆木的钢木组合屋架。

(2)"木柱""木梁"项目适用于建筑物各部位的柱、梁。

(3)"木楼梯"项目适用于楼梯和爬梯。

(4)"其他木构件"项目适用于木楼地楞、封檐板、博风板等构件的制作、安装。

2. 工程量清单

木屋架、木构件、屋面木基层项目设置、项目特征描述、计量单位及工程量计算规则见表 7.68～表 7.70。

表 7.68　　木屋架（编码：010701）

项目编码	项目名称	项目特征	计量单位	工程量计算规则	工作内容
010701001	木屋架	1. 跨度； 2. 材料品种、规格； 3. 刨光要求； 4. 拉杆及夹板种类； 5. 防护材料种类	榀； m^3	1. 以"榀"计量，按设计图示数量计算； 2. 以"m^3"计量，按设计图示的规格尺寸以体积计算	1. 制作； 2. 运输； 3. 安装； 4. 刷防护材料
010701002	钢木屋架	1. 跨度； 2. 木材品种、规格； 3. 刨光要求； 4. 钢材品种、规格； 5. 防护材料种类	榀	以"榀"计量，按设计图示数量计算	

表 7.69　　木构件（编码：010702）

项目编码	项目名称	项目特征	计量单位	工程量计算规则	工作内容
010702001	木柱	1. 构件规格尺寸； 2. 木材种类； 3. 刨光要求； 4. 防护材料种类	m^3	按设计图示尺寸以体积计算	1. 制作； 2. 运输； 3. 安装； 4. 刷防护材料
010702002	木梁				
010702003	木檩		m^3； m	1. 按设计图示尺寸以体积计算； 2. 按设计图示尺寸以长度计算	
010702004	木楼梯	1. 楼梯形式； 2. 木材种类； 3. 刨光要求； 4. 防护材料种类	m^2	按设计图示尺寸以水平投影面积计算。不扣除宽度≤300mm 的楼梯井，伸入墙内部分不计算	
010702005	其他木构件	1. 构件名称； 2. 构件规格尺寸； 3. 木材种类； 4. 刨光要求； 5. 防护材料种类	m^3； m	1. 以"m^3"计量，按设计图示尺寸以体积计算； 2. 以"m"计量，按设计图示尺寸以长度计算	

表 7.70　　屋面木基层（编码：010703）

项目编码	项目名称	项目特征	计量单位	工程量计算规则	工作内容
010703001	屋面木基层	1. 椽子断面尺寸及椽距； 2. 望板材料种类、厚度； 3. 防护材料种类	m^2	按设计图示尺寸以斜面积计算。不扣除房上烟囱、风帽底座、风道、小气窗、斜沟等所占面积。小气窗的出檐部分不增加面积	1. 椽子制作、安装； 2. 望板制作、安装； 3. 顺水条和挂瓦条制作、安装； 4. 刷防护材料

3. 编制注意事项

（1）屋架的跨度应以上、下弦中心线两交点之间的距离计算。

（2）带气楼的屋架和马尾、折角以及正交部分的半屋架，按相关屋架项目编码列项。

（3）木屋架、钢木屋架以榀计量，按标准图设计，项目特征必须标注标准图代号，应对每榀屋架的材料体积描述。按非标准图设计的项目特征必须按上表要求予以描述。

（4）木楼梯的栏杆（栏板）、扶手，应按《房屋建筑与装饰工程工程量计算规范》（GB 50584—2013）附录 Q 中的相关项目编码列项。

（5）木檩、其他木构件以“m”计量时，项目特征必须描述构件规格尺寸。

（6）木屋架、木构件及屋面木基层“刷油漆”，按《房屋建筑与装饰工程工程量计算规范》附录 P 油漆、涂料、裱糊工程相应编码列项。

（7）原木构件设计规定梢径时，应按原木材积表计算体积。

（8）设计规定使用干燥木材时，干燥损耗及干燥费应包括在报价内。

（9）木材的出材率应包括在报价内。

（10）木结构有防虫要求时，防虫药剂应包括在报价内。

7.4.8　附录 H：门窗工程

7.4.8.1　门清单项目

1. 项目划分

按材质分为木门、金属门、金属卷闸（帘）门、厂库房大门、特种门、其他门，将金属平开门、金属推拉门、金属地弹门、全玻门（带金属扇框）、金属半玻门（带扇框）、塑钢门综合归并为“金属（塑钢）门”项目。

2. 工程量清单编制

（1）木门工程量清单项目设置、项目特征描述、计量单位及工程量计算规则应按表 7.71 的规定执行。

（2）金属门。工程量清单项目设置、项目特征描述、计量单位及工程量计算规则应按表 7.74 的规定执行。

（3）金属卷帘（闸）门。工程量清单项目设置、项目特征描述、计量单位及工程量计算规则应按表 7.75 的规定执行。

（4）厂库房大门、特种门。工程量清单项目设置、项目特征描述、计量单位及工程量计算规则应按表 7.76 的规定执行。

表 7.71　　**木门（编码：010801）**

项目编码	项目名称	项目特征	计量单位	工程量计算规则	工作内容
010801001	木质门	1. 门代号及洞口尺寸； 2. 镶嵌玻璃品种、厚度	樘； m^2	1. 以"樘"计量，按设计图示数量计算； 2. 以"m^2"计量，按设计图示洞口尺寸以面积计算	1. 门安装； 2. 玻璃安装； 3. 五金安装
010801002	木质门带套				
010801003	木质连窗门				
010801004	木质防火门				
010801005	木门框	1. 门代号及洞口尺寸； 2. 框截面尺寸； 3. 防护材料种类	樘； m	1. 以"樘"计量，按设计图示数量计算； 2. 以"m"计量，按设计图示框的中心线长度计算	1. 木门框制作、安装； 2. 运输； 3. 刷防护材料
010801006	门锁安装	1. 锁品种； 2. 锁规格	个 （套）	按设计图示数量计算	安装

注 1. 木质门应区分镶板木门、企口木板门、实木装饰门、胶合板门、夹板装饰门、木纱门、全玻门（带木质扇框）、木质半玻门（带木质扇框）等项目，分别编码列项。

2. 木门五金应包括：折页、插销、门碰珠、弓背拉手、搭机、木螺丝、弹簧折页（自动门）、管子、拉手（自由门、地弹门）、地弹簧（地弹门）、角铁、门轧头（地弹门、自由门）等。

3. 木质门带套计量按洞口尺寸以面积计算，不包括门套的面积。

4. 以"樘"计量，项目特征必须描述洞口尺寸；以"m^2"计量，项目特征可不描述洞口尺寸。

5. 单独制作安装木门框按木门框项目编码列项。

【例 7.18】 某工程设计木质乙级防火门 M2021 平开，40 樘，安装门锁、闭门器（明装）、顺位器等五金，聚酯清漆 3 遍。按清单计价规范编制工程量清单。

根据木质防火门项目清单计算规则可以按设计图示数量以樘计量，也可以按设计图示洞口尺寸以面积计算，40 樘每樘门面积 $2.0\times2.1=4.20\times40=168(m^2)$。工程清单详见表 7.72。

表 7.72　　**木质乙级防火门工程清单**

序号	项目编码	项目名称	项　目　特　征	计量单位	工程数量
1	010801004001	木质防火门	平开木质乙级防火门 M2021，40 樘，安装闭门器（明装）、顺位器等五金，聚酯清漆 3 遍	m^2	168
2	010801006001	门锁安装	执手单开门锁，经消防部门认可	套	40

市场调研后报价方案：三类人工 185 元/工日，木质乙级防火门 470 元/m^2，聚酯清漆 24 元/kg，其余材料、机械台班单价按定额计取，管理费费率、利润分别以定额人工、定额机械费之和为基数按 19.5%、8.5%计取。计算木质防火门综合单价。

解：（1）人工费、材料费、机械费计算。

1）木质防火门安装套定额 8－37：

人工费$=19.867\times185=3675.40$(元/100m^2)　［定额人工费$=3079.39$(元/100m^2)］

材料费＝38778.43＋(470－388)×98.25＝46834.92(元/100m^2)

机械费＝0(元)

2）明装闭门器套定额 8－186：

人工费＝0.788×185＝145.78(元/10 个)　(定额人工费＝122.14 元/10 个)

材料费＝853.25(元/10 个)

机械费＝0(元)

3）顺位器安装套定额 8－188 换：

人工费＝0.788×185＝145.78(元/10 个)　　(定额人工费＝122.14 元/10 个)

材料费＝165.44(元/10 个)

机械费＝0(元)

4）单层木门，聚酯清漆，三遍套定额 14－1 换：

人工费＝19.638×185＝3633.03(元/100m^2)　[定额人工费＝3043.89(元/100m^2)]

材料费＝1373.27＋(24－16.81)×62.28＝1821.06(元/100m^2)

机械费＝0(元)

(2) 企管费、利润计算：

企管费＋利润＝(人工费＋机械费)×费率

＝(3079.39×168/100＋122.14×80/10＋122.14×40/10＋3043.89×168/100)(19.5%＋8.5%)

＝3290.78(元)

(3) 综合单价计算：

综合单价＝[(3675.40＋46834.92)/100×168＋(145.78＋853.25)/10×80＋(145.78＋165.44)/10×40＋(3633.03＋1821.06)/100×168＋3290.78]/168＝634.22(元/m^2)

(4) 列表计算综合单价见表 7.73。

表 7.73　　木质乙级防火门综合单价计算表

项目编码（定额编码）	清单（定额）项目名称	计量单位	数量	综合单价/元					
				人工费	材料（设备）费	机械费	管理费	利润	小计
010801004001	木质防火门	m^2	168	83.50	531.13		13.64	5.95	634.22
8－37	木质防火门安装	100m^2	1.68	3675.40	46834.92		600.48	261.75	51372.55
8－186	闭门器明装	10 个	8	145.78	853.25		23.82	10.38	1033.23
8－188	顺位器	10 个	4	145.78	165.44		23.82	10.38	345.42
14－1	单层木门聚酯清漆 3 遍	100m^2	1.68	3633.03	1821.06		593.56	258.73	6306.38

表 7.74　　金属门（编码：010802）

项目编码	项目名称	项目特征	计量单位	工程量计算规则	工作内容
010802001	金属(塑钢)门	1. 门代号及洞口尺寸； 2. 门框或扇外围尺寸； 3. 门框、扇材质； 4. 玻璃品种、厚度	樘； m^2	1. 以“樘”计量，按设计图示数量计算； 2. 以“m^2”计量，按设计图示洞口尺寸以面积计算	1. 门安装； 2. 五金安装； 3. 玻璃安装
010802002	彩板门	1. 门代号及洞口尺寸； 2. 门框或扇外围尺寸			
010802003	钢质防火门	1. 门代号及洞口尺寸； 2. 门框或扇外围尺寸； 3. 门框、扇材质			
010802004	防盗门				1. 门安装； 2. 五金安装

注 1. 金属门应区分金属平开门、金属推拉门、金属地弹门、全玻门（带金属扇框）、金属半玻门（带扇框）等项目，分别编码列项。

2. 铝合金门五金包括：地弹簧、门锁、拉手、门插、门铰、螺丝等。

3. 其他金属门五金包括 L 型执手插锁（双舌）、执手锁（单舌）、门轨头、地锁、防盗门机、门眼（猫眼）、门碰珠、电子锁（磁卡锁）、闭门器、装饰拉手等。

4. 以“樘”计量，项目特征必须描述洞口尺寸，没有洞口尺寸必须描述门框或扇外围尺寸；以“m^2”计量，项目特征可不描述洞口尺寸及框、扇的外围尺寸。

5. 以“m^2”计量，无设计图示洞口尺寸，按门框、扇外围以面积计算。

表 7.75　　金属卷帘（闸）门（编码：010803）

项目编码	项目名称	项目特征	计量单位	工程量计算规则	工作内容
010803001	金属卷帘（闸）门	1. 门代号及洞口尺寸； 2. 门材质； 3. 启动装置品种、规格	樘； m^2	1. 以“樘”计量，按设计图示数量计算； 2. 以“m^2”计量，按设计图示洞口尺寸以面积计算	1. 门运输、安装； 2. 启动装置、活动小门、五金安装
010803002	防火卷帘（闸）门				

注　以樘计量，项目特征必须描述洞口尺寸，以“m^2”计量，项目特征可不描述洞口尺寸。

表 7.76　　厂库房大门、特种门（编码：010804）

项目编码	项目名称	项目特征	计量单位	工程量计算规则	工作内容
010804001	木板大门	1. 门代号及洞口尺寸； 2. 门框或扇外围尺寸； 3. 门框、扇材质； 4. 五金种类、规格； 5. 防护材料种类	樘； m^2	1. 以“樘”计量，按设计图示数量计算； 2. 以“m^2”计量，按设计图示洞口尺寸以面积计算	1. 门（骨架）制作、运输； 2. 门、五金配件安装； 3. 刷防护材料
010804002	钢木大门				
010804003	全钢板大门				
010804004	防护铁丝门			1. 以“樘”计量，按设计图示数量计算； 2. 以“m^2”计量，按设计图示门框或扇以面积计算	

续表

项目编码	项目名称	项目特征	计量单位	工程量计算规则	工作内容
010804005	金属格栅门	1. 门代号及洞口尺寸； 2. 门框或扇外围尺寸； 3. 门框、扇材质； 4. 启动装置的品种、规格	樘； m^2	1. 以“樘”计量，按设计图示数量计算； 2. 以“m^2”计量，按设计图示洞口尺寸以面积计算	1. 门安装； 2. 启动装置、五金配件安装
010804006	钢质花饰大门	1. 门代号及洞口尺寸； 2. 门框或扇外围尺寸； 3. 门框、扇材质		1. 以“樘”计量，按设计图示数量计算； 2. 以“m^2”计量，按设计图示门框（门洞）或扇以面积计算	1. 门安装； 2. 五金配件安装
010804007	特种门				

注　1. 特种门应区分冷藏门、冷冻间门、保温门、变电室门、隔音门、防射电门、人防门、金库门等项目，分别编码列项。
2. 以“樘”计量，项目特征必须描述洞口尺寸，没有洞口尺寸必须描述门框或扇外围尺寸；以“m^2”计量，项目特征可不描述洞口尺寸及框、扇的外围尺寸。
3. 以“m^2”计量，无设计图示洞口尺寸，按门框、扇外围以面积计算。门开启方式指推拉或平开。

（5）其他门。工程量清单项目设置、项目特征描述、计量单位及工程量计算规则应按表 7.77 的规定执行。

表 7.77　　其他门（编码：010805）

项目编码	项目名称	项目特征	计量单位	工程量计算规则	工作内容
010805001	电子感应门	1. 门代号及洞口尺寸； 2. 门框或扇外围尺寸； 3. 门框、扇材质； 4. 玻璃品种、厚度； 5. 启动装置的品种、规格； 6. 电子配件品种、规格	樘； m^2	1. 以“樘”计量，按设计图示数量计算； 2. 以“m^2”计量，按设计图示洞口尺寸以面积计算	1. 门安装； 2. 启动装置、五金、电子配件安装
010805002	旋转门				
010805003	电子对讲门	1. 门代号及洞口尺寸； 2. 门框或扇外围尺寸； 3. 门材质； 4. 玻璃品种、厚度； 5. 启动装置的品种、规格； 6. 电子配件品种、规格			
010805004	电动伸缩门				
010805005	全玻自由门	1. 门代号及洞口尺寸； 2. 门框或扇外围尺寸； 3. 框材质； 4. 玻璃品种、厚度			1. 门安装； 2. 五金安装
010805006	镜面不锈钢饰面门	1. 门代号及洞口尺寸； 2. 门框或扇外围尺寸； 3. 框、扇材质； 4. 玻璃品种、厚度			

注　1. 以“樘”计量，项目特征必须描述洞口尺寸，没有洞口尺寸必须描述门框或扇外围尺寸，以“m^2”计量，项目特征可不描述洞口尺寸及框、扇的外围尺寸。
2. 以“m^2”计量，无设计图示洞口尺寸，按门框、扇外围以面积计算。

7.4.8.2　窗清单项目

按材质分为木窗、金属窗两类，共13个清单项目。

（1）木窗。工程量清单项目设置、项目特征描述、计量单位及工程量计算规则应按表7.78的规定执行。

表7.78　　**木窗（编码：010806）**

项目编码	项目名称	项目特征	计量单位	工程量计算规则	工作内容
010806001	木质窗	1. 窗代号及洞口尺寸； 2. 玻璃品种、厚度； 3. 防护材料种类	樘； m^2	1. 以“樘”计量，按设计图示数量计算； 2. 以“m^2”计量，按设计图示洞口尺寸以面积计算	1. 窗制作、运输、安装； 2. 五金、玻璃安装； 3. 刷防护材料
010806002	木飘（凸）窗	1. 窗代号； 2. 框截面及外围展开面积； 3. 玻璃品种、厚度； 4. 防护材料种类		1. 以“樘”计量，按设计图示数量计算； 2. 以“m^2”计量，按设计图示尺寸以框外围展开面积计算	
010806003	木橱窗				
010806004	木纱窗	1. 窗代号及框的外围尺寸； 2. 窗纱材料品种、规格		1. 以“樘”计量，按设计图示数量计算； 2. 以“m^2”计量，按框的外围尺寸以面积计算	1. 窗安装； 2. 五金、玻璃安装

注　1. 木质窗应区分木百叶窗、木组合窗、木天窗、木固定窗、木装饰空花窗等项目，分别编码列项。
2. 以“樘”计量，项目特征必须描述洞口尺寸，没有洞口尺寸必须描述窗框外围尺寸，以“m^2”计量，项目特征可不描述洞口尺寸及框的外围尺寸。
3. 以“m^2”计量，无设计图示洞口尺寸，按窗框外围以面积计算。
4. 木橱窗、木飘（凸）窗以樘计量，项目特征必须描述框截面及外围展开面积。
5. 木窗五金包括：折页、插销、风钩、木螺丝、滑楞滑轨（推拉窗）等。
6. 窗开启方式指平开、推拉、上或中悬。
7. 窗形状指矩形或异形。

（2）金属窗。工程量清单项目设置、项目特征描述、计量单位及工程量计算规则应按表7.79的规定执行。

表7.79　　**金属窗（编码：010807）**

项目编码	项目名称	项目特征	计量单位	工程量计算规则	工作内容
010807001	金属（塑钢、断桥）窗	1. 窗代号及洞口尺寸； 2. 框、扇材质； 3. 玻璃品种、厚度	樘； m^2	1. 以“樘”计量，按设计图示数量计算； 2. 以“m^2”计量，按设计图示洞口尺寸以面积计算	1. 窗安装； 2. 五金、玻璃安装
010807002	金属防火窗				
010807003	金属百叶窗				
010807004	金属纱窗	1. 窗代号及洞口尺寸； 2. 框材质； 3. 窗纱材料品种、规格			1. 窗安装； 2. 五金安装

续表

<table>
<tr><th>项目编码</th><th>项目名称</th><th>项目特征</th><th>计量单位</th><th>工程量计算规则</th><th>工作内容</th></tr>
<tr><td>010807005</td><td>金属格栅窗</td><td>1. 窗代号及洞口尺寸；
2. 框外围尺寸；
3. 框、扇材质</td><td rowspan="5">樘；
m^2</td><td>1. 以“樘”计量，按设计图示数量计算
2. 以“m^2”计量，按设计图示洞口尺寸以面积计算</td><td>1. 窗安装；
2. 五金安装</td></tr>
<tr><td>010807006</td><td>金属（塑钢、断桥）橱窗</td><td>1. 窗代号；
2. 框外围展开面积；
3. 框、扇材质；
4. 玻璃品种、厚度；
5. 防护材料种类</td><td rowspan="2">1. 以“樘”计量，按设计图示数量计算；
2. 以“m^2”计量，按设计图示尺寸以框外围展开面积计算</td><td>1. 窗制作、运输、安装；
2. 五金、玻璃安装；
3. 刷防护材料</td></tr>
<tr><td>010807007</td><td>金属（塑钢、断桥）飘（凸）窗</td><td>1. 窗代号；
2. 框外围展开面积；
3. 框、扇材质；
4. 玻璃品种、厚度</td><td rowspan="3">1. 窗安装；
2. 五金、玻璃安装</td></tr>
<tr><td>010807008</td><td>彩板窗</td><td rowspan="2">1. 窗代号及洞口尺寸；
2. 框外围尺寸；
3. 框、扇材质；
4. 玻璃品种、厚度</td><td rowspan="2">1. 以“樘”计量，按设计图示数量计算；
2. 以“m^2”计量，按设计图示洞口尺寸或框外围以面积计算</td></tr>
<tr><td>010807009</td><td>复合材料窗</td></tr>
</table>

注　1. 金属窗应区分金属组合窗、防盗窗等项目，分别编码列项。

2. 以“樘”计量，项目特征必须描述洞口尺寸，没有洞口尺寸必须描述窗框外围尺寸，以“m^2”计量，项目特征可不描述洞口尺寸及框的外围尺寸。

3. 以“m^2”计量，无设计图示洞口尺寸，按窗框外围以面积计算。

4. 金属橱窗、飘（凸）窗以樘计量，项目特征必须描述框外围展开面积。

5. 金属窗中铝合金窗五金应包括：卡锁、滑轮、铰拉、执手、拉把、拉手、风撑、角码、牛角制等。

6. 其他金属窗五金包括：折页、螺丝、执手、卡锁、风撑、滑轮滑轨（推拉窗）等。

7.4.8.3　其他

1. 门窗套

工程量清单项目设置、项目特征描述、计量单位及工程量计算规则应按表 7.80 的规定执。

2. 窗台板

工程量清单项目设置、项目特征描述、计量单位及工程量计算规则应按表 7.81 的规定执行。

3. 窗帘、窗帘盒、轨

工程量清单项目设置、项目特征描述、计量单位及工程量计算规则应按表 7.82 的规定执行。

表 7.80　门窗套（编码：010808）

<table>
<tr><th>项目编码</th><th>项目名称</th><th>项目特征</th><th>计量单位</th><th>工程量计算规则</th><th>工作内容</th></tr>
<tr><td>010808001</td><td>木门窗套</td><td>1. 窗代号及洞口尺寸；
2. 门窗套展开宽度；
3. 基层材料种类；
4. 面层材料品种、规格；
5. 线条品种、规格；
6. 防护材料种类</td><td rowspan="5">樘；
m²；
m</td><td rowspan="5">1. 以“樘”计量，按设计图示数量计算；
2. 以“m²”计量，按设计图示尺寸以展开面积计算；
3. 以“m”计量，按设计图示中心以延长米计算</td><td rowspan="3">1. 清理基层；
2. 立筋制作、安装；
3. 基层板安装；
4. 面层铺贴；
5. 线条安装；
6. 刷防护材料</td></tr>
<tr><td>010808002</td><td>木筒子板</td><td rowspan="2">1. 筒子板宽度；
2. 基层材料种类；
3. 面层材料品种、规格；
4. 线条品种、规格；
5. 防护材料种类</td></tr>
<tr><td>010808003</td><td>饰面夹板筒子板</td></tr>
<tr><td>010808004</td><td>金属门窗套</td><td>1. 窗代号及洞口尺寸；
2. 门窗套展开宽度；
3. 基层材料种类；
4. 面层材料品种、规格；
5. 防护材料种类</td><td>1. 清理基层；
2. 立筋制作、安装；
3. 基层板安装；
4. 面层铺贴；
5. 刷防护材料</td></tr>
<tr><td>010808005</td><td>石材门窗套</td><td>1. 窗代号及洞口尺寸；
2. 门窗套展开宽度；
3. 底层厚度、砂浆配合比；
4. 面层材料品种、规格；
5. 线条品种、规格</td><td>1. 清理基层；
2. 立筋制作、安装；
3. 基层抹灰；
4. 面层铺贴；
5. 线条安装</td></tr>
<tr><td>010808006</td><td>门窗木贴脸</td><td>1. 门窗代号及洞口尺寸；
2. 贴脸板宽度；
3. 防护材料种类</td><td>樘；
m</td><td>1. 以“樘”计量，按设计图示数量计算；
2. 以“m”计量，按设计图示尺寸以延长米计算</td><td>贴脸板安装</td></tr>
<tr><td>010808007</td><td>成品木门窗套</td><td>1. 窗代号及洞口尺寸；
2. 门窗套展开宽度；
3. 门窗套材料品种、规格</td><td>樘；
m²；
m</td><td>1. 以“樘”计量，按设计图示数量计算；
2. 以“m²”计量，按设计图示尺寸以展开面积计算；
3. 以“m”计量，按设计图示中心以延长米计算</td><td>1. 清理基层；
2. 立筋制作、安装；
3. 板安装</td></tr>
</table>

注　1. 以“樘”计量，项目特征必须描述洞口尺寸、门窗套展开宽度。

2. 以“m^2”计量，项目特征可不描述洞口尺寸、门窗套展开宽度。

3. 以“m”计量，项目特征必须描述门窗套展开宽度、筒子板及贴脸宽度。

表 7.81　　窗台板（编码：010809）

项目编码	项目名称	项目特征	计量单位	工程量计算规则	工作内容
010809001	木窗台板	1. 基层材料种类； 2. 窗台面板材质、规格、颜色； 3. 防护材料种类	m^2	按设计图示尺寸以展开面积计算	1. 基层清理； 2. 基层制作、安装； 3. 窗台板制作、安装； 4. 刷防护材料
010809002	铝塑窗台板				
010809003	金属窗台板				
010809004	石材窗台板	1. 黏结层厚度、砂浆配合比； 2. 窗台板材质、规格、颜色			1. 基层清理； 2. 抹找平层； 3. 窗台板制作、安装

表 7.82　　窗帘、窗帘盒、轨（编码：010810）

项目编码	项目名称	项目特征	计量单位	工程量计算规则	工作内容
010810001	窗帘	1. 窗帘材质； 2. 窗帘高度、宽度； 3. 窗帘层数； 4. 带幔要求	m； m^2	1. 以"m"计量，按设计图示尺寸以长度计算； 2. 以"m^2"计量，按图示尺寸以展开面积计算	1. 制作、运输； 2. 安装
010810002	木窗帘盒	1. 窗帘盒材质、规格； 2. 防护材料种类	m	按设计图示尺寸以长度计算	1. 制作、运输、安装； 2. 刷防护材料
010810003	饰面夹板、塑料窗帘盒				
010810004	铝合金窗帘盒				
010810005	窗帘轨	1. 窗帘轨材质、规格、轨的数量； 2. 防护材料种类			

注　1. 窗帘若是双层，项目特征必须描述每层材质。
　　2. 窗帘以"m"计量，项目特征必须描述窗帘高度和宽。

4. 清单编制应注意问题

（1）项目特征中的木门、木窗类型是指带亮子或不带亮子、带纱或不带纱、单扉、双扇或三扇、半百叶或全百叶等。

（2）玻璃、百叶面积占其门扇面积一半以内者为半玻门或半百叶门，超过一半时应为全玻门或全百叶门。

（3）门的大小或用材不相同时应分列清单子目。

（4）金属卷帘门的材质、滚筒中心的高度、洞口宽度、是手动还是电动，是否有小门，两侧轨道的材质及长度必须在项目特征中清楚描述。

（5）凡面层材料的品种、规格、品牌、颜色有要求的，应在项目特征中进行描述。

（6）框架结构的连续长窗也以"樘"计算，但对连续长窗的扇数和洞口尺寸应在工程量清单中进行描述。

（7）木门五金包括：门锁、折页、插销、风钩、弓背拉手、搭扣、弹簧折页（自动门)、管子拉手(自由门、地弹门)、地弹簧、滑轮、门轧头(地弹门、自由门)、铁角、木螺丝等。

(8)铝合金门五金包括地弹簧、门锁、拉手、门插、门铰、螺丝。铝合金窗五金包括卡锁、滑轮、铰拉、执手、拉把、拉手、风撑、角码、牛角制等。

(9)特殊五金名称是指贵重五金及业主认为应单独列项的五金配件,有门锁、窗锁等。

7.4.9 附录J:屋面及防水工程

屋面工程项目按附录J列项,分4节21个项目。包括瓦、型材屋面;屋面防水及其他;墙面防水、防潮;楼(地)面防水、防潮。适用于屋面、墙、地面及墙基防水防潮。

7.4.9.1 屋面工程

1. 瓦、型材屋面

(1)清单项目,包括瓦屋面、型材屋面、阳光板屋面、玻璃钢屋面、膜结构屋面。

(2)工程量清单项目设置、项目特征描述、计量单位及工程量计算规则应按表7.83的规定执行。

表7.83 瓦、型材及其他屋面(编码:010901)

项目编码	项目名称	项目特征	计量单位	工程量计算规则	工作内容
010901001	瓦屋面	1. 瓦品种、规格; 2. 黏结层砂浆的配合比	m^2	按设计图示尺寸以斜面积计算。不扣除房上烟囱、风帽底座、风道、小气窗、斜沟等所占面积。小气窗的出檐部分不增加面积	1. 砂浆制作、运输、摊铺、养护; 2. 安瓦、作瓦脊
010901002	型材屋面	1. 型材品种、规格; 2. 金属檩条材料品种、规格; 3. 接缝、嵌缝材料种类			1. 檩条制作、运输、安装; 2. 屋面型材安装; 3. 接缝、嵌缝
010901003	阳光板屋面	1. 阳光板品种、规格; 2. 骨架材料品种、规格; 3. 接缝、嵌缝材料种类; 4. 油漆品种、刷漆遍数		按设计图示尺寸以斜面积计算; 不扣除屋面面积≤0.3m^2孔洞所占面积	1. 骨架制作、运输、安装、刷防护材料、油漆; 2. 阳光板安装; 3. 接缝、嵌缝
010901004	玻璃钢屋面	1. 玻璃钢品种、规格; 2. 骨架材料品种、规格; 3. 玻璃钢固定方式; 4. 接缝、嵌缝材料种类; 5. 油漆品种、刷漆遍数			1. 骨架制作、运输、安装、刷防护材料、油漆; 2. 玻璃钢制作、安装; 3. 接缝、嵌缝
010901005	膜结构屋面	1. 膜布品种、规格; 2. 支柱(网架)钢材品种、规格; 3. 钢丝绳品种、规格; 4. 锚固基座做法; 5. 油漆品种、刷漆遍数		按设计图示尺寸以需要覆盖的水平投影面积计算	1. 膜布热压胶接; 2. 支柱(网架)制作、安装; 3. 膜布安装; 4. 穿钢丝绳、锚头锚固; 5. 锚固基座挖土、回填; 6. 刷防护材料,油漆

2. 编制注意事项

（1）瓦屋面，若是在木基层上铺瓦，项目特征不必描述黏结层砂浆的配合比，瓦屋面铺防水层，按表 7.84 屋面防水及其他中相关项目编码列项。

（2）型材屋面、阳光板屋面、玻璃钢屋面的柱、梁、屋架，按规范附录 F 金属结构工程、附录 G 木结构工程中相关项目编码列项。

（3）小青瓦、水泥平瓦、石棉水泥瓦、琉璃瓦等应按 A.7.1 中瓦屋面项目编码列项。

（4）屋面基层的檩条、椽子、木屋面板、安顺水条、挂瓦条按木结构中檩条和木基层项目编码列项。

（5）型材屋面的钢檩条或木檩条以及骨架、螺栓、挂钩等应包括在报价内。

（6）膜结构支撑和拉固膜布的钢柱、拉杆、金属网架、钢丝绳、锚固的锚头等应包括在报价内。

7.4.9.2　防水工程

1. 屋面防水及其他

（1）工程量清单项目设置、项目特征描述、计量单位及工程量计算规则应按表 7.84 的规定执行。

（2）编制注意事项。

1）屋面防水按卷材防水、涂膜防水、刚性层项目编码列项；刚性层无钢筋，其钢筋项目特征不必描述。

2）屋面找平层按附录 K 楼地面装饰工程“平面砂浆找平层”项目编码列项。

3）檐沟、天沟、落水口、泛水收头、变形缝等处的卷材防水搭接及附加层用量不另行计算，在综合单价中考虑。

4）“屋面卷材防水”项目适用于利用胶结材料粘贴卷材进行防水的屋面。

5）“屋面涂膜防水”项目适用于厚质涂料、薄质涂料和有增强材料或增强材料的涂膜防水屋面。

6）“屋面刚性层”项目适用于细石混凝土、补偿收缩混凝土、块体混凝土、预应力混凝土和钢纤维混凝土屋面。

7）“屋面排水管”项目适用于各种排水管材：铸铁管、PVC 管、玻璃钢管等。

8）“屋面天沟、檐沟”项目适用于水泥砂浆天沟、细石混凝土天沟、预制混凝土天沟板、卷材天沟、玻璃钢天沟、镀锌铁皮天沟等；塑料檐沟、镀锌铁皮檐沟、玻璃钢檐沟等。

9）浅色、反射涂料保护层、绿豆砂保护层、细砂、云母及蛭石保护层应包括在报价。

10）水泥砂浆保护层、细石混凝土保护层可包括在报价内，也可按相关项目编码列项。

11）屋面涂膜防水屋面需加强材料的应包括在报价内。

12）刚性防水屋面的分割缝、泛水、变形缝部位的防水卷材、密封材料、背衬材料、沥青麻丝等应包括在报价内。

13）排水管、雨水口、箅子板、水斗等应包括在报价内。

14）埋设管卡箍、裁管、接嵌缝应包括在报价内。

15）天沟、檐沟固定卡件、支撑件应包括在报价内。

表 7.84　　屋面防水及其他（编码：010902）

项目编码	项目名称	项目特征	计量单位	工程量计算规则	工作内容
010902001	屋面卷材防水	1. 卷材品种、规格、厚度； 2. 防水层数； 3. 防水层做法	m^2	按设计图示尺寸以面积计算。 1. 斜屋顶（不包括平屋顶找坡）按斜面积计算，平屋顶按水平投影面积计算； 2. 不扣除房上烟囱、风帽底座、风道、屋面小气窗和斜沟所占面积； 3. 屋面的女儿墙、伸缩缝和天窗等处的弯起部分，并入屋面工程量内	1. 基层处理； 2. 刷底油； 3. 铺油毡卷材、接缝
010902002	屋面涂膜防水	1. 防水膜品种； 2. 涂膜厚度、遍数； 3. 增强材料种类			1. 基层处理； 2. 刷基层处理剂； 3. 铺布、喷涂防水层
010902003	屋面刚性层	1. 刚性层厚度； 2. 混凝土强度等级； 3. 嵌缝材料种类； 4. 钢筋规格、型号		按设计图示尺寸以面积计算。不扣除房上烟囱、风帽底座、风道等所占面积	1. 基层处理； 2. 混凝土制作、运输、铺筑、养护； 3. 钢筋制安
010902004	屋面排水管	1. 排水管品种、规格； 2. 雨水斗、山墙出水口品种、规格； 3. 接缝、嵌缝材料种类； 4. 油漆品种、刷漆遍数	m	按设计图示尺寸以长度计算。如设计未标注尺寸，以檐口至设计室外散水上表面垂直距离计算	1. 排水管及配件安装、固定； 2. 雨水斗、山墙出水口、雨水篦子安装； 3. 接缝、嵌缝； 4. 刷漆
010902005	屋面排（透）气管	1. 排（透）气管品种、规格； 2. 接缝、嵌缝材料种类； 3. 油漆品种、刷漆遍数		按设计图示尺寸以长度计算	1. 排（透）气管及配件安装、固定； 2. 铁件制作、安装； 3. 接缝、嵌缝； 4. 刷漆
010902006	屋面（廊、阳台）吐水管	1. 吐水管品种、规格； 2. 接缝、嵌缝材料种类； 3. 吐水管长度； 4. 油漆品种、刷漆遍数	根；个	按设计图示数量计算	1. 吐水管及配件安装、固定； 2. 接缝、嵌缝； 3. 刷漆
010902007	屋面天沟、檐沟	1. 材料品种、规格； 2. 接缝、嵌缝材料种类	m^2	按设计图示尺寸以展开面积计算	1. 天沟材料铺设； 2. 天沟配件安装； 3. 接缝、嵌缝； 4. 刷防护材料
010902008	屋面变形缝	1. 嵌缝材料种类； 2. 止水带材料种类； 3. 盖缝材料； 4. 防护材料种类	m	按设计图示以长度计算	1. 清缝； 2. 填塞防水材料； 3. 止水带安装； 4. 盖缝制作、安装； 5. 刷防护材料

2. 墙面防水、防潮

（1）工程量清单项目设置、项目特征描述、计量单位及工程量计算规则应按表 7.85 的规定执行。

表 7.85　　墙面防水、防潮（编码：010903）

项目编码	项目名称	项目特征	计量单位	工程量计算规则	工作内容
010903001	墙面卷材防水	1. 卷材品种、规格、厚度； 2. 防水层数； 3. 防水层做法	m^2	按设计图示尺寸以面积计算	1. 基层处理； 2. 刷黏结剂； 3. 铺防水卷材； 4. 接缝、嵌缝
010903002	墙面涂膜防水	1. 防水膜品种； 2. 涂膜厚度、遍数； 3. 增强材料种类			1. 基层处理； 2. 刷基层处理剂； 3. 铺布、喷涂防水层
010903003	墙面砂浆防水（防潮）	1. 防水层做法； 2. 砂浆厚度、配合比； 3. 钢丝网规格			1. 基层处理； 2. 挂钢丝网片； 3. 设置分格缝； 4. 砂浆制作、运输、摊铺、养护
010903004	墙面变形缝	1. 嵌缝材料种类； 2. 止水带材料种类； 3. 盖缝材料； 4. 防护材料种类	m	按设计图示以长度计算	1. 清缝； 2. 填塞防水材料； 3. 止水带安装； 4. 盖缝制作、安装； 5. 刷防护材料

（2）编制注意事项。

1）墙面防水搭接及附加层用量不另行计算，在综合单价中考虑。

2）墙面变形缝，若做双面，工程量乘以系数 2。

3）墙面找平层按附录 L 墙、柱面装饰与隔断工程“立面砂浆找平层”项目编码列项。

3. 楼（地）面防水、防潮

（1）工程量清单项目设置、项目特征描述、计量单位及工程量计算规则应按表 7.86 的规定执行。

（2）编制注意事项。

1）楼（地）面防水找平层按附录 K 楼地面装饰工程“平面砂浆找平层”项目编码列项。

2）计算工程量时，墙面、楼（地）面、屋面防水搭接及附加层用量不另行计算，组价时，在综合单价中考虑。

3）楼（地）面与墙面防水界限为：楼（地）面防水反边高度≤300mm，其工程量并入地面防水项目，按楼（地）面防水相关项目编码列项；反边高度＞300mm，按墙面防水计算，以墙面防水相关项目编码列项。

表 7.86 楼（地）面防水、防潮（编码：010904）

项目编码	项目名称	项目特征	计量单位	工程量计算规则	工作内容
010904001	楼（地）面卷材防水	1. 卷材品种、规格、厚度； 2. 防水层数； 3. 防水层做法	m^2	按设计图示尺寸以面积计算。 1. 楼（地）面防水：按主墙间净空面积计算，扣除凸出地面的构筑物、设备基础等所占面积，不扣除间壁墙及单个面积≤0.3m^2 柱、垛、烟囱和孔洞所占面积； 2. 楼（地）面防水反边高度≤300mm 算作地面防水，反边高度>300mm 算作墙面防水	1. 基层处理； 2. 刷黏结剂； 3. 铺防水卷材； 4. 接缝、嵌缝
010904002	楼（地）面涂膜防水	1. 防水膜品种； 2. 涂膜厚度、遍数； 3. 增强材料种类			1. 基层处理； 2. 刷基层处理剂； 3. 铺布、喷涂防水层
010904003	楼（地）面砂浆防水（防潮）	1. 防水层做法； 2. 砂浆厚度、配合比			1. 基层处理； 2. 砂浆制作、运输、摊铺、养护
010904004	楼（地）面变形缝	1. 嵌缝材料种类； 2. 止水带材料种类； 3. 盖缝材料； 4. 防护材料种类	m	按设计图示以长度计算	1. 清缝； 2. 填塞防水材料； 3. 止水带安装； 4. 盖缝制作、安装； 5. 刷防护材料

4）屋面、墙、楼（地）面防水项目，不包括垫层、找平层、保温层。垫层按附录“D.4 垫层”以及附录“E.1 现浇混凝土基础”相关项目编码列项；找平层按附录 L 楼地面装饰工程“平面砂浆找平层”以及附录 M 墙、柱面装饰与隔断、幕墙工程“立面砂浆找平层”项目编码列项，保温层按附录 K 保温、隔热、防腐工程相关项目编码列项。

5）抹找平层、刷基础处理剂、刷胶黏剂、胶黏防水卷材应包括在报价内。

6）特殊处理部位（如管道的通道部位）的嵌缝材料、附加卷材衬垫等应包括在报价内。

7）永久保护层（如砖墙、混凝土地坪等）应按相关项目编码列项。

8）防水防潮的外加剂应包括在报价内。

9）止水带安装、盖板制作、安装应包括在报价内。

7.4.10 附录 K：保温、隔热、防腐工程

1. 保温、隔热清单项目划分

清单项目按保温部位分为保温隔热屋面、保温隔热天棚、保温隔热墙面、保温柱、梁、保温隔热楼地面、其他保温隔热。

（1）保温、隔热工程量清单项目设置、项目特征描述、计量单位及工程量计算规则应按表 7.87 的规定执行。

（2）清单编制注意事项。

1）外墙内保温和外保温的装饰面层，按附录 L、附录 M、附录 N、附录 P、附录 Q 中相关项目编码列项；仅做找平层按附录 L 楼地面装饰工程“平面砂浆找平层”或附录 M 墙、柱面装饰与隔断、幕墙工程“立面砂浆找平层”项目编码列项。

表 7.87　　保温、隔热（编号：011001）

项目编码	项目名称	项目特征	计量单位	工程量计算规则	工作内容
011001001	保温隔热屋面	1. 保温隔热材料品种、规格、厚度； 2. 隔气层材料品种、厚度； 3. 黏结材料种类、做法； 4. 防护材料种类、做法	m^2	按设计图示尺寸以面积计算。扣除面积＞0.3m^2孔洞及占位面积	1. 基层清理； 2. 刷黏结材料； 3. 铺黏保温层； 4. 铺、刷（喷）防护材料
011001002	保温隔热天棚	1. 保温隔热面层材料品种、规格、性能； 2. 保温隔热材料品种、规格及厚度； 3. 黏结材料种类及做法； 4. 防护材料种类及做法		按设计图示尺寸以面积计算。扣除面积＞0.3m^2上柱、垛、孔洞所占面积，与天棚相连的梁按展开面积，计算并入天棚工程量内	
011001003	保温隔热墙面	1. 保温隔热部位； 2. 保温隔热方式； 3. 踢脚线、勒脚线保温做法； 4. 龙骨材料品种、规格； 5. 保温隔热面层材料品种、规格、性能； 6. 保温隔热材料品种、规格及厚度； 7. 增强网及抗裂防水砂浆种类； 8. 黏结材料种类及做法； 9. 防护材料种类及做法		按设计图示尺寸以面积计算：扣除门窗洞口以及面积＞0.3m^2梁、孔洞所占面积；门窗洞口侧壁需作保温时，并入保温墙体工程量内	1. 基层清理； 2. 刷界面剂； 3. 安装龙骨； 4. 填贴保温材料； 5. 保温板安装； 6. 黏贴面层； 7. 铺设增强格网、抹抗裂、防水砂浆面层； 8. 嵌缝； 9. 铺、刷（喷）防护材料
011001004	保温柱、梁、墙			按设计图示尺寸以面积计算： 1. 柱按设计图示柱断面保温层中心线展开长度乘保温层高度以面积计算，扣除面积＞0.3m^2梁所占面积； 2. 梁按设计图示梁断面保温层中心线展开长度乘保温层长度以面积计算	
011001005	保温隔热楼地面	1. 保温隔热部位； 2. 保温隔热材料品种、规格、厚度； 3. 隔气层材料品种、厚度； 4. 黏结材料种类、做法； 5. 防护材料种类、做法		按设计图示尺寸以面积计算。扣除面积＞0.3m^2柱、垛、孔洞所占面积	1. 基层清理； 2. 刷黏结材料； 3. 铺粘保温层； 4. 铺、刷（喷）防护材料
011001006	其他保温隔热	1. 保温隔热部位； 2. 保温隔热方式； 3. 隔气层材料品种、厚度； 4. 保温隔热面层材料品种、规格、性能； 5. 保温隔热材料品种、规格及厚度； 6. 黏结材料种类及做法； 7. 增强网及抗裂防水砂浆种类； 8. 防护材料种类及做法		按设计图示尺寸以展开面积计算。扣除面积＞0.3m^2孔洞及占位面积	1. 基层清理； 2. 刷界面剂； 3. 安装龙骨； 4. 填贴保温材料； 5. 保温板安装； 6. 黏贴面层； 7. 铺设增强格网、抹抗裂防水砂浆面层； 8. 嵌缝； 9. 铺、刷（喷）防护材料

2）柱帽保温隔热应并入天棚保温隔热工程量内。

3）池槽保温隔热应按其他保温隔热项目编码列项。

4）保温柱、梁项目只适用于不与墙、天棚相连的独立柱、梁，若与墙、天棚相连的柱、梁应分别并入墙、天棚项目中。

5）保温隔热方式：指内保温、外保温、夹心保温。

6）屋面保温隔热层上的防水层应按屋面的防水项目单独列项。

7）预制隔热板屋面的隔热板按混凝土及钢筋混凝土工程相关项目编码列项。清单应明确描述砖墩砌筑尺寸。

8）保温隔热材料需加药物防虫剂时，应在清单中进行描述。

9）外墙外保温、内保温、内墙保温基层抹灰或刮腻子应包括在报价内。

【例 7.19】 某工程的保温隔热屋面做法：50mm 厚挤塑聚苯板（B1）；最薄处 20mm 厚泡沫混凝土找坡，找坡 1%，干容重＜500kg/m³，抗压强度＞1.0MPa。该屋面外墙中心线长为 68.87m，宽为 16.84m，墙厚 240mm。

（1）按清单计价规范编制工程量清单。

（2）市场调研后报价方案：三类人工 185 元/工日，二类人工 177 元/工日，50mm 挤塑泡沫保温板 90 元/m²，水 5.95 元/m³，42.5 水泥 0.47 元/kg，其余材料、机械台班单价按定额计取，管理费费率、利润分别以定额人工、定额机械费之和为基数按 19.5%、8.5%计取。计算保温隔热屋面的综合单价。

解：（1）编制工程量清单。

依据清单计价规范，保温隔热屋面按设计图示尺寸以面积计算，为(68.87－0.24)×(16.84－0.24)＝1139.27(m²)，编列清单见表 7.88。

表 7.88　保温隔热屋面工程量清单

项目编码	项目名称	项目特征	计量单位	数量
011001001004	保温隔热屋面	保温隔热屋面 50mm 厚挤塑聚苯板（B1）；最薄处 20 厚泡沫混凝土找坡，找坡 1%，干容重＜500kg/m³，抗压强度＞1.0MPa	m²	1139.27

（2）计算人工费、材料费、机械费、管理费、利润。

1）屋面挤塑泡沫保温板 50mm 厚，工程量＝1139.27(m²)，套用定额 10－33：

人工费＝3.093×185＝572.21(元/100m²)　（定额人工费＝479.42 元/100m²）

材料费＝2821.29＋(90－25.22)×102＋(5.95－4.27)×2.54＝9433.12(元/100m²)

机械费＝1.24(元 100/m²)

管理费＝(479.42＋1.24)×19.5%＝93.73(元 100/m²)

利润＝(479.42＋1.24)×8.5%＝40.86(元 100/m²)

2）屋面泡沫混凝土工程量＝1139.27×0.053＝60.38(m³)（泡沫混凝土混平均厚度按 53mm 计取），套用定额 10－44：

人工费＝5.8×177＝1026.60(元/10m³)　（定额人工费＝783 元/10m³）

$$材料费=1600.38+(0.47-0.34)\times4120+(5.95-4.27)\times1.4=2138.33(元 10/m^3)$$

$$机械费=117.64(元/10m^3)$$

$$管理费=(783+117.64)\times19.5\%=175.62(元/10m^3)$$

$$利润=(783+117.64)\times8.5\%=76.55(元/10m^3)$$

（3）综合单价列表计算见表 7.89。

表 7.89　综合单价计算表

项目编码（定额编码）	清单（定额）项目名称	计量单位	数量	综合单价/元					
				人工费	材料（设备）费	机械费	管理费	利润	小计
011001001001	保温隔热屋面	m^2	1139.27	11.16	105.66	0.64	1.87	0.81	120.14
10-33	聚苯乙烯泡沫保温板厚度 50mm	$100m^2$	11.3927	572.21	9433.12	1.24	93.73	40.86	10141.16
10-44	泡沫混凝土	$10m^3$	6.038	1026.60	2138.33	117.64	175.62	76.55	3534.74

2. 防腐面层

（1）工程量清单项目设置、项目特征描述、计量单位及工程量计算规则应按表 7.90 的规定执行。

（2）编制注意事项。

1）防腐踢脚线，按附录 K 中“踢脚线”项目编码列项。

2）“防腐混凝土面层”“防腐砂浆面层”“防腐胶泥面层”项目适用于平面或立面的水玻璃混凝土、水玻璃砂浆、水玻璃胶泥、沥青混凝土、沥青胶泥、树脂混凝土、树脂砂浆、树脂胶泥及聚合物水泥砂浆等防腐工程。

3）“玻璃钢防腐面层”项目适用于树脂胶料与增强材料（如：玻璃纤维丝、布、玻璃纤维表面毡、玻璃纤维短切毡或涤布、涤纶布、丙纶布、丙纶毡等）复合塑制而成的玻璃钢防腐。“聚氯乙烯板面层”项目适用于地面、墙面的软、硬聚氯乙烯板防腐工程。

4）“块料防腐面层”项目适用于地面、沟槽、基础的各类块料防腐工程。

3. 其他防腐

（1）工程量清单项目设置、项目特征描述、计量单位及工程量计算规则应按表 7.91 的规定执行。

（2）编制注意事项。

1）浸渍砖砌法指平砌、立砌。

2）“隔离层”项目适用于楼地面的沥青类、树脂玻璃钢类防腐工程隔离层。“砌筑沥青浸渍砖”项目适用于浸渍标准砖的铺筑。“防腐涂料”项目适用于建筑物、构筑物以及钢结构的防腐。

3）项目特征应对涂刷基层（混凝土、抹灰面）及部位进行描述。

表 7.90　　防腐面层（编码：011002）

项目编码	项目名称	项目特征	计量单位	工程量计算规则	工作内容
011002001	防腐混凝土面层	1. 防腐部位； 2. 面层厚度； 3. 混凝土种类； 4. 胶泥种类、配合比	m²	按设计图示尺寸以面积计算。 1. 平面防腐：扣除凸出地面的构筑物、设备基础等以及面积＞0.3m² 孔洞、柱、垛所占面积； 2. 立面防腐：扣除门、窗、洞口以及面积＞0.3m² 孔洞、梁所占面积，门、窗、洞口侧壁、垛突出部分按展开面积并入墙面积内	1. 基层清理； 2. 基层刷稀胶泥； 3. 混凝土制作、运输、摊铺、养护
011002002	防腐砂浆面层	1. 防腐部位； 2. 面层厚度； 3. 砂浆、胶泥种类、配合比			1. 基层清理； 2. 基层刷稀胶泥； 3. 砂浆制作、运输、摊铺、养护
011002003	防腐胶泥面层	1. 防腐部位； 2. 面层厚度； 3. 胶泥种类、配合比			1. 基层清理； 2. 胶泥调制、摊铺
011002004	玻璃钢防腐面层	1. 防腐部位； 2. 玻璃钢种类； 3. 贴布材料的种类、层数； 4. 面层材料品种			1. 基层清理； 2. 刷底漆、刮腻子； 3. 胶浆配制、涂刷； 4. 黏布、涂刷面层
011002005	聚氯乙烯板面层	1. 防腐部位； 2. 面层材料品种、厚度； 3. 黏结材料种类			1. 基层清理； 2. 配料、涂胶； 3. 聚氯乙烯板铺设
011002006	块料防腐面层	1. 防腐部位； 2. 块料品种、规格； 3. 黏结材料种类； 4. 勾缝材料种类			1. 基层清理； 2. 铺贴块料； 3. 胶泥调制、勾缝
011002007	池、槽块料防腐面层	1. 防腐池、槽名称、代号； 2. 块料品种、规格； 3. 黏结材料种类； 4. 勾缝材料种类			1. 基层清理； 2. 铺贴块料； 3. 胶泥调制、勾缝

表 7.91　　其他防腐（编码：011003）

项目编码	项目名称	项目特征	计量单位	工程量计算规则	工作内容
011003001	隔离层	1. 隔离层部位； 2. 隔离层材料品种； 3. 隔离层做法； 4. 粘贴材料种类	m²	按设计图示尺寸以面积计算。 1. 平面防腐：扣除凸出地面的构筑物、设备基础等以及面积＞0.3m² 孔洞、柱、垛所占面积； 2. 立面防腐：扣除门、窗、洞口以及面积＞0.3m² 孔洞、梁所占面积，门、窗、洞口侧壁、垛突出部分按展开面积并入墙面积内	1. 基层清理、刷油； 2. 煮沥青； 3. 胶泥调制； 4. 隔离层铺设

续表

项目编码	项目名称	项目特征	计量单位	工程量计算规则	工作内容
011003002	砌筑沥青浸渍砖	1. 砌筑部位； 2. 浸渍砖规格； 3. 胶泥种类； 4. 浸渍砖砌法	m^3	按设计图示尺寸以体积计算	1. 基层清理； 2. 胶泥调制； 3. 浸渍砖铺砌
011003003	防腐涂料	1. 涂刷部位； 2. 基层材料类型； 3. 刮腻子的种类、遍数； 4. 涂料品种、刷涂遍数	m^2	按设计图示尺寸以面积计算。 1. 平面防腐：扣除凸出地面的构筑物、设备基础等以及面积＞$0.3m^2$孔洞、柱、垛所占面积； 2. 立面防腐：扣除门、窗、洞口以及面积＞$0.3m^2$孔洞、梁所占面积，门、窗、洞口侧壁、垛突出部分按展开面积并入墙面积内	1. 基层清理； 2. 刮腻子； 3. 刷涂料

4）需刮腻子时应包括在报价内。

5）应对防腐涂料底漆层、中间漆层、面漆涂刷（或刮）遍数进行描述。

7.4.11　附录L：楼地面装饰工程

楼地面装饰工程按材质、施工方法，包括整体面层及找平层；块料面层；橡塑面层；其他材料面层；踢脚线；楼梯面层；台阶装饰；零星装饰项目共有43个项目。

1. 整体面层及找平层

（1）工程量清单项目的设置、项目特征描述的内容、计量单位、工程量计算规则应按表7.92执行。

（2）编制注意事项。

1）水泥砂浆面层处理是拉毛还是提浆压光应在面层做法要求中描述。

2）平面砂浆找平层只适用于仅做找平层的平面抹灰。

3）间壁墙指墙厚≤120mm的墙。

2. 块料面层

（1）清单项目的设置、项目特征描述的内容、计量单位、工程量计算规则按表7.93。

（2）编制注意事项。

1）在描述碎石材项目的面层材料特征时可不用描述规格、品牌、颜色。

2）石材、块料与黏结材料的结合面刷防渗材料的种类在防护层材料种类中描述。

3）表7.93工作内容中的磨边指施工现场磨边，后面章节工作内容中涉及的磨边含意同此条。

3. 橡塑面层

工程量清单项目的设置、项目特征描述的内容、计量单位、工程量计算规则应按表7.94执行。

表 7.92　　楼地面抹灰（编码：011101）

项目编码	项目名称	项目特征	计量单位	工程量计算规则	工作内容
011101001	水泥砂浆楼地面	1. 找平层厚度、砂浆配合比； 2. 素水泥浆遍数； 3. 面层厚度、砂浆配合比； 4. 面层做法要求	m^2	按设计图示尺寸以面积计算。扣除凸出地面构筑物、设备基础、室内管道、地沟等所占面积，不扣除间壁墙及≤0.3m^2柱、垛、附墙烟囱及孔洞所占面积。门洞、空圈、暖气包槽、壁龛的开口部分不增加面积	1. 基层清理； 2. 抹找平层； 3. 抹面层； 4. 材料运输
011101002	现浇水磨石楼地面	1. 找平层厚度、砂浆配合比； 2. 面层厚度、水泥石子浆配合比； 3. 嵌条材料种类、规格； 4. 石子种类、规格、颜色； 5. 颜料种类、颜色； 6. 图案要求； 7. 磨光、酸洗、打蜡要求			1. 基层清理； 2. 抹找平层； 3. 面层铺设 4. 嵌缝条安装； 5. 磨光、酸洗打蜡； 6. 材料运输
011101003	细石混凝土楼地面	1. 找平层厚度、砂浆配合比； 2. 面层厚度、混凝土强度等级			1. 基层清理； 2. 抹找平层； 3. 面层铺设； 4. 材料运输
011101004	菱苦土楼地面	1. 找平层厚度、砂浆配合比； 2. 面层厚度； 3. 打蜡要求			1. 基层清理； 2. 抹找平层； 3. 面层铺设； 4. 打蜡； 5. 材料运输
011101005	自流坪楼地面	1. 找平层砂浆配合比、厚度； 2. 界面剂材料种类； 3. 中层漆材料种类、厚度； 4. 面漆材料种类、厚度； 5. 面层材料种类			1. 基层处理； 2. 抹找平层； 3. 涂界面剂； 4. 涂刷中层漆； 5. 打磨、吸尘； 6. 镘自流平面漆（浆）； 7. 拌和自流平浆料； 8. 铺面层
011101006	平面砂浆找平层	找平层厚度、砂浆配合比		按设计图示尺寸以面积计算	1. 基层清理； 2. 抹找平层； 3. 材料运输

表 7.93　　　　　　　　　　**块料面层（编码：011102）**

项目编码	项目名称	项目特征	计量单位	工程量计算规则	工作内容
011102001	石材楼地面	1. 找平层厚度、砂浆配合比； 2. 结合层厚度、砂浆配合比； 3. 面层材料品种、规格、颜色； 4. 嵌缝材料种类； 5. 防护层材料种类； 6. 酸洗、打蜡要求	m^2	按设计图示尺寸以面积计算。门洞、空圈、暖气包槽、壁龛的开口部分并入相应的工程量内	1. 基层清理、抹找平层； 2. 面层铺设、磨边； 3. 嵌缝； 4. 刷防护材料； 5. 酸洗、打蜡； 6. 材料运输
011102002	碎石材楼地面				
011102003	块料楼地面				

表 7.94　　　　　　　　　　**橡塑面层（编码：011103）**

项目编码	项目名称	项目特征	计量单位	工程量计算规则	工作内容
011103001	橡胶板楼地面	1. 黏结层厚度、材料种类； 2. 面层材料品种、规格、颜色； 3. 压线条种类	m^2	按设计图示尺寸以面积计算。门洞、空圈、暖气包槽、壁龛的开口部分并入相应的工程量内	1. 基层清理； 2. 面层铺贴； 3. 压缝条装订； 4. 材料运输
011103002	橡胶板卷材楼地面				
011103003	塑料板楼地面				
011103004	塑料卷材楼地面				

4. 其他材料面层

工程量清单项目的设置、项目特征描述的内容、计量单位、工程量计算规则应按表 7.95 执行。

5. 踢脚线

清单项目的设置、项目特征描述的内容、计量单位、工程量计算规则应按表 7.96。

6. 楼梯面层

工程量清单项目的设置、项目特征描述的内容、计量单位、工程量计算规则应按表 7.97 执行。

表 7.95　　其他材料面层（编码：011104）

项目编码	项目名称	项目特征	计量单位	工程量计算规则	工作内容
011104001	地毯楼地面	1. 面层材料品种、规格、颜色； 2. 防护材料种类； 3. 黏结材料种类； 4. 压线条种类	m^2	按设计图示尺寸以面积计算。门洞、空圈、暖气包槽、壁龛的开口部分并入相应的工程量内	1. 基层清理； 2. 铺贴面层； 3. 刷防护材料； 4. 装订压条； 5. 材料运输
011104002	竹木（复合）地板	1. 龙骨材料种类、规格、铺设间距； 2. 基层材料种类、规格； 3. 面层材料品种、规格、颜色； 4. 防护材料种类			1. 基层清理； 2. 龙骨铺设； 3. 基层铺设； 4. 面层铺贴； 5. 刷防护材料； 6. 材料运输
011104003	金属复合地板				
011104004	防静电活动地板	1. 支架高度、材料种类； 2. 面层材料品种、规格、颜色； 3. 防护材料种类			1. 基层清理； 2. 固定支架安装； 3. 活动面层安装； 4. 刷防护材料； 5. 材料运输

表 7.96　　踢脚线（编码：011105）

项目编码	项目名称	项目特征	计量单位	工程量计算规则	工作内容
011105001	水泥砂浆踢脚线	1. 踢脚线高度； 2. 底层厚度、砂浆配合比； 3. 面层厚度、砂浆配合比	m^2；m	1. 按设计图示长度乘高度以面积计算； 2. 按延长米计算	1. 基层清理； 2. 底层和面层抹灰； 3. 材料运输
011105002	石材踢脚线	1. 踢脚线高度； 2. 粘贴层厚度、材料种类； 3. 面层材料品种、规格、颜色； 4. 防护材料种类			1. 基层清理； 2. 底层抹灰； 3. 面层铺贴、磨边； 4. 擦缝； 5. 磨光、酸洗、打蜡； 6. 刷防护材料； 7. 材料运输
011105003	块料踢脚线				

续表

<table>
<tr><th>项目编码</th><th>项目名称</th><th>项目特征</th><th>计量单位</th><th>工程量计算规则</th><th>工作内容</th></tr>
<tr><td>011105004</td><td>塑料板踢脚线</td><td>1. 踢脚线高度；
2. 黏结层厚度、材料种类；
3. 面层材料种类、规格、颜色</td><td rowspan="4">m²；
m</td><td rowspan="4">1. 按设计图示长度乘高度以面积计算；
2. 按延长米计算</td><td rowspan="4">1. 基层清理；
2. 基层铺贴；
3. 面层铺贴；
4. 材料运输</td></tr>
<tr><td>011105005</td><td>木质踢脚线</td><td rowspan="3">1. 踢脚线高度；
2. 基层材料种类、规格；
3. 面层材料品种、规格、颜色</td></tr>
<tr><td>011105006</td><td>金属踢脚线</td></tr>
<tr><td>011105007</td><td>防静电踢脚线</td></tr>
</table>

注　石材、块料与黏结材料的结合面刷防渗材料的种类在防护层材料种类中描述。

7. 台阶装饰

（1）工程量清单项目的设置、项目特征描述的内容、计量单位、工程量计算规则应按表 7.98 执行。

（2）编制注意事项。

1）D.1 砖砌台阶，E.7 混凝土台阶，L.7 台阶装饰，按设计图示尺寸以台阶（包括最上层踏步边沿加 300mm）水平投影面积计算。

2）当与台阶相连的平台面积较小时（$\leqslant 10m^2$），宜并入台阶计算，但应在编制说明中明确。

8. 零星装饰项目

（1）工程量清单项目的设置、项目特征描述的内容、计量单位、工程量计算规则应按表 7.99 执行。

（2）编制注意事项。

1）楼地面是由基层、垫层、填充层、隔离层、找平层、结合层、面层等构成。

2）基层一般指由楼板构成的结构层或夯实的土体。

3）楼地面工程量清单项目必须按设计图注明项目位置，主要材料名称及其产地、品牌、规格、砂浆、彩色石子浆等配合比强度等级，施工工艺要求（层数、遍数、拼花等）；并根据每个项目可能包含的工程内容进行组合，构成各个清单项目。

4）楼梯、台阶侧面装饰，可按零星项目的编码列项，并在清单项目中进行描述。

5）单跑楼梯不论其中间是否有休息平台，其工程量计算规则与双跑楼梯相同。

6）楼梯、阳台、走廊、回廊及其他的装饰性扶手、栏杆、栏板，应按 Q.3 项目编码列项。

7）楼梯、台阶侧面装饰，$0.5m^2$ 以内少量分散的楼地面装修，应按 L.8 中项目编码列项。

表 7.97 楼梯面层（编码：011106）

项目编码	项目名称	项目特征	计量单位	工程量计算规则	工作内容
011106001	石材楼梯面层	1. 找平层厚度、砂浆配合比； 2. 黏结层厚度、材料种类； 3. 面层材料品种、规格、颜色； 4. 防滑条材料种类、规格； 5. 勾缝材料种类； 6. 防护层材料种类； 7. 酸洗、打蜡要求	m^2	按设计图示尺寸以楼梯（包括踏步、休息平台及≤500mm的楼梯井）水平投影面积计算。楼梯与楼地面相连时，算至梯口梁内侧边沿；无梯口梁者，算至最上一层踏步边沿加300mm	1. 基层清理； 2. 抹找平层； 3. 面层铺贴、磨边； 4. 贴嵌防滑条； 5. 勾缝； 6. 刷防护材料； 7. 酸洗、打蜡； 8. 材料运输
011106002	块料楼梯面层				
011106003	拼碎块料面层				
011106004	水泥砂浆楼梯面层	1. 找平层厚度、砂浆配合比； 2. 面层厚度、砂浆配合比； 3. 防滑条材料种类、规格			1. 基层清理； 2. 抹找平层； 3. 抹面层； 4. 抹防滑条； 5. 材料运输
011106005	现浇水磨石楼梯面层	1. 找平层厚度、砂浆配合比； 2. 面层厚度、水泥石子浆配比； 3. 防滑条材料种类、规格； 4. 石子种类、规格、颜色； 5. 颜料种类、颜色； 6. 磨光、酸洗打蜡要求			1. 基层清理； 2. 抹找平层； 3. 抹面层； 4. 贴嵌防滑条； 5. 磨光、酸洗、打蜡； 6. 材料运输
011106006	地毯楼梯面层	1. 基层种类； 2. 面层材料品种、规格、颜色； 3. 防护材料种类； 4. 黏结材料种类； 5. 固定配件材料种类、规格			1. 基层清理； 2. 铺贴面层； 3. 固定配件安装； 4. 刷防护材料； 5. 材料运输
011106007	木板楼梯面层	1. 基层材料种类、规格； 2. 面层材料品种、规格、颜色； 3. 黏结材料种类； 4. 防护材料种类			1. 基层清理； 2. 基层铺贴； 3. 面层铺贴； 4. 刷防护材料； 5. 材料运输
011106008	橡胶板楼梯面层	1. 黏结层厚度、材料种类； 2. 面层材料品种、规格、颜色； 3. 压线条种类			1. 基层清理； 2. 面层铺贴； 3. 压缝条装订； 4. 材料运输
011106009	塑料板楼梯面层				

注 1. 在描述碎石材项目的面层材料特征时可不用描述规格、品牌、颜色。
2. 石材、块料与黏结材料的结合面刷防渗材料的种类在防护层材料种类中描述。

表 7.98　　台阶装饰（编码：011107）

项目编码	项目名称	项目特征	计量单位	工程量计算规则	工作内容
011107001	石材台阶面	1. 找平层厚度、砂浆配合比； 2. 黏结层材料种类； 3. 面层材料品种、规格、颜色； 4. 勾缝材料种类； 5. 防滑条材料种类、规格； 6. 防护材料种类	m²	按设计图示尺寸以台阶（包括最上层踏步边沿加300mm）水平投影面积计算	1. 基层清理； 2. 抹找平层； 3. 面层铺贴； 4. 贴嵌防滑条； 5. 勾缝； 6. 刷防护材料； 7. 材料运输
011107002	块料台阶面				
011107003	拼碎块料台阶面				
011107004	水泥砂浆台阶面	1. 找平层厚度、砂浆配合比； 2. 面层厚度、砂浆配合比； 3. 防滑条材料种类			1. 基层清理； 2. 抹找平层； 3. 抹面层； 4. 贴防滑条； 5. 材料运输
011107005	现浇水磨石台阶面	1. 找平层厚度、砂浆配合比； 2. 面层厚度、水泥石子浆配合比； 3. 防滑条材料种类、规格； 4. 石子种类、规格、颜色； 5. 颜料种类、颜色； 6. 磨光、酸洗、打蜡要求			1. 基层清理； 2. 抹找平层； 3. 抹面层； 4. 贴嵌防滑条； 5. 打磨、酸洗、打蜡； 6. 材料运输
011107006	剁假石台阶面	1. 找平层厚度、砂浆配合比； 2. 面层厚度、砂浆配合比； 3. 剁假石要求			1. 基层清理； 2. 抹找平层； 3. 抹面层； 4. 剁假石； 5. 材料运输

表 7.99　　零星装饰项目（编码：011108）

项目编码	项目名称	项目特征	计量单位	工程量计算规则	工作内容
011108001	石材零星项目	1. 工程部位； 2. 找平层厚度、砂浆配合比； 3. 黏结合层厚度、材料种类； 4. 面层材料品种、规格、颜色； 5. 勾缝材料种类； 6. 防护材料种类； 7. 酸洗、打蜡要求	m²	按设计图示尺寸以面积计算	1. 清理基层； 2. 抹找平层； 3. 面层铺贴、磨边； 4. 勾缝； 5. 刷防护材料； 6. 酸洗、打蜡； 7. 材料运输
011108002	拼碎石材零星项目				
011108003	块料零星项目				
011108004	水泥砂浆零星项目	1. 工程部位； 2. 找平层厚度、砂浆配合比； 3. 面层厚度、砂浆厚度			1. 清理基层； 2. 抹找平层； 3. 抹面层； 4. 材料运输

注　1. 楼梯、台阶牵边和侧面镶贴块料面层，≤0.5m² 的少量分散的楼地面镶贴块料面层，应按表 K.8 零星装饰项目执行。

2. 石材、块料与黏结材料的结合面刷防渗材料的种类在防护层材料种类中描述。

【例 7.20】 某传达室如图 7.7 所示，地面采用 20mm 厚 1∶3 水泥砂浆找平，1∶3 水泥砂浆铺贴 600mm×600mm 地砖面层；踢脚线采用同地面相同品质地砖，踢脚线高 150mm，采用 1∶2 水泥砂浆粘贴。试编制面砖地面和踢脚线的工程量清单（本例垫层不要求计算）。

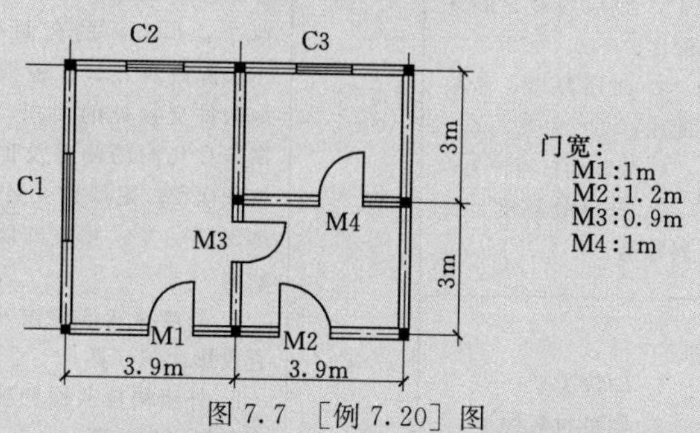

图 7.7 ［例 7.20］图

解：（1）清单项目设置：011102003001 块料楼地面、011105003001 块料踢脚线。

（2）工程量计算：

地面面积＝建筑面积－墙结构面积

＝8.04×6.24－［(7.8＋6)×2＋3.9－0.24＋6－0.24］×0.24＋0.24×(0.9＋1)＝50.17－8.88＋0.456＝41.74(m^2)

踢脚线面积＝(内墙净长－门洞口＋洞口边)×高度

＝[(3.9－0.24)×6＋(6－0.24)×4－0.48－(1＋1.2＋0.9×2＋1×2)＋0.24×4]×0.15＝39.48×0.15＝5.92(m^2)

此结果没有考虑阴、阳角。

（3）按照计价规范的计价格式要求编列清单见表 7.100。

表 7.100 分部分项工程量清单

序号	项目编码	项目名称	项目特征	计量单位	工程数量
1	011102003001	块料楼地面	20mm 厚 1∶3 水泥砂浆找平，1∶3 水泥砂浆铺贴 600mm×600mm 地砖面层	m^2	41.75
2	011105003001	块料踢脚线	1∶2 水泥砂浆粘贴，高 150mm	m^2	5.92

7.4.12 附录 M：墙、柱面装饰与隔断、幕墙工程

7.4.12.1 墙、柱面装饰工程

墙、柱面装饰工程项目按附录 M 列项，分为墙面抹灰、柱（梁）面抹灰、零星抹灰、墙面块料面层、柱（梁）面镶贴块料、镶贴零星块料、墙饰面、柱（梁）饰面。

1. 墙面抹灰

（1）工程量清单项目的设置、项目特征描述的内容、计量单位、工程量计算规则应按表 7.101 执行。

（2）编制注意事项。

表 7.101　　**墙面抹灰（编码：011201）**

<table>
<tr><th>项目编码</th><th>项目名称</th><th>项目特征</th><th>计量单位</th><th>工程量计算规则</th><th>工作内容</th></tr>
<tr><td>011201001</td><td>墙面一般抹灰</td><td rowspan="2">1. 墙体类型；
2. 底层厚度、砂浆配比；
3. 面层厚度、砂浆配比；
4. 装饰面材料种类；
5. 分格缝宽度、材料种类</td><td rowspan="4">m^2</td><td rowspan="4">按设计图示尺寸以面积计算。扣除墙裙、门窗洞口及单个＞$0.3m^2$ 的孔洞面积，不扣除踢脚线、挂镜线和墙与构件交接处的面积，门窗洞口和孔洞的侧壁及顶面不增加面积。附墙柱、梁、垛、烟囱侧壁并入相应的墙面面积内。
1. 外墙抹灰面积按外墙垂直投影面积计算；
2. 外墙裙抹灰面积按其长度乘以高度计算；
3. 内墙抹灰面积按主墙间的净长乘以高度计算；
（1）无墙裙的，高度按室内楼地面至天棚底面计算；
（2）有墙裙的，高度按墙裙顶至天棚底面计算；
4. 内墙裙抹灰面按内墙净长乘以高度计算</td><td rowspan="2">1. 基层清理；
2. 砂浆制作、运输；
3. 底层抹灰；
4. 抹面层；
5. 抹装饰面；
6. 勾分格缝</td></tr>
<tr><td>011201002</td><td>墙面装饰抹灰</td></tr>
<tr><td>011201003</td><td>墙面勾缝</td><td>1. 勾缝类型；
2. 勾缝材料种类</td><td>1. 基层清理；
2. 砂浆制作、运输；
3. 抹灰找平</td></tr>
<tr><td>011201004</td><td>立面砂浆找平层</td><td>1. 基层类型；
2. 找平层砂浆厚度、配合比</td><td>1. 基层清理；
2. 砂浆制作、运输；
3. 勾缝</td></tr>
<tr><td>Z011201005</td><td>阳台、雨篷板抹灰</td><td>1. 抹灰材料、配比；
2. 装饰面材料种类；
3. 翻檐（侧板）高度；
4. 分隔缝宽度、材料种类</td><td>m^2</td><td>按设计图示水平投影面积计算</td><td rowspan="2">1. 基层清理；
2. 砂浆制作、运输；
3. 板面找平、找坡；
4. 板底、板面抹灰；
5. 抹装饰面；
6. 勾分隔缝</td></tr>
<tr><td>Z011201006</td><td>檐沟抹灰</td><td>1. 抹灰材料、配合比；
2. 装饰面材料种类；
3. 底板宽度、侧板高度；
4. 分隔缝宽度、材料种类</td><td rowspan="2">m</td><td>按设计图示中心线长度计算</td></tr>
<tr><td>Z011201007</td><td>装饰线条抹灰增加费</td><td>1. 线条形状、展开宽度；
2. 抹灰材料、配合比；
3. 装饰面材料种类</td><td>按设计图示尺寸以长度计算</td><td>1. 基层清理；
2. 砂浆制作、运输；
3. 抹灰找平</td></tr>
</table>

1）立面砂浆找平项目适用于仅做找平层的立面抹灰。

2）抹石灰砂浆、水泥砂浆、混合砂浆、聚合物水泥砂浆、麻刀石灰浆、石膏灰浆等按墙面一般抹灰列项，水刷石、斩假石、干黏石、假面砖等按墙面装饰抹灰列项。

3）飘窗凸出外墙面增加的抹灰不计算工程量，在综合单价中考虑。

4）有吊顶天棚的内墙面抹灰。按设计图示尺寸计算，图纸未明确高度按吊顶底加10cm考虑。

2. 柱（梁）面抹灰

（1）工程量清单项目的设置、项目特征描述的内容、计量单位、工程量计算规则应按表7.102执行。

（2）砂浆找平项目适用于仅做找平层的柱（梁）面抹灰。抹石灰砂浆、水泥砂浆、混合砂浆、聚合物水泥砂浆、麻刀石灰浆、石膏灰浆等按柱（梁）面一般抹灰编码列项，水刷石、斩假石、干黏石、假面砖等按柱（梁）面装饰抹灰编码列项。

表7.102　　柱（梁）面抹灰（编码：011202）

<table>
<tr><th>项目编码</th><th>项目名称</th><th>项目特征</th><th>计量单位</th><th>工程量计算规则</th><th>工作内容</th></tr>
<tr><td>011202001</td><td>柱、梁面一般抹灰</td><td rowspan="2">1. 柱体类型；
2. 底层厚度、砂浆配合比；
3. 面层厚度、砂浆配合比；
4. 装饰面材料种类；
5. 分格缝宽度、材料种类</td><td rowspan="4">m^2</td><td rowspan="3">1. 柱面抹灰：按设计图示柱断面周长乘高度以面积计算；
2. 梁面抹灰：按设计图示梁断面周长乘长度以面积计算</td><td rowspan="2">1. 基层清理；
2. 砂浆制作、运输；
3. 底层抹灰；
4. 抹面层；
5. 勾分格缝</td></tr>
<tr><td>011202002</td><td>柱、梁面装饰抹灰</td></tr>
<tr><td>011202003</td><td>柱、梁面砂浆找平</td><td>1. 柱体类型；
2. 找平的砂浆厚度、配合比</td><td>1. 基层清理；
2. 砂浆制作、运输；
3. 抹灰找平</td></tr>
<tr><td>011202004</td><td>柱、梁面勾缝</td><td>1. 勾缝类型；
2. 勾缝材料种类</td><td>按设计图示柱断面周长乘高度以面积计算</td><td>1. 基层清理；
2. 砂浆制作、运输；
3. 勾缝</td></tr>
</table>

3. 零星抹灰

（1）工程量清单项目的设置、项目特征描述的内容、计量单位、工程量计算规则应按表7.103执行。

（2）零星项目抹石灰砂浆、水泥砂浆、混合砂浆、聚合物水泥砂浆、麻刀石灰浆、石膏灰浆等按零星项目一般抹灰编码列项，水刷石、斩假石、干黏石、假面砖等按零星项目装饰抹灰编码列项。

（3）墙、柱（梁）面≤0.5m^2的少量分散的抹灰按零星抹灰项目编码列项。

（4）一般抹灰的“零星项目”适用于壁柜、碗柜、过人洞、暖气壁龛、池槽以及1m^2以内的抹灰；块料镶贴和装饰抹灰的“零星项目”适用于挑檐、天沟、腰线、窗台线、门

（窗）套线、扶手、雨篷周边等。

表 7.103　　零星抹灰（编码：011203）

项目编码	项目名称	项目特征	计量单位	工程量计算规则	工作内容
011203001	零星项目一般抹灰	1. 墙体类型； 2. 底层厚度、砂浆配合比； 3. 面层厚度、砂浆配合比； 4. 装饰面材料种类； 5. 分格缝宽度、材料种类	m^2	按设计图示尺寸以面积计算	1. 基层清理； 2. 砂浆制作、运输； 3. 底层抹灰； 4. 抹面层； 5. 抹装饰面； 6. 勾分格缝
011203002	零星项目装饰抹灰				
011203003	零星项目砂浆找平	1. 基层类型； 2. 找平的砂浆厚度、配合比			1. 基层清理； 2. 砂浆制作、运输； 3. 抹灰找平

注　1. 砂浆找平项目适用于仅做找平层的柱（梁）面抹灰。
2. 抹石灰砂浆、水泥砂浆、混合砂浆、聚合物水泥砂浆、麻刀石灰浆、石膏灰浆等按柱（梁）面一般抹灰编码列项，水刷石、斩假石、干黏石、假面砖等按柱（梁）面装饰抹灰编码列项。

4. 墙面块料面层

（1）工程量清单项目的设置、项目特征描述的内容、计量单位、工程量计算规则应按表 7.104 执行。

表 7.104　　墙面块料面层（编码：011204）

项目编码	项目名称	项目特征	计量单位	工程量计算规则	工作内容
011204001	石材墙面	1. 墙体类型； 2. 安装方式； 3. 面层材料品种、规格、颜色； 4. 缝宽、嵌缝材料种类； 5. 防护材料种类； 6. 磨光、酸洗、打蜡要求	m^2	按镶贴表面积计算	1. 基层清理； 2. 砂浆制作、运输； 3. 黏结层铺贴； 4. 面层安装； 5. 嵌缝； 6. 刷防护材料； 7. 磨光、酸洗、打蜡
011204002	拼碎石材墙面				
011204003	块料墙面				
011204004	干挂石材钢骨架	1. 骨架种类、规格； 2. 防锈漆品种遍数	t	按设计图示以质量计算	1. 骨架制作、运输、安装； 2. 刷漆

（2）清单编制注意事项。

1）在描述碎块项目的面层材料特征时可不用描述规格、品牌、颜色。

2）石材、块料与黏结材料的结合面刷防渗材料的种类在防护层材料种类中描述。

3）安装方式可描述为砂浆或黏结剂粘贴、挂贴、干挂等，不论哪种安装方式，都要详细描述与组价相关的内容。

5. 柱（梁）面镶贴块料

（1）工程量清单项目的设置、项目特征描述的内容、计量单位、工程量计算规则应按表7.105执行。

（2）清单编注意事项。

1）在描述碎块项目的面层材料特征时可不用描述规格、品牌、颜色。

2）石材、块料与黏结材料的结合面刷防渗材料的种类在防护层材料种类中描述。

3）柱梁面干挂石材的钢骨架按表7.104相应项目编码列项。

6. 镶贴零星块料

清单项目的设置、项目特征描述的内容、计量单位、工程量计算规则应按表7.106执行。

表7.105　柱（梁）面镶贴块料（编码：011205）

<table>
<tr><th>项目编码</th><th>项目名称</th><th>项目特征</th><th>计量单位</th><th>工程量计算规则</th><th>工作内容</th></tr>
<tr><td>011205001</td><td>石材柱面</td><td rowspan="3">1. 柱截面类型、尺寸；
2. 安装方式；
3. 面层材料品种、规格、颜色；
4. 缝宽、嵌缝材料种类；
5. 防护材料种类；
6. 磨光、酸洗、打蜡要求</td><td rowspan="5">m^2</td><td rowspan="5">按镶贴表面积计算</td><td rowspan="5">1. 基层清理；
2. 砂浆制作、运输；
3. 黏结层铺贴；
4. 面层安装；
5. 嵌缝；
6. 刷防护材料；
7. 磨光、酸洗、打蜡</td></tr>
<tr><td>011205002</td><td>块料柱面</td></tr>
<tr><td>011205003</td><td>拼碎块柱面</td></tr>
<tr><td>011205004</td><td>石材梁面</td><td rowspan="2">1. 安装方式；
2. 面层材料品种、规格、颜色；
3. 缝宽、嵌缝材料种类；
4. 防护材料种类；
5. 磨光、酸洗、打蜡要求</td></tr>
<tr><td>011205005</td><td>块料梁面</td></tr>
</table>

表7.106　镶贴零星块料（编码：011206）

<table>
<tr><th>项目编码</th><th>项目名称</th><th>项目特征</th><th>计量单位</th><th>工程量计算规则</th><th>工作内容</th></tr>
<tr><td>011206001</td><td>石材零星项目</td><td rowspan="3">1. 安装方式；
2. 面层材料品种、规格、颜色；
3. 缝宽、嵌缝材料种类；
4. 防护材料种类；
5. 磨光、酸洗、打蜡要求</td><td rowspan="3">m^2</td><td rowspan="3">按镶贴表面积计算</td><td rowspan="3">1. 基层清理；
2. 砂浆制作、运输；
3. 面层安装；
4. 嵌缝；
5. 刷防护材料；
6. 磨光、酸洗、打蜡</td></tr>
<tr><td>011206002</td><td>块料零星项目</td></tr>
<tr><td>011206003</td><td>拼碎块零星项目</td></tr>
</table>

注　1. 在描述碎块项目的面层材料特征时可不用描述规格、品牌、颜色。

2. 石材、块料与黏结材料的结合面刷防渗材料的种类在防护层材料种类中描述。

3. 零星项目干挂石材的钢骨架按表7.95相应项目编码列项。

4. 墙柱面≤$0.5m^2$的少量分散的镶贴块料面层应按零星项目执行。

7. 墙饰面

（1）工程量清单项目的设置、项目特征描述的内容、计量单位、工程量计算规则应按表 7.107 执行。

（2）清单编制注意事项。“墙面装饰浮雕”项目，在使用规范时，凡不属于仿古建筑工程的项目，可按本附录编码列项。

表 7.107　　墙饰面（编码：011207）

项目编码	项目名称	项目特征	计量单位	工程量计算规则	工作内容
011207001	墙面装饰板	1. 龙骨材料种类、规格、中距； 2. 隔离层材料种类、规格； 3. 基层材料种类、规格； 4. 面层材料品种、规格、颜色； 5. 压条材料种类、规格	m^2	按设计图示墙净长乘净高以面积计算。扣除门窗洞口及单个＞0.3m^2 的孔洞所占面积	1. 基层清理； 2. 龙骨制作、运输安装； 3. 钉隔离层．基层铺钉； 4. 面层铺贴
011207002	墙面装饰浮雕	1. 基层类型； 2. 浮雕材料种类； 3. 浮雕样式		按设计图示尺寸以面积计算	1. 基层清理； 2. 材料制作、运输； 3. 安装成型

【例 7.21】 某教学楼装修工程的墙面装饰板清单见表 7.108 所示。假设当地当时市场价：三类人工 194 元/工日，18mm 阻燃板 58.4 元/m^2，防火涂料 38.5 元/kg，12mm 硅钙板 96.3 元/m^2；其他材料、机械单价按定额计取；企业管理费、利润为人工费及机械费之和为基数，费率分别为 16.57%、8.10%；按照本定额编制该清单项目投标报价。

表 7.108　　墙面装饰板工程量清单

项目编码	项目名称	项　目　特　征	计量单位	工程量
011207001002	墙面装饰板	墙面双向木龙骨 30mm×2.5mm@300mm，18mm 阻燃板基层，木龙骨刷防火涂料 3 遍，墙面阻然板基层上装饰 12mm 硅钙板	m^2	4.34

解：（1）套定额计算人工费、材料费。

1）墙面木龙骨基层，套用定额 12－111：

$$人工费=7.424\times194=1440.26(元/100m^2)$$

$$材料费=1246.48(元/100m^2)$$

$$机械费=0(元)$$

2）木龙骨 18mm 阻燃板基层，套用定额 12－123：

$$人工费=5.263\times194=1021.02(元/100m^2)$$

$$材料费=2261.83+(58.4-21.12)\times105=6170.23(元/100m^2)$$

$$机械费=0(元)$$

3）墙面阻然板基层上装饰硅钙板套用定额 12-136：

$$人工费=7.742\times194=1501.95(元/100m^2)$$

$$材料费=4431.09+(96.3-40.78)\times107=10371.73(元/100m^2)$$

4）木龙骨，刷防火涂料三遍，套用定额 14-93、14-94：

$$人工费=(4.726+2.031)\times194=1310.85(元/100m^2)$$

$$材料费=(243.24+126.82)+(17.76+9.36)\times(38.5-13.36)=1051.86(元/100m^2)$$

（2）列表计算综合单价见表 7.109

表 7.109　　墙面装饰板综合单价计算表

项目编码（定额编码）	清单（定额）项目名称	计量单位	数量	综合单价/元					
				人工费	材料（设备）费	机械费	管理费	利润	小计
011207001001	墙面装饰板	m²	4.34	52.74	188.46		6.98	3.41	251.59
12-111	附墙龙骨基层 断面 7.5cm² 以内木龙骨平均中距 30cm 以内	100m²	0.0434	1440.26	1246.48		190.67	93.21	2970.62
12-123	墙饰面，木夹板基层	100m²	0.0434	1021.02	6176.23		135.17	66.08	7398.50
12-136	墙饰面，硅钙板	100m²	0.0434	1501.95	10371.73		198.84	97.20	12169.72
14-93、14-94	墙、柱面木龙骨防火涂料遍数 3 遍	100m²	0.0434	1310.85	1051.86		173.54	84.83	2621.07

8. 柱（梁）饰面

工程量清单项目的设置、项目特征描述的内容、计量单位、工程量计算规则应按表 7.110 执行。

9. 墙、柱面装饰工程工程量清单编制注意事项

（1）墙面装饰项目，不含立面防腐、防水、保温以及刷油漆的工作内容。防水按附录 J 屋面及防水工程相应项目编码列项；保温按附录 K 保温、隔热、防腐工程相应项目编码列项；刷油漆按附录 P 油漆、涂料、裱糊工程相应项目编码列项。

（2）一般抹灰与装饰抹灰进行区别编码列项。

（3）墙、柱面的抹灰项目，工作内容仍包括“底层抹灰”；墙、柱（梁）的镶贴块料项目，工作内容仍包括“黏结层”，本附录列有“立面砂浆找平层”“柱、梁面砂浆找平”

及“零星项目砂浆找平”项目，只适用于仅做找平层的立面抹灰。

表 7.110　　柱（梁）饰面（编码：011208）

项目编码	项目名称	项目特征	计量单位	工程量计算规则	工作内容
011208001	柱（梁）面装饰	1. 龙骨材料种类、规格、中距； 2. 隔离层材料种类； 3. 基层材料种类、规格； 4. 面层材料品种、规格、颜色； 5. 压条材料种类、规格	m^2	按设计图示饰面外围尺寸以面积计算。柱帽、柱墩并入相应柱饰面工程量内	1. 清理基层； 2. 龙骨制作、运输、安装； 3. 钉隔离层； 4. 基层铺钉； 5. 面层铺贴
011208002	成品装饰柱	1. 柱截面、高度尺寸； 2. 柱材质	根； m	1. 以“根”计算，按设计数量计算； 2. 以“m”计算，按设计长度计算	柱运输、固定、安装

7.4.12.2　隔断、幕墙工程

1. 幕墙工程

（1）工程量清单项目的设置、项目特征描述的内容、计量单位、工程量计算规则应按表 7.111 执行。

（2）幕墙钢骨架按附录表 M.4 干挂石材钢骨架编码列项。

表 7.111　　幕墙工程（编码：011209）

项目编码	项目名称	项目特征	计量单位	工程量计算规则	工作内容
011209001	带骨架幕墙	1. 骨架材料种类、规格、中距； 2. 面层材料品种、规格、颜色； 3. 面层固定方式； 4. 隔离带、框边封闭材料品种、规格； 5. 嵌缝、塞口材料种类	m^2	按设计图示框外围尺寸以面积计算。与幕墙同种材质的窗所占面积不扣除	1. 骨架制作、运输、安装； 2. 面层安装； 3. 隔离带、框边封闭； 4. 嵌缝、塞口； 5. 清洗
011209002	全玻（无框玻璃）幕墙	1. 玻璃品种、规格、颜色； 2. 黏结塞口材料种类； 3. 固定方式		按设计图示尺寸以面积计算。带肋全玻幕墙按展开面积计算	1. 幕墙安装； 2. 嵌缝、塞口； 3. 清洗

2. 隔断

工程量清单项目的设置、项目特征描述的内容、计量单位、工程量计算规则应按表 7.112 执行。

表 7.112　　隔断（编码：011210）

项目编码	项目名称	项目特征	计量单位	工程量计算规则	工作内容
011210001	木隔断	1. 骨架、边框材料种类、规格； 2. 隔板材料品种、规格、颜色； 3. 嵌缝、塞口材料品种； 4. 压条材料种类	m^2	按设计图示框外围尺寸以面积计算。不扣除单个≤0.3m^2的孔洞所占面积；浴厕门的材质与隔断相同时，门的面积并入隔断面积内	1. 骨架及边框制作、运输、安装； 2. 隔板制作、运输、安装； 3. 嵌缝、塞口； 4. 装订压条
011210002	金属隔断	1. 骨架、边框材料种类、规格； 2. 隔板材料品种、规格、颜色； 3. 嵌缝、塞口材料品种			1. 骨架及边框制作、运输、安装； 2. 隔板制作、运输、安装； 3. 嵌缝、塞口
011210003	玻璃隔断	1. 边框材料种类、规格； 2. 玻璃品种、规格、颜色； 3. 嵌缝、塞口材料品种		按设计图示框外围尺寸以面积计算。不扣除单个≤0.3m^2的孔洞所占面积	1. 边框制作、运输、安装； 2. 玻璃制作、运输、安装； 3. 嵌缝、塞口
011210004	塑料隔断	1. 边框材料种类、规格； 2. 隔板材料品种、规格、颜色； 3. 嵌缝、塞口材料品种			
011210005	成品隔断	1. 隔断材料品种、规格、颜色； 2. 配件品种、规格	m^2； 间	1. 按设计图示框外围尺寸以面积计算； 2. 按设计间的数量以间计算	1. 隔断运输、安装； 2. 嵌缝、塞口
011210006	其他隔断	1. 骨架、边框材料种类、规格； 2. 隔板材料品种、规格、颜色； 3. 嵌缝、塞口材料品种	m^2	按设计图示框外围尺寸以面积计算。不扣除单个≤0.3m^2的孔洞所占面积	1. 骨架及边框安装； 2. 隔断运输、安装； 3. 嵌缝、塞口

3. 工程量清单编制注意事项

（1）墙柱面装饰工程量清单项目必须按设计图纸注明的装饰位置，结构层材料名称，龙骨设置方式，构造尺寸做法，面层材料名称、规格及材质，装饰造型要求，特殊工艺及材料处理要求等；并根据每个项目可能包含的工程内容进行描述。

（2）柱面抹灰项目、石材柱面项目、块料柱面项目适用于矩形柱、异形柱（包括圆形柱、半圆形柱等）。

（3）设置在隔断、幕墙上的门窗，可包括在隔断、幕墙项目报价内，也可单独编码列项，并在清单项目中进行描述。

4. 有关工程项目特征说明

（1）墙体类型指砖墙、石墙、混凝土墙、砌块墙以及内墙、外墙等。

（2）底层、面层的厚度应根据设计图纸规定确定。

（3）勾缝类型指清水砖墙、砖柱的加浆勾缝（平缝或凹缝），石墙、石柱的勾缝（如：平缝、平缝凹缝、平凸缝、半圆凹缝、半圆凸缝和三角凸缝）。

（4）防护材料指石材防碱背涂处理剂和面层防酸涂剂等。

（5）基层材料指面层内的底板材料，如：木墙裙、木护墙、木板隔断的龙骨上粘贴或铺钉的内衬底板。

（6）石灰砂浆、水泥砂浆、水泥混合砂浆、聚合物水泥砂浆、麻刀石灰、纸筋石灰、石膏灰等的抹灰属于一般抹灰；水刷石、斩假石（剁斧石、剁假石）、干黏石、假面砖等抹灰属于装饰抹灰。

5. 工程量计算注意事项

（1）墙面抹灰不扣除与构件交接处的面积，是指墙与梁的交接处所占面积，不包括墙与楼板的交接。

（2）柱（墙）面装饰板按设计图示外围饰面尺寸乘以高度（长度）以面积计算，外围饰面尺寸是饰面的表面尺寸。

（3）带肋全玻璃幕墙是玻璃幕墙的玻璃肋，玻璃肋的工程量应合并在玻璃幕工程量内计算。

7.4.13　附录 N：天棚工程

天棚工程清单项目包括天棚抹灰、天棚吊顶、采光天棚、天棚其他装饰，共 3 节 10 个项目。

（1）天棚抹灰工程量清单项目的设置、项目特征描述的内容、计量单位、工程量计算规则应按表 7.113 执行。

表 7.113　　天棚抹灰（编码：011301）

项目编码	项目名称	项目特征	计量单位	工程量计算规则	工作内容
011301001	天棚抹灰	1. 基层类型； 2. 抹灰厚度、材料种类； 3. 砂浆配合比	m^2	按设计图示尺寸以水平投影面积计算。不扣除间壁墙、垛、柱、附墙烟囱、检查口和管道所占的面积，带梁天棚、梁两侧抹灰面积并入天棚面积内，板式楼梯底面抹灰按斜面积计算，锯齿形楼梯底板抹灰按展开面积计算	1. 基层清理； 2. 底层抹灰； 3. 抹面层

(2) 天棚吊顶清单项目的设置、项目特征描述的内容、计量单位、工程量计算规则应按表 7.114 执行。

(3) 采光天棚工程量清单项目的设置、项目特征描述的内容、计量单位、工程量计算规则应按表 7.115 执行。

表 7.114　　　　天棚吊顶（编码：011302）

项目编码	项目名称	项目特征	计量单位	工程量计算规则	工作内容
011302001	吊顶天棚	1. 吊顶形式、吊杆规格、高度； 2. 龙骨材料种类、规格、中距； 3. 基层材料种类、规格； 4. 面层材料品种、规格； 5. 压条材料种类、规格； 6. 嵌缝材料种类； 7. 防护材料种类	m^2	按设计图示尺寸以水平投影面积计算。天棚面中的灯槽及跌级、锯齿形、吊挂式、藻井式天棚面积不展开计算。不扣除间壁墙、检查口、附墙烟囱、柱垛和管道所占面积，扣除单个>$0.3m^2$ 的孔洞、独立柱及与天棚相连的窗帘盒所占的面积	1. 基层清理、吊杆安装； 2. 龙骨安装； 3. 基层板铺贴； 4. 面层铺贴； 5. 嵌缝； 6. 刷防护材料
011302002	格栅吊顶	1. 龙骨材料种类、规格、中距； 2. 基层材料种类、规格； 3. 面层材料品种、规格； 4. 防护材料种类		按设计图示尺寸以水平投影面积计算	1. 基层清理； 2. 安装龙骨； 3. 基层板铺贴； 4. 面层铺贴； 5. 刷防护材料
011302003	吊筒吊顶	1. 吊筒形状、规格； 2. 吊筒材料种类； 3. 防护材料种类			1. 基层清理； 2. 吊筒制作安装； 3. 刷防护材料
011302004	藤条造型悬挂吊顶	1. 骨架材料种类、规格； 2. 面层材料品种、规格			1. 基层清理； 2. 龙骨安装； 3. 铺贴面层
011302005	织物软雕吊顶				
011302006	装饰网架吊顶	网架材料品种、规格			1. 基层清理； 2. 网架制作安装

表 7.115　　　　采光天棚工程（编码：011303）

项目编码	项目名称	项目特征	计量单位	工程量计算规则	工作内容
011303001	采光天棚	1. 骨架类型； 2. 固定类型、固定材料品种、规格； 3. 面层材料品种、规格； 4. 嵌缝、塞口材料种类	m^2	按框外围展开面积计算	1. 清理基层； 2. 面层制安； 3. 嵌缝、塞口； 4. 清洗

注　采光天棚骨架不包括在本节中，应单独按附录 F 相关项目编码列项。

（4）天棚其他装饰。工程量清单项目的设置、项目特征描述的内容、计量单位、工程量计算规则应按表 7.116 执行。

表 7.116　　天棚其他装饰（编码：011304）

项目编码	项目名称	项目特征	计量单位	工程量计算规则	工作内容
011304001	灯带（槽）	1. 灯带型式、尺寸； 2. 格栅片材料品种、规格； 3. 安装固定方式	m^2	按设计图示尺寸以框外围面积计算	安装、固定
011304002	送风口、回风口	1. 风口材料品种、规格； 2. 安装固定方式； 3. 防护材料种类	个	按设计图示数量计算	1. 安装、固定； 2. 刷防护材料

（5）清单编制注意事项。

1）采光天棚骨架不包括在工作内容中，应按附录 F 金属结构工程相应项目编码列项。

2）天棚装饰刷油漆、涂料以及裱糊，按附录 P 油漆、涂料、裱糊工程相应项目编码列项。

3）天棚装饰工程量清单必须按设计图纸描述：装饰的部位、结构层材料名称、龙骨设置、构造尺寸做法、面层材料名称、规格及材质、装饰造型要求、特殊工艺及材料处理要求等。

4）天棚吊顶形式如平面、跌级（阶梯），锯齿形、吊挂式、藻井式及矩形、弧形、拱形等应的清单项目中进行描述。

5）采光天棚和天棚设保湿、隔热、吸音层时，应按 GB 50584—2013 附录 J. 9 中相关项目编码列项。

6）“天棚抹灰”项目基层类型是指现浇混凝土板、预制混凝土板、木板、钢板网天棚等。

7）基层材料：指底板或面层背的加强材料。

8）龙骨中距：指相邻龙骨中线之间的距离。

9）格栅吊顶适用于木格栅、金属格栅、塑料格栅等。

10）吊筒吊顶适用于木（竹）质吊筒、金属吊筒、塑料吊筒等，形状包括圆形、矩形、弧形吊筒等。

11）灯带格栅有不锈钢格栅、铝合金格栅、玻璃类格册等。送风口、回风口，按正式成立划分有直形、弧形；按材料划分有金属、塑料、木质等。

7.4.14　附录 P：油漆、涂料、裱糊工程

油漆、涂料、裱糊工程按附录 P 的内容列项，包括门油漆；窗油漆；木扶手及其他板条、线条油漆；木材面油漆；金属面油漆；抹灰面油漆；喷刷涂料；裱糊；共 8 节 36 个项目。

适用于单独油漆工程（除裱糊项目以外），其他油漆已组合在相应的地面、墙柱面、天棚、门窗或其他工程中，不再单独列项。

工程量清单编制应按油漆的不同品种、部位等，分别列项编制清单项目。

1. 门油漆

工程量清单项目设置、项目特征描述的内容、计量单位、工程量计算规则应按表7.117的规定执行。

表 7.117　　门油漆（编号：011401）

项目编码	项目名称	项目特征	计量单位	工程量计算规则	工作内容
011401001	木门油漆	1. 门类型； 2. 门代号及洞口尺寸； 3. 腻子种类； 4. 刮腻子遍数； 5. 防护材料种类； 6. 油漆品种、刷漆遍数	樘； m^2	1. 以"樘"计量，按设计图示数量计量； 2. 以"m^2"计量，按设计图示洞口尺寸以面积计算	1. 基层清理； 2. 刮腻子； 3. 刷防护材料、油漆
011401002	金属门油漆				1. 除锈、基层清理； 2. 刮腻子； 3. 刷防护材料、油漆

注　1. 木门油漆应区分木大门、单层木门、双层（一玻一纱）木门、双层（单裁口）木门、全玻自由门、半玻自由门、装饰门及有框门或无框门等项目，分别编码列项。
2. 金属门油漆应区分平开门、推拉门、钢制防火门列项。以"m^2"计量，项目特征可不必描述洞口尺寸。

2. 窗油漆

工程量清单项目设置、项目特征描述的内容、计量单位、工程量计算规则应按表7.118的规定执行。

表 7.118　　窗油漆（编号：011402）

项目编码	项目名称	项目特征	计量单位	工程量计算规则	工作内容
011402001	木窗油漆	1. 窗类型； 2. 窗代号及洞口尺寸； 3. 腻子种类； 4. 刮腻子遍数； 5. 防护材料种类； 6. 油漆品种、刷漆遍数	樘； m^2	1. 以"樘"计量，按设计图示数量计量； 2. 以"m^2"计量，按设计图示洞口尺寸以面积计算	1. 基层清理； 2. 刮腻子； 3. 刷防护材料、油漆
011402002	金属窗油漆				1. 除锈、基层清理； 2. 刮腻子； 3. 刷防护材料、油漆

注　1. 木窗油漆应区分单层木窗、双层（一玻一纱）木窗、双层框扇（单裁口）木窗、双层框三层（二玻一纱）木窗、单层组合窗、双层组合窗、木百叶窗、木推拉窗等项目，分别编码列项。
2. 金属窗油漆应区分平开窗、推拉窗、固定窗、组合窗、金属隔栅窗分别列项。
3. 以"m^2"计量，项目特征可不必描述洞口尺寸。

3. 木扶手及其他板条、线条油漆

工程量清单项目设置、项目特征描述的内容、计量单位、工程量计算规则应按表7.119的规定执行。

表7.119　　木扶手及其他板条、线条油漆（编号：011403）

项目编码	项目名称	项目特征	计量单位	工程量计算规则	工作内容
011403001	木扶手油漆	1. 断面尺寸； 2. 腻子种类； 3. 刮腻子遍数； 4. 防护材料种类； 5. 油漆品种、刷漆遍数	m	按设计图示尺寸以长度计算	1. 基层清理； 2. 刮腻子； 3. 刷防护材料、油漆
011403002	窗帘盒油漆				
011403003	封檐板、顺水板油漆				
011403004	挂衣板、黑板框油漆				
011403005	挂镜线、窗帘棍、单独木线油漆				

注　木扶手应区分带托板与不带托板，分别编码列项，若是木栏杆代扶手，木扶手不应单独列项，应包含在木栏杆油漆中。

4. 木材面油漆

工程量清单项目设置、项目特征描述的内容、计量单位、工程量计算规则应按表7.120的规定执行。

表7.120　　木材面油漆（编号：011404）

项目编码	项目名称	项目特征	计量单位	工程量计算规则	工作内容
011404001	木护墙、木墙裙油漆	1. 腻子种类； 2. 刮腻子遍数； 3. 防护材料种类； 4. 油漆品种、刷漆遍数	m^2	按设计图示尺寸以面积计算	1. 基层清理； 2. 刮腻子； 3. 刷防护材料、油漆
011404002	窗台板、筒子板、盖板、门窗套、踢脚线油漆				
011404003	清水板条天棚、檐口油漆				
011404004	木方格吊顶天棚油漆				
011404005	吸音板墙面、天棚面油漆				
011404006	暖气罩油漆				
011404007	其他木材面				
011404008	木间壁、木隔断油漆			按设计图示尺寸以单面外围面积计算	
011404009	玻璃间壁露明墙筋油漆				
011404010	木栅栏、木栏杆（带扶手）油漆				
011404011	衣柜、壁柜油漆			按设计图示尺寸以油漆部分展开面积计算	1. 基层清理； 2. 刮腻子； 3. 刷防护材料、油漆
011404012	梁柱饰面油漆				
011404013	零星木装修油漆				
011404014	木地板油漆			按设计图示尺寸以面积计算。空洞、空圈、暖气包槽、壁龛的开口部分并入相应的工程量内	
011404015	木地板烫硬蜡面	1. 硬蜡品种； 2. 面层处理要求			1. 基层清理； 2. 烫蜡

5. 金属面油漆

工程量清单项目设置、项目特征描述的内容、计量单位、工程量计算规则应按表7.121的规定执行。

表 7.121　　金属面油漆（编号：011405）

项目编码	项目名称	项目特征	计量单位	工程量计算规则	工作内容
011405001	金属面油漆	1. 构件名称； 2. 腻子种类； 3. 刮腻子要求； 4. 防护材料种类； 5. 油漆品种、刷漆遍数	t； m^2	1. 以“t”计量，按设计图示尺寸以质量计算； 2. 以“m^2”计量，按设计展开面积计算	1. 基层清理； 2. 刮腻子； 3. 刷防护材料、油漆

6. 抹灰面油漆

工程量清单项目设置、项目特征描述的内容、计量单位、工程量计算规则应按表7.122的规定执行。

表 7.122　　抹灰面油漆（编号：011406）

<table>
<tr><th>项目编码</th><th>项目名称</th><th>项目特征</th><th>计量单位</th><th>工程量计算规则</th><th>工作内容</th></tr>
<tr><td>011406001</td><td>抹灰面油漆</td><td>1. 基层类型；
2. 腻子种类；
3. 刮腻子遍数；
4. 防护材料种类；
5. 油漆品种、刷漆遍数；
6. 部位</td><td>m^2</td><td>按设计图示尺寸以面积计算</td><td rowspan="2">1. 基层清理；
2. 刮腻子；
3. 刷防护材料、油漆</td></tr>
<tr><td>011406002</td><td>抹灰线条油漆</td><td>1. 线条宽度、道数；
2. 腻子种类；
3. 刮腻子遍数；
4. 防护材料种类；
5. 油漆品种、刷漆遍数</td><td>m</td><td>按设计图示尺寸以长度计算</td></tr>
<tr><td>011406003</td><td>满刮腻子</td><td>1. 基层类型；
2. 腻子种类；
3. 刮腻子遍数</td><td>m^2</td><td>按设计图示尺寸以面积计算</td><td>1. 基层清理；
2. 刮腻子</td></tr>
</table>

7. 喷刷涂料

工程量清单项目设置、项目特征描述的内容、计量单位、工程量计算规则应按表7.123的规定执行。

表 7.123　　喷刷涂料（编号：011407）

<table>
<tr><th>项目编码</th><th>项目名称</th><th>项目特征</th><th>计量单位</th><th>工程量计算规则</th><th>工作内容</th></tr>
<tr><td>011407001</td><td>墙面喷刷涂料</td><td rowspan="2">1. 基层类型；
2. 喷刷涂料部位；
3. 腻子种类；
4. 刮腻子要求；
5. 涂料品种、喷刷遍数</td><td rowspan="2">m^2</td><td rowspan="2">按设计图示尺寸以面积计算</td><td rowspan="2">1. 基层清理；
2. 刮腻子；
3. 刷、喷涂料</td></tr>
<tr><td>011407002</td><td>天棚喷刷涂料</td></tr>
</table>

续表

项目编码	项目名称	项目特征	计量单位	工程量计算规则	工作内容
011407003	空花格、栏杆刷涂料	1. 腻子种类； 2. 刮腻子遍数； 3. 涂料品种、刷喷遍数	m^2	按设计图示尺寸以单面外围面积计算	1. 基层清理； 2. 刮腻子； 3. 刷、喷涂料
011407004	线条刷涂料	1. 基层清理； 2. 线条宽度； 3. 刮腻子遍数； 4. 刷防护材料、油漆	m	按设计图示尺寸以长度计算	
011407005	金属构件刷防火涂料	1. 喷刷防火涂料构件名称； 2. 防火等级要求； 3. 涂料品种、喷刷遍数	m^2； t	1. 以“t”计量，按设计图示尺寸以质量计算； 2. 以“m^2”计量，按设计展开面积计算	1. 基层清理； 2. 刷防护材料、油漆
011407006	木材构件喷刷防火涂料		m^2； m^3	1. 以“m^2”计量，按设计图示尺寸以面积计算； 2. 以“m^3”计量，按设计结构尺寸以体积计算	1. 基层清理； 2. 刷防火材料

注　喷刷墙面涂料部位要注明内墙或外墙。

8. 裱糊

工程量清单项目设置、项目特征描述的内容、计量单位、工程量计算规则应按表 7.124 的规定执行。

表 7.124　　裱糊（编号：011408）

项目编码	项目名称	项目特征	计量单位	工程量计算规则	工作内容
011408001	墙纸裱糊	1. 基层类型； 2. 裱糊部位； 3. 腻子种类； 4. 刮腻子遍数； 5. 黏结材料种类； 6. 防护材料种类； 7. 面层材料品种、规格、颜色	m^2	按设计图示尺寸以面积计算	1. 基层清理； 2. 刮腻子； 3. 面层铺粘； 4. 刷防护材料
011408002	织锦缎裱糊				

9. 编制注意事项

（1）有关项目中已包括油漆、涂料的不再单独按本章列项。

（2）连窗门可按门的油漆项目编码列项。各种木门窗类型不同，如单层木门、双层木门、全玻自由门等应分别编码列项。

（3）木扶手区别带托板与不带托板，分别编码列项。楼梯木扶手工程量按中心线斜长计算，弯头长度应计算在扶手长度内。

（4）抹灰面的油漆、涂料，应注意基层的类型，如一般抹灰墙柱面的消耗量与拉条灰、拉毛灰，甩毛灰等油漆、涂料的消耗量不同。刮腻子时应区分遍数、满刮，找补腻子等不同要求。

（5）墙纸和织棉锻的裱糊，清单项目编制应注意是对花还是不对花。

（6）本附录列有“木扶手”和“木栏杆”的油漆项目，若是木栏杆带扶手，木扶手不应单独列项，应包括在木栏杆油漆中。

（7）本附录抹灰面油漆和刷涂料工作内容中包括“刮腻子”，但又单独列有“满刮腻子”项目，此项目只适用于仅做“满刮腻子”的项目，不得将抹灰面油漆和刷涂料中“刮腻子”内容单独分出执行满刮腻子项目。

7.4.15 附录Q：其他装饰工程

其他工程包括：柜类、货架；压条、装饰线；扶手、栏杆、栏板装饰；暖气罩、浴厕配件；雨罩、旗杆；招牌、灯箱；美术字，共8节58个项目。适用于构件的制作和安装。

1. 柜类、货架

（1）工程量清单项目编码为011501001～011501020，项目名称有柜台、酒柜、柜存包柜、鞋柜、书柜、厨房壁柜、木壁柜、厨房低柜、厨房吊柜、矮柜、吧台背柜、酒吧吊柜、酒吧台、展台、收银台、试衣间、货架、书架、服务台。

（2）项目特征描述的内容：台柜规格；材料种类、规格；五金种类、规格；防护材料种类；油漆品种、刷漆遍数。

（3）计量单位、工程量计算规则。以“个”计量，按设计图示数量计量；以“m”计量，按设计图示尺寸以延长米计算；以按设计结构尺寸以体积计算。

2. 压条、装饰线

工程量清单项目设置、项目特征描述的内容、计量单位、工程量计算规则应按表7.125的规定执行。

表7.125　　装饰线（编号：011502）

项目编码	项目名称	项目特征	计量单位	工程量计算规则	工作内容
011502001	金属装饰线	1. 基层类型； 2. 线条材料品种、规格、颜色； 3. 防护材料种类	m	按设计图示尺寸以长度计算	1. 线条制作、安装； 2. 刷防护材料
011502002	木质装饰线				
011502003	石材装饰线				
011502004	石膏装饰线				
011502005	镜面玻璃线				
011502006	铝塑装饰线				
011502007	塑料装饰线				
011502008	GRC装饰线条	1. 基层类型； 2. 线条规格； 3. 线条安装部位； 4. 填充材料种类			线条制作安装

3. 扶手、栏杆、栏板装饰

工程量清单项目的设置、项目特征描述的内容、计量单位、工程量计算规则应按表7.126执行。

表 7.126　　扶手、栏杆、栏板装饰（编码：011503）

项目编码	项目名称	项目特征	计量单位	工程量计算规则	工作内容
011503001	金属扶手栏杆、栏板	1. 扶手、栏杆、栏板材料种类、规格、品牌； 2. 固定配件种类； 3. 防护材料种类	m	按设计图示以扶手中心线长度（包括弯头长度）计算	1. 制作； 2. 运输； 3. 安装； 4. 刷防护材料
011503002	硬木扶手、栏杆、栏板				
011503003	塑料扶手、栏杆、栏板				
011503004	GRC 栏杆、扶手	1. 栏杆的规格； 2. 安装间距； 3. 扶手类型规格； 4. 填充材料种类			
011503005	金属靠墙扶手	1. 扶手材料种类、规格； 2. 固定配件种类； 3. 防护材料种类			
011503006	硬木靠墙扶手				
011503007	塑料靠墙扶手				
011503008	玻璃栏板	1. 栏杆玻璃的种类、规格、颜色； 2. 固定方式、固定配件种类			

4. 暖气罩

工程量清单项目设置、项目特征描述的内容、计量单位、工程量计算规则、应按表 7.127 的规定执行。

表 7.127　　暖气罩（编号：011504）

项目编码	项目名称	项目特征	计量单位	工程量计算规则	工作内容
011504001	饰面板暖气罩	1. 暖气罩材质； 2. 防护材料种类	m^2	按设计图示尺寸以垂直投影面积（不展开）计算	1. 暖气罩制作、运输、安装； 2. 刷防护材料、油漆
011504002	塑料板暖气罩				
011504003	金属暖气罩				

5. 浴厕配件

工程量清单项目设置、项目特征描述的内容、计量单位、工程量计算规则应按表 7.128 的规定执行。

表 7.128　　浴厕配件（编号：011505）

项目编码	项目名称	项目特征	计量单位	工程量计算规则	工作内容
011505001	洗漱台	1. 材料品种、规格、品牌、颜色； 2. 支架、配件品种、规格、品牌	m^2； 个	1. 按设计图示尺寸以台面外接矩形面积计算。不扣除孔洞、挖弯、削角所占面积，挡板、吊沿板面积并入台面面积内； 2. 按设计图示数量计算	1. 台面及支架、运输、安装； 2. 杆、环、盒、配件安装； 3. 刷油漆
011505002	晒衣架		个	按设计图示数量计算	
011505003	帘子杆				
011505004	浴缸拉手				
011505005	卫生间扶手				

续表

项目编码	项目名称	项目特征	计量单位	工程量计算规则	工作内容
011505006	毛巾杆（架）	1. 材料品种、规格、品牌、颜色； 2. 支架、配件品种、规格、品牌	套	按设计图示数量计算	1. 台面及支架制作、运输、安装； 2. 杆、环、盒、配件安装； 3. 刷油漆
011505007	毛巾环		副		
011505008	卫生纸盒		个		
011505009	肥皂盒				
011505010	镜面玻璃	1. 镜面玻璃品种、规格； 2. 框材质、断面尺寸； 3. 基层材料种类； 4. 防护材料种类	m^2	按设计图示尺寸以边框外围面积计算	1. 基层安装； 2. 玻璃及框制作、运输、安装
011505011	镜箱	1. 箱体材质、规格； 2. 玻璃品种、规格； 3. 基层材料种类； 4. 防护材料种类； 5. 油漆品种、刷漆遍数	个	按设计图示数量计算	1. 基层安装； 2. 箱体制作、运输、安装； 3. 玻璃安装； 4. 刷防护材料、油漆

6. 雨篷、旗杆

工程量清单项目设置、项目特征描述的内容、计量单位、工程量计算规则应按表7.129的规定执行。

表 7.129　　雨篷、旗杆（编号：011506）

项目编码	项目名称	项目特征	计量单位	工程量计算规则	工作内容
011506001	雨篷吊挂饰面	1. 基层类型； 2. 龙骨材料种类、规格、中距； 3. 面层材料品种、规格、品牌； 4. 吊顶（天棚）材料品种、规格、品牌 5. 嵌缝材料种类； 6. 防护材料种类	m^2	按设计图示尺寸以水平投影面积计算	1. 底层抹灰； 2. 龙骨基层安装； 3. 面层安装； 4. 刷防护材料、油漆
011506002	金属旗杆	1. 旗杆材料、种类、规格； 2. 旗杆高度； 3. 基础材料种类； 4. 基座材料种类； 5. 基座面层材料、种类、规格	根	按设计图示数量计算	1. 土石挖、填、运； 2. 基础混凝土浇筑； 3. 旗杆制作、安装； 4. 旗杆台座制作、饰面
011506003	玻璃雨篷	1. 玻璃雨篷固定方式； 2. 龙骨材料种类、规格、中距； 3. 玻璃材料品种、规格、品牌； 4. 嵌缝材料种类； 5. 防护材料种类	m^2	按设计图示尺寸以水平投影面积计算	1. 龙骨基层安装； 2. 面层安装； 3. 刷防护材料、油漆

注　旗杆的砌砖或混凝土台座、台座的饰面可按相关附录的章节另行编码列项，也可纳入旗杆报价内。旗杆高度指旗标台座上表面至杆顶的尺寸。

7. 招牌、灯箱

工程量清单项目设置、项目特征描述的内容、计量单位、应按表 7.130 的规定执行。

表 7.130　　招牌、灯箱（编号：011507）

<table>
<tr><th>项目编码</th><th>项目名称</th><th>项目特征</th><th>计量单位</th><th>工程量计算规则</th><th>工作内容</th></tr>
<tr><td>011507001</td><td>平面、
箱式招牌</td><td rowspan="3">1. 箱体规格；
2. 基层材料种类；
3. 面层材料种类；
4. 防护材料种类</td><td>m^2</td><td>按设计图示尺寸以正立面边框外围面积计算。复杂形的凸凹造型部分不增加面积</td><td rowspan="4">1. 基层安装；
2. 箱体及支架制作、运输、安装；
3. 面层制作、安装；
4. 刷防护材料、油漆</td></tr>
<tr><td>011507002</td><td>竖式标箱</td><td rowspan="3">个</td><td rowspan="3">按设计图示数量计算</td></tr>
<tr><td>011507003</td><td>灯箱</td></tr>
<tr><td>011507004</td><td>信报箱</td><td>1. 箱体规格；
2. 基层材料种类；
3. 面层材料种类；
4. 防护材料种类；
5. 户数</td></tr>
</table>

8. 美术字

工程量清单项目设置、项目特征描述的内容、计量单位，应按表 7.131 的规定执行。

表 7.131　　美术字（编号：011508）

<table>
<tr><th>项目编码</th><th>项目名称</th><th>项目特征</th><th>计量单位</th><th>工程量计算规则</th><th>工作内容</th></tr>
<tr><td>011508001</td><td>泡沫塑料字</td><td rowspan="5">1. 基层类型；
2. 镌字材料品种、颜色；
3. 字体规格；
4. 固定方式；
5. 油漆品种、刷漆遍数</td><td rowspan="5">个</td><td rowspan="5">按设计图示数量计算</td><td rowspan="5">1. 字制作、运输、安装；
2. 刷油漆</td></tr>
<tr><td>011508002</td><td>有机玻璃字</td></tr>
<tr><td>011508003</td><td>木质字</td></tr>
<tr><td>011508004</td><td>金属字</td></tr>
<tr><td>011508005</td><td>吸塑字</td></tr>
</table>

注　美术字不分字体，按大小规格分类。美术字的字体规格以字的外接矩形长、宽和字的厚度表示。

7.4.16　附录 S：措施项目清单

7.4.16.1　措施项目清单内容

技术措施项目设置同分部分项工程量清单，共计 7 节 52 个清单项目。组织措施项目按项计算，并明确工作内容及包含范围。

1. 施工技术措施清单项目

施工技术措施内容包括：脚手架工程，钢筋混凝土模板及支架（撑），垂直运输，超高施工增加，大型机械设备进出场及安拆，施工排水、降水及其他施工技术措施费。

（1）脚手架工程，包括综合脚手架、外脚手架、里脚手架、悬空脚手架、挑脚手架、满堂脚手架、整体提升架、外装饰吊篮。

1）项目特征：根据使用范围和部位的不同，分别列项按要求进行描述。

2）工程量清单项目设置、项目特征描述的内容、计量单位及工程量计算规则见表 7.132。

表 7.132　　**脚手架工程（编码：011701）**

项目编码	项目名称	项目特征	计量单位	工程量计算规则	工作内容
011701001	综合脚手架	1. 建筑结构形式； 2. 檐口高度	m^2	按建筑面积计算	1. 场内、场外材料搬运； 2. 搭、拆脚手架、斜道、上料平台； 3. 安全网的铺设； 4. 选择附墙点与主体连接； 5. 测试电动装置、安全锁等； 6. 拆除脚手架后材料的堆放
011701002	外脚手架	1. 搭设方式； 2. 搭设高度； 3. 脚手架材质	m^2	按所服务对象的垂直投影面积计算	1. 场内、场外材料搬运； 2. 搭、拆脚手架、斜道、上料平台； 3. 安全网的铺设； 4. 拆除脚手架后材料的堆放
011701003	里脚手架				
011701004	悬空脚手架	1. 搭设方式； 2. 悬挑宽度； 3. 脚手架材质		按搭设的水平投影面积计算	
011701005	挑脚手架		m	按搭设长度乘以搭设层数以延长米计算	
011701006	满堂脚手架	1. 搭设方式； 2. 搭设高度； 3. 脚手架材质	m^2	按搭设的水平投影面积计算	
011701007	整体提升架	1. 搭设方式及启动装置； 2. 搭设高度	m^2	按所服务对象的垂直投影面积计算	1. 场内、场外材料搬运； 2. 选择附墙点与主体连接； 3. 搭、拆脚手架、斜道、上料平台； 4. 安全网的铺设； 5. 测试电动装置、安全锁等； 6. 拆除脚手架后材料的堆放
011701008	外装饰吊篮	1. 升降方式及启动装置； 2. 搭设高度及吊篮型号	m^2	按所服务对象的垂直投影面积计算	1. 场内、场外材料搬运； 2. 吊篮的安装； 3. 测试电动装置、安全锁、平衡控制器等； 4. 吊篮的拆卸
Z011701009	电梯井脚手架	电梯井高度	座	按设计图示数量计算	1. 搭设拆除脚手架、安全网； 2. 铺、翻脚手板

3）注意事项。

a. 使用综合脚手架时，不再使用外脚手架、里脚手架等单项脚手架；综合脚手架适用于能够按“建筑面积计算规则”计算建筑面积的建筑工程脚手架，不适用于房屋加层、构筑物及附属工程脚手架。

b. 同一建筑物有不同檐高时，按建筑物竖向切面分别按不同檐高编列清单项目。

c. 整体提升架已包括 2m 高的防护架体设施。

d. 建筑面积计算按《建筑面积计算规范》(GB/T 50353—2013)。

e. 脚手架材质可以不描述，但应注明由投标人根据工程实际情况按照《建筑施工扣件式钢管脚手架安全技术规范》（JGJ 130）《建筑施工附着升降脚手架管理规定》(建建〔2000〕230 号）等规范自行确定。

f. 依据浙江省现行计价的规定，模板工程支模超过 3.6m 应予描述，综合脚手架、垂直运输单独列项应按±0.00 以上和以下分别列项的项目。

g. 在编制清单项目时，当列出了综合脚手架项目时，不得再列出单项脚手架项目。综合脚手架是针对整个房屋建筑的土建和装饰装修部分。

(2) 混凝土模板及支架（撑），主要包括基础、主体结构（柱、墙、梁、板、楼梯）模板；台阶、扶手、后浇带、混凝土井、池等。

工程量清单项目设置、项目特征描述的内容、计量单位、工程量计算规则及工作内容见表 7.133。

表 7.133　　混凝土模板及支架（撑）（编号：011702）

<table>
<tr><th>项目编码</th><th>项目名称</th><th>项目特征</th><th>计量单位</th><th>工程量计算规则</th><th>工作内容</th></tr>
<tr><td>011702001</td><td>基础</td><td>基础类型</td><td rowspan="13">m²</td><td rowspan="13">按模板与现浇混凝土构件的接触面积计算：
1. 现浇钢筋混凝土墙、板单孔面积≤0.3m² 的孔洞不予扣除，洞侧壁模板亦不增加；单孔面积>0.3m² 时应予扣除，洞侧壁模板面积并入墙、板工程量内计算；
2. 现浇框架分别按梁、板、柱有关规定计算；附墙柱、暗梁、暗柱并入墙内工程量内计算；
3. 柱、梁、墙、板相互连接的重叠部分面积在 0.3m² 以内的，均不扣除模板面积；
4. 构造柱按图示外露部分计算模板面积</td><td rowspan="13">1. 模板制作；
2. 模板安装、拆除、整理堆放及场内外运输；
3. 清理模板黏结及模板内杂物、刷隔离剂等</td></tr>
<tr><td>011702002</td><td>矩形柱</td><td rowspan="2"></td></tr>
<tr><td>011702003</td><td>构造柱</td></tr>
<tr><td>011702004</td><td>异形柱</td><td>柱截面形状</td></tr>
<tr><td>011702005</td><td>基础梁</td><td>梁截面形状</td></tr>
<tr><td>011702006</td><td>矩形梁</td><td>支撑高度</td></tr>
<tr><td>011702007</td><td>异形梁</td><td rowspan="4">1. 梁截面形状；
2. 支撑高度</td></tr>
<tr><td>011702008</td><td>圈梁</td></tr>
<tr><td>011702009</td><td>过梁</td></tr>
<tr><td>011702010</td><td>弧形、拱形梁</td></tr>
<tr><td>011702011</td><td>直形墙</td><td rowspan="2"></td></tr>
<tr><td>011702012</td><td>弧形墙</td></tr>
<tr><td>011702013</td><td>短肢剪力墙、电梯井壁</td><td></td></tr>
</table>

续表

项目编码	项目名称	项目特征	计量单位	工程量计算规则	工作内容
011702014	有梁板	支撑高度	m^2	按模板与现浇混凝土构件的接触面积计算： 1. 现浇钢筋混凝土墙、板单孔面积≤0.3m^2的孔洞不予扣除，洞侧壁模板亦不增加；单孔面积>0.3m^2时应予扣除，洞侧壁模板面积并入墙、板工程量内计算； 2. 现浇框架分别按梁、板、柱有关规定计算；附墙柱、暗梁、暗柱并入墙内工程量内计算； 3. 柱、梁、墙、板相互连接的重叠部分面积在0.3m^2以内的，均不扣除模板面积； 4. 构造柱按图示外露部分计算模板面积	1. 模板制作； 2. 模板安装、拆除、整理堆放及场内外运输； 3. 清理模板黏结及模板内杂物、刷隔离剂等
011702015	无梁板				
011702016	平板				
011702017	拱板				
011702018	薄壳板				
011702019	空心板				
011702020	其他板				
011702021	栏板				
011702022	天沟、檐沟	构件类型		按模板与现浇混凝土构件的接触面积计算	
011702023	雨篷、悬挑板、阳台板	1. 构件类型； 2. 板厚度		按图示外挑部分尺寸的水平投影面积计算，挑出墙外的悬臂梁及板边不另计算	
011702024	楼梯	类型		按楼梯（包括休息平台、平台梁、斜梁和楼层板的连接梁）的水平投影面积计算，不扣除宽度≤500mm的楼梯井所占面积，楼梯踏步、踏步板、平台梁等侧面模板不另计算，伸入墙内部分亦不增加	
011702025	其他现浇构件	构件类型		按模板与现浇混凝土构件的接触面积计算	
011702026	电缆沟、地沟	类型、截面		按模板与电缆沟、地沟接触的面积计算	
011702027	台阶	台阶踏步宽		按图示台阶水平投影面积计算，台阶端头两侧不另计算模板面积。架空式混凝土台阶，按现浇楼梯计算	
011702028	扶手	断面尺寸		按模板与扶手的接触面积计算	
011702029	散水			按模板与散水的接触面积计算	
011702030	后浇带	后浇带部位		按模板与后浇带的接触面积计算	
011702031	化粪池	化粪池部位规格		按模板与混凝土接触面积计算	
011702032	检查井	检查井部位规格			

续表

项目编码	项目名称	项目特征	计量单位	工程量计算规则	工作内容
Z011702033	装饰线条抹灰增加费	线条形状、展开宽度	m	按设计图示尺寸以长度计算	1. 模板制作； 2. 模板安装、拆除整理堆放及场内外运输； 3. 清理模板黏结物及模内杂物、刷隔离剂等
Z011702034	后浇带模板增加费	后浇带部位		按设计图示长度计算	
Z011702035	超高危支承架	1. 有无专项方案； 2. 架体搭设高度； 3. 架体搭设材料	m^3/座	1. 有专项措施方案按该方案标示的平面面积乘以高度； 2. 无专项措施方案按定额相关规则计算	1. 模板制作； 2. 模板安装、拆除、整理堆放及场内外运输； 3. 清理模板黏结及模板内杂物、刷隔离剂等

（3）垂直运输，垂直运输指施工工程在合理工期内所需垂直运输机械。

1）工程量清单项目设置、项目特征描述的内容、计量单位及工程量计算规则见表 7.134。

2）清单编制注意事项。

a. 建筑物的檐口高度是指设计室外地坪至檐口滴水的高度（平层顶系指屋面板底高度），突出主体建物屋顶的电梯机房、楼梯出口间、水箱间、瞭望塔、排烟机房等不计入檐口高度。

b. 同一建筑物有不同檐高时，按建筑物的不同檐高做纵向分割，分别计算建筑面积，以不同檐高分别编码列项。

表 7.134　　垂直运输（编号：011703）

项目编码	项目名称	项目特征	计量单位	工程量计算规则	工作内容
011703001	垂直运输	1. 建筑物建筑类型及结构形式； 2. 地下室建筑面积； 3. 建筑物檐口高度、层数	m^2； 天	1. 按建筑面积计算地下室、单层厂房及其他建筑（除体育场、影剧院等大型的公共建筑外的独立的三层以下的地上建筑物）的垂直运输按建筑面积计算； 2. 按施工工期日历天数计算第 1 条、第 3 条规定以外的建筑物按施工工期日历天数计算； 3. 单独装饰装修工程中不允许利用室内电梯等垂直运输机械而发生的人工搬运费用省定额规定的计量单位计算	1. 垂直运输机械的固定装置、基础制作、安装； 2. 行走式垂直运输机械轨轨道的铺设、拆除、摊销

续表

项目编码	项目名称	项目特征	计量单位	工程量计算规则	工作内容
Z011703002	塔式起重机基础费用	1. 起重机规格、型号； 2. 基础形式； 3. 桩基础类型	座	按设计图示数量计算	1. 基础打桩； 2. 基础浇捣； 3. 预埋件制作、埋设； 4. 轨道铺设； 5. 基础拆除、运输
Z011703003	施工电梯固定基础费用	1. 电梯规格、型号； 2. 基础类型	座	按设计图示数量计算	1. 基础浇捣； 2. 预埋件制作、埋设； 3. 基础拆除、运输

（4）超高施工增加。

1）工程量清单项目设置、项目特征描述的内容、计量单位及工程量计算规则按表7.135。

表7.135　　超高施工增加（编号：011704）

项目编码	项目名称	项目特征	计量单位	工程量计算规则	工作内容
011704001	超高施工增加	1. 建筑物建筑类型及结构形式； 2. 建筑物檐口高度、层数； 3. 单层建筑物檐口高度超过20m，多层建筑物超过6层部分的建筑面积	m^2	按建筑物超高部分的建筑面积计算	1. 建筑物超高引起的人工工效降低以及由于人工工效降低引起的机械降效； 2. 高层施工用水加压水泵的安装、拆除及工作台班； 3. 通信联络设备的使用及摊销

2）清单编制注意事项。

a. 单层建筑物檐口高度超过20m，多层建筑物超过6层时，可按超高部分的建筑面积计算超、高施工增加。计算层数时，地下室不计入层数。

b. 同一建筑物有不同檐高时，可按不同高度的建筑面积分别计算建筑面积，以不同檐高分别编码列项。

（5）大型机械设备进出场及安拆。工程量清单项目设置、项目特征描述的内容及计量单位及工程量计算规则应按表7.136的规定执行。

表 7.136　　大型机械设备进出场及安拆（编号：011705）

项目编码	项目名称	项目特征	计量单位	工程量计算规则	工作内容
011705001	大型机械设备进出场及安拆	1. 机械设备名称； 2. 机械设备规格型号	台次	按使用机械设备的数量计算	1. 安拆费包括施工机械、设备在现场进行安装拆卸所需人工、材料、机械和试运转费用以及机械辅助设施的折旧、搭设、拆除等费用； 2. 进出场费包括施工机械、设备整体或分体自停放地点运至施工现场或由一施工地点运至另一施工地点所发生的运输、装卸、辅助材料等费用

（6）施工排水、降水。

1）工程量清单项目设置、项目特征描述的内容、计量单位及工程量计算规则应按表 7.137 的规定执行。

表 7.137　　施工排水、降水（编号：011706）

项目编码	项目名称	项目特征	计量单位	工程量计算规则	工作内容
011706001	成井	1. 成井方式； 2. 地层情况； 3. 成井直径； 4. 井（滤）管类型、直径	m	按设计图示尺寸以钻孔深度计算	1. 准备钻孔机械、埋设护筒、钻机就位；泥浆制作、固壁；成孔、出渣、清孔等； 2. 对接上、下井管（滤管），焊接，安放，下滤料，洗井，连接试抽等
011706002	排水、降水	1. 机械规格型号； 2. 降排水管规格	昼夜	按排、降水日历天数计算	1. 管道安装、拆除，场内搬运等； 2. 抽水、值班、降水设备维修等

2）编制注意事项。

a. 相应专项设计不具备时，可按暂估量计算。

b. 临时排水沟、排水设施安砌、维修、拆除，已包含在安全文明施工中，不包括在施工排水、降水措施项目。

2. 施工组织措施项目

（1）安全文明施工及其他措施项目工程量清单项目设置、计量单位、工作内容及包含范围应按表 7.138 的规定执行。

表 7.138　　安全文明施工及其他措施项目（编号：011707）

项目编码	项目名称	工作内容及包括范围
011707001	安全文明施工	1. 环境保护：现场施工机械设备降低噪音、防扰民措施；水泥和其他易飞扬细颗粒建筑材料密闭存放或采取覆盖措施等；工程防扬尘洒水；土石方、建渣外运车辆防护措施等；现场污染源的控制、生活垃圾清理外运、场地排水排污措施；其他环境保护措施，本省除垃圾外运另行计算外，其他包括在按费率计算的安全文明施工费中。 2. 文明施工："五牌一图"；现场围挡的墙面美化（包括内外粉刷、刷白、标语等）、压顶装饰；现场厕所便槽刷白、贴面砖，水泥砂浆地面或地砖，建筑物内临时便溺设施；其他施工现场临时设施的装饰装修、美化措施；现场生活卫生设施；符合卫生要求的饮水设备、淋浴、消毒等设施；生活用洁净燃料；防煤气中毒、防蚊虫叮咬等措施；施工现场操作场地的硬化；现场绿化、治安综合治理；现场配备医药保健器材、物品和急救人员培训；现场工人的防暑降温、电风扇、空调等设备及用电；其他文明施工措施。 3. 安全施工：安全资料、特殊作业专项方案的编制，安全施工标志的购置及安全宣传；"三宝"（安全帽、安全带、安全网）"四口"（楼梯口、电梯井口、通道口、预留洞口）"五临边"（阳台围边、楼板围边、屋面围边、槽坑围边、卸料平台两侧），水平防护架、垂直防护架、外架封闭等防护；施工安全用电，包括配电箱三级配电、两级保护装置要求、外电防护措施；起重机、塔吊等起重设备（含井架、门架）及外用电梯的安全防护措施（含警示标志）及卸料平台的临边防护、层间安全门、防护棚等设施；建筑工地起重机械的检验检测；施工机具防护棚及其围栏的安全保护设施；施工安全防护通道；工人的安全防护用品、用具购置；消防设施与消防器材的配置；电气保护、安全照明设施；其他安全防护措施，本省除建筑物　四周垂直封闭安全网另行计算外，其他包括在按费率计算的安全文明施工费中。 4. 临时设施：施工现场采用彩色、定型钢板，砖、混凝土砌块等围挡的安砌、维修、拆除；施工现场临时建筑物、构筑物的搭设、维修、拆除，如临时宿舍、办公室，食堂、厨房、厕所、诊疗所、临时文化福利用房、临时仓库、加工场、搅拌台、临时简易水塔、水池等；施工现场临时设施的搭设、维修、拆除，如临时供水管道、临时供电管线、小型临时设施等；施工现场规定范围内临时简易道路铺设，临时排水沟、排水设施安砌、维修、拆除；其他临时设施搭设、维修、拆除
011707002	夜间施工	1. 夜间固定照明灯具和临时可移动照明灯具的设置、拆除； 2. 夜间施工时，施工现场交通标志、安全标牌、警示灯等的设置、移动、拆除； 3. 包括夜间照明设备摊销及照明用电、施工人员夜班补助、夜间施工劳动效率降低等
011707003	非夜间施工照明	为保证工程施工正常进行，在地下室等特殊施工部位施工时所采用的照明设备的安拆、维护及照明用电等，本省按自然层建筑面积以 3 元/m^2 计算
011707004	二次搬运	由于施工场地条件限制而发生的材料、成品、半成品等一次运输不能到达堆放地点，必须进行的二次或多次搬运
011707005	冬雨季施工	1. 冬雨（风）季施工时增加的临时设施（防守保温、防雨、防风设施）的搭设、拆除； 2. 冬雨（风）季施工时，对砌体、混凝土等采用的特殊加温、保温和养护措施； 3. 冬雨（风）季施工时，施工现场的防滑处理、对影响施工的雨雪的清除； 4. 包括冬雨（风）季施工时增加的临时设施、施工人员的劳动保护用品、冬雨（风）季施工劳动效率降低等
011707006	地上、地下设施、建筑物的临时保护设施	在工程施工过程中，对已建成的地上、地下设施和建筑物进行的遮盖、封闭、隔离等必要保护措施，按我省定额规定计算

续表

项目编码	项目名称	工作内容及包括范围
011707007	已完工程及设备保护	对已完工程及设备采取的覆盖、包裹、封闭、隔离等必要保护措施
Z011109008	提前竣工措施	因缩短工期要求增加的施工措施，包括夜间施工、周转材料加大投入量等
Z011109009	工程定位复测	工程施工过程中进行全部施工测量放线和复测
Z011109010	特殊地区施工增加措施	工程在沙漠或其边缘地区、高海拔、高寒、原始森林等特殊地区施工增加的措施
Z011109011	优质工程增加措施	施工企业在生产合格建筑产品的基础上，为生产优质工程而增加的措施

（2）编制主要事项。

1）在使用时应充分分析其工作内容和包含范围，根据工程的实际情况进行科学、合理、完整地计量。未给出固定的计量单位，以便于根据工程特点灵活使用。

2）表所列项目应根据工程实际情况计算措施项目费用，需分摊的应合理计算摊销费用。

3）其他施工技术措施指根据各专业、工程特点补充的技术措施项目，包括基坑支护等项目。

4）对于超常规的或特殊形状的建筑物或构件，清单编制人应考虑相应特殊的措施项目要求，并予以说明。

7.4.16.2　措施清单项目计价

1. 一般规定

（1）施工技术措施清单项目金额应按照分部分项工程量清单项目的综合单价计算方法确定。

（2）施工技术措施清单项目计价时，对于不发生的措施项目，金额一律以“0”表示。

（3）投标人可根据自己编制的施工组织设计，增加施工技术措施项目，但不得删除不发生的施工技术措施清单项目。投标人增加的施工技术措施项目，应填写在施工技术措施清单项目之后，并在“措施项目清单计价表”序号栏中以“增××”示之“××”为增加的措施项目，自 01 起顺序编制。

（4）施工组织措施清单项目按施工组织设计内容计价。

（5）设计变更或提供资料与实际不符引起措施清单项目变化而发生的增减应按合同约定予以调整。常见发生调整的内容如下：

1）设计变更引起建筑面积的增减和建筑物层数、层高、檐高变化时工程量的增减。

2）设计变更引起混凝土和钢筋混凝土工程量增减而导致模板工程的增减。

3）提供的地质资料或招标图纸与实际不符合。

2. 浙江省房屋建筑与装饰工程预算定额（2018）版的有关规定

（1）施工排水、降水。

1）施工排水、降水措施包括湿土排水、真空深井降水、喷射井点、轻型井点等。

2）湿土排水工程量同湿土工程量（含地下常水位以下的岩石开挖体积）。

3）轻型井点以50根为一套，使用根数不足时套用按一套计，喷射井点以30根为一套，使用时累计根数轻型井点少于25根、喷射井点少于15根时，使用费按相应定额乘以系数0.7。

4）井管间距应根据地质条件和施工降水要求以施工组织设计确定，施工组织设计无规定时，可按轻型井点管距1.2m、喷射井点管距2.5m确定。

5）使用天以每昼夜24h为一天，使用天数按施工组织设计规定的使用天数计算。

（2）混凝土、钢筋混凝土模板及支架。

1）模板分现浇混凝土构件模板和预制构件模板两部分。

2）现浇混凝土构件模板包括基础模板、建筑物模板、构筑物模板。

3）建筑物模板包括：柱、梁、板、墙、楼梯、阳台、雨篷、栏板、檐沟等模板。

4）构筑物模板包括：烟囱、水塔、储水（油）池、储仓、地沟、沉井等模板。

5）模板工程量按构件与模板接触面积展开计算。

（3）脚手架。

1）脚手架分综合脚手架（混凝土结构、钢结构、地下室）、单项脚手架、烟囱水塔脚手架三部分。

2）综合脚手架定额适用于房屋工程及地下室脚手架，不适用于房屋加层脚手架、构筑物及附属工程脚手架。

3）有地下室时，地下室与上部建筑面积分别计算。半地下室并入上部建筑物计算。

4）综合脚手架定额未包括高度在3.6m以上的天棚抹灰或安装脚手架，基础深度超过2m（自交付施工场地标高或设计室外地面标高起）的无地下室基础采用非泵送混凝土时的脚手架、电梯安装井道脚手架和人行过道防护脚手架。

5）计算综合脚手架工程量时，应另加以下面积：

a. 骑楼、过街楼底层的开放公共空间和建筑物通道，层高在2.2m及以上的按墙（柱）外围水平面积计算；层高不足2.2m的计算1/2面积。

b. 建筑物屋顶上或楼层外围的混凝土构架，高度在2.2m及以上的按构架外围水平投影面积的1/2计算。

c. 凸（飘）窗按其围护结构外围水平面积计算，扣除已计入《建筑工程建筑面积计算规范》（GB/T 50353—2013）第3.0.13条的面积。

d. 建筑物门廊按其混凝土结构顶板水平投影面积计算，扣除已计入《建筑工程建筑面积计算规范》（GB/T 50353—2013）第3.0.16条的面积。

e. 建筑物阳台均按其结构底板水平投影面积计算，扣除已计入《建筑工程建筑面积计算规范》（GB/T 50353—2013）第3.0.21条的面积。

f. 建筑物外与阳台相连有围护设施的设备平台，按结构底板水平投影面积计算。

（4）垂直运输。

1）清单列项根据建筑物的类型及结构形式、是否有地上室、建筑物檐口高度、层数、层高设置。

2）同一建筑物檐高不同时，应根据不同高度的垂直分界面分别计算建筑面积清单列项

3）地下室垂直运输以首层室内地坪以下的建筑面积计算，半地下室并入上部建筑物计算。

4）上部建筑物的垂直运输以首层室内地坪以上建筑面积计算，另应增加按房屋综合脚手架计算规则规定增加内容的面积。

（5）超高施工增加费。

1）当建筑物檐高超过20m时，工程量清单列项应考虑在分部分项工程量清单中增加建筑物超高施工增加费用项目，超高施工增加费在计价时，应考虑计算超高施工降效的计算基数范围。

2）人工降效按规定内容中的全部人工费乘以下相应子目系数计算，这里的系数是指相应定额消耗表中的每万元增加降效费用的幅度，如定额20－1的计量单位是“万元”，定额消耗量表内200元含义是每万元计算基数增加200元，则该子目系数即为0.020。

3）机械降效按规定内容中的全部机械台班费乘以相应子目系数计算。

4）建筑物有高低层时，应根据不同高度建筑面积占总建筑面积的比例分别计算不同高度的人工费及机械费。

（6）大型机械设备进出场及安拆。

1）大型机械设备进出场费用是指不能或不允许自行行走的施工机械或施工设备，整体或分体自停放地点运至施工现场，或由一施工地点运至另一施工地点的运输、装卸、辅助材料及架线等费用，清单列项依据工程规模及设计要求、合理的工期、正常的施工条件设置。场外运输费用中已包括机械的回程费用。定额场外运输费用为运距25km以内的机械进出费用。

2）安拆费用是指施工机械在现场进行安装与拆卸所需的人工、材料、机械和试运转费用及机械辅助设施费用。

3）自升式搭式起重机安装、拆卸费定额是按塔高60m确定的，如塔高超过60m，每增加15m，按装、拆卸费用（扣除试车台班后）增加10%。

3. 施工组织措施费

（1）施工组织措施清单项目，应根据拟建工程的具体情况，并结合施工组织设计、参照表7.138相应的项目名称列项。

影响施工组织措施项目设置的因素很多，“施工组织措施清单项目表”不可能一一列出。因工程具体情况不同，出现表中未列的施工组织措施项目时，工程量清单编制人可作补充，补充的施工组织措施项目应填写在施工组织措施清单项目最后，并在序号栏中以“补××”示之，“××”为补充的措施项目序号，自01起按顺序编制。

（2）工程量计算。施工组织措施项目清单的计量单位为“项”，工程数量为“1”，但在清单中均不填写。

1）施工组织措施项目清单计价时，对于不发生的措施项目，金额一律以“0”表示。

2）投标人可根据自己编制的施工组织设计，增加施工组织措施项目，但不得删除不

发生的施工组织措施清单项目。投标人增加的施工组织措施项目，应填写在施工组织措施清单项目之后，并在“措施项目清单计价表”序号栏中以“增××”示之，“××”为增加的措施序号，自01起顺序编制。

4. 技术措施计价

技术措施计价的主要内容详见表7.139。

表7.139　技术措施计价的主要内容

序号	项目名称	对应的定额子目或计算方法
1	施工排水、降水	1-85～1-96
2	混凝土、钢筋混凝土模板及支架	5-97～5-191
3	脚手架	18-1～18-33、总说明九
4	垂直运输机械	19-1～19-36
5	大型机械设置进出场及安拆	浙江省房屋建筑与装饰工程预算定额（2018版）附录二

7.4.17　其他项目清单费用

1. 其他项目清单设置

（1）其他项目清单中的项目名称，应根据发包人的要求并结合拟建工程实际情况，按招标人部分、投标人部分分别列项。

（2）预留金、招标人要求总承包人提供的服务（总承包服务）内容应在总说明中予以明确。总承包服务费一般包括为配合协调招标人进行的工程分包和材料采购所需的费用以及施工现场管理、竣工资料整理等内容。

（3）零星工作项目表应根据拟建工程的具体情况，由招标人预测，按下列规定进行编制。

1）名称：人工按工种名称列项；材料、机械按名称并结合规格、型号等特征列项。

2）计量单位：按基本计量单位编制。

3）数量：按可能发生的数量暂估。

2. 其他项目清单计价

（1）招标人部分的金额应按招标人提出的数额填写。

（2）投标人部分的总承包服务费应根据投标人提出的要求，根据所发生的费用计算确定。

（3）零星工作项目费应按“零星工程项目计价表”的合计金额填写。

（4）零星工作项目的综合单价参照分部分项工程量清单项目综合单价计算方法确定。

（5）总承包服务费可按分包工程造价的1%～3%计算，具体根据工程实际情况分析确定。

【例7.22】 某综合楼分层及檐高如图7.8所示，试编制该工程超高施工增加费清单。按照企业决策，根据市场信息价格取定假设：人工、材料、机械与定额取定价格相同；经计价人分析计算得出该单位工程（包括地下室）扣除垂直运输、各类构件单独水平运输、各项脚手架、预制混凝土及金属构件制作后的人工费为240万元，机械费为 150 万元；工程取费按以人工费、机械费之和为基数：企业管理费 15%、利润 10%，风险费按工料机 5%，计算超高施工增加费用综合单价。按图计算的相应层次建筑面积列于表 7.140。

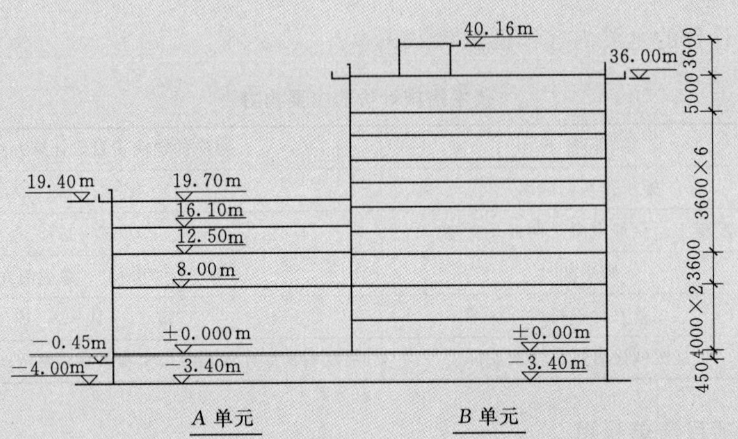

图 7.8 ［例 7.22］图（单位：mm）

表 7.140　　建筑面积计算表

层次	A 单元			B 单元		
	层数	层高/m	建筑面积/m^2	层数	层高/m	建筑面积/m^2
地下	1	3.4	800	1	3.4	1200
首层	1	8	800	1	4	1200
二层	1	4.5	800	1	4	1200
标准层	1	3.6	800	7	3.6	1000
顶层	1	3.6	800	1	5	1000
屋顶				1	3.6	20
合计	5		4000	12		11620

解：（1）*A* 单元檐高＝19.4＋0.45＝19.85m＜20m，不计算超高施增加费。

B 单元檐高＝36＋0.45＝36.45m＞20m，应计算超高施工增加费，超高部分（*B* 单元）的首层及以上超高建筑面积＝11620－1200＝10420(m^2)。

计算基数应按超高面积与单位工程整体面积比例划分，故清单中应描述超高部分面积或所占比例。

按本省补充的清单编号列项，编制清单见表 7.141。

表 7.141　　建筑物超高施工降效增加费

项目编号	项目名称	计量单位	数量
011704001001	超高施工增加费： 人工降效，机械降效，超高施工加压水泵台班及其他； 檐高 20m 内建筑面积 4000m²； 檐高 36.45m 建筑面积 11620m²，其中首层地坪以上 10420m²，包括层高 3.6m 内 7020m²，4m 层高 2400m²，5m 层高 1000m²	m²	10420

（2）计算超高施工增加费用综合单价。

根据题意列出有关超高施工增加费的计算基数：

超高面积占建筑物总面积的比例＝10420÷（4000＋11620）＝0.6671

人工费＝240×0.6671＝160.104(万元)

机械费＝150×0.6671＝100.065(万元)

根据 2010 预算定额规则计算超高施工增加费相关子目的工程量并套用定额：

1）人工降效：工程量 1601040 元。

套定额 18－2，人工费＝454/10000＝0.0454(元)。

2）机械降效：工程量 1000650 元。

套定额 18－20，机械费＝454/10000＝0.0454(元)。

3）加压水泵及其他（层高 3.6m）：工程量 7020m²。

套定额 18－38，材料费＝1.82 元/m²，机械费＝1.07 元/m²

4）加压水泵及其他（层高 4m）：工程量 2400m²。

套定额 18－38、18－55：

材料费＝1.82(元/m²)

机械费＝1.07＋0.1149×(4－3.6)＝1.12(元/m²)

5）加压水泵及其他（层高 5m）：工程量 1000m²。

套定额 18－38、18－55：

材料费＝1.82(元/m²)

机械费＝1.07＋0.1149×(5－3.6)＝1.23(元/m²)

（3）列表计算综合单价，见表 7.142。

综合单价＝187370÷10420＝17.98(元/m²)

表 7.142　　综合单价计算表

序号	定额编号	项目名称	计量单位	工程数量	人工费/元	材料费/元	机械费/元	管理费/元	利润/元	风险费/元	综合单价/元
1	18－2	人工降效	万元	160.104	72687			10903	7268	3634	94492
2	18－20	机械降效	万元	100.064			45429	6814	4543	2271	59057

续表

序号	定额编号	项目名称	计量单位	工程数量	人工费/元	材料费/元	机械费/元	管理费/元	利润/元	风险费/元	综合单价/元
3	18-38	加压水泵及其他（层高 3.6m 内）	m^2	7020		12776	7511	1127	751	375	22540
4	18-38、18-55	加压水泵及其他（层高 4m）	m^2	2400		4368	2688	403	268	134	7861
5	18-38、18-55	加压水泵及其他（层高 5m）	m^2	1000		1820	1230	185	123	62	3420
合计					72687	18964	56858	19432	12953	6476	187370

复习思考题

1. 《计价规范》由哪几部分组成？
2. 什么叫工程量清单、招标工程量清单、已标价工程量清单及工程量清单计价？
3. 工程量清单由哪几部分组成？
4. 《计价规范》对项目编码如何规定？
5. 什么是清单项目特征？建筑工程项目清单特征主要体现在哪些方面？
6. 什么叫其他项目清单？主要包括哪些内容？
7. 什么叫综合单价？试述综合单价的组成及计算步骤。

参 考 文 献

[1] 中华人民共和国住房和城乡建设部. 房屋建筑与装饰工程工程量清单计价规范：GB 50854—2013 [S]. 北京：中国计划出版社，2013.

[2] 中华人民共和国住房和城乡建设部. 建设工程工程量清单计价规范：GB 50500—2013 [S]. 北京：中国计划出版社，2013.

[3] 中华人民共和国住房和城乡建设部. 建筑工程建筑面积计算规范：GB/T 50353—202013 [S]. 北京：中国计划出版社，2013.

[4] 浙江省建设工程造价管理总站. 浙江省房屋建筑与装饰工程预算定额（2018 版）[S]. 北京：中国计划出版社，2018.

[5] 浙江省建设工程造价管理总站. 浙江省建设工程计价规则（2018 版）[S]. 北京：中国计划出版社，2018.

[6] 全国造价工程师职业资格考试培训教材编审委员会. 建设工程造价管理基础知识 [M]. 北京：中国计划出版社，2019.

[7] 曹仪民，马行耀. 建设工程计量与计价实务（土建工程）[M]. 北京：中国计划出版社，2019.

[8] 肖跃军，王波. 工程估价 [M]. 北京：机械工业出版社，2019.

[9] 郑君君. 工程估价：第四版 [M]. 武汉：武汉大学出版社，2017.

[10] 中国建筑标准设计研究院. 混凝土结构施工图平面整体表示方法制图规则和构造详图（现浇混凝土框架、剪力墙、梁、板）：16G101-1 [S]. 北京：中国计划出版社，2016.